贵州省农业科学院现代农业发展研究所蜜蜂科研团队合影，前排从左至右，何成文（副研究员），韦小平（副研究员，副所长），孙秋（研究员，所长），徐祖荫（研究员，顾问），李崇惠（助理研究员）。后排从左至右，周文才，林黎，万玮，李应（助理研究员）

2015年5月，贵州省农业科学院院长刘作易（前排右4）、副院长黄贵修（后排左2），到现代农业发展研究所蓝莓授粉基地检查工作（前排左1所长孙秋，右1何成文，右2麻江县甘副县长，右5贵州省农业委员会徐祖荫；后排右1副所长韦小平，右2林黎）

2017年5月，贵州省养蜂学会组织相关单位到养（中）蜂1000余群的雷山县仙女塘农业发展有限公司观摩学习，推广该县养蜂扶贫经验（前排左5何成文，左7徐祖荫，左4该公司金沙江总经理）

在贵州省科学技术协会的关怀下，贵州省农业科学院的努力下，贵州省养蜂学会在中断多年后重新恢复成立。前排右4林黎（贵州省现代农业发展研究所蜜蜂研究室主任），右6何成文副会长，右10徐祖荫顾问，右11韦小平会长

对蜜蜂授粉后的蓝莓果实进行品质测定（2017年7月摄于贵州现代农业发展研究所实验室）

贵州省现代农业发展研究所科研人员在试验蜂场观察蜂群

2015年7月，国家蜂产业体系首席专家吴杰（中）到贵州指导工作（摄于贵州省农业科学院试验蜂场）

2015年8月，中国蜂产品协会会长、中国供销合作社主任王啉（左3）到独山县刘厚发（左2）蜂场参观指导

2018年9月26日，贵州省息烽县南山共享蜜园"蜜蜂的故事"展馆开幕揭牌，有关领导在展馆前合影。从左至右，1.中国蜂产品协会张艳，2.县农业局卢天伦，3.贵州省养蜂学会何成文，4.中国养蜂学会副会长罗岳雄，5.副县长冯劲锋，6.中国蜂产品协会副会长赵小川，7.徐祖荫（总策划及设计），8.南山花海中蜂场林琴文（参与建园），9、11分别为县农投公司魏来友、李凌，12.贵州省蜂产品协会甘正雄

2012年5月，云南农业大学教授、蜂产业体系岗位专家和绍禹（前排中）在徐祖荫研究员（前排右二）陪同下，到贵州正安县考察贵州中蜂（华中型）

2015年10月，贵州省农业科学院举办了首期全省蜜蜂饲养管理师资培训班（前排左8韦小平，左9徐祖荫）

考察贵州云贵高原中蜂，考察团成员合影（摄于2014年4月）（左1徐祖荫，左2广东省昆虫研究所高级畜牧师罗岳雄，左3吉林省养蜂研究所薛运波所长，左4福建农林大学教授梁勤，左5中国农业科学院蜜蜂研究所研究员石巍，右3贵州省纳雍县农业局副局长陈仕甫，右2贵州省畜禽资源管理站站长杨忠诚）

国家蜂产业技术体系非常关注贵州养蜂工作，经常邀请贵州相关单位列席参加学术交流活动，图为贵州省农业科学院养蜂科研团队与出席2017年国家蜂产业体系华南、西南片区学术交流会全体成员合影（摄于四川省阿坝藏族羌族自治州首府马尔康）

贵州省农业科学院养蜂科研团队经常受邀到省外养蜂训班上讲课，图为2017年10月湖北省荆门市养蜂管理站及国家蜂产业技术体系在荆门市举办的中蜂养殖培训班现场

2017年9月，桐梓县农业投资公司举办中蜂养殖养殖培训班，培训人数100人。仅2017年初步统计，当年贵州省农业科学院现代所共参加或举办省内外大、小养蜂培训班39期，培训人数达3000人次

贵州省农业科学院养蜂科研团队积极参与基层农村扶贫工作，2017年5月在时任贵州省省委书记陈敏尔扶贫点——威宁县石门乡举办养蜂培训班，图为培训班全体成员合影

麻江县蓝莓授粉基地授牌工作汇报会，摄于2018年4月23日。上排左2中国养蜂学会会长吴杰，左3中国养蜂学会秘书长陈黎红，左1中国农业科学院蜜蜂研究所研究员孙丽萍，右1汇报者为贵州省农业科学院现代农业发展研究所林黎

中国养蜂学会领导对贵州省正安县申报"中华蜜蜂之乡"进行实地现场考察，正安县政府、县人大、县政协领导陪同考察，摄于2018年4月24日。后排右6正安县副县长陈孝利，右7中国养蜂学会会长吴杰，左1正安县畜牧办主任宋强，左4正安县畜牧办副主任周华明，左6正安县养蜂协会主席李永黔。前排左2中国养蜂协会秘书长陈黎红，左5贵州省农业科学院现代农业发展研究所副所长韦小平

实践建设美丽蜂场——贵州南山花海中蜂养殖场息烽基地一角（该场2018年种拐枣苗5000株，在葡萄园中种植绿肥50亩，并试播培育漆树、盐肤木等蜜源植物苗木）

贵州省现代农业发展研究所开展了不同中蜂品种（生态型）异地比较试验，参试蜂种有华中型、云贵高原型（以上均为贵州当地蜂种）、阿坝中蜂、华南型和双色蜂（杂交种）

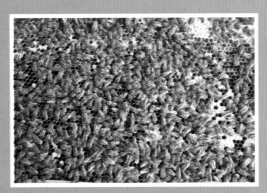

威宁黑蜂（云贵高原型）

双色王工蜂

贵州华中型中蜂的子脾（子脾也不错，存蜜多，封盖蜜宽5.5厘米，产蜜量高。摄于2017年盐肤木花末期）

双色王子脾（子脾面积大，但存蜜不多，产蜜量差。摄于2017年盐肤木花末期）

蜂海问道

——中蜂饲养技术名家精讲

徐祖荫　主编

中国农业出版社

农村读物出版社

北　京

编 写 人 员

主　编　徐祖荫

副主编　韦小平　孙　秋

参　编（按对本书的贡献大小排序）

何成文　林　黎　周文才　廖启圣

林琴文　石　磊　杨志银　万　炜

李　应　李崇惠　龙立炎　周春雷

刘　曼　马爱武　朱汉忠　谢　江

刘　云　李民和　冉耀琦　吴　丹

何汝态　许　宁　贾明宏　张明华

杨　成　匡海鸥　娄永良　张学文

吴胜华　林　平　欧云剑　姚　飞

简学群　李裕荣　范文穗　杨　丰

金方梅　刘关星　郭家友　杨永中

龙昭云　李贵红　杨光雄　吴小根

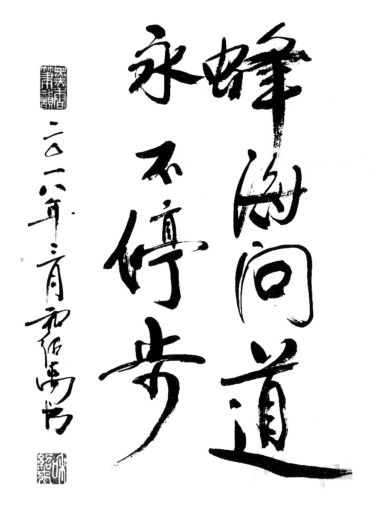

蜂鸣同道
永不停步

二〇一六年三月 和绍禹

和绍禹，教授，博士生导师，云南农业大学东方蜜蜂研究所原所长、国家蜂产业技术体系岗位科学家、中国养蜂学会中蜂专业委员会原主任，我国著名的蜂学学者，在东方蜜蜂选育、中蜂科学饲养、中蜂遗传资源多样性领域成绩斐然。

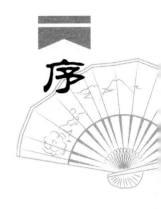

序

　　徐祖荫老师主编的《蜂海问道》即将出版，作为中国蜂业的研究者与管理者，在此书即将付梓之际，我就这几年与徐老师及其团队一起共事的经历，写一些体会，代为作序。

　　徐老师是浙江省诸暨市人，我国资深蜜蜂专家，蜂界泰斗，大学毕业后一直工作在贵州基层。长期的基层工作经历让他一生拥有农村情结，对农民有深厚感情，对科技如何落地，理论如何转变为实际操作有深刻理解。这一情结，从《蜂海问道》中可见一斑，以平实的文字，通俗易懂的语言，深入浅出，论述概括。同时，也能让研究人员，尤其是新入行的科技人员快速掌握要领，明白所以。细读《蜂海问道》不仅是对蜜蜂知识的学习，更是对这位德高望重的专家多年工作经历的回顾。他对事业的热爱，对后辈的教导，对蜂友的真诚，无一不让人敬重。

　　基础研究和生产实践向来是推动学科发展的根本力量。由于历史原因，贵州蜜蜂生产与科研一度处于低潮，然而，斗转星移，时至今日，中蜂及中蜂产品又重新受到市场青睐，蜜蜂研究与蜜蜂生产也随之受到关注，这不仅是时代发展的需要，也是蜜蜂自身生物学特性决定的。2012年，徐老师重出江湖，受聘于贵州省农业科学院现代农业发展研究所，从团队组建、人才引进与培养着手，规划贵州省蜂业发展方向与研究重点，明确"中蜂为主，中蜂、意蜂并举"的发展思路。2015年，这支团队以贵州生态蓝莓产业发展为契机，引入中蜂为蓝莓授粉，开展了一系列接地气的研究。经过几年的实践，贵州蜜蜂研究与生产有了长足的进步，研究团队也从行业初学者成长为蜂业界的新生力量。与此同时，在徐老师的倡导与努力下，该所牵头组建贵州省养蜂学会，积极搭建平台，创造机会，用实际行动促进政府、科研机构、高校、企业和蜂界同仁的合作与交流。

对蜜蜂洞若观火，对蜂友知无不言，对后辈倾囊相授，这是蜂业界同仁对徐老师的印象。正是在他的极力推动下，贵州蜂业才有如今成就，《蜂海问道》也才得以顺利编撰出版。呈现在读者面前的这本文集，是徐老师及其团队近年来在学术报刊上公开发表的，有关蜜蜂的理论研究、实践探讨、经验总结及技术改良的文章选编，也是继《蜂海求索》和《中蜂饲养实战宝典》出版后，徐老师的又一力作。当前，十九大报告旗帜鲜明地提出，要"坚决打赢脱贫攻坚战""坚持精准扶贫、精准脱贫"。贵州作为我国贫困人口最多、贫困面积最大、贫困程度最深的省份之一，围绕蜜蜂开展特色产业扶贫研究，探索精准扶贫新路径，不仅可推动国家蜂业发展，为地方经济做贡献，更具有其重要的生态作用和战略意义。《蜂海问道》一书的出版正逢其时，它不仅展示当前贵州蜜蜂研究的丰硕成果，更结合省情，为贵州乃至全国打赢精准扶贫攻坚战，献上一道良策。

"科学有险阻，苦战能过关。"科学研究是一项永无止境的事业，希望借此《蜂海问道》的出版，促进业界同仁的工作，培养科技人员在日常工作中的创新、创造精神。我们坚信：站在更新更高的起点上，贵州广大优秀科技人才，勇于创新、敢于尝试、大胆实践，在科学研究的道路上定能取得更丰硕的成果，为我国蜂业健康发展做出更大贡献！

吴　杰

2019 年 10 月 20 日

吴杰，研究员，博士生导师，中国农业科学院蜜蜂研究所原所长、农业部授粉昆虫生物学重点实验室主任、国家蜂产业技术体系首席科学家、中国养蜂学会理事长，我国著名的蜂学学者，在蜜源和蜜蜂授粉科研领域成绩卓越。

前言

一、重出江湖

本人曾先后就职于贵州省畜牧兽医研究所、贵州省农业厅（曾更名贵州省农业委员会，现改为贵州省农业农村厅），从事养蜂科研和全省养蜂管理工作。2005年退休之后，又创办了贵阳花溪徐纯记精华蜂业园，从事蜂产品加工、经营。2011年，我领衔承办了当年的全国蜂产品市场信息交流会暨中国（贵阳）蜂业博览会，并出版了《蜂海求索——徐祖荫养蜂论文集》，算是对我服务了30多年的养蜂界，以及从事业务工作30多年的自己，有了一个很好的总结交代。加上当时年届七旬，于是就动了"金盆洗手"的念头，2012年，将企业转交他人经营，打算就此退隐山林，含饴弄孙，写字画画，颐养天年，充分享受一下退休生活。殊不料随着近十多年来中蜂生产的迅猛发展，我又不由自主地被卷了进来。开始是接受贵州省养蜂老县正安的邀请，参加了正安县养蜂协会成立大会，并被聘为该会的技术顾问。随后又有不少地方、单位找上门来，咨询指导，结果事情越来越多，一发不可收拾。特别是2012年，贵州省农业科学院现代农业发展研究所通过养蜂课题与我接触，特聘我为该院蜂产业发展高级顾问，再次勾起了我的专业兴趣，使我重新归队，再战"江湖"，回到了从前为之奋斗了几十年的养蜂生产主战场。

这些年来，我走遍了国内中蜂产区，将本人几十年的养蜂研究成果，以及搜集到的各地养蜂经验、相关理论研究成果结合在一起，于2015年出版了《中蜂饲养实战宝典》一书。这次又将我与该所蜜蜂研究团队以及其他合作者近几年所做的系列工作，共126篇论文集结成册（《蜂海问道》），以飨读者，也算是我复出之后的又一次成果汇报吧！

二、时代使命

养蜂生产在不同的历史时期，具有不同的特点。养蜂研究应当与时俱进，用新思路、新观点、新技术、新方法，来解决现实养蜂生产中出现的新问题。农村产业扶贫是党和国家"十二五""十三五"期间农村工作的重点。随着国民经济发展，人民生活水平的提高，市场供给侧改革的推进，十多年来，中蜂生产有了较快的发展，再加上中蜂养殖投资小、见效快、效益好的特点，许多地方政府都把养殖中蜂作为扶贫攻坚中的一个重要选项和抓手。

近几年来，我们这支研究团队始终紧紧围绕贵州省当前的养蜂生产实际，开展相关调查研究，狠抓科技扶贫，示范推广。对如何做好项目顶层设计、项目管理、探讨不同的养蜂扶贫模式，提出了一系列的办法和建议，并积极协助中国蜂产品协会养蜂扶贫项目在贵州省台江县实施；先后树立、打造、扶持了正安（养蜂老区，2018 年获"中华蜜蜂之乡"称号）、纳雍（养蜂新区）、台江（养蜂扶贫），以及一批蜂旅一体化、农旅一体化（如雷山县仙女塘农业发展有限公司、息烽县南山共享蜜园）的先进典型，在全省范围内推广，引领和带动全省中蜂产业的发展。针对贵州省一些地方蜜源状况不清、技术准备不足，匆忙上马、大量购蜂发放农户，导致项目失败的情况，我们曾多次在不同地区举办养蜂现场研讨会，总结正反两方面的经验教训，坚决拨乱反正，反对盲目发展、"算账养蜂""数字养蜂"，使当地养蜂业步入科学、有序的良性发展轨道，为社会挽回了上亿元的经济损失。

鉴于蜜源植物在中蜂养殖中的重要性，以及一些地区在养蜂生产中遇到蜜源不足的瓶颈，我们在国内率先提出了蜜源植物丰富度评价体系，并深入展开蜜源植物补充调查，发现了一批过去没有报道而又很有价值的蜜源植物。初步提出一地合理载蜂量的标准，供大家参考讨论。

围绕贵州省"十三五"期间大力发展乡村旅游的重大战略，我们提出了建设"美丽蜂场"的建议，筛选和拟定了一批有养蜂价值和景观效应的植物名录，通过多条渠道向省、市及各地主管部门提出"结合退耕还林、还草，补充种植蜜源植物的倡议"，在有关单位、企业、农户的配合下，建立了蜜源植物的种苗基地，打造标准的示范种植园区，实实在在地付诸实施。重点报道、推介了浙江省开化县政府主导，多部门联动，群众参与，在全县范围内大规模种植蜜源植物，发展中蜂养殖的成功案例和典型。

我们团队还连续多年进行了中蜂为蓝莓、火龙果授粉试验。其中，中蜂为蓝莓授粉提高产量、改进品质取得了十分显著的效果，养蜂、种植取得了双丰收。为了扩大成果应用，我们积极动员、组织了养蜂大县、养蜂大户近千群中蜂到蓝莓主产区帮助蓝莓授粉，协调各方关系（包括养蜂户和种植园主，意蜂和中蜂），有力地促进了蜜蜂为蓝莓授粉的产业化进程。

在中蜂饲养技术上，我们根据对多个高产蜂场的调研结果，提出了"中蜂密集饲养法"的概念，并提出了"简易饲养管理（粗养、慢酿、少取、优质、保价）"与"精细管理"，应同时成为中蜂科学饲养的两个主要管理模式，在广大山区农村，以及文化、技术相对落后的地区，应以推广简易饲养管理为主的观点。而在蜜源、气候条件较好，经济发达的优势产区，则应适当发展一批专业化、规模化的蜂场，将之培育成为新型的农业经营主体，完善产前、产后服务，加强自身品牌建设，使之进一步向产业化的方向迈进。

我们在探索、明确中蜂在我国养蜂生产中地位、作用的基础上，还就养蜂业者共同关心的中蜂箱型和蜂种使用问题，进行了大量科学分析及试验研究，对现有生产中使用的中蜂箱型进行了科学分类、比较试验、饲养方法探讨，预测今后中蜂蜂箱发展变化的趋势，在原来研究、所获专利的基础上，又成功申报了两款实用新型中蜂箱（箱柜式简易蜂箱、3D中蜂箱），供生产中推广应用；并对国内主要中蜂蜂种开展异地饲养试验。据此，对中蜂杂交优势利用、原始蜂种的保存提出了自己独到的见解和中肯的建议。与此同时，我们在国内还首次报道了一种新发现的鸟害和一种新蚁害，并发明了一款电动榨蜜榨蜡机。

时至今日，我们已经进入了21世纪的第二个十年，我国当前中蜂饲养水平已远非六七十年前刚推广活框饲养时能够相比，生产中涌现出了一大批优秀人物和民间技术高手。因此，我们除注重自身原创性的研究、发明之外，还多次组织有关人员到贵州省内外蜂场参观调研，总结和宣传他们高产优质的养蜂经验。为了满足养蜂新手的需求和基层培训的需要，我们还特地撰写了一系列通俗易懂的系列文章作为培训教材，介绍了一些蜂群管理、蜂病防治上的小妙招，进行多次试推试讲，深受广大基层养蜂者的欢迎。

将这些年的工作论文集结成册，体现了我们对当前中蜂产业发展的现状和客观规律的认识，发展思路的总体把握，以及实际工作的运行轨迹。

贵州是目前我国西南地区唯一没有进入国家蜂产业体系的省份，但我们自身并没有放弃努力，国家蜂产业体系及西南片区的有关领导，也以不同的形式，表达了对我们的关心和支持。我们团队竭尽所能，做了上述工作，以不辜负他们的期望和这个时代赋予我们的光荣使命，推动贵州省及国内中蜂产业的发展。因此，特借本书出版之机，向曾经关心和支持过我们工作的领导、单位及个人，表示最衷心、最诚挚的谢意！

三、永不停步

创新有两种类型，即变革型和渐进型。变革型创新通常以科学或深层的研究为基础，能创造新的行业或使行业发生革命性的变化。而渐进型创新则是在科学原理基本不变的情况下，通过大小不等的改进使技术本身不断完善而提高其实用、经济价值。这两者皆能创造增长和价值，而大多数农业技术进步更具有渐进性的特征。这种渐进的微小技术变化和积累的效果，针对性、实用性更强，往往并不低于重大科技进步产生的作用，这就要求在推动科技进步的过程中，不但要重视重大的科技进步，更要重视渐进型的科技进步。世界上任何重大的科技成果都需要汗水的打造和时间的积累，都不会是一蹴而就的，这就要求科研工作者，要有"板凳要坐十年冷"的精神，沉得下心来，耐得住寂寞，戒骄戒躁，踏踏实实，一步一个脚印地去搞研究。大的课题不怕揽，小的成果也不嫌，有所发现，有所创造，不断积累，在服务蜂农、服务社会的过程中，实现自身最大的价值。

"最美莫过夕阳红，温馨又从容"，目前我虽已年逾古稀，令我感到欣慰的是，我能够有机会与贵州省农业科学院现代农业发展研究所及省内外多支年轻研究团队合作，在工作中互动、交流，不断提出一些新的观点，完善过去的研究成果，并努力付诸实践，在实际运用中验证、提高，以推动养蜂科技进步。在这本论文集即将付梓之际，我衷心地希望这些年轻的新锐能够接过前辈的担子，再接再厉，脚踏实地，刻苦奋斗，以只争朝夕的精神，不断砥砺前行，永不停步，继续在工作中做出更大成绩，以期能在国内养蜂科研强队中占有一席之地，再为贵州和我国的养蜂事业争光！

徐祖荫

2019 年 9 月 16 日于贵阳

目录

序

前言

蜂海问道

蜂海问道

第一篇

养蜂扶贫及项目设计

注重顶层设计，突出养蜂特色

——兼谈如何进行养蜂（中蜂）项目的战略定位

"顶层设计"是近一两年频繁使用的名称。所谓"顶层设计"，笔者的理解就是站在更高的层次，对某个项目、某项产业做更长远、范围更宽广的设计，而不只是局限在这一项目的本身来考虑问题。因为一个项目、一个产业的发展，往往要涉及上下游多个行业，会与多个领域发生内在和外在的联系。只有搞好顶层设计，考虑到有利因素和制约因素的影响，才能有预见性地制定相应的对策与措施，推动项目朝着有利的方向发展，否则就会造成项目落空，资源浪费，打击参与者的信心。对于养蜂业来说也是如此。

那么，在各地发展养蜂项目时，应该如何作好项目的顶层设计呢？

一、养蜂项目立项时，要首先考虑当地的蜜源

蜜蜂蜜蜂，有蜜才有蜂。蜜蜂采集花蜜才能酿造蜂蜜，因此养蜂业是一项资源依赖性很强的产业。发展养蜂，尤其是发展中蜂，首先要考虑的就是当地的蜜源状况。要事先摸清当地不同季节有哪些蜜粉源植物，数量多少，当地养蜂数量多少，养殖情况，在什么时间取蜜，平均一群的取蜜量是多少等问题。以此来推断当地蜜源条件的好坏。当地蜜粉源植物种类多，数量丰富，蜜源条件好，蜂子就好养，项目易推动。否则，养蜂效果不好，就会打击群众养蜂的积极性。

蜜源条件不足的地方，在发展养蜂项目时，一定要结合当地退耕还林、景区建设，适当补充种植一些适合当地的蜜粉源植物，以改善蜜蜂的生存环境和养蜂生产的条件。

二、养蜂立项要围绕当地经济发展的总体思路来进行战略定位

养蜂由于具有投资小、见效快、可以在短期内帮助农民致富的特点，因此许多地方都想把养蜂作为当地经济发展的一个项目。但由于各地的蜜粉源条件、养蜂历史、技术基础、经济发展程度不一样，所以养蜂在当地经济发展的战略定位也不一样。就贵州省而言，大致可分为以下几种情况。

一是养蜂扶贫，这些地区大多属于贫困山区，经济欠发达，养蜂基础薄

弱。这些地区宜争取扶贫政策、扶贫资金来发展养蜂。

二是在旅游资源丰富或自然保护区内发展养蜂。这些地方发展养蜂虽然也是帮助农民致富，但当地的经济活动主要依赖旅游业来带动，因此在这些地区发展养蜂，也要围绕旅游开发来做文章，打绿色、生态牌，并通过旅游业的拉动，充分利用旅游的销售平台，借船出海，发展观光蜂业。例如，大家所熟知的湖北省神农架，分别在景区中的两个地方，用一二百个老蜂桶悬挂在崖壁上，打造景观，宣传神农架中蜂和神农架蜂蜜，神农架养蜂因此成了当地旅游业一张响当当的名片。所以，在这些地方搞观光蜂业，要注意结合乡村旅游，打造"美丽蜂场"，注重蜂场的环境建设（景观、蜜源、卫生），或在蜂桶的选择、安置、型式和形象上做文章，形成特色养蜂，提升养蜂的趣味性和文化品位，以吸引更多的旅游者和顾客的关注。在产品的营销方式上，也要采取线上线下、现场取蜜、众筹领养等多种方式，扩大产品销路，给当地旅游业增加新的亮点。

三是在贵州省养蜂老区，蜂群数量和产品产量已有相当规模，这些地区主要应考虑产业发展、壮大的问题，注重品牌建设，开辟新的营销渠道，为其他地区提供蜂种、蜂源，技术输出，开发出市场上适销对路的新产品（如巢蜜）等，保持蜂业持续发展的势头。当然，这些地区不缺养蜂基本技术，但养蜂高产技术还有待进一步提高。

无论是新区，还是老区，一旦把它定位为一项产业来抓，就要始终落脚在蜂蜜的生产和销售上，这是发展养蜂最终的目标。炒种卖蜂具有阶段性，不可能长期成为一个地区养蜂生产发展的主流。繁蜂技术较产蜜技术相对简单，如果没有过硬的产蜜技术；或当地蜜粉资源少，产量低；或蜂蜜销路不畅，养蜂业就不会稳固。中蜂产品较单一（以蜂蜜为主），产蜜量又比不过意蜂，中蜂要想占领市场，就要抓好"名、土、特、优"四个字，尤其要在"特"字上做文章。例如，贵州省有些地方产野桂花蜜、蓝莓蜜、枇杷蜜等，就属于稀有蜜种，很有特点，市场难以饱和，售价也比较贵。

四是养蜂主要为作物果树授粉。例如，贵州省麻江县以种植蓝莓为主，虽然蓝莓需要蜜蜂为其授粉，但蓝莓场地植被单一，蓝莓花期不长（20多天），蜂群长期置于园区内，规模饲养难度大，若外出转地放养，又受到技术条件、人员搭配的限制，所以自己只宜少量饲养，应主要与其他养蜂大县、大场开展合作，开放蜜源场地，引进外地蜂场来园区放蜂，为蓝莓授粉。而其他蜂场生产的蓝莓蜜则以合理的价格批发给种植园主，借他们的平台销售，双方各自发挥各自的优势，以达到互利双赢的目的。

三、针对不同地区的自然条件、养蜂发展战略，设计合理的养蜂技术路线，选择不同的蜂箱类型和正确的项目运作方式

不同地区的自然条件和蜜源条件不同，因此所采取的养蜂策略也不一样。例如，贵州省黔北地区（包括遵义及铜仁地区）是油菜、乌桕、荆条、盐肤木（五倍子）的主产区，春、夏、秋三季蜜源供给比较均衡，上述地区应通过油菜花期春繁，壮大蜂群，分蜂换王，然后连续采乌桕、五倍子蜜。而贵州省很多地区由于蜜源条件的限制，通常一年只能取 1～2 次蜜，有的在夏季（5—6 月的杂花蜜），有的在秋冬季（9—11 月的五倍子、千里光、野桂花蜜），所以平时要利用辅助蜜源，结合不断补助饲喂，连续分蜂扩场，然后在大流蜜前 45～60 天提前繁殖采集蜂，培养强群采蜜。

配套蜂箱，在旅游景区、自然保护区，可适当布置些老式蜂桶，以新（活框蜂箱）带老，新老结合。老桶当景观，做招牌，新桶抓产量。在一年只能取 1～2 次蜜和养蜂基础薄弱的地区，可以推广高框式蜂箱，简化管理技术，增加巢脾的贮蜜区，取一次性成熟蜜。

实施养蜂扶贫项目的地区，笔者认为应采取渐进式的开发策略，不主张一开始就大量外购引进和密集投放蜂种，应首先挑选那些热爱养蜂、善于学习，乐于助人的青年农民作为培养对象、养蜂带头人，以点带面，通过他们扩繁蜂群，政府采购（使用扶贫资金），就地买蜂卖蜂，"肥水不流外人田"，带领群众，滚动式发展，做到当年投资，当年见效，形成良性循环。在养蜂发展新区，要通过"走出去，引进来"的方式，培养当地自己的养蜂技术力量。对于养蜂扶贫项目，由于养蜂员多系新手，应在项目立项时规划出一部分资金用于人员培训。在蜜源条件不是很好的地方发展养蜂，还应将一部分资金用于种植和涵养蜜源植物，以保证项目结束之后，产业还能持续有效发展。

在实施项目时还应提高养蜂员的组织化程度，通过养蜂专业合作社或公司加农户的形式，把他们组织起来。产品除自产自销外，多余的产品通过相关组织、企业收购，加强质量监管，统一品牌，统一加工，包装销售。

许多刚开始实施养蜂项目的地区，往往担心考虑的是养蜂技术问题，其实，技术问题相对来说比较容易解决。目前贵州省已有一整套成熟和完整的中蜂养殖技术，足够生产中运用。从事发展养蜂业，影响最大的往往是"一进一出"的问题，"一进"即蜜源，"一出"即销售。这两头若解决得不好，发展养蜂就会遇到障碍。技术固然重要，但项目的发展思路、运作手段更为重要。所以在立项之初就要做好顶层设计，既要考虑到产中，更要考虑产前和产后。笔

者所在团队中有人提出："必须跳出养蜂来想养蜂"。也就是说，只有跳出单纯养蜂的角度来考虑一系列相关问题，才能在立项时及工作中更有预见性，避免盲目性，目标更明确，措施更有效，才能把养蜂项目做好做实，这也是笔者等近几年来指导基层养蜂工作中的切身经验和体会。

养（中）蜂产业扶贫工作需要解决哪些主要问题

— 兼论政府、贫困农户、经营主体（专业合作社、协会、企业等）、科技部门在养蜂扶贫中的地位和作用

贵州是我国西部贫困省，据统计部门有关资料表明，2015 年，贵州有 493 万贫困人口，是全国贫困人口基数最多的省份，占全国 8.8%，位居全国第一。全省共有 66 个贫困县，190 个贫困乡，9 000 个贫困村，贫困发生率在 10% 以上的有 16 个。对照国家规定的"原则上贫困县贫困发生率降至 2% 以下（西部地区降至 3% 以下）的脱贫目标"，贵州脱贫攻坚的任务还很艰巨。

由于养蜂业具有投资少、见效快、效益高的优点，贵州省很多县、市、区都很看重养蜂，专门安排了扶贫资金，用以发展当地养蜂业，帮助农民脱贫致富。

扶贫攻坚是国家"十三五"计划的重要政治任务，政府是投资的主体。而农民，尤其是农村中的贫困户，应该是这项政策的主要受益对象。政府有关部门在养蜂产业扶贫中的主要职能是申报、管理、监督、使用好相应的扶贫资金，加强农民的组织化建设（养蜂专业合作社），大力支持、培育农村新型经营主体，并通过它们与广大农户联系，合理分配收益，帮助广大农民脱贫致富。

贵州省近些年来养蜂扶贫工作既有成功经验，也有失败教训。那么，要搞好养蜂（中蜂）扶贫，政府部门应主要帮助农民解决哪些主要问题呢？

一、养（中）蜂扶贫，首先要解决好技术培训、技术服务的问题

大多数养蜂扶贫项目实施的地区，都是传统饲养中蜂的地区。传统养蜂的蜂群繁殖率、产量都很低，一般一群蜂一年只能分一群，平均产蜜2.5千克，生

产水平很低，根本不能满足社会对产品的需求，因此必须对传统养蜂落后的生产方式进行必要的改造。即使是贵州省已基本实现活框饲养的地区，其养蜂技术仍然停留在20世纪六七十年代的水平。因此，对养蜂户进行培训，用最新的养蜂科学技术武装农民，提高劳动者的素质就显得非常必要了。也可以这么说，养蜂扶贫，在一定程度上也就是科技扶贫。所以在养蜂扶贫项目的经费中，应当划拨出相当一块，或匹配相应的资金，作为专门的培训经费。

由于农民养蜂技术基础差，文化水平低，加之养蜂生产季节性强，不同季节管理的内容不同，因此对养蜂员的培训要重复、多次，分阶段进行培训。培训方式有多种，可以是课堂讲授、集中培训；也可以组织人员现场观摩，以会代训；甚至外出参观学习。例如，活框养蜂中的人工育王技术，是一项十分重要而关键的技术。掌握了人工育王技术，就可大大提高蜂群的繁殖率、繁殖速度，及时更换老劣蜂王，有利于良种选育推广，提高蜂群的抗病能力，达到扩大饲养规模，培育强群，提高蜂蜜产量、质量的目的。而学习和掌握这项技术，需要选派专人到有经验的蜂场上去跟班学习，重复练习操作（人工移虫后王台接受率达70％以上，一般需7～10天），才能基本掌握这门技术。这些费用都需要政府部门大力支持。过去有些扶贫项目培训经费不足，甚至根本没有设置培训经费，因此实施效果不好，没有达到预期的目的。

既然养蜂扶贫实质上就是科技扶贫，因此在这场养蜂扶贫的攻坚战中，养蜂业务主管部门、科研部门的作用是不可或缺的。养蜂科研部门应面向经济发展的主战场，通过政府＋科技部门＋经营主体＋农户的方式，积极投身到当前的养蜂扶贫事业中，并注意协调好基础性、应用性、开发性研究的比例，用科技服务产业，在服务中创新和转化科研成果，解决生产中存在的实际问题（如威宁县石门乡海拔2 000米的高寒高海拔地区开展的养蜂扶贫项目，在学术上就具有挑战性、新颖性），提高自身的学术水平和科技创新能力。政府则通过科技创新卷等形式，向科研部门购买相关技术，鼓励和调动科技人员参与产业扶贫的积极性。

二、在养蜂产业扶贫工作中，要认真落实项目的组织架构，培育新型的产业化主体

关于农村产业发展的问题，国家出台的农业合作政策，可以说是拉动农村产业化最重要的政策之一。政府通过公布各类合作法令、法规，直接干预或间接引导农村成立各类合作社与专业协会。

这个政策的出台，是因为从我国农村基本经营制度安排的初始状态看，农户是市场农业的原始主体，不仅数量众多，而且规模明显偏小，且过于分散。

这就意味产业的初始微观基础既不能体现竞争活力（因为个体农户的经营素质和竞争能力都比较差），又不能体现规模经济，不能适应现代市场经济发展的需要，同时，也意味着初始的农业产业组织结构不符合产业化组织结构的要求（因为农户间缺乏组织联系），这也是过去一些养蜂扶贫项目直接对接农户效果不好的原因。因此，建立合理的产业组织结构，是当前农业产业化发展必须解决的突出问题。

农业专业合作社或协会，具体到养蜂业来说，就是养蜂专业合作社或养蜂专业协会。合作社与专业协会是由农户自主组织的，为农服务是其主要功能，日益发展的合作社、专业协会不仅是经营规模较小的农户与市场衔接的纽带，而且是政府与农户连接的桥梁。日益发展的合作社（包括村集体的经营实体）、专业协会应逐步成为农业产业化的主体。在推动产业化的进程中，政府应通过扶贫项目，给予合作社或专业协会必要的资金、技术支持，并通过行政和经济手段引导合作社的经济活动，壮大其自身经济实力，培育新型的产业化主体。当然，当地已有的相关龙头企业也可作为经营主体，通过龙头企业＋合作社与农户联结。

三、逐步完善经营主体的服务功能，重点解决好产品销售问题

经营主体（指合作社、专业协会、行业龙头企业、村集体经济等）在养蜂扶贫产业中，要逐步完善、壮大其产前（蜂种、蜂机具采购供应）、产中（技术指导）、产后（产品收购、加工、销售）系列化服务的功能。在服务的同时，要实现一定的利润，以便消化经营和服务活动中所产生的正常开支，并逐渐壮大实体经济，以便后续具有更加强大的服务功能，这与产业扶贫的发展方向是并行不悖的。

一般情况下，在养蜂业发展的初级阶段，蜂产品多采取自产自销的模式，但随着产业的发展，养蜂规模的扩大，产品数量上升到一定程度后，就会出现价格下降、产品卖难、质量参差不齐、养殖户相互压价竞争等问题。如仅依靠单家独户，面向更为广大的市场，要想解决以上问题，以及统一包装、品牌建设等问题，显然是无能为力的。所以，只有通过经营主体，提高蜂农组织化程度和产品商品化率，才能解决剩余产品销售问题，给养蜂业的发展，开拓更大的空间。

四、养蜂产业扶贫，政府要帮助协调好经营主体与养蜂户之间的利益联结机制，解决好农户通过养蜂脱贫致富的问题

养蜂扶贫，其主要目的是为了帮助农户脱贫致富。因此，在项目实施地

区，应尽量覆盖到相当比例（如60%）的农村贫困人口。但农民致贫的原因是复杂多样的，如老、弱、病、残、懒；以及环境条件差，文体水平低，家庭负担重等，加上养蜂又是个技术活，虽说养蜂投资少，但当外界缺蜜期，仍需花钱购买饲料糖对蜂群进行必要的补饲。因此，并不是每个人、每一户都会养，都有能力养。故政府直接加农户的模式，把蜂群发放到贫困户手上，一般来说在实践中效果不好。这就需要通过养蜂合作社或养蜂协会及其他经营主体，发挥其组织、技术、经营、人员、资金等优势，以强带弱，以先进带后进，解决好产前、产中、产后的若干问题，带动和帮助农村贫困人口脱贫。

养蜂产业发展中经营主体与农户利益联结机制大致有以下几种类型。

（一）中介服务型

通过项目资助发展起来的中介组织（包括合作社、协会、企业、村集体）与养蜂户各自作为经营者和利益主体，按照市场交换原则发生经济联系，并在政府的监督下以合同的形式确定下来，中介组织通过其经营活动，收取一定报酬，有价抵偿为农户提供产前（如蜂机具供应）、产中（技术咨询）、产后（收购、销售）等服务。

（二）入股分红型

国家扶贫资金不直接投放给贫困户，而是作为贫困户的股金投放给有能力的经营主体，农户和贫困户则作为经营主体的股民。由经营主体负责组织养蜂生产，如挑选适宜的养蜂场地，负责雇用（基本工资加提成）当地热心养蜂、适合养蜂的人（最好是贫困户）作为养蜂管理人员，经营主体负责指导养蜂技术，在刨除所有开支（人工工资、蜂具饲料等）后，所得盈余经营主体与社员按一定的股比进行分红。原则是民主监督、利益共享、积累共有、按股分红、风险共担。产权与经营权分开，不一定每个农户都参与养蜂。分红的股比按双方出资比例并经社员代表大会与经营主体讨论协商，充分体现2017年中央1号文件中的（三变）精神，即（扶贫）资金变股金，产权变股权，农民变股民。这样处理，项目产生的利益也可覆盖到不会养蜂的贫困户。

（三）价格保护型

分别受到国家扶贫资金资助、扶持的（产销一体化）经营主体与养蜂合作社、养蜂协会、养蜂户之间，有严格的合同契约关系，由经营主体负责回收、加工、包装蜂产品，统一包装、统一品牌销售。双方确定提供蜂产品的数量、质量、价格，不符合质量的产品不予收购。价格原则上随行就市，在保护价的基础上可适当调整。

保护价的制定应考虑到双方的利益，除保证养蜂户有基本收益外，也要确保经营主体在扣除加工、营销成本后（如包装费用、加工损耗、检测费用、人工成本、厂房设备折旧、品牌建设、市场营销等），有利可图，正向运转。这种机制一方面解决了蜂农产品卖难的问题，另一方面也为企业建立了可靠的原料基地。

（四）利益均衡型

当产业发展到一定阶段，具有一定规模，经营主体具备了较强的实力后，也可发展成紧密型"公司＋合作社＋农户"的生产经营模式。

经营主体除采取制定保护价等方式保护农户的利益外，在扣除相应的公积金、公益金之后，其销售环节中的部分利益还可按一定比例返还给农户，尽可能均衡公司与农户的利益。

除了以上几种单独的利益分配机制外，也可以采取混合经营的方式，与不同对象，分别按上述不同的机制进行合作与利益分配。

贵州省生态环境好，大多数地方蜜粉源植物丰富，在当前"大生态、大健康、大扶贫"的大好形势下，只要各级地方政府充分认识到科学技术在养蜂扶贫中的重要作用，认真抓好产业扶贫的组织架构，着力培育新型的经营主体，努力提高蜂农的组织化程度，处理好各方面的利益联结机制，养蜂就一定会在扶贫攻坚战中发挥重要作用，真正实现"小蜜蜂、大产业"，通过产业带动，使更多的农户达到脱贫致富奔小康的目的。

跳出蜂箱讲养蜂

——发展中蜂要"四讲"

我国除新疆外，各地都有中蜂。由于中蜂是我国土生土长的蜂种，分布广，适应性强，善于采集零星蜜源，适于山区农民分散饲养；养蜂又不占地、不争粮、投资少、见效快、劳动强度不大，老人、妇女、残疾人也可以养；加上中蜂蜜市场价位高，经济效益不错，所以许多地方政府都在大力发展中蜂，并将其作为帮助农民脱贫致富的一项产业来抓。

从贵州省近几年中蜂发展的情况看，既有成绩，也存在不少问题，主要是不顾条件盲目发展，技术跟不上，生产水平低，产品质量差；个别地方有价无市，产品开始出现滞销现象。因此，在发展中蜂时要提倡"四讲"。

一、讲蜜源

常言道："蜜蜂蜜蜂，有蜜才有蜂"，养蜂是资源依赖性很强的产业，虽然绝大部分农村都可以养蜂，但要将养蜂发展成一项产业，就需要丰富的蜜源作支撑，这既涉及蜜源植物的种类，也涉及蜜源植物的数量，并不是每种绿色植物都是蜜源，比如森林面积以松、杉为主的地方，就不是养蜂理想的场所。养蜂最理想的地方，是前有田坝（有油菜、绿肥、玉米等），后有青山（有多种野生蜜源），既有人工种植蜜源，也有山上野生蜜源，这些地方养蜂就比较容易，收成较好。

一个地方的蜜源条件也是在不断变化的，如我国南方，过去一到春天，田地里到处都种有油菜、绿肥，但近十多年来农村青壮劳力大量外出务工，冬闲田土已不再种植小春作物。还有些地方山区开发，许多优良的蜜源如乌桕、鸭脚木、野桂花等被大量砍伐，种其他经济树种（如速生桉等），或搞其他开发，蜜源状况较之过去发生了很大的变化。例如，贵州省某县开展养蜂扶贫，笔者等曾受邀到蜂农家中指导，从县城到目的地，几十千米的路边几乎看不到油菜花的踪影，夏季蜜源也不多，只在秋天盐肤木能形成一些产量，这些地方要想大力发展养蜂就很困难。2017 年我们曾到湖北某地讲课，课间有一学员问："昨天某老师讲如何卖蜂蜜，今天您又给我们讲高产。但这两年我都没有打到蜂蜜，顾客向我买，我却拿不出来"。很明显，就是现在蜜源条件改变了，蜂群养起来了却收不到蜜。

一个地方能养多少群蜂，发展到多大规模适宜，蜜源是决定因素。所以养中蜂，提倡适度规模，并不是规模越大越好。许多政府官员只知道养蜂的好处，但不了解养蜂与蜜源的关系。他们问老乡：一桶蜂能产多少蜜（5～8 斤*），一斤蜜能卖多少钱（100～200 元）？于是计算，一群蜂产值 800～1 000 元，10 群蜂产值 1 万元，不得了，于是就决定发展到几千群、几万群，结果严重脱离当地的实际情况，贵州省有两个省级干部的试点，其中一个乡原计划发展 2 000 群，请笔者所在团队去看了以后，建议只能养 500 群；另一个县准备发展 2 万群，经过考察，建议只发展 5 000 群。因此，各地在发展养蜂时，最好能聘请有经验的专家实地考察后再作决定，认真践行"科学发展观"。

一般来说，规模较小的蜂场，中蜂大多为定地饲养，但有一定规模的大蜂场，就要实行定地加小转地饲养，以充分利用不同地方的蜜粉资源，提高产蜜量。要想中蜂产业能够长期可持续发展，除充分利用当地的蜜粉资源外，还应

　　　 ＊ "斤"为非法定计量单位，1 斤＝500g。——编者注

考虑补充种植蜜源，特别是当地缺蜜季节能开花流蜜的蜜源。种植蜜源植物应力争得到政府部门的理解和支持，将蜜源植物种植列入当地退耕还林计划，这样养蜂才能见到实效，形成规模。

种植蜜源已经引起了很多地方的重视，例如四川省平武县利用当地退耕还林政策，安排种植毛叶山桐子（又名水冬瓜）。广西养蜂管理站对当地经济价值很高的蜜源植物——鸭脚木，进行了育苗移栽实验。我们在贵州省大力发展农旅一体化、蜂旅一体化的大背景下，在发展中蜂的重点地区，提倡种植既有景观效应、或有其他用途的蜜源植物，例如拐枣、栾树、漆树、黄柏、洋槐、盐肤木、乌柏、绿肥（苕子、紫云英）、荞麦、油菜、肥田萝卜等，并在桐梓县建立了蜜源植物苗木基地，现已培育拐枣苗木 7 万余株，结合养蜂发展项目，分别在盘县、威宁、桐梓等地种植，大搞蜜源建设，真正实现"把产业做成生态，把生态做成产业"。

二、讲市场

中蜂产品主要是蜂蜜。其实现在市面上的蜂蜜还是很多的，但是比较混乱，有真蜜也有假蜜。现在经济发展，很多人既有消费能力，也有保健意识，同时也知道蜂蜜对健康的好处，但就是想吃又怕假，所以农村中的"土蜂蜜"就成了人们心目中认可的真蜂蜜，即使再贵，1 斤卖到一二百元，人们也能接受。

中蜂蜜在销售上有一个很大的特点，就是蜂场直销。广东省以养中蜂为主，养蜂历史悠久，也是中蜂饲养水平较高的地区，据该省有关部门统计，其70％的蜂蜜也主要靠蜂场通过亲戚、朋友、老顾客帮忙介绍销售出去的。因为消费者看得到蜂群，认识和熟悉养蜂者，因为信任人，所以也信任其产品。在养蜂规模不大、生产方式落后（尤其是传统养蜂）、产量不多的情况下，蜂蜜价格高，或许产品还供不应求。但一旦规模扩大，产量提高之后，供大于求，蜂蜜的价格就会往下掉。例如，贵州省养蜂大县、养蜂老区蜂蜜的价格就不如其他地区。虽然现在蜂蜜销售的渠道很多，比如实体店、超市和电商平台等，但中蜂蜜价位高，实体店和超市基本进不去；网销和电商平台如果没有很好的策划、包装与宣传，要打开销路也不容易，所以有人说"现今社会不缺产品，只缺市场"。

为了解决产品销售难的问难，最近中央明令出台了一系列政策，明确今后农业发展的政策框架，就是要大力扶持新型的农业经营主体，帮助千家万户农民打通销售环节，主要依靠市场的力量，通过市场竞争，发展壮大农村产业。此前在一些蜂群已有相当规模、产品也有一定数量的养蜂老区（如贵州省桐梓县、正安县），地方政府采取奖补措施，按蜂群数量多少对养蜂户进行直补（经济补贴），每年的奖补资金可达一二百万元。笔者认为，按现行的有关政策，当地政府应该转变观念，改变今后经费的使用方向，集中起来使用，着重用于支持、培育农村经营主体（企业或合作社），发展当地产品加工、营销体系，消化蜂农剩余产品，上包装，提质量，创品牌，与更广阔的市场相对接，这样才有可能做强做大当地的养蜂业。

近几年来中央提出产业结构调整，改善供给侧，其实养蜂业也存在这个问题。虽然从整体上看，这几年中蜂蜜在市场上有价格优势，但也要看品种。产量大、普通的蜜种（如油菜蜜）；或色泽深、口感差的蜂蜜（如桉树、乌桕蜜等），其市场价就不如一些数量较少、有特点的蜂蜜（如枇杷、蓝莓、鸭脚木、野桂花、野坝子、山花蜜），它们之间价差是 1～2 倍，甚至 3～5 倍，因此中蜂生产的主攻方向就应放在市场紧销、适销对路的"名特优稀"蜜种上。比如养蜂大省浙江、福建、广西、广东等地，其主攻目标就是枇杷、鸭脚木、野桂花蜜。生产出的其他质次价低的蜂蜜，能卖则卖，卖不出的部分则作为蜂群的饲料，转化成蜂群，然后再集中力量采收经济价值较高的蜂蜜。

除蜂蜜之外，蜂群（种蜂）也是养蜂生产的产品。最近几年各地发展养蜂，政府大量采购中蜂，种蜂市场很活跃，因此繁殖蜂群出售也是蜂场实现"短平快"发展、增加收入的一个重要手段。只要掌握了人工育王技术，蜂群的繁殖率可达 1：（4～15），有蜜源可以做，无蜜源也可以做（人工饲喂），基本不受季节（冬季除外）和蜜源条件限制，所以近些年有些地区和有些蜂场，其出售种蜂的产值可占到养蜂总产值的 70%～80%，每户年收入可达 10 万～20 万元。因此，笔者建议政府在支持当地发展养蜂时，一开始就要有强烈的市场意识，牢牢把握住当前种蜂市场的商机，鼓励农户积极繁蜂、卖蜂，不建议大规模引种，而是适当引入一部分蜂种，通过当地蜂农自养自繁，扩大蜂场规模，或就地繁蜂，就地卖蜂，滚雪球似的发展，政府投入的扶贫或产业发展资金可就地转化，以做到"肥水不落外人田"，富裕当地蜂农，项目也可收到"立竿见影，吹糠见米"的效果。

三、讲技术

养蜂要讲技术，才能保证蜂群不生病，把蜂养好养强，提高产蜜量，获得好效益。养蜂发展新区，缺乏养蜂技术人才是普遍现象。通常这些地区会请专家去讲课，进行会议培训，每次培训的时间大多在 1～2 天，时间比较紧。这种传统的培训方式不能说没有一点作用，但效果不太好，因为养蜂实践性强，课堂理论讲授往往与实际操作结合不紧密，再加上受训人员文化水平、养蜂经历参差不齐，讲深了，新手听不懂，讲浅了，老手又不过瘾，因此培训大多流于一般化；再加上培训结束，老师一走，当地无人进行指导，后续技术服务跟不上，就难免会出问题。

最近几年笔者在指导各地养蜂的实践中，适当改进了培训的方式，即在发展养蜂时，建议项目地区要从当地养蜂发展对象中，选派出 1～2 名年纪较轻、有一定文化、眼力好、热爱养蜂、乐于助人的农民，到有经验的蜂场上去跟班劳动，花一点学费（视时间长短，1 000～2 000 元），拜师学艺。时间不要长，7～10 天即可，除一般管理技术外，重点学习人工育王技术，人工移虫接受率达 70% 即为合格，可以毕业。可以这么说，人工育王是养蜂中的核心技术（从重要性来说），既是重点，也是难点，只要掌握了人工育王技术，就可大大提高蜂群的繁殖率 1:（4～15），育王换王、选育推广良种、预防疾病、培育强群、高产优质等技术措施才能得以后续跟进，贯彻实施。突破人工育王技术后，其他管理技术也就迎刃而解了。事实上，这几年繁殖蜜蜂、卖蜂致富的人，关键就在于突破了人工育王技术。

这些人学成回来之后，通过办场示范，就可以成为当地农村养蜂技术骨干，对其他养蜂户实行传帮带，技术服务的问题也就可以就地解决了。

四、讲质量

产品质量是产品和行业的生命，要长期保持中蜂蜜的市场价格，就必须强调保证蜂蜜质量。

传统养蜂技术落后，缺点很多，但有一个优点不能否认，就是传统养蜂一年只取 1～2 次蜜，甚至两年取一次，其蜂蜜浓度可达 43 波美度，可以说就是天然成熟蜜。这样的蜂蜜能保持 1～2 年不发酵，这就是很多消费者对中（土）蜂蜜的原始记忆。活框饲养后，由于人们追求产量，往往不等蜂蜜完全封盖就把它摇出来，浓度大多在三十八九波美度，这样的蜂蜜叫做不成熟蜜，水分高，易发酵。

从市场价格来讲，中蜂蜜应属于高端市场，但如果用这种低浓度的不成熟蜜，即低端产品去做高端市场，就会给消费者造成很大的心理落差，最终失去消费者的信任，丢掉市场。因此，在生产中必须在确保质量的前提下，再去追求产量。退一步讲，即使一群蜂只生产高质量的蜂蜜 4～5 千克，每千克 200元，每群蜂的产值也能达到 800～1 000 元，这就很好了。

什么是好的中蜂蜜标准？传统养蜂生产的蜂蜜就是标准。当然，活框养蜂要达到老桶蜂蜜的标准，那是要讲技术的。但只要坚持顾客至上、质量第一的观念，技术问题不难解决。至于怎样提高蜂蜜的产量、质量，属于另外一个话题，这里就不再赘述了。

养蜂项目的表格化管理

由于养蜂具有投资少、见效快的特点，近些年来，贵州省许多地方政府都把养蜂，尤其是养中蜂作为农民脱贫致富、精准扶贫的一项重要措施来抓。

养蜂项目的实施，其内容不外乎技术培训、试验示范、树立典型、检查指导、成果验收等内容。笔者曾在省级养蜂主管部门工作过，长期从事养蜂技术推广工作，有着比较丰富的项目实施、管理经验，其中一项就是在项目实施地区实行量化管理。表格化管理就是实施量化、规范化管理的一种具体形式。

所谓表格化管理，就是根据养蜂工作的主要技术内容，设计出一套实用的表格，提出具体量化的指标，并根据其对养蜂生产作用的大小，给予不同的分值。在对蜂场进行检查指导时，逐项对养蜂员的工作打分。分值高，就说明该养蜂员技术好，管理到位，收效高；分值低则相反。

例如，2016年5月，笔者设计出一张检查表格（表1-1），围绕蜂脾是否相称、巢脾新旧，以及对蜜足、王新、群强、无病等要求，赋予不同的分值，并到贵州省纳雍、大方两县对不同的蜂场进行抽查。抽查的结果，凡分值在85分以上的蜂场，蜂群发展正常，蜂场发展不错，收效好。而分值在70分左右或70分以下的蜂场，就存在这样或那样的问题，蜂场发展不起来，效果不太理想。例如，纳雍县寨乐乡李军蜂场，检查时蜂群数105群，为年初定群时的3倍，已出售蜂群200框（每框200元），现平均群势5框，群内蜂脾相称、蜜足，全部是新王、新脾，无虫无病，且实行人工育王，得分99分。陈菊蜂场现有蜂群也是较年初蜂群数翻了3翻，卖了100框蜂，无虫无病，蜜足脾新，除少数蜂群外，绝大多数都是新王，只是场地蜂群布置较为零乱，没有实行人工育王，得分85分，效果也不错。而陈仕群蜂场蜂群数20群，也实行了人工育王，大部分为新王，巢脾较新，但主要是蜂场有部分病群（中囊病），得分为70分，蜂群增殖的效果不理想。

实行表格化管理的好处，一是可使项目单位对养殖户检查评分时，有针对性地进行指导，意见中肯具体；二是帮助养蜂员对照培训内容和项目管理的要求，认真分析自己管理工作中的得失，找出差距，及时加以改进。

笔者的这种做法，也得到了养蜂员的肯定。过去到蜂场检查时讲好、讲差，大多只有一个泛泛的概念。而现在通过表格化管理，养蜂员的心里很敞亮，自

表 1-1

_____县 _____蜂场管理评分表

检查日期：_____
检查人员：_____

起步群数		平均群势（足框）			分出群数占总群数（%）			平均产蜜量（千克）			饲料状况		健康状况		巢虫危害		蜂脾管理		巢脾更新			是否人工育王为主		新王群占总群数（%）			箱内卫生			场地整洁		
总群数	总蜂脾数	3	4	5以上	11~20	21~30	30及以上	不到2.5	2.5~5.0	5以上	蜜 多足缺	粉 足缺	有病	无病	重	轻	蜂多相称	脾多	旧脾多	一般	新脾多	是	否	30以下	31~50	50以上	好	中	差	好	中	差
满分			10			10			10		10		10		6		6			6		6			5			5			5	
评分																																
总分																																

改进意见：

注：检查时分项登记打分，好给满分，中、差则减分，最低可打0分。

15

己有些什么地方不足，该往哪个方向努力，非常清楚。例如，笔者这次到大方县理化乡谢氏两兄弟的蜂场检查，开始时弟弟反映逃群、失王、天气不好，蜂群数减少，后来通过逐项对照检查，认识到很多原因都是因为自己对蜂场疏于管理造成的，今后应加强管理。哥哥管理虽然精细，但由于蜂病（中囊病）在该蜂场这两年不断根，也严重影响了蜂场的发展，今后要着重解决蜂病的问题。

通过这样的检查，项目主管部门也清楚当前生产中存在哪些主要问题，在培训和指导农户时应该怎样做，心里更加有底，指导也更具针对性。

养蜂扶贫，决不能搞形式主义

——试论养蜂扶贫工作中成功与失败的经验教训

一、贵州中蜂生产与养蜂扶贫项目的现状

扶贫攻坚是国家在"十三五"期间的一项重要政治任务，贵州是我国西部贫困省。据贵州省有关部门资料统计，2015年，贵州省有493万贫困人口，数量排全国第一位。随着"10+1"精准扶贫配套文件的深入落实，2015年全省减少贫困人口130万。尽管如此，但贫困基数大，贵州扶贫攻坚的任务仍然十分艰巨。

贵州是中蜂主产省，现全省有蜂58万群，其中中蜂50万群，占蜂群总数的86.2％。中蜂是土生土长的蜂种，对当地气候、蜜源适应性强，土蜂蜜市场价格好，适于农村定地饲养，且不限男女，老年人、残疾人也都可以养；加上近20年来随着农民工进城，大量荒地退耕还林，次生林迅速恢复，全省森林覆盖率由20年前的30.8％上升到现在的57％，生态环境极大改善，养蜂条件也好于以往，所以贵州省许多县、市都把养蜂作为扶贫攻坚的一个重要抓手，政府投入巨资，大量购蜂发蜂，发展中蜂生产，中蜂数量发生了很大变化，由"十三五"前的约25万群，发展到目前的50万群，数量几乎翻了一番。

关于养蜂扶贫的问题，早在2013年笔者就开始予以关注。进入"十三五"以后，中蜂生产出现了一些新的变化，笔者在各地培训、调研时，既发现了一些好的典型，也发现养蜂扶贫工作中存在的问题，因此陆续撰写发表了一系列报道和文章，提供各级养蜂主管部门、政府部门参考。

个人通过养蜂脱贫致富的例子较多，但涉及乡、镇、县整体推进，大面积养蜂成功的例子还比较少。2013—2017 年，贵州省纳雍县在县农业局的组织下，大力推广中蜂活框饲养。2012 年该县中蜂 1.08 万群，只有几十箱活框蜂。经过 4 年努力，大力开展中蜂过箱，不仅 98.8% 的蜂群改为活框饲养，且蜂群数开展到 1.8 万群，涌现了许多养蜂大户和致富典型。就一县而言，纳雍中蜂改良的速度、规模在全国也不多见，被专家称为"纳雍模式"，向全省多地推广。2017 年 5 月，由贵州省养蜂学会发起，在雷山县仙女塘农业发展有限公司举办了一期 40 多人、多个单位参加的生态养蜂及扶贫模式现场观摩会。2018 年 8 月，中国蜂产品协会帮助台江县养蜂扶贫，由于当地政府重视，有计划、有步骤地进行，加强技术培训、指导，也初战告捷，取得了一定的效果。

贵州养蜂扶贫工作的现状可以用几句话来概括，叫做"发展快、势头猛、有经验，问题多"。就整村、整乡、整县推进而言，总体情况并不乐观，失败率在 80% 左右，农民并未真正从养蜂上得到实惠，因此有必要对这个问题进行深入探讨。

二、贵州省养蜂扶贫存在的主要问题及原因

（一）导致养蜂扶贫项目失败的主观原因

常言道："蜜蜂蜜蜂，有蜜才有蜂"，养蜂是资源（蜜源）依赖性很强、也是技术性强的一项产业。许多政府部门只看到养蜂的好处，并不了解养蜂与蜜粉资源、养蜂与技术的关系，在没有了解当地资源的情况下就匆忙开始实施，后续服务又跟不上，导致项目失败。

贵州省一个乡、镇，一次购蜂一二千群的情况很多。要知道，贵州省原来近 60 年养蜂历史的中蜂生产重点县（锦屏），至今全县也不过 5 000~6 000 群。贵州省黔北某县，一个乡一次购蜂 2 000 群，而且进蜂时间是 12 月（蜂群越冬阶段）。贵州省西部某县，由县国有某投资公司牵头，一次购蜂 800 群，群众不会养，自己集中饲养又无正确方法，没有足够的蜜源维持生存，进退两难。2016 年，笔者曾组织相关人员到场，并提出整改建议，但最终还是因缺乏技术和负责任的管理人员，到 2019 年已近无蜂，唯剩蜂箱而已。同县某乡今年购蜂 150 群，曾请同县某公司给他们指导，养蜂员说："我们对养蜂都不太懂，主要是看管蜂子不被盗而已。"这样的例子举不胜举。更为奇特的是，西部某县 2018 年短期内购蜂 2.4 万群，为了应付检查，将蜂群摆在公路两边，排成一字长蛇阵，连路边的山坡上也密密麻麻地放满了蜂箱。当地养蜂员特地拍了视频发在微信群中。按车速每小时 60 千米的速度，足足记录了 2 分钟多

（相当于 2 千多米），场面虽说"激烈、壮观"，吸引了眼球，但严重违反了中蜂的生物学特性。据说到目前该县蜂群已近损失了一半。

（二）导致养蜂扶贫项目失败的客观原因

1. 误区之一：养蜂投资少，见效快，甚至不需要什么投入　有一些地区的领导也曾到基层作过调研，访问过养蜂户。他们回来说：农村养蜂就把蜂桶放在屋角角，吊在走廊上，平时也没看见怎么管理，每桶能产 5～10 斤蜜，1 斤卖 150～200 元，一桶能收千把块，生意这么好，为什么不可以大力推广呢？于是有个县级领导发话，当地要发展 10 万群蜂。也是贵州省西部某县某乡一领导，到一家活框养蜂户家问收入情况，非常兴奋，说这么好的效益要加快发展。这个领导走后，养蜂员说"你还没有听我把话讲完就走了。养蜂需要技术，还需要人去照管，缺蜜的时候要买糖去喂。产下的蜜还要卖得出去才能变成钱。天下哪有这么简单就容易赚钱的事情。"

2. 误区之二：土蜂蜜价格高，市场行情好　贵州省是中蜂主产省，蜂源多，群众也有养蜂的习惯，但总体来说，贵州省经济较落后，养蜂技术推广体系不健全，农村养蜂技术水平低，因此产蜜量也偏低。贵州省许多地方土蜂蜜之所以能卖到一二百元 1 斤，原因就是产量低，暂时还满足不了当地市场的需求。且农村人买蜂蜜，大多用于药用，价格高一些也是可以接受的。

总体来说，贵州省中蜂蜜的价格在国内处于偏高水平。蜜价偏高的地区，往往是养蜂不发达的地区。养蜂发达地区，虽然中蜂蜜的价格仍较意蜂蜜有优势，但产蜜量提高，供求关系发生改变，价格就会下调。如贵州省正安县，中蜂蜜的市场价每千克也就在 120～160 元。国内情况也大抵如此。不久前笔者到盘县普古乡大山村访问一个养蜂大户（苏十斤），他说去年养了 100 多群，产蜜 250 千克，只卖了几十千克，现还剩 200 多千克没有卖，因此灰了心，不太去管蜂，今年只剩 60 多群。由于买方和卖方信息不对称，贵州省有些地区、有些养蜂员也存在产品滞销的情况。

3. 误区之三：贵州处处是青山，山上植被好，处处好养蜂　贵州山多，雨量充沛，植被较好的确是事实，很多地方老百姓也养有蜂，甚至石漠化严重的地区，也养得有。但要大规模饲养，就要看当地蜜源的承载量了。并不是所有的树木、植被都是蜜源植物，如松树、杉树就不是，松树、杉树多的地区，养蜂条件就不太好。

贵州省不同地区海拔、气候不一样，因此植物种类、分布也有较大的差别。贵州省西部山区高寒，西南部地区干旱，全年缺乏长期、有效蜜源，其蜜源条件远远不如贵州省东部和东北部地区。因此，主管部门历来将贵州省西部、西南部划为意蜂生产区（仅春季有油菜、苕子等主要蜜源，季节性强），而将东部、东北部地区划为中蜂主产区或中意蜂混养区，是有一定科学依据的，并不是所有的地区都适合大规模发展、饲养中蜂（注意，这里指的是大规模）。

4. 误区之四：发蜂等于发财，发蜂等于脱贫　政府帮助农民养蜂脱贫，主要的动作就是买蜂发蜂，到外地采购蜂群后发给贫困户。他们认为蜂子发到百姓手中，摇出蜜来就能脱贫。

蜂群是什么？首先它是生产资料（当然也可变成商品），从政治经济学的观点，生产资料＋活劳动＋资金＝产品，产品＋市场＝商品（除去成本后）＝效益。将生产资料（蜂群）发到贫困户手中，仅仅只是养蜂扶贫工作的第一步，是开始，而不是结果。因此用扶贫款买蜂发蜂，决不等于脱贫。

蜂群（生产资料）必须通过养蜂者科学的饲养管理（即活劳动），甚至还要增加后期投入（如蜂群增殖需要添置新的蜂箱，生产管理工具，缺蜜期补喂饲料糖等），才会有产出。生产出来的产品还要包装，才能变成商品。卖给消费者，养蜂才会收到效益。所以，正如前面所举的例子，以为发蜂后无需再投入，可以一发了之、一劳永逸、一本万利的观念，是绝对错误的。

（三）大规模发蜂，简单化快速脱贫，违背了产业发展和市场运行的客观规律

养蜂扶贫，从目前贵州省的情况看，已不限于一家一户，而是整村、整乡、甚至全县推进，达到相当规模，已进入产业扶贫的范畴了。有些地方政府对此毫无思想准备，缺乏长远考虑，把规模化（产业化）养蜂扶贫，当成一件简单的事情来做。

产业化必然涉及产前、产中、产后这些阶段，组成一个完整的产业链，才能形成产业化。产业扶贫较之单纯扶贫要复杂得多。比如一个村，发动几户养蜂，教他们技术，扶持一些蜂具，卖不完的产品帮他们销售，这样很容易。但达到一定规模，就要事先摸清家底（蜜源），做好发展规划，合理购入、安排发放蜂群；产中要加强养蜂技术指导、培训，蜂机具的配套供应，加强生产过程中的质量监督；产后要考虑到产品加工包装，搭建平台，加强品牌建设，对外宣传，提高产品的知名度，多渠道拓展营销渠道，解除蜂农的后顾之忧，这样才能实现产业化，这个产业才会有生存和持续发展的机会。其中，养蜂人才的培训、市场的培育（包括市场经营主体）、产业链的延伸，都不是一蹴而就能做好的事情。就拿农村养蜂的农民来说，他也有自己的顾客群（当然有限），他也有市场培育的过程，他的顾客群是通过熟人带熟人，顾客带顾客，经年累月逐渐发展起来的。更何况规模化生产后，生产量大，又针对的是高端市场，如何把产品销售出去，卖出好价钱，更是需要政府长期帮助，甚至需要给予相应扶持的。

（四）大规模买蜂发蜂，其做法所致的负面影响不容小觑

分布在国内的土蜂称为中华蜜蜂，由于我国疆域辽阔，气候、生态条件不同，中蜂又分为9个生态类型，具有不同的生物学特性和生产性能，甚至形态上都有差别。其中，分布在贵州省有两个蜂种：华中型和云贵高原型。无论从体型大小、维持群势（一般可达7～8框，最大可达15～16框），还是从产蜜性能看，在国内都是排名靠前、非常优秀的蜂种。而分布于广西、广东、福建、浙江部分地区的华南型中蜂，个体小，不耐大群，好分蜂（3～5框即分），生产性能差。近几年来，有些所谓"种蜂场"使用来历不明的蜂种（据说是自越南引进的黄色东方蜜蜂），与我国黑色中蜂杂交，形成了所谓的"双色王"，通过广告大肆宣传、出售。这种蜂产子性能好，但消耗饲料大，产蜜性能特差。贵州省农业科学院现代农业发展研究所2017年引入不同地方蜂种同地试验观察，贵州省华中型、云贵高原型中蜂分占第一、第二位，群均产蜜量分别为21千克和18千克。而华南型、双色王中蜂同期产量仅为3.895千克和1.1千克，差距悬殊。贵州是贫困省，因此养蜂扶贫、购蜂发蜂多是政府行为，购蜂数多，款额巨大。由于不同地区间蜂种价格有较大差异，给很多中间商、投机商造成了可乘之机，以低价购入广西、广东、福建的蜂种，再高价卖给政府。如此大量、无序引进生产性能低劣的蜂种到贵州省饲养，由于蜜蜂空中交尾的特殊习性，本地蜂王会与劣种中蜂雄蜂杂交，造成生态污染，从而导致贵州省蜂种严重退化，生产性能降低。而这种情况在其他省区也广泛存在（甚至包括甘肃）。

我国过去曾经发生过无序引种，导致中蜂烈性传染性疾病——中囊病在某些地区暴发，损失惨重，记忆犹新，殷鉴不远。如果任由这种无序引种、倒买倒卖、不顾后果的炒种行为继续发展下去，势必会使我国珍贵的蜂种遗传资源受损，给养蜂生产带来十分不利和难以逆转的后果，同时也会导致宝贵的扶贫资金大量无效流失，影响扶贫工作的正常开展，给国家扶贫事业带来巨大的损失。

三、关于搞好养蜂扶贫工作的几点建议

（一）对扶贫成效建立更为完善、客观、科学的评价体系

本文前面提到过贵州省短期内大量购蜂、举措吸睛的某些乡、县，其中有些县已于2018年通过考核，宣布脱贫。据2018年9月26日贵州省有关新闻发布会上报告："此次考核内容全面，考核过程极为严格。"作为专业技术人员，我们无从知晓养蜂扶贫项目在当时考评过程中发挥了什么作用，但可以肯定的是，大量资金用于购蜂，显然在考核中是占有相当比重的。如果仅仅按动

用资金、发蜂的数量（即扶贫的手段）来衡量，而不是以实际取得的效果来衡量，显然是不够客观、全面、科学、合理的。因为生产资料必须通过劳动力转化、资金的运作，才能转化为产品，与市场对接后，才能产生效益，农民脱贫，才会变为现实。否则就会让养蜂扶贫变了味，成为"数字养蜂""数字脱贫"，违背国家扶贫工作的初心和宗旨。

鉴于当前扶贫攻坚已进入关键阶段，建议上级政府部门在审查一个地方、一个项目时，要以实际脱贫效果作标准，建立一套更为完善、客观、科学的评价体系，去进行相应的考核。总之，扶贫工作要讲求实效，不能走过场，要经得起时间检验和回头看。

（二）省级主管部门举办一期养蜂工作扶贫研讨班（1～2天即可）

养蜂扶贫既是业务工作，更是政治任务，政府部门是养蜂扶贫工作实施的主体，正确的决策往往来自于正确的观念。因此，要搞好养蜂扶贫，首先要做好政府部门的工作。研讨班参加人员应主要是县级业务主管部门的领导、县级分管主要领导，向他们普及养蜂基础知识，让他们了解养蜂生产、市场现状及发展前景，互相交流养蜂扶贫经验，澄清观念，避免误区，以便更好地指导、开展当地的养蜂扶贫工作。

（三）完善扶贫资金配套、使用方法

扶贫资金是高压线，国家对扶贫资金使用范围有明确规定，但过于刻板。比如养蜂扶贫项目，规定只能用于购买蜂群。但是，要做好一个项目，牵涉方方面面的问题，诸如技术培训、跟踪服务、蜂机具配套等问题。养蜂户，尤其是贫困户，经济底子薄，文化水平低，养蜂技术差，如果不做好上述服务，即使把蜂群发到养蜂户手上，他们也是束手无策，达不到脱贫的目的。所以建议省级有关部门要认真考虑，如何配套完善扶贫资金使用问题，变通解决和化解上述矛盾。

（四）深入探讨养蜂扶贫项目的运作机制，不断创新养蜂扶贫模式

贵州省利用扶贫资金发展养蜂，各地投放方式、运作规模不一，效果也不一样。尤其在把养蜂当成产业扶贫的地方，更要考虑各方利益机制联结的问题。农业产业化代表的是先进的生产力，而贫困农户则是落后生产力的突出代表，这两者之间落差巨大。因此，若要通过产业发展来带动贫困农民脱贫，就需要一个中间纽带和桥梁，这就是"能人带、企业（或市场经营主体）领"。因此，必须处理好能人、企业与贫困农户之间的关系，调节好他们之间的利益分配、联结、连动机制。如果用政府直接＋贫困户的办法，就难以奏效。本文前面曾经介绍过的贵州省雷山县仙女塘农业发展公司，以及广西壮族自治区隆林县代氏蜂业，都是在这方面解决得比较好的典型。而前面提到进蜂2.4万群的西部某县，据说在利益分配上，养蜂员占20％，村集体10％，贫困户占70％，表

面上贫困户是占了大头，但由于养蜂户需要投入劳力财力，分配又不多，调动不起他们的积极性，所以蜂也不会养好，贫困农户最终也不能得到实惠。

另外，养蜂扶贫的模式也要不断创新，不要一个模式，一刀切。笔者曾经建议，养蜂扶贫项目最好分期、分批逐步实施。在实施的过程中，逐步培养当地的养蜂技术人才，打开销售市场。不建议大规模引种，而是通过引入一部分蜂种，鼓励农户自繁自养，就地繁蜂卖蜂，实行滚雪球似的发展，政府投入的扶贫资金可以就地转化，做到"肥水不落外人田"，富裕当地贫困农户，项目也可收到"立竿见影，吹糠见米"的效果。

（五）加强蜜蜂检疫，加大对蜂种生产单位的监管力度

随着贵州省养蜂扶贫工作的发展，蜂群买卖、转地放蜂的越来越多，越来越频繁。由于养蜂区域的扩大、养蜂新手的加入，蜜蜂传染性病害的防控也是一个十分薄弱的环节。建议省级有关主管部门要加强培训执法人员和蜜蜂出入境检疫工作。

对国内种蜂场，要严格按照国家颁布的《种畜禽生产管理条例》，检验核证、发证，加大执法监管力度，凡违规、非法经营者，予以重处，以纯洁种蜂市场，保护国内珍贵的蜂种资源。

台江县2018—2019年养蜂扶贫项目
实施情况抽样调查报告

一、基本县情和项目概况

台江县位于贵州省东南部，黔东南苗族侗族自治州中部，地处云贵高原东部苗岭主峰雷公山北麓，清水江中游南岸。总面积1 108千米^2，辖4镇3乡2个街道办67个行政村，总人口16.2万，其中苗族人口占98%，号称天下苗族第一县。

台江县属典型的山林地区，境内地质地貌复杂，山高坡陡谷深，地面起伏大，海拔650～1 200米，山多地少，是典型的"九山半水半分地"的山区。

台江气候属中亚热带季风湿润气候，冬无严寒，夏无酷暑，年平均气温16.5℃，极端最高气温35℃，年均降水量1 801.7毫米，年平均无霜期320天。

台江生物资源丰富，森林覆盖率67%，是贵州十大林区县之一，自然生态植被保存较好，各类植物有156科，460个属，2146种。蜜粉源植物种类繁

多，主要有油菜、盐肤木、拐枣、板栗、丝栗栲、锥栗、漆树、檫木、三叶草、川莓、枇杷、梨、野菊花、鬼针草、木荷等。尤其是秋季蜜粉源最为丰富，特别适合发展中蜂养殖。

据 2016 年 5 月全县中蜂养殖情况普查，当时全县养蜂存养量 3000 群，但 99％均为传统养殖，活框饲养仅几十群，生产能力很低，年均产蜜 2.5～5.0 千克。由于蜜粉资源丰富，蜂种资源也不少，部分农户有在山上放桶收蜂的习惯，最多的一年一户可收蜂 300 多桶。

由于养蜂资源丰富，故 2018—2019 年，结合本县脱贫攻坚的任务，县委、县政府决定把养殖中蜂，作为当地脱贫攻坚和重要产业来发展，截至 2019 年 6 月，台江共有蜂群 7103 群。其中，利用财政扶贫资金引入活框蜂 3816 群（其中包括中国蜂产品协会引入资金购入的 738 群），群众自购活框养蜂 66 群，传统养蜂 2621 群。由于 2018 年春季气候反常，低温阴雨持续时间为近二十年来所未见，加之台江县原来养蜂技术基础薄弱，基本是零基础起步，活框养蜂经验不足，有些地方养蜂员对蜂群疏于管理，蜂群损失率达 30％，成活率达 70％。2018—2019 两年养蜂扶贫项目先后培训 432 人次，全县现从事养蜂扶贫的养蜂员有 300 余人，其中 50 群以上大户 52 户，能进行人工育王的有 20 人；覆盖贫困户 1 500 户。经统计，2018 年生产蜂蜜 6 048 千克，绝大部分产品均已销售，总产值达 120 万元，许多贫困户因此分红受益，养蜂扶贫效果已初步显现。

为了进一步发展台江的养蜂产业，认真总结经验教训，为今后各级政府指导养蜂扶贫工作提供依据，2019 年 5—6 月，在当地乡、村领导的支持下，我们陆续走访了南宫、方召、台盘、排羊等重点乡镇及交包、汪江、东伊、展忙、展吉、排羊、养开沟、东杠、红阳、巫梭、巫西等村寨，深入养殖户中调查，现将调查情况报告如下。

二、经验和教训

（一）领导重视是项目顺利推进的重要保证

台江县县委、县政府对养蜂扶贫工作高度重视，2018 年专门成立了县养蜂专班，县政协副主席唐成万任组长，县委常委、县政法委书记杨胜林代表县委分管该项工作。2018 年，县委书记吴世胜专门陪同中国蜂产品协会副会长、秘书长赵小川对台江养蜂条件进行实地考察，县长杜贤伟多次深入一线了解项目进展情况。全县计划在 2019 年第三季度召开一次养蜂摇蜜培训大会，表彰一批在扶贫工作中有突出成绩的优秀养蜂员，并对本县出产的蜂蜜请专家进行评比鉴定。在县委、县政府的关心和支持下，台江县扶贫资金向养蜂方面倾斜，保证了项目的顺利实施。

方召镇在台江县海拔最高，气温较低，冬季有雪凌，自然条件较差，但养蜂项目却进展得不错。据 2019 年 5 月调查，2018 年发放的 300 群蜂，存活 267 群，蜂群存活率达 75%，高于全县平均水平。县政法委书记杨胜林在该镇挂职，对该项工作很重视，亲自主持出席培训，并明确该镇林业站李素颖为养蜂专班成员，建立了方召镇养蜂技术交流微信群，对该镇养蜂工作进行具体指导，养蜂扶贫取得明显成效。例如，该镇巫梭村四登组邰忠权，52 岁，养蜂积极性高，管理认真。2018 年养蜂 40 群，产蜜 140 千克，收入 2.8 万元，个人分红 1.8 万元；全村 31 户贫困户，每户分红 340 元。2019 年政府又发给他 60 群蜂。尝到甜头后的他劲头更足了，现带着老伴一起养蜂，还开展了人工育王。

（二）良好的技术服务是项目顺利实施的技术保障

台江县过去只实行传统养蜂，蜂农对活框饲养基本一窍不通。南宫镇于 2018 年 4 月进的 480 群蜂，分发下去后，由于技术跟踪服务、培训不到位，项目基本失败。2018 年萃文街道引进的 200 群蜂也基本属于此类。

2018 年 7 月，中国蜂产品协会支援台江养蜂扶贫，在援款购蜂的同时，还特地聘请养蜂专家徐祖荫为技术顾问。自 2018 年 7 月以来，到 2019 年 6 月，徐老师及贵州省农业科学院专家先后 9 次到台江，深入现场巡回指导，举办大、小培训班 14 场次，同时还加入了台江县养蜂培训班南宫站、方召镇养蜂技术交流群等微信群，每到关键时期，如越冬前、春繁前、越夏前，及时到现场讲课、指导，并在微信群中给养蜂员答疑解惑（图 1-1 至图 1-5）。学员们也在微信上反映情况，互帮互助。贵州省实施养蜂扶贫的地方不少，但大多是头年进蜂，第二年所剩无几，甚至荡然无存，但台江县引进蜂群的存活率高达 70%。

图 1-1　2018 年 7 月台江县举办的全县养蜂技术培训班

图 1-2　2018 年 10 月在台江县南宫镇举办的养蜂技术培训班

图 1-3　2018 年方召镇举办的养蜂培训班（前排左 5 为县政法委书记、县委常委杨胜林）

图 1-4　2019 年 4 月县养蜂培训班，贵州省农业科学院科技人员现场演示中蜂过箱技术

图 1-5　2019 年 5 月，由县政法委书记、县委常委杨胜林（前排左 6）、县政协副主席唐成万（前排左 2）带领乡镇干部，专门赴湖北荆门参观学习养蜂技术

（三）合理的分配机制是项目成功的关键

养蜂是个技术活，养蜂要取得成功，除养蜂员个人热爱养蜂、不怕蜜蜂蛰以外，还需要有一定的头脑，本人勤劳肯学，付出一定努力。贫困农户之所以贫困，是因为各种主客观条件造成的。这些人要脱贫致富，需要有人带领和帮助。无数事例表明，如果政府采购蜂群直接分发给贫困户饲养，十有八九是失败的。因此，如何利用好政府的扶贫政策，把蜂养起来，养得好，既能让养蜂员体现他们的劳动价值，又能使贫困户受益，就必须在分配上处理好养蜂员、贫困户、村集体三者之间的关系。

台江县在这方面大致有以下几种分配方式，不管方式如何，蜂群均为集体所有，贫困户是股东，养蜂员实行代养。

第一种分配是纯利润的60％归养殖户，30％为贫困户分红，10％交村集体作生产发展基金。个别地方是养蜂员和贫困户各占45％，15％交村集体作生产基金（如解决饲料糖、蜂具等）。

第二种按个人承包方式，不论收入多少，每箱按80元交村给贫困户分红。或按投入成本7％的比例交贫困户分红，比如价值10万元的蜂群、蜂具，每年交7 000元给贫困户分红，其余所需费用均由养蜂员个人承担。

例如，排羊乡排羊村，2018年购入500群蜂，分别承包给8个养蜂户饲养，其中成员有部分就是贫困户。贫困户与养蜂员三、七分红。其中收入最多的一个养蜂户熊清七，收入1.5万元，最少的一个养蜂户李正昌，收入9 400元。该村128户贫困户，每户分红220元。排羊乡南林村、剑河县某乡镇也到该村取经，参照该村模式执行。

东伊村高位截肢的残疾人张文泽，带其他两人管理166群蜂，2018年养蜂收入1.07万元，其中管理人员每人分红4 300元，所含64户贫困户，户均分红100元，共计6 400元。

（四）选对合适的人来养蜂是项目成功实施的重要一环

在项目实施时，除解决好分配、激励机制外，一定要物色好合适的、责任心强的养蜂员。比如南宫镇交宫村，2018年发蜂80群，但承包养蜂的两个人又承包了村里种冬瓜的项目，两头不能兼顾，没有时间管理蜂群，到2019年6月，80群蜂只剩下3群。

台盘乡南庄村，2018年安排了100群蜂，分两人管理。分配上规定四、六开，养蜂员得四成，一方面，村领导和养蜂户平时互不信任，在一定程度上影响了积极性；另一方面，两个人责任心也不强，疏于管理，到2019年5月，100群蜂只剩下13群。我们去检查时，蜂群中滴蜜全无，蜂王不产卵，脾上无幼虫。因此在实施项目时，一定要选择那些喜欢养蜂、肯学肯做的人来管理，否则结果就只能是失败。

（五）项目顺利实施，扩大成果，保证可持续发展，必须加强所有参与管理人员的技术培训

2019 年 6 月下旬，我们在南宫镇养开沟举行夏季管理培训会时，已发蜂群、参加培训的 35 人，其中有 5 人此前从未参加过培训。

在一些村检查养蜂项目时，通常只有其中一个养蜂员经过培训，懂些技术，其他搭配的两个副手都是不懂技术的，只能当劳力。所以培训工作的普及性还不够强，有死角。

三、对今后工作的几点建议

（一）注重发现、培养当地养蜂人才

这次调查中发现，通过项目实施，当地其中一些养蜂员已经脱颖而出，他们热爱养蜂，善于学习，认真管理，已经掌握了一定的养蜂技术，甚至可以进行人工育王。对这些人今后要重点培养，深入培训，让他们成为当地的养蜂能手和致富带头人，带动更多的人和贫困户参与这项事业。

（二）要鼓励先进，奖勤罚懒

在项目实施过程中，当地政府部门要加强检查督促，及时发现问题，及时调整。对管理上责任心差，经多次提醒，又不能及时整改的养蜂点，应该把蜂群、蜂具及时调整给那些认真管理的养蜂点，要让这些村、这些人有危机感，不能让国家的扶贫资金白白浪费。

（三）要有久久为功的思想准备，继续加强产中、产后服务

养蜂是一项经济工作，产业的发展往往不是呈直线上升的趋势，而是要有一个较长的过程去磨炼技术，实现各种资源的有效整合，并与市场相接轨。因此，扶贫工作过后，还得继续加强产中（如培训、技术指导）、产后（如品牌创立、产品销售、市场推广）服务。目前产品的销售主要靠上级帮扶单位，打扶贫牌、友情牌，2018 年排羊乡生产浓度不够的蜂蜜在市场上已有一定的负面反馈。今后进一步拓展市场的空间，靠的是产品过硬的质量，当然还有适当的加工、包装和宣传。项目现在才刚开始，今后还有更长的路要走，因此要戒骄戒躁，不宜操之过急，要稳扎稳打，做好长远的规划，让养蜂产业在脱贫致富和乡村振兴中发挥出更大的作用。

谈中蜂场的规模及如何估算
一地合理的载蜂量

一、蜂场"规模"的两个概念

在谈蜂场"规模"之前，首先必须了解"规模"的定义。有的人会说，"规模"不就是指蜂群的数量吗，还需要怎么去定义呢？笔者个人认为，除了数量的意思之外，"规模"确实还需要进一步去定义，否则会造成误解。例如，有人说自己养了200群或300群蜂。他说的这个数字，通常指的是饲养规模，也就是"经营规模"，经营规模与财产的归属权相关。这200群、300群是集中在一个地点饲养？还是分散在几个地点饲养？这就涉及另外一个概念，即"场地规模"，场地规模与产权无关，而与生产管理的方式，以及合理的载蜂量有关。例如，笔者曾经提到新西兰有一个蜂场（西蜂），该场有蜂2 400群（经营规模），但这2 400群并不是集中到一个点上，而是分散到100个点去放养，每点8～32群，平均"场地规模"也就24群。这样一说，蜂场"规模"的概念就比较清晰和完整了。

蜂群的产蜜量与蜜源的占有量是密切相关的。蜜源占有量越多，产蜜量就越高。否则新西兰的这个蜂场为什么要分散到100个点放养呢？养中蜂更是如此。因为中蜂大多为定点饲养，如果蜜源条件不充分，二三百群蜂集中在一个点饲养，如果不喂糖，单靠野生蜜源，连生存都难以维持。这种例子比比皆是。贵州省威宁县石门乡传统养蜂协会的安副会长说，2018年他的蜂群数发展到100群，较2017年翻了一番，但产蜜量还不如2017年50群的产量，说明蜂群数过多了，蜜源不够用。贵州省台江县回乡创业的大学生张德文，在野外放桶收野蜂饲养，300多群蜂分散在雷公山自然保护区边缘纵深十多千米、平均宽2千米的公路沿线上，收获也还不错。但由于他放蜂的个别地方与其他村蜂群的采集范围有重叠，产量就不理想。例如，放到南刀村方向的两群蜂，2018年每群割5千克蜜，政府给该村发放了100多群蜂，蜂群数增加了，与他这两群蜂争抢蜜源，他这两群蜂2019年每群割蜜不足1千克，说明蜜源状况明显恶化了。还有一个养蜂几十年、经验丰富的养蜂朋友告诉笔者，他曾因领导要求，不得已将120群蜂集中在一个点上示范饲养，每年取蜜不足500千克。后来他将这些蜂分散到两三个点上放养，同样是他管理，同样是这么多的蜂群，产蜜量提高了50%，甚至翻番，这是因为蜂群的场地规模虽然缩小了，但每群蜂的蜜源占有量却增加了。

二、正确估算一地的载蜂量

经常有人问笔者当地能发展多少群蜂？这个问题很难回答。因为组成蜜源植物的种类很多，有乔木、灌木，也有草本，每种植物的泌蜜量不一样，而且不同地区植物的种类、数量也不一样，虽然我们对蜜源植物的丰富度做了一些工作，但还需要进一步深入研究探讨，因此回答当地具体载蜂量的问题，很难说清楚，但回答这个问题确实又很有必要。所以笔者对此认真反复思考，从一个放蜂点适合放多少群蜂为切入点，再去推算出全乡、全县适合的载蜂量，这样似乎会比较可靠。

众所周知，中蜂的有效采集半径为 1.5 千米，最大采集半径 3 千米。一般从我们对养蜂老区多年的调查、接触中，在以采蜜为目的、定地饲养、蜜源尚可、适当补饲的条件下（这是本文探讨的前提），一个点放蜂的规模通常也就在 50～60 群，这也恰好是一个普通劳力所能负担的数量。也就是说，在有效采集半径 1.5 千米、面积 7 千米^2 的范围内，正常年景，这个蜂场每群蜂平均年产量 5～10 千克，应属上等蜜源；每群平均产量 2.5～5 千克，为中等蜜源；2.5 千克以下即为下等蜜源。下等蜜源的地区，在这个基础上（50～60 群/点）就不能增加蜂群数，而应根据蜜源条件适当调减蜂群数。中等蜜源则正好。上等蜜源的地区，尚可适当增加一些蜂群数，以提高规模效益。例如，某县国土面积为 1 000 千米^2，属中等蜜源地区，那么根据每点的载蜂量，即可粗略地算出其大致的载蜂量，即 50 群×（1 000 千米^2÷7 千米^2）＝7 140 群，如果一个点的载蜂量为 60 群，即全县大致载蜂量为 8 571 群，也就是在 7 000～8 000 群较为合理。如果为上等蜜源，每个点平均养 80 群蜂，比中等蜜源增加 20 群，最大载蜂量也就在 1.1 万群。

当然，以上只是概算，如果去除不适宜养蜂的面积，如城镇建筑占地等，实际合理的载蜂量还应有所下降。

以上推算方法是否合理呢？笔者等曾于 2016 年第 10 期《蜜蜂杂志》上刊登过一篇题为《建立蜜源植物丰富度评价体系的研究》的文章，以贵州省三个地方为例，贵州省正安县为上等蜜源地区（有春、夏、秋三季蜜源），每平方千米有蜂 12 群，纳雍县为中等蜜源地区（春秋有而夏季缺），每平方千米有蜂 8 群。按此标准衡量，该县 1 000 千米^2，如为中等蜜源，则载蜂量为 8 000 群；若为上等蜜源，适合的载蜂量则为 1.2 万群，与上述测算结果基本相符。

贵州省中蜂老区——黔东南州的锦屏县（野桂花蜜产区），蜜源状况属于中等偏上吧，60年来发展至今，全县蜂群总数也就5 000～6 000群。不是不想发展，而是资源有限，没有发展空间，这就是实际情况。

在更为有效、准确的测算方法研究出来之前，各地在发展中蜂、制定项目依据时不妨参考本文所讲的方法。

谈中蜂生产的区域化布局

一、中蜂生产要提倡区域化布局

中蜂在我国是一个广布型蜂种，适应性广，除新疆及内蒙古的部分地区外，全国各地均有分布。中蜂同时也是我国养蜂生产中的一个主要蜂种，蜂群总数约占全国蜂群总数的40％。但是，由于蜜源、气候、交通条件不一样，中蜂在我国分布也不均匀。据我国著名养蜂专家杨冠煌先生等调查，中蜂主要分布在黄河河套以南的地区，特别是我国长江流域及我国南部、西南部的数量较大。例如，广东省，因其气候炎热，越夏期长，广东全省以饲养中蜂为主，中蜂在全省蜂群比例中高达93％（罗岳雄，2012）。

即使在我国南方地区，中蜂的分布也是不均衡的，一般蜜源连片集中、交通便利的地方，意蜂多，由于种间斗争的关系，中蜂分布就少。但在山区、半山区，零星蜜源多，地处边远、交通又不太方便的地区，中蜂数量相对就会多些。因此，发展中蜂，主要应摆在山区、半山区与意蜂冲突、矛盾不大的地区。

同样是山区，各地的条件也有不同。由于蜜源、气候不一样，就有了中蜂优势产区和非优势产区的区别。中蜂的优势产区应具备如下几个特点：蜜源丰富，基础蜂群多；冬春季气温较高，蜜蜂生产活动期长，有利于生产高浓度、高质量的蜂蜜；有特殊的蜂蜜品种（如野桂花、鸭脚木、刺楸、野坝子、千里光、枇杷等），其中有些是意蜂难以采到的蜂蜜，且市场条件较好。

蜜源丰富大家都比较好理解。例如，贵州省正安县，春、夏、秋三季都有蜜源，该县春季利用海拔700米以下地区的油菜繁蜂，且周边邻县又有大面积的油菜。进入夏季以后有乌桕和荆条，秋季海拔较高处有川莓、五倍子流蜜，蜜源周年轮供比较均衡，这些地区历来就是贵州省中蜂主产区，也就是优势产区。而贵州省西北部海拔在1 600米以上的地区，春季只有杂花，油菜很少，夏季6—7月山花开时为蜂蜜生产期。入秋后天气转凉，9月到10月初有些地方有少量的五倍子，还有一定面积的野藿香，但由于此时有寒潮，蜂蜜产量不很稳定。贵州省南部地区（除黔东南州）虽然热量条件好，早春气温高，油菜开花早，但绿肥近些年来播种面积锐减。菜花、绿肥过后，夏季严重缺蜜。秋季五倍子也少，还有些地方石漠化严重，生态条件极差，这些地方由于蜜源缺乏，产蜜量低，显然就不是优势产区。

又例如，广东、广西、福建等地区，春季虽然油菜不多，但有其他辅助蜜源开花，接着就是荔枝、龙眼等大蜜源。夏季山区有些山乌桕，可以度夏。但越夏后秋冬季又有野桂花、鸭脚木、枇杷等蜜源陆续开花流蜜。这些蜂蜜都是特种蜜，品质好，意蜂难采到，因此这些地方也是中蜂的优势产区，这也是广东全省为什么会以中蜂为主的原因。

再例如，湖北省荆门市及其附近地区，这些地区的特点是海拔低，平均海拔 200 米左右。这些地区秋季气温较高，除春季有油菜、海桐，夏季有荆条、楝叶吴萸外，秋季五倍子、刺楸、千里光比较多，能形成较高的产蜜量。且由于气温较高，湿度较小，所生产的蜂蜜，尤其是一年只取一次的蜂蜜浓度高，可以达到 42 波美度以上。具有一定规模的中蜂场（150～200 群），好的年份可收 2 000～2 500 千克蜂蜜，这些地区自然也是中蜂的优势产区。

二、中蜂生产应实行科学、合理的区域化布局，并应因地施策

任何一个产业发展，都必须立足自身的基础和自然条件，讲究科学、合理的区域化布局，针对不同地区的情况，采取不同的措施，才能达到理想的效果，否则就只会南辕北辙。

在优势产区，要以"三优"理念为指导，即优势产区、优势品种（拳头品种）、优异品质，适当发展一批专业化、规模化蜂场，因势利导，大力支持培育农业新型经营主体，加强品牌建设，不断增强他们的科技创新力，市场竞争力（市场增长率、辐射力、吸引力），通过他们带动农户发展，实现产、供、销一条龙，逐步走上产业化发展的轨道。优势产区不能仅停留在单纯鼓励发展蜂群的数量上，要逐步从现在的数量规模型，向质量效益型转变。例如，贵州省有些中蜂大县，政府每年都花费大量资金用于蜂群直补，而不是把钱投放在发展产品加工、包装，以及升级改造上，几十年来几乎踏步不前。虽然有产量优势，但并没有形成真正的品牌和市场优势。

非优势产区与优势产区的差别是客观存在的，并非短时期内可由人们的主观意志而改变。非优势产区与优势产区虽然都可以养蜂，但饲养的规模、发展数量、生产方式的定位是不一样的。由于非优势产区受到蜜源、气候、蜂蜜品种、市场能力等方面的制约，因此在中蜂发展的定位上，就不能把它作为当地

的主导产业来抓，而只能将其定位为农村家庭副业、庭园经济，走"千家万户"、小规模、大群体的路子，这才是正确的发展方向。

怎样做到科学养（中）蜂、高效养（中）蜂？

一提到养蜂，很多养蜂技术书籍都冠以科学养蜂、高效养蜂的书名。因此，笔者想就这个题目，跟广大养蜂工作者探讨一下，科学养蜂、高效养蜂的完整含义是什么？怎么才能真正做到科学养蜂、高效养蜂？

一、科学养蜂、高效养蜂不能只有一种模式

大多数人讲科学养蜂、高效养蜂，可能大都指的是具体的养蜂技术，从中蜂来讲，又大多特指中蜂活框饲养技术。当然，活框养蜂相较传统养蜂而言，其工具、技术，确实要复杂得多，管理要求更为精细。但先进技术对于实施者（劳动者）的素质，往往有更高的要求，先进的技术不一定适合每一个人。就目前我国农村现状来说，留在家里的人大多是老年和妇女，这些人通常文化水平低，经济底子薄，学习能力差，要让他们在较短时期内养好活框蜂，往往比较难，许多人养了活框蜂后，蜂群非死即逃。因此，不如让他们把较为熟悉的传统养蜂做好，较为现实，正所谓"适合自己的，才是最好的"。

传统或粗放式养蜂，也不是绝对不科学、落后的。我国传统养蜂的历史有近2 000年，这门技术之所以能够延续到今天，其中必然蕴含着一定的科学道理，如元末明初刘基所著《郁离子·灵邱丈人》，是中蜂管理的重要科学文献，其基本原则至今仍有重要的参考价值。就当前来说，我国农村通过传统或半传统粗放式饲养中蜂，取得良好经济效益的也有许多例子。例如，笔者曾经报道过贵州省台江县回乡养蜂的大学生张德文，到山上放桶收蜂，养蜂300群，年产原生态蜜500多千克。另有息烽县傅业常，与他人合作，用格子箱业余养蜂近200群。湖北省钟祥市的杨志华，种茶、养羊、养蜂，其中活框养蜂300群，实行粗放式管理。湖北荆门市粟溪镇刘云，山下活框养蜂分蜂，山上传统饲养取蜜，养蜂近200群。他们养蜂的年产值都达到或超过了10万多元。传统半传统养蜂的优点就是管理、操作简单，可以实现一人多养。所以无论从饲养规模、投入产出比、年产值和经济效益来看，都不一定比活框饲养、精管细

养的效果差。

养蜂生产是一项经济活动，经济活动就必须面对市场。许多消费者比较认可的是老桶中割下来的蜂蜜，不喜欢活框饲养的蜂蜜。因此，一些地方就利用活框养蜂繁殖快的特点，繁蜂卖蜂；迎合消费者的心理，饲养一部分老桶中蜂，割蜜卖蜜，充分发挥不同饲养方法的特点和优势，从而提高了蜂场的整体经济效益。

二、合理的资源配置，才能实现科学、高效养蜂

养蜂是一项资源依赖性很强的产业，没有蜜源或蜜源不足，再先进的技术也发挥不了作用，创造不出更好经济效益。例如，一个车间有 10 个人，但只有一台机器，除了一个人有机会工作外，其余 9 个人都只能闲着，这叫做浪费人力，资源配置不合理，工作效率自然低下。养蜂也是这样，如果当地的蜜源条件只能供养 30 群蜂，而却安排了 100 群，必然会造成投入多，收益少，这样的地方就实现不了科学、高效养蜂。如果想要多养蜂，要么实行小转地放蜂，利用其他地方蜜源，要么就必须在当地大力补充种植蜜源，改善资源配置，优化蜂群生活、生产的环境，这样才能达到科学养蜂、高效养蜂的目的，这也是近些年来笔者之所以下大力气从事蜜源植物调查，开展蜜源植物丰富度的研究，明确不同地区合理的载蜂量，为制定科学发展规划，提供可靠依据，并在充分利用当地自然资源的基础上，大力提倡补充种植蜜源植物的原因。在这方面，浙江省开化县立足生态养蜂，举全县之力，大力补充种植蜜源植物，无疑为我们提供了一个很好的范例。

三、科学、高效养蜂，其重点在于提高产品质量，必须实现质和量的高度统一

一说到科学养蜂、高效养蜂，大家首先可能想到的是如何提高蜂蜜的产量。当然，随着养蜂技术的进步，蜂群数量的增加，首先会体现在产品的数量上。但如果生产出来的是质量低下的蜂蜜，质量不能保证，数量再多的蜂蜜也会卖不出去，即使卖得了一时，也不卖不了一世。

人们常把中蜂蜜叫做"土蜂蜜"，其在市场上属于"中高端"产品，价位相对较高。既然是中高端、价格较高的产品，首先产品质量必须要好。蜂蜜的质量包含很多方面，诸如纯净度（蔗糖含量不得超过 5％）、浓度（封盖成熟蜜，浓度 42 波美度以上）、酶值、药物和抗生素残留、色香味等。

没有质量而只有数量的蜂蜜，等于次品或不合格产品，是无法面对市场的，更何况面对的是中高端市场。因此，在实行科学养蜂、高效养蜂时，饲养

者必须首先树立强烈的质量意识，只有摇（取）出来的是能在市场上站得住脚的"商品"，才能真正叫做科学养蜂，高效养蜂。

四、向管理要效益

这里讲的管理，不是指蜂群的管理，而是指蜂场的经营管理。笔者在 20 世纪 90 年代，在《蜜蜂杂志》上连载发表了《蜂场的经营管理》一文，其中提到了蜂场的成败"三分在技术，七分在管理"的观念。

例如，贵州省息烽县傅业常，业余养蜂 200 群（格子箱）。为了保证有充足的蜜源，他将自己的蜂群分散到 6 个点去摆放，与农户合作，资金、技术、管理由他负责，农户只负责保证蜂群的安全和拍打胡蜂，收下来的蜂蜜按"三七"分成（农户三傅七）。另有贵州省雷山县仙女塘农业发展有限公司，与村集体合作，利用国家扶贫资金，在雷公山自然保护区范围内设置 7 个分场，养蜂 1 000 余群，挑选当地热心养蜂的贫困农户作养蜂员，由公司派技术员负责指导。养蜂员有工资，收入的蜂蜜有提成，公司还与村集体分成。统一回收产品、统一包装、统一品牌、统一销售，也收到了比较好的经济效益。

综上所述，从狭义上讲，科学养蜂、高效养蜂，指的是养蜂的方法和技术。但从广义上讲，还应包括蜜源配置、选择适合自己主客观条件的养殖方式、质量优先、加强经营管理等方面的内容。兼顾这些，才能真正实现科学养蜂、高效养蜂。

第篇

贵州中蜂产业发展

贵州发"蜂"了!

——贵州中蜂养殖现状及产业发展对策

贵州是中蜂主产省,据初步统计,贵州 2017 年有蜂群总数是 58 万群,其中除 8 万群意蜂外,中蜂 50 万群,占全省蜂群总数的 86.2%。由于养蜂具有投资少,见效快,收益高(贵州省一些地区土蜂蜜每千克售价 200~400 元)的特点,加上近 20 多年来随农民工进城,大量开垦的荒地退耕还林,次生林迅速恢复,全省森林覆盖率由 20 多年前的 30.8% 上升到 2017 年的 57%,生态环境得到极大改善,养蜂条件也好于以往,故贵州省许多地区都把养蜂作为扶贫攻坚的一个重要抓手。例如,贵州省省委书记以及另两位省级领导都在他们的帮扶点(威宁县石门乡、石阡县、望谟县)安排了养蜂扶贫项目;贵州省六盘水市两市、两特区(盘州市、六盘水市、水城特区和六枝特区)都安排了大量资金用于发展养蜂;贵州省几乎所有的国家级自然保护区都安排过养蜂项目(如梵净山、雷公山、麻阳河、赤水桫椤自然保护区);贵州省许多农旅一体化的重点景区也把养蜂业作为其中的一个重要亮点(如盘县高原画廊、息烽县永靖镇坪上村、桐梓县娄山镇、惠水好花红镇、安龙万峰湖镇),且投资格局趋向多元化(扶贫资金、世行资金、国有控股、私人集资等)。贵州中蜂养殖还多次上了中央电视台综合频道(如铜仁市和平八村、六盘水市海嘎村)和中央电视台中文国际频道(习水岩壁养蜂),以及《中国国家地理杂志》(赤水岩壁养蜂),由此可见饲养中蜂在贵州省扶贫攻坚中所占的地位和作用。

贵州中蜂产业发展的现状可用几句话来概括,叫做"发展快,势头猛,有成效,出经验,问题多"。

贵州省农业科学院综合研究所从 20 世纪 60 年代起就有养蜂场和养蜂研究人员(如老一辈养蜂专家庄德安),综合研究所改为现代农业发展研究所后,随着贵州省养蜂产业的发展,又于 2014 年重操旧业,恢复和组织了养蜂研究团队。并于 2016 年着手成立贵州省养蜂学会,加强了贵州省养蜂科研和技术推广工作。一手抓科研,一手抓管理,一手抓项目(学术研究),一手抓应用(成果推广,如蜜蜂为蓝莓授粉等),使贵州养蜂业取得了长足的进步。

一、狠抓典型，突破一点，带动全局

养蜂业虽然不大，但对于一个省而言，面广，工作量大。在人手相对不足的情况下，主要工作方法就是树样板、抓典型，"四两拨千斤"，以点带面，与时俱进，针对不同的发展阶段，树立不同的典型。我们的工作和贵州养蜂业的发展，大致经历了以下三个阶段。

（一）激活老典型

位于黔北的遵义市正安县，由于蜜源丰富，文化底蕴丰厚，一直是贵州省20世纪六七十年代的老典型，养蜂生产重点县。全县目前有蜂6万余群，以中蜂为主，也养有西蜂。从2013年年底，正安正式成立县养蜂协会起，我们即通过各种措施，擦亮这块老招牌。

一是引进有关企业，支持数百套新型蜂箱，并协助主管部门在该县建立了贵州省（正安）中蜂良种繁育基地。二是示范推广改良式巢虫阻隔器，短框式十二框中蜂箱（贵州省自有知识产权，又叫短框式郎氏箱），中蜂强群继箱、浅继箱生产，试生产巢蜜。经过观察，其中短框式十二框中蜂箱群势增长率较原郎氏箱提高19.9%～27.0%，蜂群数增加25%，产蜜量增加22.2%～32.0%。现通过正安试验，已在贵州省推广近2万套，省外也有人使用此种蜂箱（如浙江、湖北），取得了很好的效果。

另外，中蜂巢蜜的生产提高了中蜂蜂蜜的价值，2014年秋季每千克巢蜜的收购价为120元，吸引了一些具有商业眼光的商家前来投资、收购，突破了该县蜂群数量多、蜂蜜单价不高、多年制约正安中蜂持续发展的瓶颈。

为了进一步发挥正安县的养蜂优势，2013年正安县政府出台了《关于促进正安县养蜂发展的意见》，将养蜂作为减贫摘帽的重要手段，分别给予扶贫资金扶持，以及出台按蜂群数奖补蜂农的政策，仅2016年奖补资金即达300多万元。近些年来，正安每年都要向省内外（如重庆、四川）出售2 000～3 000群种蜂。2017年，正安县养蜂协会积极响应学会号召，组织动员了500余群蜂到黔东南州麻江县为蓝莓授粉，不仅自己收到了良好的经济效益，也受到了当地政府和蓝莓种植园主的欢迎。

正安经验引起了贵州省同行的重视，近几年来先后组织了纳雍、长顺、望谟、遵义、香港社区伙伴等单位近百人次到正安参观学习。正安对贵州省蜂业发展的作用和影响，得到了上级有关部门的充分肯定。2015年，正安养蜂作为重大"科技惠农兴村"项目，受到中国科协、国家财政部的表彰，颁发了奖状和20万元奖金（图2-1）。

图 2-1　正安县养蜂协会因工作业绩突出，受到中国科协、财政部的表彰，图为正安县养蜂协会现任领导成员
（左：董仕强副会长中：李永黔会长右：正安县老区促进会会长邓世江）

（二）培养新典型

由于贵州省土蜂蜜的价格高，市场前景看好，所以许多地方都跃跃欲试，试图在传统养蜂的基础上，引进新的养蜂技术，提高产蜜量，以满足市场需求，其中就有位于贵州省西北部的纳雍县。

纳雍位于贵州省乌蒙山区，交通不便，在历史上是个穷县，过去曾经有一句话在大、中专毕业生中广为流传，叫做"威（宁）、纳（雍）、赫（章），去不得。"但纳雍基础蜂群不少，据纳雍县农业局 2012 年详查，全县有蜂群10 080 群，其中 98.8% 均为传统的"棒棒蜂"。即使看似活框饲养，也是自己乱钉的箱子，不规范。

为了推动当地中蜂科学饲养，在该县农业局的组织下，2013 年 6 月 8 位农民到正安县参观学习（图 2-2），亲眼目睹了活框饲养的优越性，回来后即开始普及中蜂过箱。到 2017 年为止，经过前后近 4 年的努力，现全县蜂群数发展到了 1.8 万群，由原来活框饲养不到 0.2%，发展到现在的99.8%，发生了翻天覆地的变化，2017 年全县上 30 群规模的蜂场 170 个，100 群以上的蜂场 8 个，最大的一户达 300 多群，涌现出了李军、龙飞等致富典型。李军 2014 年春由 15 群蜂起步，年底发展到 102 群，2015—2016年卖蜂卖蜜的总收入达 30 多万元。就一县而言，纳雍中蜂改良的速度、规模在全国也不多见。由于纳雍中蜂改良的时间短、发展快、效果好，被专家称为"纳雍模式"（图 2-3 和图 2-4）。此外，纳雍还自贵州省内引进养蜂师傅，举办示范蜂场，开办短期培训班（10 天或半个月，收费办班，理论和实际操作相结合），为当地培训了大批养蜂技术骨干，大大提高了当地的养蜂生产技术水平。

"纳雍模式"对许多刚发展活框饲养的新区，较之正安更有启发作用和现实意义。在我们的组织和引荐下，贵州省赫章、望谟、安龙、石阡、六盘水

图 2-2　2013 年 6 月纳雍县农业局组团到正安参
观学习活框养蜂

图 2-3　2013 年 6 月前纳雍县开展活框养蜂前的状况

图 2-4　纳雍县开展活框养蜂后的现状

市、威宁、麻江、大方、雷山、锦屏、梵净山、黔东南州等县市多次派人到该
县参观取经，甚至派人到蜂场跟班学习，掀起了贵州省中蜂活框饲养的第二次
高潮。

（三）以扶贫及可持续发展为目标，确定工作重点

扶贫攻坚是国家在"十三五"期间的一项重要政治任务，据贵州省统计部门资料，2015 年，贵州全省有 493 万贫困人口，数量排全国第一位。随着"1＋10"精准扶贫配套文件深入落实，2015 年全省减少贫困人口 130 万，尽管如此，但贫困基数大，贵州脱贫攻坚的任务仍然十分艰巨。这其中我们重点发现、帮扶了威宁县石门乡生态养蜂扶贫项目、印江县世行贷款养蜂扶贫项目、盘县道谷公司蜂旅一体化项目、惠水好花红镇养蜂发展项目、雷山县仙女塘生态农业发展公司养蜂项目、贵州省南山花海中蜂养殖基地……这些项目的资金来源、运作模式各有不同，也处于不同的发展阶段，但这些项目资金配套及项目设置都考虑到了产加销一体化，并结合旅游景区有较好的销售平台，由于有政府的支持，可将政府行为转变为经济行为，使扶贫事业与养蜂产业有机结合，我们认为这是今后养蜂产业发展的重要方向，也是最为看好的养蜂扶贫模式和今后的工作重点。

其中比较成熟的为"雷山模式"（图 2-5）。雷公山位于贵州省黔东南苗族侗族自治州，是国家级自然保护区，总面积 4.8 万公顷，其范围涉及雷山、台江、剑河、榕江四县，森林覆盖率 72％，蜂源、蜜源十分丰富。该县养蜂企业有雷山县仙女塘生态农业发展公司，该公司集餐饮、养蜂为一体，有蜂 1 000 群，2017 年养蜂年产值 160 万元。

图 2-5　由贵州省养蜂学会发起，2017 年 5 月在雷山县仙女塘农业发展有限公司举办了生态养蜂及扶贫模式现场观摩

该公司总经理金沙江原为雷公山自然保护区职工，2014 年养蜂 200 群，2015 年成立公司后发展到 400 群，2016 年即发展到 1 000 群。在保护区和雷山县政府的支持下，2017 年已建立了简易加工厂房 300 米^2（包括化验室），准备通过食品生产许可认证（SC）。

公司经营采取公司＋合作社＋农户的模式，蜂群分散在雷公山周围的 7 个点摆放。公司特聘 2 个技术员，配车 1 台巡回检查指导。

公司与合作社、农户合作有多种模式。第一种是政府投资 2 万元给某村民合作社作股金，公司再配股 10 万元，购蜂和建管理房（活动板房），但并不将蜂群分发给农户饲养，而是从中挑选喜欢养蜂又适合养蜂的人来管理蜂群（贫困户优先），公司每月发给基本工资 1 200 元，每年递增 100 元，并从该点收入的蜂蜜中每千克抽 10 元作为提成。其余不参与管理的村民，收成盈利部分按股平均分红，投资还本后也仍然按比例分红。另外一种模式如永乐镇桥歪村，政府采购 180 群蜂和建管理房（投资 20 万）给村民，但村民不懂养蜂，又反过来承包给公司，一切开支由公司负责。第一年返利 8 000 元，第二年 15 000 元，此后每年视情况增加 3 000～5 000 元给农户分红。

除上述两种模式外，公司还准备采取第三种合作模式。因为雷山县是贫困县，国家计划投入 1 000 万元扶持贫困村发展养殖业，至于种什么、养什么，由乡镇自行决定，但大多数乡镇都看好养蜂。为此公司计划与有意养蜂的乡镇签约。签约后公司免费提供技术服务，但蜂蜜必须卖给公司，按质量等级收购（每千克售价：一等 300 元，二等 240 元，三等 160 元），这样可以控制质量，统一包装，统一品牌，统一价格，以免扰乱市场。

对帮扶的项目单位要力争做到“五个一”“四个落实”“四个结合”“三个满意”，以充分发挥其示范带动作用。这“五个一”就是：一个企业（或合作社）、一个基地（试验示范基地、种蜂供应基地）、一片园区（打造美丽蜂场，实现蜂旅一体化或农旅一体化）、一群农民（负责带动周边农民脱贫致富）、一所学校（负责培训当地养蜂人才）。“四个落实”是资金落实（项目投资）、技术落实（公司负责技术服务）、管理落实（管理人员落实）、服务落实（公司负责创品牌，协助销售）。“四个结合”是传统养蜂与活框养蜂相结合、授粉与养蜂相结合、繁蜂卖蜂与产蜜相结合、短期效益与长期效益相结合。“三个满意”即政府、企业、老百姓满意。政府有政绩，企业有效益，农民有钱进。雷山仙女塘农业发展公司基本达到了上述要求，其运作模式也值得参考和借鉴。因此，贵州省养蜂学会于 2017 年 5 月中旬，组织相关企业、单位和政府部门 40 余人到雷山学习、观摩讨论，推广雷山经验。

二、问题与发展对策

贵州近些年来各级政府重视、鼓励养蜂，政府、企业和个人都在发展养蜂，取得了可喜的成绩，但也存在不少问题，主要表现在以下方面。

（一）自身蜜源不足，盲目跟风发展

"蜜蜂蜜蜂，有蜜才有蜂"，养蜂是资源依赖性很强的一项产业，且并非所有绿色植物都是蜜源（如松、杉、柏等）。许多政府部门只看到养蜂的好处，并不认识养蜂业与蜜源之间的关系，一些地方没有了解当地的资源状况就匆忙实施，造成被动，乃至项目失败，这样的例子不少。

为此，在发展当地养蜂生产的同时，必须注重蜜源建设，建议在充分调查、利用当地现有蜜源的基础上，再加上"转"和"种"。即通过小转地到其他地方采一点，自己田里撒一点（如利用冬闲田土撒播苕子、紫云英、油菜，以及春、夏种荞麦），再在坡上种一点（如拐枣、乌桕、盐肤木、漆树、洋槐等），解决蜜粉源不足的问题，确保养蜂业长期持续稳定发展。除了理论研究之外，贵州省现代农业发展研究所还协助贵州省桐梓县（图2-6）建立了蜜源植物种苗基地，育苗（拐枣）近7万株，并已初步落实了出售种植计划。

图 2-6 贵州省桐梓县娄山镇的拐枣苗圃

（二）养蜂新区技术服务跟不上，技术水平低

贵州省一些科学养蜂新区缺乏技术基础，缺乏养蜂技术人才，因此项目立项了，蜂群引来了，群众养不活，非病即逃，不见成效。

对此，我们的建议是：

一是实行外培内训。外培是指在一些养蜂基础薄弱的地区，由地方政府或

项目出资，选派热爱养蜂、有志于养蜂的年轻人到养蜂基地参观学习，通过7～10天跟班劳动，理论与实际操作相结合，重点突破人工分蜂育王和蜂群管理技术，回来就能很快上手操作。通过这种方式，前些年贵州省已在正安、纳雍、赫章、遵义等县的养蜂基地培训了养蜂新手近60名，现已在生产上发挥了作用，有好几个学员养蜂已超过百群。

二是分级培训。省级单位负责培训基层养蜂技术骨干，2016年贵州省举办过一期中高级养蜂培训班（图2-7），提高他们的理论水平，培训人数70人。然后再由这些技术骨干作为农民讲师团（利用地方配套经费），对当地养蜂员和农户进行培训。

图2-7　2016年10月，贵州省农业科学院举办了全省第一期全省养蜂师资培训班

三是实行滚动式培训。重点项目实施地区，在关键季节，或一季（如春、秋季）一训，或一事一训（育王分蜂、防病治病），使培训常态化。

四是谁卖蜂，谁培训，实行售后跟踪技术服务。如贵州省开阳县养蜂大户周春雷就提出"要买蜂，先培训"。由他负责聘请专家到对应的项目区，对农民实行现场培训，并与养蜂户建立微信平台，随时与养蜂户互动，解决技术难题，长期跟踪服务。2016—2017年，周春雷已先后在开阳县高寨乡、惠水好花红镇、贵安新区举办了三期培训班。

（三）养蜂扶贫模式及项目运作机制值得深入探讨

贵州省利用扶贫资金发展养蜂，各地投放方式、运作模式不一，效果也不一样。有些地方只是政府一厢情愿，事前并未充分发动群众，农民缺乏养蜂技术，又没有经过适当培训，就将蜂群发放到户，反而引起群众的抵触和反感。有些地方有企业参与操作，但企业本身对养蜂行业并不熟悉，既没有很好的销售渠道，又缺乏养蜂技术基础，蜂群下放到农户不是办法，蜂群大量集中到一起蜜源又跟不上。还有的扶贫项目在资金设计上有缺陷，只能用于蜂群蜂具采购，而没有配备相应的技术培训资金。像养蜂这种技术性很强的养殖业没有技术支撑，要想取得成效是很难想象的。

因此，如何统一政府和农户的想法，如何通过利益机制把企业、农户联结在一起，还有大量的工作要做。养蜂扶贫不能一买（蜂）就行，一放了之。探索不同地区有效的养蜂扶贫模式，以及正确的运作机制，是今后贵州省养（中）蜂生产中需要解决的重大课题。

（四）无序引种

贵州本来有两个很好的中蜂蜂种，华中型和云贵高原型，这两个蜂种群势强，适应当地气候蜜源。但由于各地掀起了中蜂热，急于引种，又受到一些广告的蛊惑；或有人企图从中牟利，低价至外地大量引入蜂种并转手倒卖，这样不但影响贵州省中蜂资源的保护利用，还会导致危险性病害的输入和传播。

近些年来贵州省许多养蜂员亲身经历证明，外来蜂种基本不适合贵州省省情，表现不佳。为此，建议贵州省主管部门加强本省种蜂基地的建设和投入，严格把控种蜂场的审批及蜂群出入境检疫，以保证贵州省养蜂业的正常发展。

（五）蜜蜂检疫工作缺失

随着贵州省养蜂生产的发展，蜂群的买卖、转地放蜂也越来越多，越来越频繁。由于养蜂区域的扩大及养蜂新人的加入，蜜蜂传染性疾病的防控也是一个十分薄弱的环节。现贵州省蜜蜂检疫基本无人过问，即使开出的检疫证明也只是做表面文章，有些兽医人员根本不懂蜜蜂病害。因此，加强出入境蜜蜂检疫工作已刻不容缓。建议省级或地（市）级主管部门，联合防疫部门举办蜜蜂检疫专训班，对重点县市的畜牧干部、兽防干部进行培训，并颁发蜜蜂检疫员证，持证上岗，加强对蜜蜂危险性病害的检疫和防控工作，保证养蜂业的健康发展。

近年来贵州养蜂业概况

一、贵州养蜂业基本情况简介

贵州位于我国西南地区云贵高原的东北部，境内山峦起伏，谷地纵横，全省平均海拔1 000米左右，气候属亚热带湿润季风气候区，除西北部地势高亢、气温较低外，绝大部分地区气候温暖湿润，冬无严寒，夏无酷暑，雨量充沛，植被繁茂。

贵州特殊的自然地理条件非常适宜发展养蜂生产。贵州气候温和，蜂群停产越冬期实际只有 1～1.5 个月（中国北方为 4～5 个月），其中尤以省之南部、西南部热量条件最好，12 月下旬至次年 1 月上旬油菜开花即可繁蜂，2 月下旬蜂群就可投入蜂产品生产，油菜主产区从贵州省安顺一直延伸到云南罗平，故国内许多蜂场自北方转到此越冬、春繁，是国内著名的意蜂春繁场地及"黄金"走廊。

贵州是山区，海拔悬殊，"一山分阴阳，十里不同天"，具有典型的立体气候特征。由于不同海拔地区气温升、降先后不一，同一蜜源在不同海拔地区开花期不一致，有利于蜂群转地放蜂，追花夺蜜。例如油菜，贵州省南部、西南部 12 月下旬开花，而中、北部油菜花期 4 月中旬才结束，花期前后长达 4 个月左右。秋季蜜源（如野藿香）则从高海拔地区向低海拔地区渐次开放，从 9 月中旬一直持续到 11 月上中旬，花期长达 3 个月。

贵州虽处亚热带，但因海拔较高，全年温湿度适宜，夏季气候凉爽，适宜生产蜂王浆。贵州蜂王浆 3 月初即可开始生产，上市早，一直到 11 月上中旬结束，收市最晚，王浆生产期长达 8～8.5 个月。蜂群产浆量高，每群蜂年产浆量可达 4～6 千克，最高可达 9 千克。由于夏季无高温，蜂王浆易保鲜，品质好。贵州山区野花多，蜂王浆生产期几乎不缺花粉，很少补饲花粉或花粉代用品，所以王浆生产成本较低。贵州意蜂以生产蜂王浆为主，现全省 8 万群意蜂，年产王浆 100 余吨，贵州以全国 1% 左右的意蜂群数，生产 5% 的蜂王浆（全国年产浆 2 000 吨，贵州 100 余吨），已成为我国西南部蜂王浆举足轻重的重要产区。此外，贵州年产蜜 2 000 吨左右。

贵州是一个以中蜂为主的省份，现全省有蜂 58 万群，其中中蜂 50 万群。据过去贵州省及国内中蜂资源调查的结果，贵州省中蜂有华中型和云贵高原型两种生态类型，以前者为主，除毕节市的威宁、赫章、纳雍等县及六盘水市外，其他地区均属于华中型。以国内其他地区的中蜂相比，除分布在川西北、青海一带的阿坝亚种外，贵州省中蜂的经济指标如吻长等均优于其他中蜂，关于这一点，最近又再次从福建农林大学骆群、徐新建等的测定结果中得到证实。且贵州中蜂群势强，单王群饲养可达 12～16 框，可说是国内最优良的中蜂蜂种之一。

贵州蜂业主管部门为贵州省农业农村厅下属的贵州省畜禽资源管理站，2013 年配备了一名养蜂硕士生负责养蜂管理工作。贵州养蜂科研机构现由贵州省农业科学院现代农业发展研究所承担。贵州知名的蜂产品加工企业目前有 3 家。2014 年 8 月，挂靠在贵州省供销合作社的贵州省蜂产品协会正式成立。

二、近年来贵州养蜂工作的进展情况

贵州是目前我国西南地区唯一没有进入国家蜂产业体系建设项目的省份之一，但是，贵州养蜂并未因此停步。在有关部门、各级政府和各方热心人士的共同努力下，在"不甘落后、有所作为"思想的指导下，贵州养蜂业还是取得了一些进步，主要表现在以下几方面。

（一）结合贵州实际，开展行业工作

养蜂在农村是一项投资少、见效快、妇女老人都可以从事的养殖业，也是农民脱贫致富的好抓手。因此，许多地区、许多部门都特别关注养蜂业。

尤其是近二三十年来，贵州注重生态环境保护，实施长江流域天然林保护工程，禁伐天然林，限伐人工林，开展中国"3356"绿化造林工程，再加上大量农村劳力向城市转移，减轻了农村土地的压力，乱砍滥伐、开荒种地的现象减少，贵州生态环境大为改善，也给中蜂生产的发展带来了良好的机遇，蜂群数量上升，目前贵州省中蜂数量已由 20 多年前的 14 万群，增加到了 50 万群。

结合本省实际，贵州利用中蜂数量占优的特点，开展了以下几方面的工作。

1. 扶贫攻坚　由于近些年来国民经济的发展和人民生活水平的提高，以及中蜂病敌害较少，用药量不多甚至不用药，大多采集没有农药污染的野生蜜源，因此中蜂蜜受到人们的追捧。在一些地方，每千克蜂蜜的市场价在 $300\sim400$ 元。如果一群蜂产蜜 2.5 千克，产值就可达 $750\sim1\,000$ 元，效益相当可观。梵净山自然保护区松桃县乌罗镇 75 岁的杨师傅，老两口养蜂 80 桶，2013 年收蜜 200 千克，收入 7 万多元。贵州省位于麻山地区石漠化严重的望谟县，县政协为了帮助农民致富，曾发动群众养羊、养牛都失败了，最后想到了养蜂，先后多次派人出山学习。同样是石漠化严重的大方县理化乡，2014 年扶持 2 家农户养蜂，获得效益后，决定 2015 年在该乡每村再支持一家养蜂户。

正安县为了进一步发挥本县的养蜂优势，2013 年，正安县政府出台了《关于促进养蜂发展的意见》，将养蜂作为减贫摘帽的重要手段，在扶贫资金中，特地划出了一块扶持养蜂。据统计，2013 年为 20 万元，2014 年 50 万元。县畜产办将 5 个乡镇作为试点，2013 年直补蜂农 5 万元，每乡镇 1 万元。2015 年正安县政府计划拿出 580 万元作为扶贫贷款发展养蜂。

2. 生态保护与社区发展　近年来，贵州省许多著名的国家级自然保护区都把养蜂作为生态保护和社区发展的重要项目。梵净山自然保护区原局长杨业勤说："这几十年通过我们的工作和群众的努力，保护区内的自然生态环境虽

然得到有效保护，但保护区内的老百姓实在是太穷了，我感到有些对不住他们。我们这里有大量的野生蜂群，蜜源条件也不错，保护区的蜂蜜买价也很高。我们为什么不利用这得天独厚的条件，发动群众养蜂，让大家致富呢？"在杨业勤夫妇及有关部门的支持下，2013—2014年，连续邀请贵州省内外专家举办了3期培训班，并投放200～300套蜂箱及蜂具给农户，实行改良饲养。

贵州省环保厅2009年利用英国驻重庆领事馆小型基金项目，在赤水桫椤自然保护区举办培训班，此后又在云南农业大学和绍禹教授的支持下，接受保护区干部和农户到校专门培训一个月。当地一姓周的农户定地养蜂五六十群，年收入8万多元。桫椤国家级自然保护区管理局的两个技术干部自家也养了四五十群蜂。他们说："我们现在养蜂的收入已不低于工资收入。以前没有事的时候就约人打麻将，现别人喊我们去打麻将，我们都不想去，不如我们自己做蜂箱、安巢框、管蜂子来得有意思。"

务川麻阳河黑叶猴自然保护区原有80家农户养蜂，养蜂688群，其中活框养蜂30箱。2008—2009年，保护区先后邀请西南大学有关专家对农户进行培训，并多次组织当地有养蜂经验的农户入户指导，大大提高了中蜂的饲养水平，并组织养蜂户成立了锯齿山野生蜂蜜农民专业合作社，负责蜂农技术指导和协调产品销售。2009年保护区内中蜂养殖户增至360户，养蜂5 400桶，其中活框饲养500箱。《贵州日报》2013年曾先后两次报道过当地发展养蜂帮助农民致富的情况，其中养蜂大户田仁禄，养蜂114桶，收入7万余元；72岁的老人杨兴友，养蜂二三十桶，收入上万元，就是典型的例子。

3. 探索石漠化地区发展养蜂的模式　贵州省绝大部分地区都属于喀斯特岩溶发育地区，由于降水量多，山体地表溶蚀现象严重。据初步估计，贵州省石漠化面积约占全省土地面积的17.16%。石漠化的特点就是水土流失严重，大量石头出露地面。虽然这些地区降雨量不少，但工程性缺水严重，易干旱，地表植被稀疏，覆盖度低。这些地区正好又是贵州省贫困人口集中的地区。在这些地区养蜂，除能产生直接经济效益外，养蜂对这些地区植被、生态的恢复，防止水土流失中能起到什么作用？这是科学工作者共同关心的问题。贵州省农业科学院与香港社区伙伴、湖南吉首大学等单位合作，在紫云县宗地乡、罗甸县木引乡开展社区伙伴（PCD）项目，在上述地区帮助改善生态环境的同时，也帮助当地农户恢复和发展传统养蜂，并对当地一些主要和辅助蜜源进行调查，为今后这类地区发展养蜂提供依据。

4. 开展中蜂为蓝莓授粉的试验观察　贵州省黔东南地区是我国南方蓝莓

重要产区，计划发展 13 万亩*，现已成林挂果 6 万余亩。蓝莓除少部分可以靠风媒传粉外，主要靠蜜蜂等授粉昆虫来完成，且因早春气温低，中蜂授粉要优于意蜂。蓝莓蜜也是高档蜂蜜，经济价值很高。贵州省麻江县 2012—2014 年连续多年自省内引进数百群中蜂为蓝莓授粉，据初步观察，放蜂授粉后可提高结实率 37%～48%，且果形大，果味甜。目前，贵州省农业科学院正在麻江县进一步深入观察中蜂授粉的效果，并探讨在早春条件下，如何在异地或当地培养强群采蓝莓蜜，为蓝莓授粉摸索配套技术措施，供生产中参考应用。

（二）典型带路，突破一点，带动全局

正安是贵州的养蜂老区，现全县有蜂近 7 万群，其中中蜂 6 万余群，95% 以上为活框饲养。由于该地是乌桕、荆条产区，蜜源丰富，养蜂历史悠久，20 世纪五六十年代就已是贵州中蜂新法饲养的典型。1957 年，正安县中蜂新法饲养推广项目还在全国农展会上展出。为了重振正安养蜂业，2011 年正安成立了养蜂协会，加强了蜂农的组织化程度。

贵州省抓住正安养蜂协会成立的契机，加强了对正安的养蜂指导工作，要求正安不但要注重自身的恢复和发展，把当地的养蜂业做强做大，还要放眼全省，承担起更大的使命，把正安打造成为贵州中蜂的良种繁育基地、中蜂标准化养蜂示范基地、养蜂脱贫示范基地、贵州养蜂乡士人才培训基地，出良种、出成果、出经验、出人才，成为贵州省养蜂发展的排头兵，发挥重大的作用。

在有关部门的指导和安排下，正安建立了贵州省中蜂良种繁殖场，示范推广改良式巢虫阻隔器、短框式十二框中蜂箱、中蜂强群浅继箱、继箱生产、巢蜜试生产。其中经试验，短框式十二框中蜂箱群势增长率较原郎氏箱提高 19.9%～27.0%，蜂群数增加 25%，产蜜量提高 22.2～32.0%，现贵州省已推广 20 000 余套。中蜂巢蜜生产提高了中蜂蜂蜜的价值，2014 年秋季每千克巢蜜的收购价为 120 元，吸引了一些具有商业眼光的商家前来正安，投资组建标准化蜂场，专门生产中蜂巢蜜，突破了蜂群数量多，蜂蜜单价不高，多年制约正安中蜂生产持续发展的瓶颈。

正安经验引起了贵州省同行的重视，纳雍、长顺、望谟、遵义、贵州省农业科学院、香港社区伙伴等单位近百人次曾先后到正安参观学习。其中纳雍县于 2013 年到正安参观后，前后不到两年的时间，全县 1 万群中蜂，由当初新法饲养不到几十箱，发展到 1.8 万箱，并涌现出了李军蜂场当年从 15 群发展到 102 群，蜂群一年增殖 6.8 倍、年收入 4 万元的典型。2014 年 11 月，纳雍县在李军蜂场召开了摇蜜大会，参加这次大会的有毕节市畜牧局、纳雍县政

---

　　　* "亩"为非法定计量单位，1 亩≈667 米^2。——编者注

府、六盘水市品改站、本县蜂农等 60 余人，成为了贵州省中蜂生产的新典型。2014 年 5 月，纳雍县政府还专门发文，批准建立（县级）云贵高原中蜂自然保护区。

正安的工作，以及它对全省蜂业发展的作用和影响，得到了上级部门的充分肯定。2014 年，正安养蜂作为重大"科技惠农兴村项目"，受到中国科协、国家财政部的表彰，获奖金 20 万元，并向正安县养蜂协会颁发了奖状。

（三）加强标准化技术体系的建设，抓好第一生产力

"科学技术是第一生产力"。由于市场的原因，我国的中蜂生产曾经经历过一段低潮时期，但对中蜂研究的工作始终没有停顿过。我国养蜂工作者在中蜂资源调查分类、科学饲养、中蜂授粉、蜂种选育、标准箱制定、病敌害防治技术等做了大量工作，涌现出了一大批至今仍有现实指导意义的研究成果。如何抓紧当前中蜂发展的机遇，针对当前生产纯净成熟蜜（包括巢蜜、脾蜜）的市场需求，将众多分散的研究成果，与贵州省蜂种、气候、蜜源特点相结合，重新组装、配套，有机整合，创造一套地方化、实用化、标准化的中蜂高产优质饲养管理技术，进一步提高贵州省中蜂饲养管理水平，达成共识，以利推广，这对指导和发展贵州省中蜂生产，是一项十分重要而迫切的任务。

贵州省曾经是国内最早制定中蜂饲养地方标准的省份。2014 年，由贵州省畜禽资源管理站牵头，多部门协作，重新修订《贵州省中蜂饲养管理规范》及制定《贵州省中蜂标准箱》地方标准，2014 年已通过贵州省标准计量局立项。目前有关工作正在继续进行之中。

另外，为适应贵州省和国内中蜂产业发展的需要，贵州省专家专门编写了《中蜂饲养实战宝典》，全书 45 万多字，近 600 余幅照片、插图，内容涵盖了中蜂饲养技术发展简史、中蜂分类、传统饲养蜂桶的种类、现行国内饲养中蜂主要箱型的技术特点，中蜂高产优质配套技术、主要病敌害防治等，充分反映了当代中蜂的最新研究成果及中蜂饲养上的新观点、新思路、新技术、新方法，具有很强的科学性、实用性、针对性、新颖性。该书拟将作为贵州省重要的养蜂培训教材，并向全国推广，2015 年 10 月已由中国农业出版社出版。目前已重印 6 次，在我国的中蜂生产中，发挥了重要的指导作用。

三、今后及"十三五"期间贵州省养蜂工作的初步规划

根据贵州省以中蜂为主的省情，在今后的工作中，除继续完成已经开展的工作任务外，还应着重抓好以下工作。

1. 贵州中蜂有两个非常优秀的地方品种，因此计划进一步深入开展贵州省中蜂良种选育工作，向省内外推广和提供中蜂良种。

2. 在生产中发现，贵州省有些蜂场因过度饲喂，导致蜂蜜不纯；而有些蜂场因担心蔗糖含量超标，又不敢补饲，导致蜂群缺蜜，以致影响蜂群繁殖和顺利越冬。为了解决蜂蜜高产、纯净、优质的问题，应结合合理补饲、培育强群、使用继箱、浅继箱生产等手段，进一步研究、拟定出一套中蜂蜂蜜高产优质的配套技术措施，确保中蜂蜂蜜的市场信誉。

3. 科研单位应配合企业，通过生产实践，制定贵州省中蜂巢蜜生产及质量的企业标准。

4. 在石漠化地区进行当地生态系统及蜜源植物调查的基础上，结合当地生态恢复和经果林发展项目，优选出该地区适宜补种的重要辅助蜜源植物，并建立试验示范园区，改善当地蜂群的生存环境，提高养蜂经济效益。

5. 鉴于目前农村留守劳力多为老年、文化水平不高等现状，在实施养蜂扶贫项目中，摸索出一套易为群众接受、管理简单、风险小、有一定经济效益的中蜂半改良式饲养方式，或实行老桶新养的经验，向农村推广。

当国粹邂逅发展机遇之后

——兼述贵州中蜂生产、发展近况

中蜂是我国土生土长的蜂种，业内人士曾有人将它与京剧相比，称之为国粹。中蜂在我国蜂业发展的历史长河中，一直扮演着极其重要的角色。但是，自20世纪二三十年代引入西方蜜蜂后，中蜂生产逐渐衰落、式微，尤其20世纪70年代中蜂囊状幼虫病在国内暴发后，意蜂等西方蜜蜂更是有了迅猛的发展。由于意蜂具有产品种类多、群势强、采蜜量高等优点，在片面追求产量、罔顾质量的年代，意蜂逐渐取代了中蜂，成为了"舞台"上的主角。而中蜂则因为在种间斗争中处于劣势，在产量上又竞争不过意蜂，产品单一，因此被挤到了交通不便的边远山区，严重地被边缘化，并逐渐淡出了消费者的视线。所以，当时业内有的学者甚至发出这样的疑问："尽管中蜂是我们老祖宗留下来的东西，但是没有什么重要的经济价值，还有没有必要花大力气去研究它，重视它呢？"对此，许多热心中蜂的研究者，当时也无言以对。

但是，光阴荏苒，斗转星移，随着我国国民经济的发展，时至今日，中蜂和中蜂蜂蜜（即土蜂蜜），又重新受到消费者的喜爱和追捧。这既是中蜂本身特点决定的，也是经济发展和市场催生的结果。中蜂生产，当前的确是遇到了前所未有的良好发展机遇。

一、中蜂重新受到人们重视的原因

（一）历史性的发展机遇

改革开放以来，打破了束缚生产力的种种枷锁，我国国民经济有了很大的改观，尤其是近20年来，中国经济的发展步入了快车道，成为了世界经济发展的引擎。人们的生活水平有了很大的提高，他们自身保健意识增强，对食品质量的要求越来越高，消费的偏好也发生了明显的变化。例如，他们对蜂蜜更加重视其真实性。他们对市场充斥假蜜的状况感到无奈，同时基于对传统蜂蜜的信任及怀念，一些消费者就将目光转向了中蜂，也就是所谓的"土蜂蜜"。目前，贵州省一些地区土蜂蜜1千克卖到了100～120元，即使土蜂蜜的价格高于意蜂蜜的2～3倍，顾客掏腰包时也在所不惜。这就给中蜂生产带来了新的市场发展机遇，也是许多地区、许多农户饲养中蜂的主要动力。

说到中蜂遇到新的发展机遇，还有重要的一条，就是国家有关政策的调整和生态环境的变化。近一二十年来，我国政府陆续出台了一系列政策，提倡和鼓励退耕还林，以及实施长江流域天然林保护工程（简称天保工程），禁伐天然林，限伐人工林，以及林权下放等，使得大片森林得到有效的保护和发展。另外，由于城镇化建设的兴起，以及西部地区大批剩余劳力向沿海发达地区转移，大大减轻了西部地区的人口和环境压力（如减少无序开荒和薪材的砍伐），使得大片土地的植被得以迅速恢复，生态条件大为改善。这些年来贵州给人的感觉是："山更青了，水更绿了，鸟回来了，蜜蜂多了，蜂子也好养了。"20世纪末，贵州有中蜂14万群，现在估计已恢复到了30万群。例如，贵州省正安县（距重庆市南川区仅80千米），森林覆盖率达到了60%，有中蜂3万多群，基本上为活框饲养。与正安县相邻的务川、习水县及赤水市，中蜂数量都有了较大的发展。

且不说农村，即使在城市，也因为城市和小区绿化，改善了中蜂生存的条件。中蜂在城市周边，甚至在中心地区落户，成为了城市一道独特的风景线。贵州省贵阳市，有林城之称。2011年，贵阳市中心一户人家屋顶花园飞来两群中蜂，户主取蜜30千克，成了《贵州商报》颇具吸引力的新闻，激起了城市人对养蜂的兴趣和遐想，城市养蜂，似正方兴未艾。

（二）农村脱贫及改善生态环境的需要

中蜂是土生土长的蜂种，适应山区的环境，抗胡蜂能力强，比较节约饲料，饲养又不需要花费很大劳力，所以特别适合农村地区饲养。意蜂因追花夺蜜，只是季节性的匆匆"过客"，而中蜂则是当地的常住"户口"，在对所在地农作物、果树和各种野生植物传花授粉、维护生物多样性的功能上，中蜂的贡献显然要大得多，再加上这些年来中蜂蜜价高，经济效益好，投资小，见效快，所以许多自然保护区以及贫困山区、自然生态恢复项目地区，都把饲养中蜂作为一项重要的举措。

例如，贵州省 2006—2011 年，就先后在梵净山、麻阳河、赤水桫椤等国家级自然保护区，与国外有关机构合作，开展过中蜂养殖项目。贵州省农业科学院、湖南吉首大学、香港社区伙伴等单位在贵州省石漠化严重的紫云县宗地乡，以及贵阳市白云区瓦窑村生态示范项目；贵阳"农大哥"有限公司在大方县理化乡扶贫；正安县减贫摘帽，都把养蜂列为改善当地生态环境、天然植被恢复，以及农民脱贫和农村社区发展的一条重要途径。

中蜂养殖，使农民脱贫致富的效果是非常显著的。2011 年《贵州日报》就曾先后两次报道务川县红丝乡发展养蜂的情况，当地 60 岁的杨兴友老人，养蜂二三十桶，收入上万元就是十分典型的例子。

（三）中蜂固有的特点

中蜂蜂蜜之所以受到人追捧，还因为中蜂大都生活在生态环境良好的山区，采集的大多是当地没有污染的野生蜜源。另外，中蜂的抗螨力强。因为大多为定地饲养，不易受传染病的侵害，所以不用杀螨剂，少用或几乎不用抗生素，没有药物残留的问题，食用更加安全，还正是中蜂蜂蜜的难能够可贵之处。

二、发展中蜂生产必须注意的几个问题

（一）必须始终坚持质量第一的理念

人们之所以看重中蜂蜜，就是缘于人们相信中蜂蜜真实无假、天然绿色和对传统中蜂蜜（封盖蜜）质量的印象。

我们的祖先早就有"蜜以密成"（即蜂蜜封盖后才成熟）的古训，传统方法饲养的中蜂，一般取的都是封盖蜜。中蜂封盖蜜的浓度，经我们测定，可以达到 41.7～43 波美度。要抓住当前中蜂发展的新机遇，一定要坚持取成熟的封盖蜜，满足人们对蜂蜜质量的基本诉求。

无论选择哪一种饲养方式，生产者必须始终坚持质量第一的理念，既可以生产封盖后的压榨蜜（对老式蜂桶或笼屉式格子巢蜜而言）或分离蜜（对活框饲养而言），也可以生产封盖巢蜜或整块脾蜜上市出售。如果急功近利，追求产量，取低浓度蜜，失去消费者的信任，那么中蜂就将退回到从前的状况，再

次受到人们的冷落。

（二）注重中蜂饲养技术的普及和培训，培养典型，以点带面，形成规模效应

现在很多地方都在发展中蜂，但由于养蜂技术的培训没有及时跟进，技术服务不到位，项目进展遇到了一些困难和问题。例如，贵州省在麻阳河保护区、梵净山自然保护区，都曾在当地打制了数百套蜂箱，下发给农户，但由于蜂箱制作不标准，不好使用。麻江县农业部门为了给当地蓝莓基地授粉，2011年从外地购进了100群中蜂，因种植户不懂养蜂，培训、管理又跟不上，死的死，跑的跑，只剩下了10多群。2012年该县又继续购入了173群，不到两个月的时间，又跑了10多群。有限而宝贵的项目资金与技术无知造成的极大浪费，形成了鲜明的对比。

还有些地区因技术服务、指导不到位，又出现了过箱后群众弃新返旧，走回头路的现象。因此，项目实施地区应该重视加强对农户的技术培训，考虑如何让技术服务保持常态化。否则就会形成一哄而上，然后又一哄而下的局面。

技术推广工作面对的是千家万户，面广量大，养蜂者在接受新事物的态度、文化修养、技术水平、经济实力（涉及采用先进技术的经济承受能力）等方面千差万别。如何将有限的推广经费发挥最大的效益，这就需要在推广工作中培养典型，以点带面，把成套的先进管理技术，通过试验示范，在群众中逐步推广。

我国著名的水稻专家袁隆平院士是国际水稻高产育种的引领者，现在水稻亩产已经达到近900千克。他的身后有一支杰出的农村科技队伍，他的育种成果，往往通过农村这些二传手的成功试种，得以大面积推广（2012年10月中央电视台新闻联播报道）。我们应该向袁隆平院士学习，培养高产典型，以实例去教育人，带动广大养蜂户去学习和掌握新技术，形成规模效应。

（三）加强高产优质生产技术的系统整合，使中蜂高产优质技术地方化、实用化、标准化

尽管中蜂生产曾经经历过一段低潮时期，但对中蜂高产优质的研究就一直未曾停顿过。尤其自1973年全国中蜂囊状幼虫病暴发后，在老一代养蜂专家的倡导下，成立了全国中蜂协作委员会，组织了众多蜂业科技工作者，在中蜂资源调查、分类、科学饲养、中蜂授粉、中蜂蜂王人工授精、抗病高产蜂种的选育、中蜂标准箱的制定、病敌害防治技术等方面做了大量工作，涌现了一大批至今仍有现实指导意义的研究成果。"蜜足、王新、群强、无病"，早已是人所共识、中蜂高产管理的重要内容。

但是，中蜂的流动性不大，主要采集的是当地的蜜源，而不同省区的气候、蜜源，以及中蜂群势的大小、使用的箱型都不完全相同，如何抓紧当前的发展机遇，将具有真知灼见的研究成果，以及当前生产成熟蜜（包括巢蜜、脾蜜）的市场需求，与各地的蜂种特点、气候、蜜源相结合，重新组装，有机整合，创造一套地方化、实用化、标准化的高产优质管理技术，这对指导和发展当地的中蜂生产，是一项十分重要而紧迫的任务。

我们并不贬低基础研究的价值，反之，只有当中蜂养殖事业本身的进步和发展，才会给基础研究打下扎实的经济基础，使之放射出更加璀璨的科学光辉。因此，我们建议国家蜂产业技术体系及当地业务主管部门，应将中蜂高产优质技术的地方化、实用化、标准化，列入发展中蜂生产的一项重要工作内容，给予一定的资金扶持，并将相关的操作技术，拍摄、制作成光碟，在从业人员和群众中广为传播。

唐代诗人罗隐道："不论平地与山尖，无限风光尽被占，采得百花成蜜后，为谁辛苦为谁甜。"写的正是我们的国粹——中华蜜蜂。我们相信，在有关部门的支持和蜂业工作者的努力下，紧紧把握住当前大好的发展机遇，扎实工作，中蜂就一定能在发展山区农村经济、维持生物多样性、改善自然环境中发挥更大的作用，在养蜂业中崛起，充分展现出它的独具魅力的迷人风姿！

满园春色关不住，一枝红杏出墙来

——对贵州省正安县进一步发展中蜂产业的思考

贵州省正安县位于遵义市的东北部，与重庆市南川区相邻，处于云贵高原向四川盆地过渡的斜坡地带。境内最高海拔 1 837.8 米，最低 448 米，相差 1 400 米。武陵山脉叠嶂西驰，大娄山脉众山欲东，在此交汇，好似万马回旋；中低山、丘陵、平坝、谷地交错并存，地貌类型复杂多样。

正安属北亚热带湿润季风气候区，常年平均气温 16.2℃，无霜期 290 天，平均降水量 1 100～1 300 毫米，雨量充沛，气候适宜，生物多样性突出，森林覆盖率高达 45%。

在贵州养蜂史上，"正安"曾经是一个响当当的名字。据正安县志记载：正安"在清代养蜂就盛行一时，民国末期养蜂七八十群的大户就有 30 多家，养3～5群者遍及各地，年产蜜20万斤。"20世纪50—70年代，正安也是贵州省中蜂重点产区，全县基本普及了活框饲养。中蜂曾达1.1万群，其中活框饲养占84.4%。1973年，"正安中蜂新法饲养"项目荣获全国农业科技奖，并在北京农业展览馆内展出。因正安盛产乌桕，是夏季的主要蜜源。20世纪70—80年代，曾吸引了江西、广西、湖南、浙江、云南、四川及本省的意蜂场蜂拥而至。那种热闹的场面，至今在人们的脑海中仍记忆犹新。那么，人们不禁要问，现在正安蜂业，尤其是中蜂，究竟发展得怎么样了？

一、正安县蜂业及中蜂发展的现状

跟全国大多数地区一样，20世纪80年代至21世纪初，在只问产量、不顾质量的年代，中蜂处于下风，在养蜂经济中的作用、比例下降，曾经沉寂一时。但是，近些年来，随着我国社会经济的发展，人们保健意识、消费能力的增强，对食品质量安全的要求也随之提升，纯天然、原生态的中蜂蜜越来越受到消费者的喜爱，零售价不断攀升。目前，中蜂蜜在正安市场的零售价在120～160元/千克。稀有蜜种如玄参、五倍子等所谓药花蜜的价格甚至达200元/千克。市场的推手，终于打破了中蜂多年来"万马齐喑"的局面，使它得以回归蜂业"舞台"，重新崭露头角，逐渐恢复了往日的生气和繁荣。

目前正安全县有蜂3万余蜂，以中蜂为主。饲养户1 692户，从业人数2 035人。其中30群以上的养殖户150户，最多的一户达130群。由于正安中蜂体大群强，品质优良，有较大的饲养规模，每年要对外出售种蜂2 000～3 000群，养蜂脱贫致富的典型不断涌现。

据初步统计，正安现年产蜂蜜350吨，以油菜、乌桕、洋槐、药花蜜为主，蜂王浆5吨（意蜂产），年出售种蜂2 000～3 000群。全县蜂业产值达到2 300万元。整个养蜂业，包括中蜂在内，对发展正安县域经济、农民脱贫致富，为农作物授粉增产，发挥了不可忽视的作用。

二、贵州需要正安养蜂业"红杏出墙"的理由

半个多世纪前，养蜂前辈——贵州省农业厅高级技师刘继宗先生踏上了正安这片绿意葱郁的土地。他在正安及遵义市其他地区指导，多次举办中蜂活框饲养培训班，培养了大批养蜂人才，有力地推动了贵州省中蜂改良工作，取得了令人瞩目的成就。无独有偶，两年前，笔者与刘老前辈的学生——贵州省农业农村厅徐祖荫研究员接触，即刻引起了他的注意。他多次来到正安考察，并

把他的许多试验项目，放到了正安。为什么前后两代专家对正安养蜂都这么关注？这绝非偶然。

(一) 正安县是块养蜂宝地，蜜粉源植物十分丰富

据初步调查，正安蜜源植物共81科171属253种，能形商品蜜的就有油菜、乌桕、柑橘、洋槐、盐肤木（五倍子）、黄荆条、椿、泡桐、紫云英、野菊花、乌泡、鸡骨柴等10多种。其中，值得一提的是正安盛产乌桕。乌桕流蜜丰富，是能够帮助中蜂越夏，其他地方少有的夏季蜜源。

由于正安县海拔悬殊，小气候复杂多样，有人形容说正安县是"平坝艳阳汗如雨，深山穿夹犹嫌寒"，所以植物花期长，蜜源种类有异，有利开展小转地放蜂。

(二) 正安中蜂品种优良

20世纪80年代及21世纪初，贵州省农业厅（现更名为贵州省农业农村厅）曾先后两次组织调查，以遵义市（包括正安）为代表的贵州山地型中蜂个体大、群势强（可以达到8～9框）、性温驯、产蜜量高，在国内是仅次于阿坝亚种而优于其他中蜂的品种。重庆市南川区是我国西南地区唯一的一个中蜂自然保护区，正安县与重庆市南川区直线距离仅80千米。从划分地理亚种的角度看，正安县中蜂与南川中蜂应属同一个蜂种。近几年来，许多地区到正安县买蜂引种，其中就包括了重庆市及南川区。正安县有力地支持了周边地区中蜂产业的发展，蜂种的优良特性也得到了更为广泛的认同。

(三) 正安县养蜂历史悠久，养蜂技术基础扎实

养蜂历史悠久，给正安中蜂养殖增添了历史的厚重感。历经半个多世纪新法饲养技术在正安县的普及推广，使正安县进一步提升中蜂饲养管理水平，提高科技含量，奠定了扎实的基础。

(四) 组织化程度高，地方政府重视

正安县现已建立了6个养蜂专业合作社。2011年，正式成立了县养蜂协会。2012年，正安县养蜂协会又正式成为了中国养蜂学会团体会员。现全县由养蜂协会挂牌的示范场28个，其中中蜂场占22个。协会组织会员参加全国性专业会议，交换产、供、销信息，在养蜂户、合作社与政府部门、市场和国内同行间，发挥了桥梁和纽带的作用。

无论从历史的角度看，还是从发展现实经济出发，正安养蜂都是一项颇具特色的养殖业，因此受到当地政府的重视。近两年来，正安县委、县政府都把养蜂作为正安农业的一项重点产业来抓（粮油烟猪茶桑果药蜂）。县业务主管部门以出文件、开座谈会等多种形式，帮助养蜂户解决生产发展中的问题，编制了正安县蜂业"十二五"发展规划。县水电局还将五汇水库部分办公楼，借

给养蜂协会作为中蜂良种繁育基地的办公及住宿场地。政府的重视与支持，对正安养蜂，尤其是中蜂的发展，起到了推波助澜的作用。

从贵州全省来看，目前具备正安上述条件的地方还不多，正安完全有条件、有能力成为贵州省中蜂良种繁育基地、中蜂标准化养殖示范基地、养蜂脱贫示范基地、养蜂地方人才培训基地，在贵州发展中蜂产业中发挥更为重要的作用。

三、将正安打造成蜂产业典型的实践与构想

为了将正安县打造成贵州省良种繁育基地、标准化养殖示范基地、养蜂脱贫示范基地、养蜂地方人才培训基地，成为贵州中蜂产业的典型，正安县拟做好以下几方面的工作。

（一）建议划定县级中蜂保护区

正安县不但有中蜂，也有一定数量的意蜂。为了保护正安宝贵的中蜂种质资源，成为贵州中蜂的良种繁育基地，建议由县政府出台相应文件，在中蜂数量多、蜜源条件好的 3～5 个乡的范围，划定中蜂保护区，不让意蜂进入。

（二）围绕中蜂高产、优质的目标，开展系列配套生产技术的试验、示范与推广

为了提高中蜂的养殖效益，提高产量和质量，需要在中蜂的饲养管理技术上有新的革新和突破。为此，正安县目前正在对中蜂浅继箱、巢蜜、脾蜜的生产、中蜂强群高产优质生产技术、一次性换王技术、改良式巢虫阻隔器的推广运用等进行试验、推广。争取通过 2 年时间，使正安县规模在 30～50 群的中蜂场，半数以上达到年均群产蜜 20 千克，年产值超过 6 万～10 万元目标，并向贵州全省推广。同时，正安县配合省级部门，总结本县中蜂饲养管理经验，为补充、修订《贵州省中蜂饲养管理技术规范》（贵州省地方标准）提供依据。

（三）内引外联，实行产、加、销一体化，保持正安中蜂产业的可持续发展

正安县是国家级贫困县，受经济条件制约，正安县蜂业在加工、销售方面还十分薄弱，需要招商引资，或通过横向协作，发展蜂产品深加工，通过龙头企业的带动，使正安蜂产业持续、健康地发展。

为了达到以上目标，急需政府及各级主管部门、国家蜂产业技术体系在政策上、经费上以及其他形式上，给予正安县大力扶持，施以援手。到那时，正安县不仅要做"一枝出墙的红杏"，更愿做"报春的梅花"，让贵州中蜂产业"满园春色"，开遍"烂漫的山花"。

纳雍、长顺两县人员赴正安县学习
中蜂养殖技术散记

贵州省正安县位于遵义市东北部，与重庆市南川区相邻。由于地处大娄山脉，峻岭高耸，谷地纵横，境内海拔相差达 1 400 米；中低山、丘陵、平坝、谷地交错并存，地貌类型复杂多样，森林覆盖率 45%，生物多样性突出，蜜粉源植物丰富，养蜂条件十分优越。因此，正安县历来是贵州省养蜂生产重点县。

正安县中蜂活框饲养的历史可以追溯到 20 世纪 60 年代，至今已有 60 多年的历史，虽其间中蜂饲养过程、数量跌宕起伏，但活框饲养技术在该县已经非常普及。现全县有中蜂 3 万余群，活框饲养量占 95% 以上。自 2011 年在正安县老区促进会的支持下，该县蜂农自发组织成立养蜂协会后，养蜂业受到县委、县政府及畜产办的重视，纳入了该县重点发展的产业，并制订了相应的发展规划。在贵州省畜牧局的支持下，该县还组建了县中蜂良种繁育场，开展了一系列中蜂高产试验项目，取得了一定成效。近几年来，正安县每年向贵州省内外出售的中蜂种蜂达 2 000～3 000 群，有力地推动了周边地区中蜂生产的发展。2012 年，贵州省农业科学院、香港"社区伙伴"项目官员曾到正安参观访问。2013 年，望谟县发改委、纳雍县农业局、长顺县畜牧局先后率领乡干及养蜂员共 30 余人到正安县参观学习中蜂饲养技术，正安县作为贵州省乡土养蜂人才培训基地、贵州省养蜂脱贫示范基地、贵州省中蜂良种繁育基地、贵州省中蜂标准化养蜂示范基地的作用日渐显现。特别是 2013 年 8 月下旬至 9 月初，纳雍、长顺（两县老法饲养的蜂群均为 95% 以上）相关人员在盐肤木花期赴正安县学习，除参观了正安县一批规模饲养的中蜂场，感受到了正安县中蜂发展的蓬勃气势外，同时也学到了不少新的中蜂饲养技术，进行了一些有益的讨论，现简报如下。

一、改良式巢虫阻隔器防治效果显著

巢虫是中蜂的重要敌害，许多蜂农长期受制于巢虫危害，苦无对付良策。改良式巢虫阻隔器是贵州在国家蜂产业技术体系的支持下，在广东昆虫研究所研发第一代巢虫阻隔器的基础上，进一步改良后防治巢虫的有效工具。由于克服了第一代阻隔器器型小，蜂群在阻隔器上和巢框搁条上泌蜡，形成新的上脾通道等缺点，极大地提高了防治效果。

自 2011—2013 年，贵州省先后连续 3 年在贵阳市、正安县推广，观察其防治效果，曾先后在受试蜂群中接种巢虫卵 1 060～2 700 粒/群，蜂群基本未受危害。特别是 2013 年 5 月 27 日，在正安县受试蜂群中大量接卵（2 700 粒/群），历时 3 个月后，代表们在查看受试蜂群中的封盖子脾时，巢脾上竟然找不到一头白头蛹。使用巢虫阻隔器除改造蜂箱有一点麻烦外，使用起来还是很方便的。在代表参访过程中，贵州健和源蜂业公司杨志银技术员还给到会代表演示了给阻隔器换药的过程。

二、郎式箱横养更符合中蜂生物学特性，可一箱多用，增产效果显著

郎式箱，又叫意蜂十框标准箱，同时也是我国绝大多数地区普遍用于中蜂活框饲养的通用箱型。贵州有关部门在不改变原郎式箱体的基础上，将放置巢框的方向由原来的顺长度（46.5 厘米）方向摆放，改为顺宽度方向（37.0 厘米）摆放，将巢框上框梁缩窄为 38.7 厘米，高度不变，这样有利于蜂群护子，保温效果好，放脾多（12 框），蜂群发展快。另外，该箱放脾多，在箱中间加死隔板或框式隔王板后，可以很方便地组织双王群。双王群的饲养又有利于培养强群，实现继箱饲养。正安县在 2013 年乌桕花期和五倍子花期试用该型蜂箱，据使用者介绍，产蜜量至少可增产 1/3。

该箱还可一箱多用，如用 3 块死隔板将蜂箱分隔成四区，每区用脾 1～2 张，可组成 4 区交尾箱。另外，在大流蜜期，也可用一块死隔板将蜂群隔为大、小两区，小区用脾 2 张，让老王产卵；大区挂王台，用处女王采蜜，隔老培新。一旦新王交尾成功，提走老王，抽去闸板，就可换王。这些措施，都有利于中蜂及时更换蜂王，对中蜂高产，维持强群，具有重要意义。

贵州省农业农村厅徐祖荫研究员建议，纳雍、长顺两县刚开始实行活框饲养，起步时最好就推广使用这种箱型，以便一步到位。

三、实行中、意蜂营养杂交

蜂群群势强弱，与蜂王个体大小有关。由于意蜂王浆多，利用意蜂在一段时间内代育中蜂蜂王幼虫（不超过 24 小时），有利于培育体大的蜂王。具体的方法是，先将经蜂群打扫后的王台移入意蜂幼虫，待其哺育一天后，用镊子夹去意蜂幼虫，再在王台中移入中蜂不超过 1 日龄的小幼虫，交意蜂无王群哺育24 小时，再转交给中蜂无王群哺育。为了让纳雍县的代表看到现场，正安县

养蜂协会的高绍唐师傅特地提前两天做了准备，使参会代表亲眼看到了营养杂交的过程。

四、中蜂巢蜜的试生产

2013年，正安县李永黔蜂场在五倍子花期将市售空巢蜜盒放置在中蜂群中，群势为7框蜂量。参会代表亲眼看到了中蜂生产的巢蜜，中蜂巢蜜的蜡盖为浅黄色，很漂亮，但可惜尚未封盖完整。在场的专家和老师傅建议，生产巢蜜的蜂群群势还应更强一些。待巢蜜初步形成后，应放置在边脾或提上继箱，进一步促进蜂群酿造、封盖，效果可能会更好一些。

五、改良传统饲养方式，使用格子箱饲养

正安县养蜂协会贾明宏于2012年进行了改良式传统饲养的尝试。他使用的格子箱长、宽均为33厘米，高10厘米，并由多层箱体叠加而成（一般为3～5层），顶部为纱盖及箱盖，让蜂群自己在箱内营造自然巢脾。

蜂群都有向上贮蜜的习性，一般顶层为蜜脾，中、下层为子脾。当顶层的蜜脾成熟后，可用铁丝将顶层巢脾沿上、下两个箱体接缝处割下，这样不伤子，不影响蜂群繁殖，还可取到封盖完整的成熟蜜脾。取蜜后，在整个箱体的底部，再续上一个空箱套，让蜂群继续向下造脾。这种养蜂方法操作简单，对于养蜂技术水平低、蜜源不是很好的地区，有较大的应用价值，同时也是应对一些对蜂蜜质量要求挑剔的顾客、提高蜂蜜价值的一个较好办法。

六、人工种植、涵养蜜源，改善养蜂生产条件

2013年到正安县来参访、学习的望谟、长顺两县，包括贵州省农业科学院生态恢复点紫云县宗地乡，均属喀斯特地区，土层薄，自然植被和养蜂条件总的不如正安，尤其是缺乏夏季、初秋的蜜源（5—8月），但是晚秋却有野藿香（又叫野木姜花）、千里光、野菊花，这是当地中蜂能形成商品蜜的重要蜜源。这恰恰与正安县相反，正安县夏季有乌桕、荆条蜜源，但深秋野藿香类的蜜源却比较少。因此，这些地方如果要改善当地的养蜂条件，应该结合退耕还林和生态恢复项目，种植一些夏季和初秋的蜜源植物，如拐枣、冬青、香椿、漆树、苦丁茶、盐肤木等。盐肤木有两种，一种是5月开花的"铁五倍"，一种是秋季8月下旬至9月上旬开花的"泡五倍"。盐肤木易种植，是一种有较大经济价值的经济林木（可收"五倍子"），同时也是一种蜜粉都十分丰富的蜜源植物，不但可以收到蜂蜜，而且对蜂群越夏后恢复、壮大群势，采收野藿香等深秋蜜源都有重大作用。因此，徐祖荫研究员特别提醒这类地区如要大力发展养

蜂，取得比较好的效果，人工种植和补充一些蜜源是非常必要的一项工作。

纳雍县代表参观时，正值正安县中蜂良种繁殖场取五倍子蜜，他们一道参与了取蜜的过程，分享了丰收的喜悦。

两县代表参观后，进一步激发了他们发展当地中蜂养殖的信心，对正安县畜产办、县养蜂协会的热情接待、周到安排、无私传授表示衷心的感谢。表示回去后，一定会把正安县经验带回去，让一部分农户通过养蜂脱贫致富，使中蜂养殖成为当地农村一个新的经济增长点。

乌蒙花海大，纳雍蜂光好

——贵州省纳雍县推广中蜂活框饲养经验介绍

一、纳雍县简介

纳雍县位于贵州省西北部与云南省接壤的乌蒙山区，总面积 2 448 千米²。这里大山绵延，沟壑纵横，平均海拔 1 685 米。年平均气温 13.7℃，年降水量 1 262 毫米，属低纬度、高海拔温凉湿润气候区。

县境内植被繁茂，森林覆盖率达 47.05%。蜜粉源植物种类繁多，常见的有菜花、杜鹃、板栗、鸡脚黄连、老鹳草、九层皮、过路黄、漆树、香椿、黄柏、女贞、桃、李、樱桃、洋槐、桉树、白三叶、多种蔷薇花科植物、荞麦、玉米、楤木（刺老包）、鬼针草、千里光、野菊花、野坝子、野藿香（一炷香）、半边苏等，尤以秋季蜜源最为丰富，可以生产很有特点的秋季野生山花蜜，非常适合发展中蜂生产。

境内中蜂属云贵高原型蜂种，其特点是工蜂个体大，吻长，蜂群群势大，最大群势可达 15～16 框。《中国畜禽遗传资源志——蜜蜂志》将该型蜂称为蜂蜜高产型蜂种。该县群众素有收养中蜂的习惯，据该县 2013 年 5 月对全县中蜂养殖情况进行普查，当年中蜂存养量 10 078 群，蜂群数量虽多，但 99.5% 均为传统饲养，活框饲养仅几十群。生产能力很低，每群年平均取蜜量仅 2.5～5.0 千克。

纳雍县是多民族（苗、彝、汉）聚居区，属国家级贫困县，全县总人口 100.48 万，农村人口 96.5 万。农村人口中贫困人口为 19.9 万，贫困人口占农村人口的 20.7%，农村居民人均可支配收入 5 873.3 元。

纳雍县农业局根据本县蜂种好、蜂群多、蜜源条件优越、中蜂蜜卖价高、群众素有养蜂之习、蜂群增产潜力大等特点，决定将发展中蜂活框饲养作为该县农民脱贫致富、精准扶贫的一个重要手段，当成一项重要的特色产业来抓。

从 2013 年 6 月起，通过两年多的努力，发动群众过箱，使原来全县只有几十群活框饲养的蜂群，发展到 2015 年的 5 000 多箱，并涌现出了周家贵、李军等通过中蜂改良饲养致富的典型。

当外地参观者到该县一个标准化蜂场参观时，看到整齐、美观的蜂箱，布置有序的蜂群，巢门前蜜蜂一片繁忙兴旺的景象；感受到群众高昂的养蜂热情，对纳雍发展中蜂生产的气势和规模，不由得发出一阵阵由衷的赞叹声。他们认为该县在发展中蜂生产上，路子对，决心大，有思路，起点高，时间短，方法好，效果佳，是贵州省中蜂新法饲养的新典型，并称之为"纳雍模式"。

为了进一步推动贵州省中蜂活框饲养工作的开展，现将纳雍县的具体做法和经验总结于下，供各地参考。

二、作法与效果

（一）明确制定发展规划，建立养蜂专业合作组织

为了大力发展纳雍县的养蜂产业，2013 年 4 月，纳雍县农业局出台了《纳雍县中蜂产业项目发展规划》，作为该县发展中蜂生产的纲领性文件。该文件明确提出了发展目标、进度，发展的工作思路和项目管理措施，通过成立县养蜂协会、农民养蜂专业合作社，建立标准化示范蜂场，用协会＋专业合作社＋基地＋农户的方式，将全县养蜂户组织起来，推广先进的养蜂生产技术，实行四统一（统一供应蜂具、蜂种，统一管理技术标准，统一蜂蜜质量，统一回收销售），"抱团打天下"，最终向产、供、销一体化的方向发展。

按照这一思路，纳雍县农业局于 2013 年 6 月 20 日，组织了全县 50 多户有一定规模的养蜂户，邀请专家前来培训。并利用此次培训之机，正式成立了县养蜂协会及乌蒙山中蜂养殖农民专业合作社，从此拉开了中蜂活框饲养的序幕。

随着工作的有序展开，该合作社先后建立了四个标准化示范蜂场，并陆续出台了蜂群购销协议、云贵高原型中蜂养殖合作协议、活框养殖技术学员培训简章、蜂蜜生产工艺及收购标准等一系列协议和文件，并在工作中得到了较好的贯彻和落实。

（二）外出参观改变观念，发动群众改桶过箱

纳雍县是贵州省典型的山区县，过去由于交通、信息闭塞，很多养蜂户都没有机会与外界接触，长期以来一直实行传统饲养。对于什么是活框饲养，活框养殖有些什么好处？他们一无所知。

俗话说："耳听为虚，眼见为实"。为了迅速打开活框饲养的局面，2013

年 8 月中旬，由县农业局副局长陈仕甫带队，带领养蜂员代表到贵州省养蜂大县——遵义市正安县参观学习。正安县在 20 世纪六七十年代就是贵州省中蜂活框饲养的典型，现全县有蜂 3 万余群，其中中蜂接近 3 万群，99.5％均为活框饲养，技术水平在贵州省居领先地位。

陈仕甫等到正安县参观时正值盐肤木流蜜期。通过实地参观，亲自摇蜜，产量对比，极大地开拓了养蜂户的眼界，加强了蜂农过箱改良的信心和决心。

参观回县后，在县农业局的组织和带领下，在全县范围内掀起了中蜂改良的热潮。负责主抓养蜂工作的副局长在该局另一个干部的配合下，每逢周六和周日，就下乡指导蜂农改桶过箱。2013 年，他们亲手指导各乡镇过箱 300 多群，并结合过箱，根据不同季节，还先后举办了三期培训班（如中蜂过箱、越冬管理、人工育王等）。

中蜂过箱后，当年就收到了明显的效果。其中沙包乡周家贵蜂场 8 月 10 日过箱 18 群，过箱时收蜜超过 75 千克。到 11 月 7 日，其中 14 群蜂又摇蜜 83 千克，当年收入 4 万多元，周师傅感慨地说："要不是过箱，恐怕这后面摇的蜜我就得不到了"。

经过一年多的时间，到 2014 年年底，纳雍县共改蜂 1 840 群，成功率达 80％，全县共建标准蜂场 34 个，带动周边农户过箱 68 户，规模最大的蜂场超过 100 箱。其中寨乐乡双山村李军蜂场，2014 年年初有蜂 15 群，因他肯钻研，管理仔细，又初步掌握了人工育王技术，到 2014 年年底，已繁殖到 139 群，蜂群数增长 9.3 倍。其中出售 52 群，取蜜 600 千克，蜂和蜜的收入共达 15 万元。2014 年 11 月，由县政府出面，在李军蜂场召开了 100 余人参加的摇蜜大会，引起了极大的轰动。

到 2015 年 6 月止，纳雍县活框饲养量已由原来的几十箱发展到 5 000 箱，活框饲养蜂群在总蜂群数中的比例，由两年前的 0.5％飚升到了 30％左右。

（三）引进人才联合办场、培训、示范，提高全县科学养蜂水平

一项产业的发展，一靠科学技术，二靠劳动者综合素质的提高。纳雍县中蜂过箱由于时间短，进度快，受到有关部门的肯定。尽管如此，但因中蜂场布点分散，蜂农技术水平参差不齐；本县养蜂技术力量薄弱，人手少，过箱后技术服务跟不上，以至于过箱后，部分蜂场因技术、管理等原因，未能尽如人意，甚至有些蜂场的蜂群数量还有下降的情况。对此，纳雍县农牧局在 2015 年及时调整了工作重点，即由原来发动群众过箱，转移到加强后期技术服务的层面上。

鉴于纳雍县养蜂新手多，技术力量严重不足的情况，纳雍县除请省级专家前来讲课、巡回指导外，他们还采取到外地（正安县）引进养蜂师傅，联合办场（由本县出资办场，双方对半分成）的方式，以师带徒，扩繁蜂群，就地示

范，走市场化服务的道路。既为当地培训本土养蜂人才，又解决向全县供应蜂种的问题。通过提供蜂种，加强售后服务，实现技术进村入户。2015 年 5 月，由乌蒙山农民养蜂合作社牵头，联合开办了 4 个种蜂扩繁场，现有种蜂 220 群，计划到年底发展到 400～500 群，每年计划向社会提供种蜂 1 500～2 000 群。

同时，他们还以扩繁场为平台，向县内外招收养蜂学员。每位学员交费 2 000 元，食宿自理。学员在蜂场跟班劳动，参与管理，培训期 1 个月。每周有 6 天实际操作，一天理论培训，理论与实践相结合，重在实践，以确保学员通过培训后，能够独立管理三五十群蜂。一旦离训回场后遇到问题，还可回来免费继续培训，直到学会为止。每期培训 7～8 人，计划每年培训 3 期。现第一期已顺利开班。学员们一边看书，一边实习，学习认真，反映良好。寨乐乡学员蔡兴朝说："这种学习方式非常实在，收获很大。自己原先养了一年半蜂，蜂场经常出现盗蜂打架、飞逃的情况，很头痛，通过系统学习，自己就会处理了。我现在先当徒弟，学会后再回村当老师，带动大家养好蜂，我对此很有信心。"纳雍县计划通过这种以师带徒，徒弟又带学生的方式连锁式发展，加大技术辐射的速度和力度，尽快实现全县先进技术的全覆盖。

（四）选择正确的运作机制，具备优秀的带头人，是中蜂活框饲养持续健康发展的重要保障

中蜂活框饲养推广不光是一场技术革命，也是一项重要的社会经济活动。它的发展，需要全方位服务的跟进和配合，如养蜂技术的传授、蜂机具和蜂药的持续供应、蜂群的余缺调剂、蜂产品的标准化生产、安全收贮和实现品牌营销，都需要一个强有力的经济实体来参与、推动和具体运作。显然，政府和业务主管部门是不具备上述功能的。社会化服务、市场化运作是养蜂业健康、有序、持续发展的重要保障机制，而纳雍县正是通过组建乌蒙山农民养蜂专业合作社，来实现这一功能的。例如，在技术人员的引进，养蜂技术的传播推广上，也是采取购买（自费培训）、经济合作等方式来取得的，这是政府对农民进行专业培训的一种重要补充形式，其效果也较过去"政府包办、请客吃饭"，简单举办一两期培训班的方式要深刻得多。

谈到纳雍县中蜂活框饲养，就不能不谈到一个人，他就是该县农业局主持畜牧工作的陈仕甫副局长。陈局长一向以工作踏实而出名，他在纳雍县中蜂养殖项目中既是最初的策划和启动者，又是具体的参与和实施者，在该县中蜂活框饲养推广中，可谓是倾注了自己全部的心血。大到纳雍县的养蜂发展规划、每一个重大发展部署，小到标准化蜂场的建设，蜂箱和操作技术的改进，他都有所考虑。既胸有全局，又心细如发。陈局长原来并不懂养蜂，为了尽快掌握这门技术，他白天工作，晚上看书学习，自己在家养了两群蜂练手脚。一到休

息天就下乡帮助蜂农过箱，手把手地教他们管理。在帮助蜂农过箱的过程中，他总结出了一套标准化的安全作业程序。对蜂箱上的彩钢板防雨罩的固定方案设计，他就先后改进了 4 次，直至最后达到既美观、防风，又方便操作的目的。他还设计了一种操作十分简便、快捷而又安全的搭绊式运蜂箱；改进了巢框上绷铁丝的方法，与过去方法相比，完全没有结头，既美观又牢固……陈局长深有体会地说："一旦方向明确以后，就必须有一套正确的工作思路和工作方法，还要有一套完善的、合乎市场规律的运作机制。要达成预定的目标，还需要有脚踏实地的工作态度，一步一步不断地往前推进。而要做到这一点，没有执着、无私奉献、忘我工作的精神是不行的。"陈局长是这样说，也正是这样做的。

（五）做出样子，争取政府支持

一项产业要想得到迅速发展，政府的认同倡导、政策的扶持是不可或缺的。由于中蜂养殖在纳雍县有雄厚的资源基础，再加上项目承担单位工作努力有方，项目实施后，即显示出了良好的社会及经济效益，因而受到当地政府及有关部门重视与支持。

在纳雍县农业局的支持下，乌蒙山农民养蜂合作社获 20 万元专项经费，用于创办示范蜂场。

为了保证纳雍中蜂产业正常有序的发展，2014 年 2 月 9 日，纳雍县政府下发了《关于认真做好纳雍境内云贵高原中蜂保护和开发利用的通知》（纳府通〔2014〕7 号），成立了县级中蜂保护区，并出资树立了两块告示牌，防止外来蜂群（尤其是意蜂）进入该县。

毕节市委常委、副市长吴国强，以及副市长袁俊杰、市畜牧水产局局长牛贵河等曾先后到蜂场调研指导，对纳雍养蜂产业的发展提出了希望和要求。在 2015 年 3 月 8 日县委农村工作会上，县委书记郭华提出要把云贵高原型中蜂养殖作为纳雍县的特色、优势产业来抓。

政府的重视，促进了产业的快速发展。2015 年，寨乐乡将养蜂列为重点扶贫项目，划拨 20 万元专项扶贫资金用于 90 户精准扶贫户支持养蜂。维新镇计划安排 25 万元专项扶贫资金扶持 30 户贫困户发展养蜂，10 万元帮助一个村集体创办养蜂场，壮大集体经济。

目前，纳雍县乌蒙山养蜂专业合作社无公害蜂蜜认证检测已获通过，"乌蒙坪箐"的商标已完成登记注册手续，纳雍乌蒙土蜂蜜正在走向市场，接受磨砺，扩大影响，打造知名品牌。

通过近两年推广中蜂活框养殖，纳雍境内的中蜂群数已达 1.5 万群，增长了 53.8%；其中活框养殖达 5 000 箱，由原来最初的 0.5% 上升到 30% 左右。蜂蜜单产由原来的 4 千克提高到了 8 千克，蜂蜜质量（纯度和卫生）有了大幅提升。

蜂场标准化、规模化程度、水平也在不断提高,其中 30 群以上的蜂场由 2013 年的一户 42 群,增加到现在的 40 户;10～30 群的蜂场由 2013 年的 68 户增加到现在的 155 户。其中最大的一户规模已达 108 群,全县养蜂积极性空前高涨。

三、余波与回响

"一石激起千重浪",纳雍县推广中蜂活框饲养取得的成绩,引起了贵州省其他地区的关注,六盘水市及赫章、望谟、石阡、麻江等县以及贵州省农业科学院、贵州省环保厅等单位先后派人到纳雍县参观学习。

2015 年 5 月 18 日,赫章县委常委、副县长于刚带领政府办、农牧局,以及 3 家涉农、涉蜂加工企业和海雀村的负责人到纳雍考察,于刚表示:"赫章的养蜂条件与纳雍一样,县政府也正在考虑大力发展中蜂活框养殖。通过这次参观学习,使我对中蜂活框饲养有了一个比较全面的认识。纳雍县中蜂产业的发展目标、工作思路、具体措施以及成功的运作模式使我们深受启发,更加增强了我县发展中蜂产业的信心与决心。"

从梵净山自然保护区办中蜂培训班说起

梵净山位于贵州省东北部的铜仁地区,地跨江口、印江、松桃三县,是武陵山脉主峰所在地(海拔 2 520 米)。梵净山至今已存在约 14 亿年,这里孑遗了 1 700 万年至 200 万年前的多种植物(如珙桐、红豆杉等),黔金丝猴、角蛙都是这里独有的物种,具高山草甸和亚热带针叶、阔叶混交林。这里山大林密,生物多样性极其丰富。当然,这里也少不了中华蜜蜂。从文化上说,梵净山又是我国五大佛教名山之一(弥勒道场),也是著名的旅游胜地。现就第二次进山办班的所见、所闻、所感,写一些文字,与同行探讨。

一、这里的蜂群过冬难的原因

2014 年 12 月中旬办培训班的地点在保护区冷家坝管理站,这里属松桃县乌罗镇桃花源村,海拔 800 米左右,并不算高。讲课之余,学员们顺便参观了该村的两户养蜂户。两家虽都是传统养蜂,但却各有特点。

董建康师傅家养有 30 多桶中蜂。到他家参观时,只见养蜂的横卧式木桶摆得比较密集,与养蜂教材中散放的要求不一样,蜂桶一个摞一个,叠了三层。其中一个放在层檐下的旧碗柜中养了三群蜂,碗柜上又叠了两个蜂桶。虽然放得很近，但各群之间倒也相安无事，互不干扰。应笔者的要求，董师傅将碗柜其中一扇门打开，让大家观看、拍照。从照片上观察，此时蜂群已在巢脾下端结团越冬，脾上存蜜不多。董师傅说蜂群越冬后大概能存活过半。

另一家蜂场男主人姓杨，75 岁，养蜂 80 多桶。老人很勤快，在自家自留山（杉木林）上顺坡挖成一个个门形缺口，缺口左右两侧及后背用石块、石板砌壁，然后用细杉棒搭在缺口上面，再铺上一层厚的黑色塑料薄膜，并搭些杉树枝叶在上面遮雨，蜂桶就放在这样的小窝栅里。因为梵净山的蜂蜜卖价很贵，很值钱，所以老人很爱护自己的蜜蜂，舍得花力气给蜂群搭窝棚。老人说给蜜蜂搭窝棚，是为了防止蜂群冬天被冻死。为了看守蜂群，老人还特地在山场上盖了两间水泥房居住。

两位师傅有相当一部分蜂桶是用段木掏空后做成的，尤其是杨老汉的蜂桶以棒棒桶（一种圆形蜂桶）居多。按说这么厚的蜂桶，自身保温条件是不错的。笔者在贵阳（海拔 1 050 米）饲养在普通蜂箱中的蜂群，过冬基本上都没有问题。梵净山通常在立冬后取蜜（枪蜜），一年一次。养蜂户虽都知道要给蜂群留饲料，但从董师傅家情况看，饲料留得不足，而棒棒桶又太沉重，难得打开，不便补饲。所以估计这里冬天的蜂群是饿死的，并不是冻死。

二、中蜂确有自然合群现象

董师傅是当地农民，被保护区聘为护林员，本人聪明能干，又因家庭子女多，负担重，很能吃苦。近两年贵州科学院生物所到梵净山发展石蛙养殖，包括生物所技术人员自己建设的点在内，都没有成功，而董师傅负责的这个点却做成功了。由此可见，此人的观察能力及头脑不一般。

董师傅告诉我说，中蜂合群，时间通常出现在 8—9 月。前来合群的多是外来的蜂群。先是一二十只工蜂在准备投居的蜂群巢门前转悠，通常这些蜂群内均有蜜。随后来的工蜂逐渐增多，最后全群蜂拥而至，包括蜂王在内。合群前期两群工蜂会打架。为不致引起损失，董师傅一旦发现有此情况，便会守在蜂桶旁，待外来蜂王进桶时将蜂王捉住，这样两群工蜂就会逐渐停止打斗，顺利实现合群。董师傅说，这种合群现象他这里每年都要发生好几次。这种说法与笔者在天水市张荣川师傅家参访时得到的情况有暗合之处（见《蜜蜂杂志》2013 年 12 期）。可见中蜂确有自然合群现象，并不为一个地方所独有。

三、自然保护区如何充分发挥自身的养蜂优势

凡自然保护区都有很好的天然植被，蜜粉源植物和中蜂资源都很丰富，加上保护区优美的自然环境，保护区出产的中蜂蜜（土蜂蜜）名头大、人气旺、

销路好、售价高，可谓占尽了天时、地利、人和。但许多保护区养蜂生产的方式都很落后，产量上不来，蜂蜜成了稀罕之物。有些养蜂者看到其中商机，就将在区外生产的蜂蜜委托当地蜂农，当做当地的土蜂蜜销售。

其实，保护区管理部门也看清楚了保护区发展养蜂生产的潜力和对当地农民致富、社区发展、加强生态保护的好处，近些年来陆续举办了一些养蜂培训班，请专家授课；并通过一些项目资助，对保护区群众发放活框蜂箱。但是由于当地缺乏专业人员指导，项目又多是一些短期项目，蜂群过箱后往往后期技术服务、指导跟不上。因此，中蜂活框饲养推广进展都不好，步伐缓慢。有些农户虽然接受了一些蜂箱，但由于管理跟不上，觉得反而不如老桶，于是又重新养圆桶蜂。贵州省内自然保护区如梵净山保护区、赤水桫椤自然保护区、麻阳河保护区的情况大多如此。

传统养蜂的产蜜量很低。例如杨老汉家 2013 年养蜂 80 桶，收蜜 200 千克，平均每桶产蜜 2.5 千克。据他儿子说，2013 年还算是收成最好的一年。董师傅家 2013 年 30 群蜂收蜜 50 千克，平均每桶取蜜仅 1.65 千克，蜂蜜产量低与养蜂方式有很大关系。据董师傅讲，他养在饭甑似大蜂桶中的蜂群，有时一年也能收 15 千克蜜，可见增产的潜力还是很大的。在拥有资源的情况下，技术就成了生产力高低的决定性因素。因此，笔者建议保护区要发展养蜂，一是要明确专人管理，或引进相应的人才；二是"引进来"（请专家讲课）与"走出去"相结合，组织重点蜂农到活框饲养搞得好的地区去学习，开阔眼界；三是要有意识地重点培养和认真抓好重点户，在每个片区树立 1~2 户典型，由点到面，带动其他农户实行改良饲养。

贵州省纳雍县有中蜂 1 万群，原先 99％以上也都是传统饲养。在该县农业局的组织下，2013 年 8 月组织部分养蜂户到正安县（95％以上为活框饲养）参观，同当地蜂农一起摇蜜，亲身感受到了活框饲养的优越性。经过简单培训，许多蜂农回来后自己动手过箱、分蜂。现已有 9 个乡镇 10 户养蜂户过箱 113 群。仅仅经历不到 3 个月的时间，到 11 月活框饲养的蜂群增加到 122 群，已取蜜 671 千克，平均每群取蜜 5.5 千克。取蜜浓度基本都在 41.5~42 波美度，取得了不错的成效。该县农业局副局长亲自抓养蜂，并组建了养蜂专业合作社。现该县活框饲养推广的势头很好，群众积极性很高。2014 年毕节地区春耕生产现场会已决定在纳雍县召开，其中中蜂新法饲养推广就是一个重要的参观内容。纳雍县的经验和模式很值得各保护区认真借鉴和参考。

第三篇

蜂箱、蜂具

论 中 蜂 蜂 箱

——不仅仅是蜂箱

一、背景

蜂箱的出现，是近代养蜂业由传统养蜂转向活框养殖的革命性标志。自美国郎什特罗什神父 160 多年前发明活框蜂箱以来，除郎氏箱外，世界各地还陆续推出了另外一些蜂箱类型，如达旦式、苏式等。而当西方活框养蜂技术传播到世界的东方以及中国这块土地上时，现代养蜂先行者向从业者传播的福音，首先提到的也是蜂箱（如 20 世纪初《广东农工商报》《广东劝业报》连载的《蜂箱的制造》等）。美国达旦父子公司还组织专家编写了《蜂箱与蜜蜂》，其中就涉及蜂箱，可见蜂箱在养蜂业中所占据的重要地位。

中国自 20 世纪初引入西方蜂种的同时，也引进了其活框蜂箱及养殖技术，并由此引发了用活框蜂箱驯养中蜂的革新与尝试。自此"西式蜂箱是否适合饲养中蜂，饲养中蜂用什么样的箱型更加合适"等话题，100 多年来就从未间断过，争论之声不绝于耳，甚至一直持续到今。

为了推动中蜂饲养技术的进步，明确重点推广的主流箱型，并探讨中蜂蜂箱继续深入改进的可能性，"十一五""十二五"期间，国家蜂产业体系曾组织各中蜂重点产区进行过大规模的蜂箱类型调查，但由于各地饲养中蜂的箱型繁多，如广东省就有 100 多种不同规格的蜂箱类型（罗岳雄等），广西至少有 36 种（胡军军，2015）……在这众多纷繁复杂的蜂箱面前，人们对此似乎显得无所适从，难以抉择。

但是我们不应忘记，从纷繁复杂的现象中找规律，去粗取精，去伪存真，删繁就简，揭示和认清事物的内在本质，并用于指导生产实践，本身就是我们科学工作者应有的责任。世界上的任何事物都是互相影响，互相联系的，蜂箱也不例外。笔者等通过了解蜂箱使用分布现状，抓住关键的指标，比较不同箱型之间的相同及不同之处，从比较中厘清它们相互之间的内在联系，发展的源流及其演变的过程，就不难预测其今后运用及发展变化的趋势。为达此目的，首先要找出决定蜂箱类型的关键指标，收集整理出相关数据，并利用这些数据对不同的蜂箱加以整理，分型归类。

二、蜂箱分型的指标及术语解释

（一）分型指标

要将蜂箱按其特点分型归类，就必然会涉及蜂箱的构造。熟悉养蜂的人都知道，蜂箱的主要部件可分为两大部分，一是巢框，二是蜂箱箱体。其中巢框是最重要也是最关键的部分。因为巢框的长度和高度决定了蜂箱的长度和高度，如果再考虑放框的个数（决定蜂箱的宽度），这三者实际上就决定了箱体的容积，因此，不同的巢框构成了不同的蜂箱类型。为此，笔者采用巢框长高比（长∶高）、巢框的内围面积（面积＝长×高）、箱体容积这三项指标以及提出相似度这一概念，对不同蜂箱进行比较。这个方法，就好比过去对不同地区的中蜂通过形态指标测定，进行种下分类的方法是一样的。

不同箱型之间某一指标的相似度，可通过两两相较蜂箱的实际数值，用其中较大的数值除以较小的数值再乘上 100％求得。例如，郎氏箱的巢框面积为 870.9 厘米^2，中蜂 10 框标准箱的巢框面积为 880 厘米^2，那么它们之间巢框面积的相似度为（870.9÷880）×100％＝99％。广东从化式蜂箱的巢脾面积为 752.5 厘米^2，与郎氏箱比，其相似度为（752.5÷870.9）×100％＝86.4％，三者之中，中标箱比从化式与郎氏箱更为接近。

再从巢框的长高比来比较，郎氏箱为 1∶0.47，中标箱为 1∶0.55，从化式为 1∶0.61。中标箱与郎氏箱巢框长高比的相似度为（0.47÷0.55）×100％＝85.5％。而郎氏箱与从化式为（0.47÷0.61）×100％＝77.8％，也是中标箱与郎氏箱更为接近。

还可分析几个指标之间的综合相似度，如郎氏箱与中标箱巢框面积和长高比的二维综合相似度为 98.8％＋86.4％＝185.2％，而郎氏与从化式上述二维综合相似度只有 85.5％＋77.8％＝163.3％。因此，无论从单项指标还是从综合指标看，中标箱的箱型都比从化式蜂箱更接近于郎氏箱。

（二）基准箱型

在建立这套比较系统时，还必须确立一种基准箱型作为标准模式，作为与其他箱型比较的标准参照物。笔者在此选定的基准箱型是郎氏箱，即意蜂十框标准箱。其理由是因为这种箱型出现的时间最早，可以说是活框蜂箱的鼻祖。且随着活框饲养和西方蜂种的传入，我国受影响时间最长也最深的也是郎氏箱。尽管郎氏箱最早用于西方蜜蜂，但自其传入我国后，也大量用于中蜂饲养，且效果不错，地域适应性广，南至海南、台湾、福建、广西、广东，北至西北、东北都有使用。郎氏箱的成功是因为其大小适中的箱体和长高比例较为合理的巢框，其巢框属于典型的宽矮类型（长高比 1∶0.43），比较适合加继箱或浅继箱，既适合平箱生产，又有利实现强群继箱生产，是一种生产性能较为全面的蜂箱类型。郎氏箱所配套的蜂机具，包括蜂箱、摇蜜机、隔王板、巢础等都已实现了商品化，方便购买使用，成本较低，加之多年试验研究，生产技术成熟配套，故郎氏箱及其衍生箱型仍是我国广大中蜂产区使用最广泛的主流箱型，即使在 20 世纪 80 年代初，我国推出十框中蜂标准箱后仍然如此，在国内中蜂产区该箱型所占比例高达95％以上。

（三）系列蜂箱、衍生箱型、配套蜂箱

系列蜂箱是指巢框尺寸一致而放框数不同，从而导致蜂箱容积不同的一系列蜂箱。例如郎氏箱有 10 框标准箱，便于运输的 7～9 框箱，以及 12 框方形箱和 16 框、24 框卧式箱。

衍生箱型是指该箱型受郎氏箱或其他箱型启发、设计演变而来，其巢框及箱型大小与郎氏箱或其他原型箱尺寸不尽一致的蜂箱。这些蜂箱就是郎氏箱或其他原型箱的衍生类型。它们虽与原型箱在骨子里有千丝万缕的联系，但又与原型箱有所差别。衍生箱型与原型箱巢框面积及长高比的二维综合相似度通常应不低于 150％。综合相似度越高，说明该衍生箱型就越接近于原型箱，其使用功能和生产性能也更接近于原型箱。综合相似度较低，说明其巢框在某种程度上作了较大改变，箱型也因此产生了较大的变化。衍生蜂箱也有因放框数不同而箱体容积不同的情况，只要巢框相同而容积不同，也称之为某箱型的系列蜂箱。

配套蜂箱是指与原型箱配套使用的继箱（巢框一致）或浅继箱（巢框高度不一致）。

三、现有中蜂箱型的分型归类

（一）广西地区箱型的分型归类

因广西地区有比较详细和具体的调查资料，且广西地区的箱型在我国东南沿海一带（福建、广西、广东、海南）较具代表性，所以特别将其作为本文的分析对象。

据广西区养蜂管理站对全区 103 个蜂场的调查，全区大致有 36 种巢框内围尺寸不同的箱型，表中所列的是全区中蜂数量分布集中、饲养水平较高、有较强代表性的 9 种规格的蜂箱类型。这几种箱型巢框面积、长高比及其与郎氏箱的关联度见表 3-1 。

表 3-1　广西区常见中蜂活框蜂箱及巢框内围尺寸（引自胡军军）

箱　式	使用地区	放框数（个）	巢框内围（厘米）		巢框内围面积（厘米²）	与郎氏箱相似度（%）	巢框长高比（1：x）	与郎氏箱相似度（%）	巢框内围面积、长高比与郎氏箱综合相似度（%）
			长	高					
郎氏标准箱	全区各地	10	429	203	870.9	100	1：0.47	100	200.0
中蜂十框箱	全区各地	10	400	220	880.0	99.0	1：0.55	85.5	184.5
地域Ⅰ型	容县	10（双群箱）	395	205	810.0	93.0	1：0.52	90.4	183.4
地域Ⅱ型	玉林、贵港	8（双群箱）	350	220	770.0	88.4	1：0.62	74.6	163.0
地域Ⅲ型	浦北县	7	390	230	897.0	97.1	1：0.59	79.7	176.8
地域Ⅳ型	昭平县	8	370	245	907.0	96.0	1：0.66	71.2	167.2
地域Ⅴ型	桂中地区	9	415	205	851.0	97.7	1：0.49	95.9	193.6
地域Ⅵ型	兴宾区	10	420	210	882.0	98.7	1：0.50	94.0	192.7
地域Ⅶ型	兴宾区	8	400	205	820.0	94.2	1：0.51	92.2	186.4

　　从表 3-1 中巢框内围面积一栏可见，除玉林、贵港地区的蜂箱与郎氏箱的相似度稍低（88.4%）外，其余为 93.0%～99.0%（其中包括中蜂标准箱在内），说明广西各式蜂箱在巢脾面积上与郎氏箱基本接近。与郎氏箱比较巢框的长高比，较低的是玉林、贵港、浦北、昭平的蜂箱（71.2%～79.7%），其次是中标箱 85.5%，其余均在 90% 以上，两项指标的综合相似度在 163.0%～193.6%，远大于 150.0%，说明这些蜂箱尽管各有不同，但都带有郎氏箱的基因，实际上都是郎氏箱的不同衍生类型。

　　与广西地区情况类似的地区还有广东、福建等地，这些地方养蜂历史、气候、蜜源基本相近，因此其使用的箱型也基本类似于广西。

（二）国内中蜂箱的分型归类

　　国内目前使用饲养中蜂蜂箱的规格见表 3-2。

表 3-2　国内多种饲养中蜂蜂箱的尺寸规格

箱　式	放框数（个）	箱内容积（厘米³）	巢框内围（厘米）		巢框内围面积（厘米²）	与郎氏箱相似度（%）	巢框长高比（1：x）	与郎氏箱相似度（%）	巢框内围面积、长高比与郎氏箱综合相似度（%）
			长	高					
郎氏标准箱	10	44 733	429	203	870.9	100	1：0.47	100	200
短框式十二框中蜂箱	12	44 733	328	203	665.8	76.4	1：0.62	75.8	152.2

（续）

箱　式	放框数（个）	箱内容积（厘米³）	巢框内围（厘米）长	高	巢框内围面积（厘米²）	与郎氏箱相似度（%）	巢框长高比（1：x）	与郎氏箱相似度（%）	巢框内围面积、长高比与郎氏箱综合相似度（%）
中蜂标准箱	10	43956	400	220	880.0	99.0	1：0.55	85.5	184.5
沉凌式	10	53 184	405	220	891.0	97.7	1：0.54	87.0	184.7
中一式	10	42 057	385	220	847.0	97.3	1：0.57	82.5	179.8
中笼式	10	41 106	385	206	793.1	91.1	1：0.54	87.0	178.1
GK式	10	46 462	365	238	868.7	99.7	1：0.65	72.3	172.0
标准从化式	12	41 410	350	215	752.5	86.4	1：0.61	77.8	164.2
云式Ⅱ型中蜂箱	10	29 419	270	200	540.0	62.0	1：0.74	63.5	125.5
豫式中蜂箱	10	30 744	330	210	693.0	79.6	1：0.64	73.4	153.0
FWF式	10	31 584	300	180	540.0	62.0	1：0.60	78.3	140.3
高窄式	10	45 668	244	309	754.0	86.6	0.65：1	—	—
高框式十二框箱	12	56 776	328	273	895.4	97.3	1：0.83	56.6	153.9
ZW式	10	17 684	290	133	385.7	44.3	1：0.45	95.7	140.0
GN式	10	19 294	290	133	385.7	44.3	1：0.45	95.7	140.0

从表3-2中可看出以下几点：

1. 来源相似，与郎氏箱相似度相互十分接近的蜂箱，应为同一类型的蜂箱　例如，中蜂标准箱设计时主要参考来源为沉凌式中蜂箱，它们之间巢框面积（分别为880厘米²、891厘米²）及巢框长高比相当接近（分别为1：0.55、1：0.54），两者与郎氏箱二维综合相似度分别为184.5%和184.7%，极其接近。实际上，两者的箱型也十分相似，差别不大，应视为同类箱型。

又例如ZW式与GN式巢框内围尺寸、长高比完全一致（分别为385.7厘米²和1：0.45），与郎氏箱综合相似度又均为140%，两者与郎氏箱有很大差别。但他们之间除箱体容积上略有差异外，其余基本相同，应归属于同一箱型。

综合所述，表3-1中玉林、贵港、浦北、昭平的蜂箱与郎氏箱的综合相似度为163.0%～176.8%，和广东的从化式与郎氏箱综合相似度为164.2%接近。其巢框特点是提高了巢框的长高比［1：（0.59～0.66）］，而从化式蜂箱巢框的长高比为1：0.61，都有相同的变化趋势，尽管广西这三种蜂箱与区内其他蜂箱同为郎氏衍生箱型，但其结构更为接近广东的从化式蜂箱（其实从化式也是郎氏衍生箱型中的一种）。在地理分布上，玉林、贵港、浦北、昭平也较广西其他地区更加靠近广东，这也许可以理解其箱型在设计和制作上，曾经受到了来自从化式蜂箱影响的原因。

2. 如按巢框的长高比划分中蜂箱型，可分为宽矮式、过渡式和高窄式三种 从巢框的结构看，郎氏箱巢框的长高比为1：0.47，为典型的宽矮类型。高窄式巢框则相反，其高大于长，长高比为0.65：1，两者巢框在设计理念上截然不同，因此高窄式蜂箱与郎氏箱应为两种不同的独立箱型。

现在许多蜂箱的设计者主张，在郎氏箱巢框的基础上收窄其长度，加高高度，提高其长高比，以使蜂巢更为紧凑，增强其保温功能，其长高比为1：0.54以上，甚至达到1：（0.6～0.7），但仍是长大于高，因此它们是由宽矮型巢框向高窄式巢框方向发展的一些过渡型巢框。采用这种框式的蜂箱大多是一些中型蜂箱（指容积在3万厘米^{3}左右），如表3-2中的云式Ⅱ型箱、豫式中蜂箱、FWF式等蜂箱，此外还有短框式十二框箱（即郎氏箱巢框横放）、中蜂标准箱、某些大型箱（GK式、高框式十二框箱）。其中高框式蜂箱的巢框除长度收窄外，还在很大程度上提高了巢框的高度，其巢框长高比达到1：0.83。

3. 按箱体容积来划分蜂箱类型 这里所说的箱体容积不是指巢框相同、箱体容积不同的系列蜂箱，而是指巢框不同、容积大小也不一样的蜂箱。

按箱体容积划分可以大致分为标准型、大型、中型、小型4种箱型。不用说，标准型即指郎氏十框标准箱（容积4.4万厘米^3）及其容积相近（4.1万～4.5万厘米^3），以及其余指标相似度在90%以上的郎氏衍生箱型。

凡箱体容积超过4.5万厘米^{3}即为大型箱，如表3-2中的GK式（46 462厘米^3）、沉凌式（53 184厘米^3）、高框式十二框箱（56 776厘米^3）。

容积在2万厘米^{3}以下的为小型箱，如ZW式、GN式，尽管这两种蜂箱的巢框与郎氏箱巢框同为宽矮类型（1：0.45），但两者箱容仅为1.7万～1.9万厘米^3，不到郎氏箱的一半，其巢框两项指标与郎氏箱的综合相似度只有140%，如再考察巢箱容积，三项指标的综合相似度更低，所以小型箱是一种与郎氏箱差异很大，不同类型的蜂箱。

中型蜂箱的容积应在标准型之下，小型箱之上，其箱体容积大致在2.9万厘米^3～3.2万厘米^3。属于此类箱型的有云式Ⅱ型箱（十框箱）、豫式中蜂箱、

FWF 式等箱型。

四、饲养中蜂主要箱型的综合数值分类以及它们之间的关系

前面讨论的是以某一单项指标（巢框类型或箱容大小）来分类，现根据箱型的发展源流、箱型的主要特征、箱容体积大小、巢框两项指标的综合相似度等综合性指标，对现有国内饲养中蜂的蜂箱进行分类，据此可分为郎氏系列蜂箱、郎氏衍生型蜂箱、大型、中型、小型和高窄式蜂箱 6 个大类。

郎氏箱传入我国后不久（20 世纪初）即开始应用于中蜂饲养。为适应不同地区气候、蜜源及蜂种（群势大小）、生产方式（定地与转地、产蜜与卖蜂），以及使用习惯、偏好等，人们在使用过程中对其逐渐加以改良，便渐渐形成了种类繁多、稍有不同的郎氏衍生型蜂箱，这在我国活框饲养中蜂历史较早的南部沿海地区（广西、广东、福建）尤为突出。由于这些地区气候炎热、蜜源丰富，蜂种群势小，加上转地放养等因素，所以在箱体容积上一般较郎氏箱要小（7～8 框，甚至 5 框），巢框尺寸也略有变动。这些箱型，实际上是郎氏箱适应当地生产条件本土化的结果。

高窄式蜂箱、小型蜂箱，在设计上虽受郎氏活框箱的影响，但其巢框与蜂箱型制上已经有了较大差异，因此应为独立的箱型。而大型蜂箱在设计上仍较多地保留了郎氏箱的特点，只是适当加大了蜂箱的容积，因此它们仍是一类箱体较大的郎氏衍生型蜂箱。

这里要特别提到的是中蜂十框标准箱，它与郎氏箱相比，其巢框面积和长高比两项综合相似度为 184.5%，甚至超过了某些郎氏衍生箱型，与郎氏箱容接近，巢框仍属宽矮类型，从严格意义上说，中蜂十框标准箱实际上仍旧属于郎氏衍生箱的范畴。

现有一些蜂箱设计者倾向于中型箱。中型箱最大的特点是巢框在郎氏箱巢框的基础上缩短其长度，调高其高度，有逐渐由宽矮式向高窄式演化的倾向，这类巢框称为过渡式巢框，这类蜂箱在箱容上也小于标准箱（约 3 万厘米³），其巢脾面积和长高比与郎氏箱的综合相似度在 150% 左右，但一般不低 140%，较郎氏衍生箱型（160% 以上）要低，是一类虽受郎氏箱影响但又具有较强自身特点的蜂箱，故应以前述郎氏衍生箱型适当加以区分。

同一类型的蜂箱，在巢框类型及蜂箱结构上有很多相似之处，因此其功能和生产性能、管理措施上更为接近。不同类型的蜂箱，在箱型及巢框结构上会有较大甚至很大差异，因此在使用功能和管理技术上也应有所不同。中蜂不同箱型的主要特征及其它们之间的关系可见图 3-1。

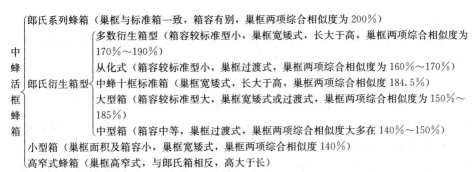

图 3-1　中蜂不同类型蜂箱主要特征与分型

五、中蜂不同蜂箱类型主要生产性能比较

不同箱型的生产性能比较是一个较为敏感的话题，需要从各地业务主管部门的调研结果，各型蜂箱的实际分布使用现状，过去已有箱型的试验对比资料以及亲历者的意见反馈，来客观地讨论这一问题。不同中蜂箱型的分布及主要性能比较可见表 3-3。

表 3-3　不同饲养中蜂蜂箱箱型分布及主要生产性能比较

箱式	地区适应性	保温性	散热性	培育强群的能力	与配套蜂箱的配合度	操作简便与否	蜂具购买难易
郎氏系列蜂箱	全国各地，适应性广	较差	较好	优	好，可上继箱和浅继箱	一般	市场化程度高，易购买
郎氏衍生型蜂箱	主要分布在南方产区，如广西、广东、福建、海南	较好	较好	适于养群势较小的蜂种	一般不配继箱、浅继箱	较易	较易购买
大型	个别地区	较差	较好	优	由于空间较大，一般不上或只上浅继箱	一般	较易购买
中型	较广	较好	尚可	优良	可搭配浅继箱或继箱使用	一般	大多需自制或定制
小型	部分地区	较好	较差	较差	箱型小，需搭配继箱使用	较费工费时	现市场有售，较易购买
高窄式	北方部分地区使用	较好	一般	较优	箱体高，一般不用配套蜂箱	一般	需自制或定制

从表 3-3 以及从全国各中蜂主要产区所收集的信息看，郎氏箱是一种生产性

能全面、有利于培育强群、当前国内用于饲养中蜂最为广泛的蜂箱类型。据中国农业科学院黄文诚（1962）在北京观察，郎氏箱较从化式、高窄式在产蜜量和维持群势方面优越。杨冠煌（1977—1981）在湖南、广东、四川、北京等地进行生产试验，郎氏及沅凌式、中一式等巢脾面积在 800 厘米^2 以上的三种箱型，都比巢脾面积在 800 厘米^2 以下的中笼式、从化式、高窄式优越。郎氏与巢脾面积同为 800 厘米^2 以上箱型对比，虽然早春繁殖、产蜜量较另两种箱型表现要差一些，但在夏季干热的情况下（北京夏季平均气温在 30℃以上时），郎氏箱能保持蜂王较好的繁殖率，群势下降也较小（具体数据详见《中蜂饲养实战宝典》95—96 页）。另外，笔者等于 20 世纪 90 年代分别在贵州不同地区、不同季节用郎氏箱与中蜂标准箱进行生产对比，在大多数情况下，其产蜜量和蜂群的繁殖率，郎氏箱均优于中标箱（见《中蜂饲养实战宝典》96—98 页）。从贵州省的生产实践中，笔者可以经常看到用郎氏箱饲养的大群，从 7～8 框一直到 15～16 框蜂都有（加继箱或移入卧式箱中饲养）。广西养蜂管理站（胡军军，2015）2013—2014 年在广西调查，广西东部平南县谢荣福、南部龙州县黄家民蜂场均采用十框郎氏箱，他们蜂群最强时都满箱，单脾产量均超过当地其他规格的蜂箱。胡军军还与谢荣福师傅做过"中蜂应有群势的研究"，试验结果，蜂群达到 10～14 框时才会出现分蜂热。由此可见，郎氏箱有利于培养强群。此外，由于郎氏可使用继箱、浅继箱生产，生产方式比较灵活（既可生产分离蜜，也可生产脾蜜和巢蜜），在多年的生产实践中又摸索出了一套较为成熟的饲养管理技术，因此具有许多其他类型蜂箱所不具备的优势。郎氏箱传入我国至今已近百年，与人类相比，它俨然好似一位历尽沧桑、饱经考验的"百岁老人"，加上与郎氏箱有着千丝万缕联系的无数衍生箱型，郎氏家族如今已是一个"子孙满堂"的大家庭。正所谓"存在决定价值"，百多年来的应用实践和不断演进的历史足以证明，郎氏箱不但适合饲养西方蜜蜂，同样也适合中蜂的饲养；不仅过去和当前是我国饲养中蜂的主流箱型，同样可能也会是今后的主流箱型。

尽管如此，笔者并不反对提出我国和适合不同地区饲养的中蜂标准蜂箱，以及继续对新型中蜂箱的探索与思考。但从目前生产中使用不同箱型的实际情况看，小型箱和大型箱使用的地区十分有限。原因是小型箱的箱容小，不利于培育强群，以及不适应蜂群群势较大的地区（比如贵州）、北方地区（要求蜂群有较大的越冬群势），管理上也相对费工费时。一些使用者反映，早春小型箱保温性好，蜂群繁殖快，产量尚可，但秋冬季表现不佳。大型箱容积大，虽有利于培养强群，但地区适应性较差，在一些蜂种群势较小的地区（如广西、广东、福建）会觉得容积浪费、箱体笨重和不便运输，应用情况也不太乐观。

值得注意的是，当前一些设计者都把研究的方向放到了中型蜂箱上，即在郎氏巢框的基础上收缩长度，提高高度及长高比（通常在 1∶0.6 左右或 1∶0.6 以上），箱体容积也较郎氏箱有所缩小。这种箱型区域适应性较广，南北方均可使用；早春保温性好；可配套使用继箱、浅继箱，特别适于初学者和饲养水平不高的饲养者使用。因此，这可能是今后饲养中蜂除主要使用郎氏系列、郎氏衍生箱外，蜂箱调整、改进的一个主要方向。

六、选择推广中蜂箱型时应注意的一些问题——不仅仅是蜂箱

（一）推广使用蜂箱，应考虑到当地的蜜源、气候、蜂种特点，以及生产方式（转地与定地）、饲养者的管理水平

从以上分析蜂箱发展的源流以及不同箱型之间关系可以看出，我国使用的中蜂箱型，普遍受到以郎氏箱为主的活框蜂箱的影响，在生产使用中，因为气候、蜜源、蜂种特性及生产方式不同，使用者对原型箱调整、改造，逐渐演变成了现在的一系列衍生箱型，现有的蜂箱类型都是经过长时间考验、积淀下来的结果，它包含了我国劳动人民的聪明智慧，有其存在的合理性。例如，广西、广东、福建所使用的 7～8 框箱，是养蜂者根据当地气候炎热、蜜源丰富、蜂种群势小、适于转地饲养而在郎氏箱基础上加以改进的箱型，因此没有必要再将其"改土归流"，重新强行统一到郎氏箱的必要。

由于我国幅员广大，各地气候、蜜源、蜂种都不一致，且中蜂生产方式多为定地或小转地饲养，所以也不太可能整齐划一地推广某一箱型。从蜂箱实际使用和分布流行的自然情况看，也是具有一定规律的。我国北方和气候凉爽、高海拔以及蜂种群势较大的地区，大多采用郎氏系列蜂箱，而在我国南方气候炎热、低海拔及蜂种群势较小的地区，则多采用箱体较小的郎氏衍生箱。

就一省来看也是如此，如云南省境内分布有云贵高原型中蜂和滇南中蜂两个生态类型，前者群势大而后者群势小。因此，云南省在云贵高原型中蜂的分布区，以推广郎氏系列箱为主，而在极冷、极热和滇南中蜂的分布区，主要推广云式Ⅱ型蜂箱（转地 10 框，定地 12 框）。

（二）必须正确认识和摆正蜂箱与养蜂生产的关系

蜂箱与养蜂的关系，永远是蜂箱为养蜂生产服务，而不是养蜂生产服从于蜂箱。当养蜂生产条件（气候、蜜源、蜂种、养蜂者的技术水平等）一旦改变了时候，蜂箱的选择和使用也要随之而改变。

前年有一湖南邵阳地区的蜂农，因其女儿、女婿在贵州做生意，于是随之也把蜂群迁来贵州。据该养蜂员反映，贵州较他家乡气候凉爽，零星蜜源多，不缺花粉，蜂种未变，但群势增强，其常年群势可维持 7～8 框，他嫌原来的郎氏箱小，于是改用 12 框箱饲养。这就是气候、蜜源变化而导致箱型改变的结果。

福建福州的张用新师傅特别注重蜂种选育，连续坚持选育种十多年，使他的蜂群群势由原来的5框左右，提高到7～8框（其实际蜂量应为9～10框），能耐大群，所以他所采用的蜂箱是郎氏箱的加宽型。而与张师傅同一地区的养蜂者因未对蜂种加以选育，大多数蜂群超过5框即闹分蜂热，故大多仍只能采用7框蜂箱（郎氏衍生箱）。

（三）继续加强蜂箱生产对比试验，不断改进和完善蜂箱的辅助设计

尽管目前蜂箱使用的基本格局已经形成，但仍有许多工作可做。例如，目前我国报道的许多箱型常多见之于简单报道，"公说公有理，婆说婆有理"，而少见于"真刀真枪"、设计周密的试验对比，缺乏严肃认真、切实可信的数据来说明问题，因此这方面的工作还有待加强。

另外，除蜂箱的主体设计外，蜂箱也有许多附属部件需要改进和完善的地方。例如，在气候寒冷的北方，蜂箱箱壁最好能增厚至3～4.5厘米，以增强其保温性。中蜂爱起盗，在蜂箱防盗及通风方面，以及如何做到一箱多用（组织双王群或多区交尾箱），提高蜂箱利用率等方面，仍有较大的改进空间。

（四）各地主管部门在选择、推荐蜂箱的同时，要及时总结、发掘、提升当地的养蜂高产经验

我国各地中蜂活框饲养的历史，至少已有几十乃至近百年的历史，经过长期的适应、选择和淘汰，留存至今的必有一些适合当地实情的蜂箱类型，各省主管部门可在充分调研的基础上，经过认真分析比较，从中挑选1～2款在当地运用广泛、代表性强、生产性能好的蜂箱类型，作为地方标准推荐给使用者选择时作参考（如云南省）。

蜂箱固然是养蜂生产中的一个重要环节，但并不是全部。养蜂者都知道，不同的饲养者，尽管在同一地区使用同一箱型，但产量不一样，甚至悬殊，这就反映了不同饲养者在管理和技术水平上的差距。良箱必须与良法相配套，才能充分发挥其生产性能。因此，各级主管部门在推荐蜂箱时，也要注意认真总结、发掘当地优秀蜂农的典型经验（因为他们的经验更接近于当地实际情况，更易为当地群众所接受），并在养蜂科学理论的指导下，进一步研究、充实完善该型蜂箱的配套管理技术，向群众推广。

笔者继《中蜂饲养实战宝典》之后，再次对国内饲养中蜂的蜂箱重新进行分型归类，目的就是为了抛砖引玉，引起同行的关注和讨论，以便更好地促进中蜂蜂箱的试验研究和推广工作，进一步提高养蜂生产效益。

在本文行将结束时，特赋小诗一首以作结：

查找源流看古今，对照指标好分型；

透过现象抓本质，推广使用心中明。

不同类型蜂箱饲养中蜂比较试验（上）

——兼论配套浅继箱生产

我国活框饲养中蜂的蜂箱类型很多，例如广东就有 100 多种箱型，广西主要的蜂箱类型有 36 种，不同箱型的发明者、使用者都有自己的需求。笔者曾对国内饲养中蜂的主要箱型进行过调研，并以巢框长度、宽度、长宽比以及蜂箱体积进行归纳梳理（详见《蜜蜂杂志》2017 年第 7、8 期"论中蜂蜂箱"一文），将中蜂蜂箱划分为郎氏系列蜂箱、郎氏衍生蜂箱、大型箱、中型箱、小型箱以及高窄式蜂箱 6 个类型。

有学者曾对中蜂使用不同箱型饲养作过一些试验（黄文诚，1962；杨冠煌等，1977—1981；徐祖荫等，1995），并制定了中蜂十框标准箱的国家标准（中蜂标准箱因在诸多方面与郎氏箱接近，故笔者仍将其划分为郎氏衍生箱型），大部分试验结果都基本肯定了郎氏箱有较广泛的适应性、优越性。故此，在调研国内中蜂饲养实际状况时，郎氏系列蜂箱及各类郎氏衍生箱型仍然占有绝对的主导地位。

笔者等也曾为此研制过一些中蜂箱型，并取得了两项发明专利，即短框式十二框中蜂箱（也叫短框式郎式箱或郎氏箱横养）、高框式十二框中蜂箱。前一种箱型是箱体容积与郎氏箱一致，只是在郎氏箱巢框的基础上，缩短其长度，巢框内径 42.9 厘米×20.3 厘米，巢脾面积 665.8 厘米^2，即巢框由原来顺蜂箱长度方向摆放改为顺宽度摆放，以便在蜂量相等的条件下，增加蜂脾数，形成球形蜂团，提高蜂群的保温和繁殖性能。

设计后一种箱型的目的则是为了简化饲养管理，实行粗放式饲养，其尺寸是在短框式蜂箱的基础上，将箱体和巢框提高 7 厘米，以增加巢脾的储蜜区。巢框内径 32.8 厘米×27.3 厘米，巢脾面积 895.4 厘米^2，延长蜂蜜成熟期，一年只取 1~2 次蜜，以提高蜂蜜的产量和质量。

前一种蜂箱自 2013 年初次报道后，目前在贵州、浙江、湖北等地推广了近 3 万套蜂箱，并在部分蜂场中与郎氏箱做过一些初步观察比较，但尚未作过比较系统的试验观察。为此，2016 年曾立题开展了郎氏箱、短框式十二框中蜂箱、高框式十二框中蜂箱的比较试验。短框及高框箱均为巢框收窄形蜂箱，但又未达高窄式蜂箱的标准，将巢框收窄或加高蜂箱、巢框是目前一些国内研究者、养蜂爱好者关注的对象，因此本试验具有一定的普遍意义。

一、试验地点及试验方法

（一）地点及时间

2016 年，笔者等曾将该试验布置在贵州省遵义市播州区的深溪镇、纳雍县、独山县 3 个蜂场内进行，但其中纳雍、独山点因故中断试验，未能取得系统数据。因遵义深溪缺乏大蜜源，因此 2017 年，将该处试验蜂群转购到贵州省息烽县坪上村，由贵州南山花海中蜂养殖场继续进行观察试验。

2016 年观察时间为 8—11 月，2017 年为 9—11 月。

（二）箱型及起步群势

每种箱型各组织了 3 群蜂参试，起步蜂量基本一致。因郎氏箱（以下简称长框箱）与高框式蜂箱（以下简称高框箱）的巢脾面积非常接近，其相似度为97.2%，故以上两种箱型的起步群势均定为 4 框足蜂。而短框式蜂箱（以下简称短框箱）巢脾面积要小一些，为 665.8 厘米^2，仅分别为郎氏箱、高框箱的76.4%、74.4%，故起步群势应定为 5 框，以保持三种箱型起步蜂量一致。

（三）试验方法

试验蜂群同场摆放，专人管理，根据蜂量变化增减巢脾，管理措施、方法基本一致。并每 12 天调查一次子脾面积和蜂量，因故可提前或推后一天调查。

调查时用钢卷尺量取子圈的长度和宽度，目测估计封盖子的密实度（封盖子占子圈面积的百分比），然后通过公式：封盖子个数＝子圈长（厘米）×宽（厘米）×100/19.36×封盖子密实度［式中，100/19.36 表示每（4.4×4.4）厘米^2 面积的子脾内有 100 个可供育子的巢房］，计算出实际封盖子数。

二、试验初步结果

试验结果见图 3-2、表 3-4、图 3-3 和表 3-5，图 3-2、表 3-4 是 2016 年遵义点观察的结果，图 3-3、表 3-5 是 2017 年息烽点观察的结果。在大多数情况下，这三种箱型封盖子数量及群势差别都不大（经方差分析，差异不显著），但两个年份、两个试验点具有相同的趋势。一般来说，在气温较高的时期（7—9 月），高框箱、长框箱因散热性能好，其封盖子较短框箱要多一些。而在气温较低的时期，从 10 月份到次年 2 月，保温性较好的短框箱略好于其他两种箱型。试验结果与笔者最初的设计目标和预想的结果相吻合。同时也与中国农业科学院蜜蜂所黄文诚（1962）、杨冠煌（1977—1981）等所做郎氏箱与高窄式、从化式、中笼式蜂箱的比较试验有类似的结果。

由于组织不同箱型的比较试验需要将蜂群的巢脾进行转换，过程复杂，组织难度大，耗时较长，息烽点组织试验的时间较晚，而遵义点又没有大蜜源，基本没有取蜜的机会。因此，三种蜂箱取蜜的试验，还有待于继续观察。

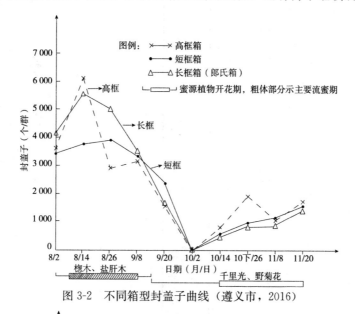

图 3-2　不同箱型封盖子曲线（遵义市，2016）

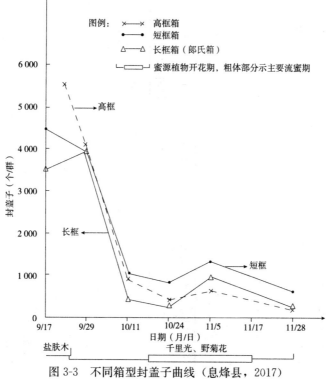

图 3-3　不同箱型封盖子曲线（息烽县，2017）

表 3-4　不同箱型对比试验（遵义市深溪镇，2016）

箱型	不同日期（月/日）群均封盖子数（个）										不同日期（月/日）群均蜂量（足框）									
	8/2	8/14	8/26	9/8	9/20	10/2	10/14	10/26	11/8	11/20	8/2	8/14	8/26	9/8	9/20	10/2	10/14	10/26	11/8	11/20
短框	3 479	3 776	3 937	3 388	2 396	0	575	991	1 183	1 625	5.0	5.7	6.0	6.0	5.7	5.7	4.7	4.3	4.3	4.3
高框	3 602	6 105	2 813	3 158	1 618	0	809	1 937	1 139	1 721	4.0	5.0	5.0	5.0	5.0	5.0	4.0	4.0	4.0	4.0
长框	4 153	5 615	5 009	3 584	2 229	0	525	1241	993	1 445	3.7	4.5	4.7	5.0	5.0	4.8	4.0	4.0	4.0	4.0

注：9 月下旬因气候、蜜源等原因蜂王断子，故 10 月 2 日调查未见封盖子。

表 3-5　不同箱型对比试验（息烽县坪上村，2017）

箱型	不同日期（月/日）群均封盖子数（个）						不同日期（月/日）群均蜂量（足框）					
	9/17	9/29	10/14	10/24	11/5	11/28	9/17	9/29	10/11	10/24	11/5	11/28
短框	4 464	3 942	979	807	1 275	552	5.8	5.7	5.8	5.7	5.8	6.0
高框	5520	4082	903	391	593	107	4.0	4.5	4.5	4.6	4.5	4.8
长框	3535	4082	392	296	942	185	4.0	3.8	3.7	4.3	4.3	4.3

三、讨论

1. 从以上三种箱型来看，各有其优缺点，长框箱（即郎氏箱）散热性好；短框箱保温性好；高框箱则贮蜜区较宽，且箱体高大，夏季散热性也好。但目前试验观察的结果，三种箱型在封盖子数量、群势增长上，无论谁高谁低，差别都不大，这与一些科技工作者观察的结论基本是一致的。例如，甘肃省养蜂研究所的刘守礼在实际工作中发现，该省使用郎氏箱（长框箱）、短框箱（即郎氏箱横养）、中蜂标准箱、高窄式蜂箱等，对于 4 框以上的蜂群来说，养蜂效果都差不多，优势不很明显。但对 3 框以下的弱群来说，高窄式蜂箱和短框式蜂箱，较有利于保温和促进蜂群繁殖。

2. 大多数研究者设计不同的蜂箱类型，主要的目的是为了更加符合中蜂的生物学特性，提高蜂蜜的产量和质量。其实，中蜂的适应性是非常广的，中蜂作巢会因势定形，在高箱内或较高的空间内，它可以造出高窄式的蜂巢（图 3-4），而在横截面积较窄、长度远大于宽度的箱体和空间中，它也可以造出多层小块巢脾来适应。

图 3-4　筑巢在老乡房间中的长条形中蜂蜂巢（裘志强 摄）

总之，郎氏箱构思精巧，箱体大小合适，巢框的长宽比例适中，箱型使用方便、配套灵活，不仅适合意蜂饲养，也适合中蜂饲养。郎氏箱及其衍生箱型目前是世界上，也是我国中蜂生产上使用最多、最广泛的蜂箱，是世界名箱。就目前而言，还没有哪一款蜂箱，在产量上能大幅超越和替代这款蜂箱。短框箱是从郎氏箱（长框箱）演变过来的，其箱体容积完全一致，两种箱型各有其长处和短处，都适合中蜂饲养。如饲养者着重于箱体保温，则可选择短框箱；如当地气候炎热，着重于箱体的散热性能，则可考虑使用长框箱。至于高框式蜂箱，因其主要适用对象为山区技术、饲养水平不高的农村散养户，故不在此多作讨论。

3. 研究、使用蜂箱，还必须注重与之相配套的增产技术措施，只有两者完美结合，才能让蜂箱的生产潜力得到充分的发挥。试想，如果仅仅只要有了一款所谓的"高产"蜂箱，而不论技术的好坏、管理措施是否到位，就可坐收"渔翁之利"，岂不是全国只要推广某一款蜂箱就好？但事实并非如此，即使在同一地区，气候蜜源相同，使用同种蜂箱的养蜂户，也未必人人都是养蜂高手，个个都能养好蜂，这就是技术和管理方面的原因了。因此，笔者特别提醒养蜂者要注重研究、捉摸所用蜂箱配套的饲养管理技术，对此次参试的三种蜂箱也不例外。

目前在中蜂生产中，不仅仅是产量一个问题，更重要的还有质量问题，尤其是如何控制和降低产品中饲料糖的问题，即如何保证蜂蜜的纯净度和真实性。国家对蜂蜜的标准是很严格的，只要蔗糖含量超过5%，就判定为不合格。根据本次试验的结果，以及实际生产中观察，如果仅就单箱体而言，长框箱、短框箱都有一个共同的缺点，那就是巢框贮蜜的高度不够，这也是笔者等在设计高框式蜂箱、提高巢框高度的最初动机。如果直接提高巢框的高度，就如高框式蜂箱那样，则失去了使用时的灵活性。因此，增加蜂箱的贮蜜区，提高贮蜜高度，就要考虑到增加使用继箱或浅继箱。中蜂实行继箱生产是完全可以实现的，但由于中蜂蜂王产卵力的限制，在实际生产中，能达到继箱生产的蜂群并不是很多，而根据中蜂的生产能力，比较现实的是在巢箱上架浅继箱。是否加浅继箱，应根据蜂群的情况和所处的时期来决定，当加则加，不当加时则不加，且可加可拆，可以灵活处理。

在巢箱上架浅继箱有这么几大好处：

第一，架浅继箱后，可以扩大箱体容积，利用蜂群向上贮蜜的习性，提高蜂群的贮蜜空间，有利于解除分蜂热，提高蜂蜜产量。

第二，架浅继箱后，可以将繁殖区与产蜜区彻底分开。在不使用浅继箱的情况下，有时会使养蜂者（尤其是定地饲养）处于两难的境地，因为一地的蜜源总是有限的，如只单纯利用天然蜜源繁蜂，不提前对蜂群进行奖励饲喂，蜂群群势发展不起来，也难以为大流蜜期提前培育大量适龄的采集蜂，达不到强群采蜜的目的。但如果持续奖励饲喂，蜂群群势强了，在巢脾中就会存留较多喂进去的饲料糖。一旦大流蜜期来临，这些剩余的饲料糖就会掺混到蜂蜜中，导致蔗糖含量超标，严重影响蜂蜜的质量。如果提前清框，摇出巢脾中的饲料蜜，又会大大增加蜂场的工作量，同时也不可能将巢脾中的饲料糖全部清光。但若一旦采用浅继箱生产，将蜂群的繁殖区（巢箱）与生产区（浅继箱区）分开，养蜂者在大流蜜前就可以放心大胆地进行奖励饲喂，让蜂群及时壮大群势，为大流蜜期培育大量适龄的采集蜂，使蜂群在大流蜜开始时刚好达到 7 框以上群势，架浅继箱采蜜，到时只取浅继箱中的成熟蜜作为商品蜜，就不必担心饲料糖会混入产品中。这就好比食堂与生产车间之间的关系，食堂的饭菜不会影响生产车间的产品质量、卫生。

第三，在只使用平箱生产的情况下，脾中贮蜜虽多但又没有完全封盖，打下来的蜜浓度又不够（41 波美度以下）。不打则蜂群会怠工，甚至闹分蜂热，影响产蜜量，常使养蜂员左右为难。此时如果加上浅继箱，增加了蜂群贮蜜的空间，缓解了巢箱贮蜜的压力，可以延长蜂蜜的贮蜜量和酿贮期，有利于提高蜂蜜的浓度。如果外界流蜜量大，以及为了控制分蜂热，为蜂王腾出产子的巢房，此时也可先抽打巢箱内的蜜脾留作今后的饲料（第一次打的蜜含有饲料糖），然后贴不干胶价签作标记，再还给蜂群继续贮蜜（商品蜜）及蜂王产子，留待浅巢脾上的蜂蜜完整封盖后再一起打蜜，从而达到提质增产的目的。

中蜂浅继箱生产不用加隔王板，蜂王一般不会上浅巢脾上产卵。实行浅继箱生产的关键，就是平时在蜂群的繁殖期，预先生产和贮存足够多的浅巢脾。不要等到临时架浅继箱时再造，这样效果不好。笔者曾经报道过浙江临平的尤洪坤、嵊州市的周良师傅就是这样做的，效果很好，大家可以参考。

不同类型蜂箱饲养中蜂比较试验（下）

2016—2017 年，笔者等曾就郎氏箱（以下简称长框箱），以及十二框中蜂箱（也叫短框式郎氏箱，以下简称短框箱），高框式中蜂箱（以下简称高框箱），进行了比较试验。2016 年因多种原因试验中断，2017 年下半年重新组织试验，但因试验时间有限及未经大流蜜期考验，三种箱型的表现未能拉开档次，得出最终结果。因此，笔者等于 2018 年继续进行系统观察。从 2017 年 8 月起至 2018 年 8 月 30 日止，整个试验观察期为一年。从 2017 年 11 月底至 2018 年 8 月底止，先后经历了越冬、春繁，以及油菜、蓝莓、洋槐、荆条和盐肤木等五个流蜜期的试验，对三种箱型有了比较明晰的结论，现报道如下。

一、试验地点及试验方法

（一）地点及时间

2017 年 12 月前，试验蜂群置于贵州省息烽县永靖镇坪上村，当地海拔 1 100 米。12 月后转到该县海拔 750 米的鹿窝镇坪所村越冬春繁。

2018 年春繁包装的日期为 2 月 26 日，当地油菜于 3 月初开花。为了赶采蓝莓蜜，3 月 25 日于菜花中后期转地到麻江县宣威镇，分别于 4 月 2 日、4 月 11 日各取蓝莓蜜一次。蓝莓花期结束后，于 4 月 15 日返回息烽坪上村。当时正处于洋槐盛花期，于 5 月 4 日取洋槐蜜 1 次。6 月 25 日，由坪上再次转到坪所采荆条，但由于今年夏季干旱，荆条流蜜不好，于 7 月下旬至 8 月上旬奖饲蜂蜜 4 次（群均 0.8 千克），并于 8 月 10 日将蜂群再次转回坪上。坪上 8 月有乌蔹梅、乌泡、盐肤木等蜜源，但由于夏季干旱，盐肤木花期（8 月中下旬至 9 月初）雨水较多，流蜜较差，但为了了解不同箱型的产蜜量，于 8 月 30 日将所有参试蜂群全部抖脾取蜜一次（其中含荆条及盐肤木蜜），结束试验。

（二）试验方法

本文报道的是在 2017 年试验基础上继续进行观察的情况，2017 年年底，三种箱型的蜂群数仍各为 3 群，前段试验结果请参见《不同类型蜂箱饲养中蜂比较试验（上）》。

不论到任何地点，试验群均为同场摆放，由专人管理，随蜂量变化增减巢脾，管理措施、方法一致。并于每 12 天左右调查一次子脾面积和蜂量。

调查时用钢卷尺量取子圈的长度及宽度，目测估计封盖子的密实度（封盖子圈面积的百分比），然后通过公式：封盖子数＝子圈长（厘米）×宽（厘米）×100/19.36×封盖子密实度［式中，100/19.36 表示每（4.4×4.4）厘米^2 面积子脾内有 100 个可供育子的巢房］，计算出实际封盖子数。

二、试验结果

（一）蜂群的增殖数

试验方案中规定，不论何种箱型，繁殖期间，当蜂群达 6 脾足蜂时即分群，流蜜期除非发生自然分蜂，一般不分群。

从三种箱型蜂群增殖的情况看，短框箱由试验开始时的 3 群，经一年时间，试验结束时增殖到 7 群，为试验开始时的 2.3 倍。长框箱由 3 群蜂发展到 6 群，增加到试验开始时的 2 倍。高框箱增殖率最低，由 3 群分为 5 群，增殖为开始时的 1.7 倍。

短框箱增殖蜂群数分别比长框箱高 16.7%，比高框箱高 40%。不同时期各箱型蜂群增殖变动的详情参见表 3-6。

（二）蜂群总框数及平均群势的变化

越冬前后群势相比较，短框箱因保温性好，越冬前与越冬后框数（2 月 26 日平均 4 框）基本一致。而长框、高框箱越冬情况均不如短框箱。如长框箱越冬前平均群势为 4 框，越冬后减为 3 框。高框箱因为空间大、保温性差，越冬后由 4 框减到 2 框。由于短框箱越冬性能及保温性好，春季群势恢复快、分蜂早、分蜂多（表 3-6 和表 3-7）。

从总框数来看，到试验结束时，长框箱最高，由试验初的 9 框发展到 28 框（6 群）。短框箱巢框面积小，仅为长框巢脾面积的 76%，高框巢脾面积的 74%，试验结束时为 34.5 框（7 群），折成长框后为 26.2 框，居第二，与长框箱相差仅 1.8 框，差别不大。最差的是高框箱，总框数为 18.3 框（5 群蜂），分别比长框箱少 9.7 框，与折扣后的短框箱（25.5 框）少 7.2 框，差异极显著。就单群群势而言（表 3-6），到试验结束时，短框、长框、高框箱的平均群势分别为 4.9 框（经折扣后折合长框 3.7 框）、4.7 框、3.7 框。折扣后的短框箱与高框箱持平，较长框箱每群少 1 框。

（三）封盖子数及其变化

蜂王产卵及封盖子数不但与箱型有关，更与蜜源条件密切相关。蜜源条件丰富时，蜂王产卵和封盖子就多。因此，不同箱型封盖子数量的起伏变化都有相同的趋势。其中春季油菜、蓝莓花期流蜜量好，气温适宜，三种箱型的封盖子数都比较高。

从 2017—2018 年试验期的箱平均封盖子看，长框箱的平均封盖子数占优势。

就不同时期来说，在低温阶段，如 2017 年 11 月下旬和 2018 年 2 月调查，短框箱的封盖子数要优于长框和高框箱。而在气温正常回升后，特别是在高温期（5 月 24 日至 8 月 27 日这段期间）（表 3-8 和图 3-5），由于长框、高框箱散热性好，蜂群中的封盖子数就优于短框箱，这与笔者 2017 年观察的结果是一致的。

表 3-6　不同箱型蜂群增殖数及群均蜂量的变化（2017—2018）

蜂群数（群）

箱型	不同日期（月/日）													
	11/20	2/26	3/12	3/23	4/10	4/27	5/12	5/24	6/6	6/19	7/10	7/26	8/9	8/27
短框箱	3	3	3	4	5	5	6	6	7	7	7	7	7	7
长框箱	3	3	3	3	3	4	5	5	5	6	6	6	6	6
高框箱	3	3	3	3	3	3	3	4	4	5	5	5	5	5

群均蜂量（足框）

箱型	不同日期（月/日）									
	4/10	4/27	5/12	5/24	6/6	6/19	7/10	7/26	8/9	8/27
短框箱	5.1	5.9	5.7	4.6	4.2	4.2	4.6	4.2	4.7	4.9
长框箱	5.3	5.3	4.9	3.8	4.3	4.3	3.8	3.6	4.5	4.7
高框箱	4.3	4.8	4.8	3.6	2.9	3.2	2.9	3.6	3.7	3.7

表 3-7　不同箱型、不同时期蜂群的总框数（2017—2018）

总框数（足框）

箱型	不同日期（月/日）													
	11/20	2/26	3/12	3/23	4/10	4/27	5/12	5/24	6/6	6/19	7/10	7/26	8/9	8/27
短框箱	12.9	12.0	13.8	22.0	25.5	29.5	28.5	27.5	29.5	29.5	29.5	34.5	33.0	34.5
长框箱	12.0	9.0	9.0	11.4	15.9	21.0	19.5	19.2	21.5	21.5	25.5	27.0	28.0	28.0
高框箱	12.0	6.0	9.0	12.0	12.9	14.5	14.5	14.5	14.5	14.5	16.0	18.1	18.5	18.3

表 3-8　不同箱型蜂群内封盖子数的变化（2017—2018）

群均封盖子数（个）

箱型	不同日期（月/日）														试验期平均
	11/20	2/26	3/12	3/23	4/10	4/27	5/12	5/24	6/6	6/19	7/10	7/26	8/9	8/27	
短框箱	1 625	1 684	4 195	6 504	2 922	2 795	3 243	1 608	2 657	2 226	3 131	2 649	1 321	3 418	2 855.6
长框箱	1 445	850	4 793	7 250	3 664	3 275	4 028	3 222	4 896	2 111	3 158	2 797	1 515	4 742	3 410.4
高框箱	1 721	991	2 447	4 744	4 132	4 650	989	1 874	2 906	2 889	3 208	4 335	2 078	4 622	2 970.4

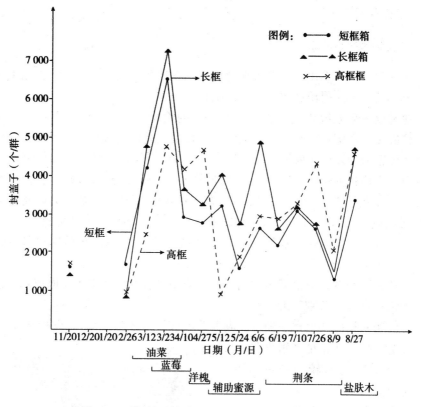

图 3-5　不同箱型封盖子曲线（贵州，2017—2018）

（四）产蜜量

不同箱型、不同产蜜期及全年产蜜量的数据见表 3-9。

短框箱由于分蜂群数多，所以无论春、秋蜜，还是全年的蜂蜜产量都最多，在所有箱型中占第一位，其春、秋蜜产量分别为 39.5 千克、17.1 千克，全年总计 56.6 千克。其次是长框箱，春、秋蜜产量分别为 29.9 千克和 15.2 千克，全年总计 45.1 千克。产量最低的是高框箱，春、秋蜜产量分别为 21.4 千克和 14.1 千克，全年总计 35.5 千克。短框箱全年产蜜量分别较长框、高框箱多产 11.5 千克和 21.1 千克，分别较长框箱增产 25.5%，比高框箱增产 59.4%。

另从单群（平均）产蜜量来考察，比如春蜜产量，按当时短框箱 6 群计，年均产蜜 6.6 千克，优于长框（按当时 5 群蜂计，平均产蜜 6 千克），而略低于高框箱（按当时蜂群数 3 群计，平均产蜜 7.15 千克）。夏秋混合蜜，按当时各自的蜂群数平均计，短框（2.45千克）、长框（2.55千克）、高框（2.8千克），三种箱型基本接近。

三、结论与讨论

从试验结果可看出，要客观地评价某一款蜂箱，必须长时间、多角度地进行全面考察，才能得出客观、全面的结论。

通过近3年系统观察，以及生产实践的检验，短框箱保温性能好，繁蜂快，分群多，产蜜量较高。长框箱次之，表现最差的是高框箱。就本次试验而言（不同箱型均以同等蜂量的三群蜂出发，经一年时间观察），短框箱增殖的蜂群数分别比长框箱高16.7%，比高框箱高40%；产蜜量分别比长框箱增产25.5%，高框箱增产59.4%。这与笔者在贵州省正安、纳雍等县，通过当地蜂农试用观察，在2.5个月的时间里，短框箱较郎氏箱群势增长率提高19.9%～27%，蜂群数增加25%，产蜜量提高22.2%～32%的结论基本是一致的。

从抗病性来看，整个试验期间，不同箱型均有个别蜂群发生欧腐病，但经用药处理后治愈，差别不大。

目前短框箱已在贵州、浙江、湖北等地推广达3万余套，反映不错，由此可以认为12框中蜂箱（短框箱），是中蜂饲养中一款较为理想的箱型，可以大力推广。

另据湖北省荆门市养蜂员刘云告诉笔者，2018年春他买了十多个郎氏空蜂箱到野外收蜂。有蜂投住后，大部分蜂群造的自然巢脾都是短巢脾（顶部宽约37厘米，即相似于笔者的短框式巢脾，见图3-6），而不喜欢造顶部较长的巢脾；且造得比较整齐，可造6～7张脾，多的可造9个脾。到9月割蜜时，空脾少，蜜脾多，5月来的蜂大约一群能割10千克。这从另一个侧面说明短框式蜂箱更加符合中蜂造脾的自然习性，从而间接印证了短框式蜂箱高产的原因。

图3-6 刘云和他招收在郎氏箱中无框式饲养的蜂群（示造的自然巢脾和蜜脾）

表 3-9　不同箱型产蜜量比较（斤，2018）

春蜜部分

箱型	群号	油菜 3月23日	蓝莓 4月2日	蓝莓 4月11日	洋槐 5月4日	春蜜合计 3月23日至5月4日
短框箱	1	8.8	5.2	6.2	8.4	
	1分	—	—	0.0	0.0	
	2	2.6	1.6	7.8	4.4	
	2分	0.0	0.0	9.8	7.6	
	3	2.6	2.8	7.2	4.0	
	3分	—	0.0	0.0	0.0	
	合计	14.0	9.6	31.0	24.4	79.0
	平均	3.5	1.9	5.2	4.1	13.2 (6)
长框箱	1	1.2	0.0	17.8	1.8	
	1分	—	—	—	0.0	
	2	0.0	5.8	7.2	11.0	
	2分	—	3.4	—	0.0	
	3	2.4	3.4	6.0	3.2	
	合计	3.6	9.2	31.0	16.0	59.8
	平均	1.2	3.1	10.3	3.2	12.0 (5)
高框箱	1	3.2	1.6	3.8	3.2	
	2	0.0	1.0	5.0	3.2	
	3	2.2	8.2	5.6	5.8	
	合计	5.4	10.8	14.4	12.2	42.8
	平均	1.8	3.6	7.8	4.1	14.3 (3)

夏秋混合蜜及全年部分

箱型	群号	夏秋混合蜜 8月30日	全年产蜜合计
短框箱	1分	6.2	
	1分2	2.6	
	2	6.4	
	2分1	4.2	
	2分2	3.8	
	3	4.6	
	3分	6.4	
	合计	34.2	113.2
	平均	4.9	
长框箱	1	3.0	
	1分	4.2	
	2	4.8	
	2分	5.6	
	3	3.4	
	3分	9.4	
	合计	30.4	90.2
	平均	5.1	
高框箱	1	6.6	
	2	3.4	
	2分	5.2	
	3	3.2	
	3分	9.8	
	合计	28.2	71.0
	平均	5.6	

注：
1. 表中春蜜合计平均产量一栏，括号内为春末的蜂群数，按此平均。
2. 产蜜量一栏有"—"处为这群蜂当时还没有分出来，有"0"处为蜂已分，但未能取到蜜。
3. 取蜜量的波美度：油菜蜜40.5，蓝莓蜜41，洋槐蜜40.5，夏秋混合蜜40.5。

介绍一种短框多层多用途（3D）中蜂箱

一、设计理念及基础

蜂箱是养蜂生产的主要工具。自中蜂开始实行活框养殖一百多年来，有关中蜂蜂箱的改进、发明层出不穷，屡有新意。笔者等 2014 年根据多年生产实践，也推出了两款专利蜂箱，即短框式十二框中蜂箱及高框式中蜂箱，其专利号分别为 201420369880・5 和 201420870297・6。短框箱是在郎氏箱的基础上将巢框缩短，将放框的方向由原来箱长的方向改为箱宽的方向，高框式蜂箱除了巢框改短外，箱身加高了 7 厘米。2016—2018 年经贵州省农业科学院等单位试验观察，短框箱较郎氏箱产蜜量提高 25.5%，蜂群增殖数提高 16.7%；较高框式蜂箱产蜜量提高 59.4%，蜂群增殖数提高 40%。目前该款蜂箱已在贵州省内、外（如浙江、湖北）推广 3 万余套。高框式蜂箱也有应用，从用户反映的情况看，蜂王产子面积大。因此，笔者在这两框蜂箱的基础上，又进一步改进设计了一款短框多层多用途蜂箱，因为"短框""多层""多用途"等词汇打头的拼音字母都是 D，所以又简称为"3D 中蜂箱"。

3D 中蜂箱的设计理念和特点是，第一，巢框的长度仍然保持短框式巢框的长度（较郎氏箱巢框短），但高度降矮，相当于高框式蜂箱巢框的 1/2。底箱上第一继箱后，上下巢框组合起来，刚好相当于一个高框式巢框，能满足蜂王产卵的需要（图 3-7）。第二，该蜂箱箱高较郎氏箱矮，底箱与继箱高度基

图 3-7　高框式中蜂箱巢脾上的封盖子脾（白色部
　　　　分，浙江尤洪坤供图）

本一致，以便随群势发展变化，增加或减少箱体的个数，实现多层式饲养，使用方便灵活。第三，实现多层式继箱饲养后，通过隔王板区隔，有利于将蜂群繁殖区和蜂蜜生产区分开，实现子蜜分离，以保证蜂蜜的纯度和浓度，提高蜂蜜品质。第四，本箱型方便育王，且底箱设置多个异向巢门，又可作为多区交尾箱使用。第五，本设计标准箱型（方形箱）在郎氏箱的基础上缩短了长度，体积变小，提高了保温性，但在竖直方向上可根据蜂群群势增减箱体个数，增强了地区的适应性，南北方、不同蜂种（中蜂不同生态类型）地区均可使用。

二、短框多层多用途中蜂箱的箱型、结构及尺寸

本设计有两种箱型，方形箱（标准箱）和卧式箱。这两种箱型除蜂箱（包括配套的副盖、大盖）宽度不一致外，其他构造、构件的尺寸均相同。两种箱型均由底箱箱身、箱底板、底板垫木、铁纱副盖、箱盖、保温隔板、巢框、底箱闸板、继箱、继箱闸板等组成，具体结构、尺寸见表 3-10 及图 3-8。

表 3-10 短框多层多用途（3D）中蜂箱尺寸

箱 式	巢箱内径（毫米）			巢框内径（毫米）		巢脾面积（厘米^2）	放框数（个）	上梁（毫米）			巢框侧条（毫米）			下梁（毫米）		
	长	宽	高	宽	高			长	宽	厚	长	宽	厚	长	宽	厚
方形（标准）箱	370	370	180	328	133	436	10	387	25	10	140	25	10	328	10	7
方形（标准）箱继箱	370	370	158				10									
卧式箱	465	370	180				13									
卧式箱继箱	465	370	158				13									

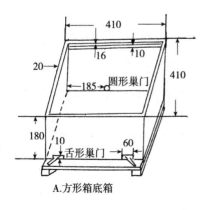

A.方形箱底箱

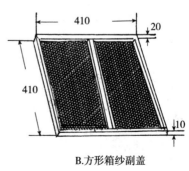

B.方形箱纱副盖

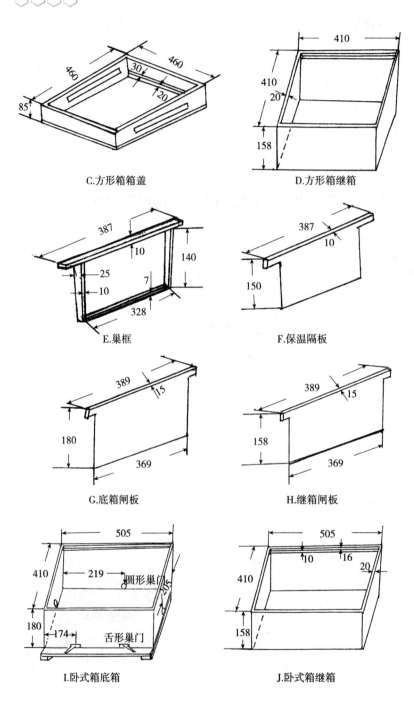

C.方形箱箱盖

D.方形箱继箱

E.巢框

F.保温隔板

G.底箱闸板

H.继箱闸板

I.卧式箱底箱

J.卧式箱继箱

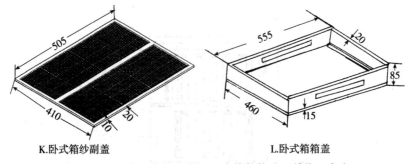

K.卧式箱纱副盖   L.卧式箱箱盖

图 3-8　短框多层多用途（3D）中蜂箱构造（单位：毫米）

三、短框多层多用途中蜂箱的使用方法及功能

（一）蜂群繁殖期箱体的布置

蜂群繁殖初期一般使用底箱及第一继箱，两者之间不加隔王板，蜂王可在两箱体之间自由产卵，为蜂群的繁殖区（图 3-9）。巢脾可以上多下少或上下对称的方式排列。上多下少排列巢脾一般居中，两侧放保温隔板；上下对称的巢脾一侧靠箱壁，另一侧加保温隔板。

（二）蜂群生产期箱体的布置

当蜂群强盛，外界进入流蜜期后，蜂群可在第一继箱上加隔王板，然后加上第二继箱，通过隔王板将蜂群上下分隔为两区，底箱和第一继箱为繁殖区，第二继箱及其以上

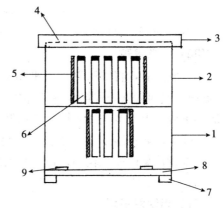

图 3-9　繁殖期蜂箱布置
1. 底箱　2. 第一继箱　3. 箱盖　4. 纱副盖
5. 隔板　6. 巢脾　7. 垫木　8. 箱底板
9. 巢门

区域作为蜂蜜生产区（图 3-10）。繁殖区内的封盖子脾提到第二继箱，等幼蜂出房后存贮蜂蜜用。

蜂群进入生产期，上第二继箱后，一般不对蜂群进行饲喂，以免影响蜂蜜的纯净度。

（三）作育王群

蜂群分蜂期，可在底箱与第一继箱之间加隔王板，将蜂王留在底箱产卵，第一继箱留虫卵脾，成为育王区，让蜂群造自然王台。这样可以解决蜂农人工移虫难、难以实行人工育王的问题。

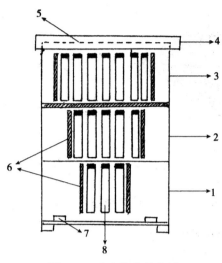

图 3-10　生产期蜂箱布置

1. 底箱　2. 第一继箱　3. 第二继箱　4. 箱盖　5. 纱副盖　6. 小隔板　7. 巢门　8. 巢脾

（四）作交尾箱

王台成熟后，将继箱群拆成平箱群饲养。用底箱闸板将底箱分隔为 3 区（方形箱）或四区（卧式箱），每区留脾 2～3 张，移去老王并在每区中分别介入成熟王台。由于本设计底箱四壁均开有异向巢门，因此可作为多区交尾箱，培育新蜂王。如将继箱中的巢脾放入另一个分区的底箱中，育王数量还可翻倍。且本设计巢框面积较小，育王时用蜂量不大，育王效率高，不必另配小的育王盒，省工省事。

（五）组织双王群

在卧式箱（方形箱也可）的底箱及第一继箱中部分别加上底箱闸板及继箱闸板，使之上下重叠，即将底箱和第一继箱从中间分隔为互不相通的两区，一区配一只产卵蜂王，组成双王群繁殖。若群势许可，在第一继箱与第二继箱间加上隔王板，则成为双王继箱生产群（图 3-11）。

由于此款蜂箱为多层式，转地时需用金属扣绊连接上下箱体。

四、短框多层多用途中蜂箱与郎氏箱的比较

郎氏箱系 160 多年前美国人郎氏特罗什发明，随西方蜂种的传入而传入我国，并广泛用于西蜂的饲养。由于深受其影响，近百年来，我国中蜂活框饲养所使用的绝大部蜂箱，90％以上仍为郎氏箱及其衍生箱型，它是目前我国中蜂生产上使用最多的主流箱型。

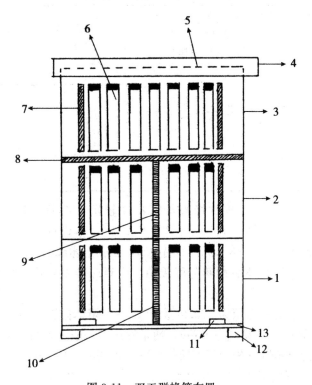

图 3-11　双王群蜂箱布置

1. 底箱　2. 第一继箱　3. 第二继箱　4. 箱盖　5. 纱副盖　6. 巢脾
7. 隔板　8. 隔王板　9. 继箱闸板　10. 底箱闸板　11. 巢门　12. 垫木　13. 箱底板

经多年、多部门饲养实践、观察研究，郎氏箱在我国一些地区中蜂可以养到 8～12 框，甚至 14～16 框，可以实行继箱或浅继箱饲养。但由于中蜂蜂王产卵量较低，郎氏箱上继箱的实际案例及蜂群数并不多，一般多使用浅继箱。此外，郎氏箱还是长期以来人们对中蜂进行试验研究使用最多的一款蜂箱，也是一款相当著名、经典式的蜂箱。因此，本款蜂箱的设计是否新颖合理？是否更加符合中蜂的生物学特性，更加符合中蜂生产上的需要？这就需要我们以郎氏箱作为重要参照，进行比较。

（一）巢框

巢框，即巢脾是蜜蜂产卵、育儿和贮蜜、贮粉的场所，也是蜂箱中所有构件最重要的部分，现将本箱型、郎氏箱以及已定为国家标准的中蜂标准箱的巢框面积、上梁长度、长高比等三个数值列入表 3-11。

表 3-11 三种蜂箱巢框数值比较

箱式	巢箱内围（厘米）		巢框长度与郎氏箱相似度（%）	巢脾内围面积（厘米²）	与郎氏箱相似度（%）	巢框长高比（1∶x）	与郎氏箱相似度（%）	巢框三数值与郎氏箱综合相似度（%）
	长	高						
郎氏箱	429	203	100	870.9	100	1∶0.47	100	300
中蜂标准箱	400	220	93.2	880.0	99.0	1∶0.55	85.5	277.7
短框多层用途方形（标准）箱	328	133	76.5	436.0	50.1	1∶0.41	87.2	213.8

从表 3-11 中可见，本款蜂箱巢框长度较短，面积只有郎氏箱的一半，但长高比接近（分别为：1∶0.41 和 1∶0.45），本设计以上三种数值与郎氏箱的综合相似度只有 213.8%，而中蜂标准箱上述综合相似度为 277.7%，与郎氏箱接近。所以本款蜂箱与郎氏箱、中蜂标准箱是差别很大的一种蜂箱类型。

郎氏箱一个巢框面积为 870.9 厘米²，一个箱体排脾 10 张，总面积 8 709 厘米²。本设计的标准箱（方形箱），通常使用时一般为下面两个箱体，即底箱加第一继箱为繁殖区（相当于郎氏箱底箱的作用），每层箱体排脾 10 张，2 个箱体 20 张巢脾的总面积为 436 厘米²/张×20 张＝8 720 厘米²，两者几乎相等。

为提高产蜜量和蜂蜜品质，郎氏箱通常可加浅继箱生产。郎氏箱一个浅巢脾的面积为 429 厘米²，10 个浅巢脾总共为 4 290 厘米²，底箱加浅继箱巢脾的总面积 12 999 厘米²。本设计标准箱 3 箱体（1 个底箱加 2 个继箱，第二继箱用隔王板相隔，相当于郎氏箱浅继箱的功能），30 张巢脾的面积 13 080 厘米²，本设计多出 81 厘米²，与郎氏箱两者差别仅 0.62%。所以，本设计虽然在蜂箱的型制上与郎氏箱有明显区别，但巢脾面积又与郎氏箱基本一致，并没有降低其实用功能。

（二）蜂箱的外形与体积

蜂箱是用来装载巢框的，巢框变了，蜂箱也会变。本设计方形（标准）箱的宽与郎氏箱一致（37 厘米），但长度较郎氏箱（46.5 厘米）短了 9.5 厘米，高度（郎氏箱为 26 厘米）降低了 8 厘米，因此外形上与郎氏箱的区别很大。但通过多箱体叠加使用后，其箱体总的体积又与郎氏箱接近。

根据资料显示，郎氏箱加浅继箱的总体积为 67 959.8 厘米³，本设计方形箱 3 箱体的总体积（下面两个箱体为繁殖区，与郎氏箱底箱功能相似，第二继箱为贮蜜区，与郎氏箱的浅继箱功能相似）为 70 914.2 厘米³，两者差别不大，本设计还较郎氏箱加浅继箱总体积多出了 2 954.4 厘米^3（多 4.3%）。

从以上两点看，虽然本设计箱型与郎氏箱有区别，但由于多箱体配套使用，其箱体、巢脾完全能够满足蜂群发展的需要。若群势再发展，在第二继箱上，还可继续往上叠加继箱，增加蜂箱体积。

（三）保温性

蜂箱的保温性与蜂箱的大小有关。从单箱体来看，本设计属于体积小于 3 万厘米^3 小型箱的范畴，为 24 642 厘米^3，大约为郎氏箱（44 733 厘米^3）的 55%，保温性显然优于郎氏箱。

本设计标准箱为方形箱，其宽度与郎氏箱一致，长度较郎氏箱短 9.5 厘米。巢框长度亦在郎氏箱巢框的基础上窄了 12.1 厘米，与笔者 2014 年所获专利短框式十二框中蜂箱巢框长度一致。根据 2016—2018 年对短框式十二框中蜂箱与郎氏箱的比较观察，巢框收窄后提高了保温性，低温期蜂王产卵量高，蜂群发展快，同等条件下较郎氏箱蜂群增殖数增长 16.7%。本设计亦具有同样的特性。

（四）使用的灵活性

郎氏箱因分为底箱和浅继箱，底箱高度为浅继箱的 2 倍，导致底箱所使用的巢脾与浅继箱使用的浅巢脾高度不一致，两者不能通用。因此实行浅继箱生产时尚需专门让蜂群起造浅巢脾，使用起来不方便，在一定程度上限制了浅继箱生产技术的推广。

而本设计采用多箱体设计，所以箱体高度一致，这就增强了使用上的方便性和灵活性。由于所有箱体高度一致，巢脾可以共用，可以在不同箱体间随意进行调换。例如，在大流蜜期，可将底箱及第一继箱中的封盖子脾直接提到第二继箱上（第一继箱与第二继箱中间用隔王板相隔），待子脾出完后，专门提供蜂群贮蜜，很容易实现子蜜分离，取蜜时既不影响蜂群繁殖（不用打子脾上的蜜），又可提高蜂蜜的纯度和浓度。

综上所述，本箱型设计的箱容、巢脾面积在实行多箱体饲养后，完全能够达到中蜂强群饲养的要求。且由于巢框长度缩短，增强了保温性，更加符合中蜂的生物学特性。各层间箱高一致，巢框兼容，根据群势变化可随意调整叠加箱体的个数，能够真正实现中蜂多层继箱饲养，使繁殖区和产蜜区分开，有利于提高蜂蜜的产量和质量。此外，还可用于人工简单育王，轻松解决蜂农人工育虫难的问题。既可养蜂，又可育王，作为多区交尾箱，培育大批新王，因而能做到一箱多用。且箱型配套（有方形箱和卧式箱两款），可养单王也可养双王，因而它是一款养蜂界多年追求、经济实用、操作简单、易懂易学、高产优质、功能齐全、适用地区广泛的中蜂蜂箱。

推介云南省使用的几种中蜂蜂箱

云南是南方中蜂重点产区，全省有中蜂 60 万～80 万群，如按全国 200 万群中蜂计，云南中蜂占全国中蜂总数的 30％～40％。近几十年来，云南中蜂在活框饲养推广、蜂箱型制研究等方面做了大量工作，并在生产运用中积累了十分宝贵的经验。2012 年，笔者曾在云南农业大学匡海鸥老师的陪同下，到香格里拉参访。2013 年 5 月，又有幸受云南省蚕蜂研究所蜜蜂研究中心张学文主任接待，先后到武定、大姚、姚安、蒙自等地学习、参观，感到收获颇丰，对指导贵州中蜂生产很有启发，现特报道如下。

一、云南省饲养中蜂的两种主要蜂箱

云南目前饲养中蜂的箱型也有若干款，但使用比较广泛的主要是两种，一种是郎氏箱（即意蜂十框标准箱），另一种是参考郎式箱，云南省自己组织专家设计的一种中蜂箱，它使用的巢框是缩窄了的中蜂标准箱巢框，高度基本不变（20 厘米），宽度改为 27 厘米。笔者暂称它为云式中蜂箱（此前尚未具体定名）。

由于中蜂活框饲养最初是借鉴于西方蜜蜂活框饲养的蜂具和方法，受到郎氏箱的影响最大也最深，所以云南与国内其他许多省区一样，郎氏箱仍然是民间饲养中蜂使用最为普遍的一种蜂箱。尽管 20 世纪 70 年代我国推出了中蜂标准箱（以下简称中标箱），但由于郎氏箱早已广泛流行，中标箱仍难以取代它的地位。从饲养效果来说，郎氏箱与中标箱巢脾面积基本接近（前者为 870.9 厘米^2，后者为 880 厘米^2），在国内多点试验的结果（杨冠煌、段晋宁等，1979—1981；徐祖荫等，1997—1999），巢脾面积 800 厘米^2 以上的多种蜂箱，在蜂群产蜜量、繁殖率、群势增长率等方面，虽互有差别，各有优点，但在统计学上差异都不显著。因此，在中蜂饲养中，采用郎氏箱仍不失为一个较好的选择，这从云南省的生产实践中也可看出这一趋势。

云南较为普遍使用的还有另一种箱型，那就是云式中蜂箱。云式中蜂箱是依据郎式箱，根据云南不同地区的气候、蜜源特点及生产实际改进而来。云式十框箱的内围尺寸为长 37 厘米、宽 31.5 厘米、高 26.5 厘米。巢脾面积 540 厘米^2。

从上面两种箱型比较，郎氏箱的巢脾总面积及箱体容积都比云式中蜂箱大。张学文介绍，设置两种蜂箱的目的主要是用于不同地区推广。云南省的中蜂类型，据云南农业大学匡邦郁教授等（1986）研究，大致可分为三个生态类型，即云贵高原型、滇西横断山脉型及滇南型。前两个类型工蜂个体较大（体长 11～13 毫米），吻较长，群势强，如云贵高原型一般群势为 7～8 框（按郎氏框计，后同），最大可达 18 框；滇西横断山脉型个体也较大，群势 8～12 框，两者年群产蜜量 20～25 千克。但滇南型中蜂吻短（4.78 毫米以下），体小，体长 11 毫米以下，群势小，5～6 框，年群产蜜量 5～7.5 千克。所以在云贵高原型、滇西横断山脉型中蜂分布的地区，尤其是有一个以上高产、稳产大蜜源的地区，以推广郎氏箱为主，而在滇南型中蜂分布的地区，就以推广小型的云式箱为主。另外，云南处于高原地区，早晚和中午的温差大，立体气候明显，在高海拔或低海拔、极冷或极热的地区，以及在虽有零星蜜源，但蜜源条件不是很好的地区，就适宜推广云式中蜂箱。云式箱因箱型小，保温性好，蜂群繁殖比大箱快，即使蜜源不够好，小型箱也能获得一定产量，所以上述这些地区适宜使用云式箱。但在蜜源条件好的地区，这种小型箱就不适用了。张学文说，他们曾在罗平（有大面积油菜）推广过云式箱，但蜂农试用后反映箱子太小，巢脾多，劳动强度大（管理、取蜜费工费时），增产不明显，推广后使用效果不好。

二、云南两种蜂箱的系列化

蜂箱的系列化，应该是设计蜂箱时的一个重要内容。例如，在印度用于饲养印度蜜蜂（东方蜜蜂中的一个亚种），就设计了 A、B 两型蜂箱。中国农业科学院蜜蜂研究所杨冠煌研究员在设计中一式蜂箱时，曾经设计了 10 框和 17 框两个型号的蜂箱，10 框箱用于单群及转地饲养，17 框箱用于双王群饲养及流蜜期组织强群取蜜，在重庆市彭水县推广，得到过蜂农的肯定。

笔者这次在农户中实地考察时发现，云南省上述两种蜂箱都有不同的系列箱型。比如，郎氏箱的运用，就有 7 框箱、10 框箱以及 16 框卧式箱。云式中蜂箱也有 10 框箱和 16 框卧式箱的区别。

张学文介绍，蜂箱采用不同的系列箱型，主要是为了适应不同的饲养方式、不同的饲养管理水平，以及提高蜂蜜的质量和产量。例如，郎氏箱的 7框、10 框箱轻便，便于搬运及转地饲养。使用 16 框箱，则有利于组织双王群，解除分蜂热，培育强群采蜜，有利于提高产蜜量，适宜蜜源条件好、饲养水平高的农户定地饲养。

许多研究证实，西方蜜蜂饲养双王群，无论对蜂蜜、王浆增产，还是蜂量的增殖，帮助都很大，并已在生产实践中广泛运用。在中蜂中仍然如此，据广西胡军军等（2012）报道，中蜂用郎式箱双王繁殖，继箱取蜜，采蜜期群势可达12～14框，采4次蜜，中蜂双王群群均产蜜60.5千克，产蜜量甚至超过同场试验的意蜂双王群（群均41.5千克）。中蜂如不采用继箱，而采用16框卧式箱，也能达到饲养双王、扩大巢箱容积、培养强群、提高采蜜量的目的。据有关学者在甘肃、贵州观察，中蜂饲养在卧式箱中，中间是子脾，蜂群有向两侧边上巢脾集中贮蜜的习性，可以得到整块的纯蜜脾，并不亚于加继箱的效果。

卧式箱也可以方便地组织双王同箱饲养。在大流蜜期到来时，两群间抽掉中闸板并做一群后，改用单王取蜜；或介绍王台，采用处女王群实行无虫化取蜜，可以大大提高蜂群的产蜜量，更重要的是能够取到封盖完好、浓度达到42波美度的成熟蜜（原则上一个花期只取一次蜜）。这对于目前中蜂蜜俏销、售价高，继续对意蜂蜜保持在市场、价格上的竞争优势，是非常重要的。

三、云南中蜂箱的其他衍生类型

上述两种类型的蜂箱，用砖砌的叫砖基蜂箱；用土坯做的叫土坯蜂箱，这些都是上述两种蜂箱的衍生类型。砖基和土坯蜂箱的运用，在云南已有30多年的历史了。

用砖和土坯制作蜂箱，有以下几种优点，一是节约蜂箱的制作成本。水泥箱的用材是砖、石块、砂石和水泥，土坯箱则用泥坯制作。一天两个人工（一主一辅）一般可做7～12个箱。目前市场购一套木箱需120元。砖基和土坯箱可节约30%～50%的成本。二是经久耐用，一次投资，至少可用一二十年。三是箱壁厚，保温、保湿性好，尤其适合云南山区早晚温差大的地方使用。

砖基箱的制作，应严格按上述蜂箱的内围尺寸（用重锤吊基线），用砖砌成蜂箱的基本形状，然后内外用高标号的水泥砂浆涂抹，箱壁厚度约12厘米。蜂箱底座用石块、砂石、水泥打板。

土坯箱与砖基箱基本一致，只是要先用黏土在木制模框内打成土坯，土坯中加竹片及松毛做筋，以加强土坯的强度和韧性。等土坯干燥后，再按蜂箱的内围尺寸（一般是郎氏箱），把四块土坯按箱形组合起来，外面箍2～3道铁丝定型，然后抹泥浆平整。干燥之后，再用高标准号水泥内外清光，箱壁厚度为10～12厘米。与木箱一样，同样有平整的箱口（箱沿）和框槽。使用这两种蜂箱时，养蜂员先在箱面搭一层覆布，再盖一层洗净的白糖口袋。为了达到良好的保温防晒效果，有的农户还在白糖口袋上再加盖一层柔软干燥的松毛。最后用石棉瓦或地板砖盖顶遮雨。

在云南的广大农村地区，至今仍然保存和使用土坯做成的房舍。砖基蜂箱在贵州推广应该没有问题，但土坯箱可能只适用于云南，或其他气候干燥的地区。贵州省由于降雨多，气候潮湿，不适用土坯箱。

四、参访的体会及讨论

1. 几十年来，在中蜂实行活框饲养的过程中，中蜂箱型的争论从来没有停止过。除郎氏箱以外，各地还有大小不一的箱型，据说有的省区甚至多达几十种，这样不利于实行标准化饲养，以及先进技术的采用。箱型太多、太杂，也会增加技术推广部门的工作难度。因此，一个省区，有必要对蜂箱的类型适当加以清理和整合。像云南这样，针对不同地区、不同蜂种，有一两种基本箱型已足够。

2. 蜂箱的设计、定型，一定要坚持技术措施简单有效、操作管理方便（能省工、省时）、经济实用（降低制作成本）、优质高产为原则，能为养蜂者带来实实在在的经济效益。许多农村中蜂养殖者都是业余饲养，他们还有大量的农活要做，因此管理太复杂、精细又费工费时的蜂箱类型，就不适合在农村地区推广。

3. 箱型的设计，一定要与蜂机具相配套。云南使用的这两种箱型，现有的蜂机具，如摇蜜机，都可以使用（云式箱因巢框缩短了，在用市售摇蜜机时，要用不锈钢条加高装脾框的底部，便于取脾）。据杨冠煌先生报道，他所设计的中一式蜂箱，20世纪七八十年代曾在重庆市的涪陵区、彭水县，四川省的古蔺县推广过，蜂农反映不错。但就是因为框架高，不便使用市售的摇蜜机摇蜜，因而影响了该型蜂箱的进一步推广，这一点是蜂箱设计、定型时，需要设计者认真考虑的。

给蜂箱穿衣服

——推荐一种在高寒地区（高纬度、高海拔）使用的保温中蜂箱

高海拔或高纬度的高寒地区，由于气温偏低，热量条件差，蜂群越冬期长，生产期短促，因此在饲养中蜂时，对蜂箱应注意加强保温。在这些地区对蜂箱加强保温，对蜂群安全越冬、降低饲料消耗、加快蜂群繁殖（尤其在春

季），有着十分重要的意义。

木制蜂箱加强保温的主要措施大致有两种，第一种就是采用厚度较大的木板来制作蜂箱，如贵州省威宁县石门乡（平均海拔 2 000 米）养蜂协会制作蜂箱的板材，厚度为 1 寸（即 3.3 厘米）。由于板材较厚，一般加工蜂箱的厂家不愿承接，故大多只能就地解板，找人加工。

第二种方法是采购市售蜂箱和挤塑板（用于制作简易板房的塑料夹心层）来加工。挤塑板宽 0.8 米、长 1.6 米，有厚度为 2 厘米和 3 厘米两种规格。一般每张出厂价（不含运费），前一种为 8 元，后一种为 12 元。运费每张在 1 元左右。一个蜂箱刚好需用一张挤塑板。也就是说，一个保温蜂箱的制作，在原蜂箱价格的基础上，再增加 8～12 元的成本（不含运费），价格并不高。这种挤塑板的质量比泡沫箱好，强度要硬得多。笔者曾经报道过浙江临平的尤洪坤师傅，用泡沫箱板外包木蜂箱，以提高蜂箱的保温效果，最早制作的保温蜂箱已使用 6 年，至今仍完好如初。如使用此种挤塑板，使用寿命应会更长。这种蜂箱制作的方法是，将单张挤塑板按箱盖、箱底（除箱底垫木外）、箱围四壁（高度为箱底到蜂箱大盖下沿）的尺寸，用锋利的美工刀切割成相应的板块，然后用市售塑料打包带（质量较厚的那种）、小铁钉（长 4 厘米）将其固定在箱体上（图 3-12 和图 3-13）。如果蜂箱大盖边缘也要

图 3-12　用打包带、小铁钉将挤塑板固定在箱体上

图 3-13　完成包装后的蜂箱

加厚，那么在箱盖边缘上的通风条处，要在挤塑板上打出通气孔（条）。

由于用挤塑板外包箱体，能显著提高蜂箱的保温效果，不一定比单纯厚板制作的蜂箱差。另外，这种蜂箱重量轻，搬运方便，有利于蜂群转地运输。这

种挤塑板加工的蜂箱，整体重量约 8.3 千克，较用厚木板制作的蜂箱（10 千克左右）轻约 2 千克。

用挤塑板加厚的蜂箱，不但能保温，隔热防晒的效果也很好（能隔热就一定能保温）。2018 年 8 月初，室外温度为 32℃，笔者等用挤塑板盖在箱盖上，用挤塑板遮阳的比不用挤塑板、让太阳光直晒箱盖的空蜂箱，箱内温度要低 4℃ 左右（图 3-14）。蜂场使用这种挤塑板，固定在普通蜂箱的箱盖上，遮阳挡雨，效果也很好。

这种箱体对蜂群保温的效果肯定好，但好到什么程度，还需在 2019 年春繁期，进一步试验验证，以取得确切的数据。

图 3-14　挤塑板加在箱盖上遮阴

给山区贫困农户送上的一份礼物

——推荐一款"箱柜式简易蜂箱"

蜜源条件好、适宜饲养中蜂的地方大都在生态良好的山区，而贫困人口恰恰也分布在这些地区。但是山区贫困人口大多文化水平低，经济底子薄，很难在短期内熟练掌握饲养水平、技术水平要求较高的现代活框养蜂技术。而传统养蜂则是农村人人都比较熟悉的一种养殖方式，虽然产蜜量低一些，但投入不大，管理方法简单，蜂蜜浓度高，质量好。缺点是取蜜时会损伤子脾，影响蜂群繁殖，且不便于观察，难于控制和掌握蜂群分蜂，有时会引起蜂群损失。那有没有介于两者之间的饲养方法和配套的蜂桶或蜂箱呢？笔者等设计的这种蜂箱，就正好符合这种特性。

另外，由于扶贫工作的需要，许多地方政府都把养（中）蜂作为一项重要的扶贫措施来抓，花钱买了大批活框蜂群分发给群众饲养，但由于蜜源不足，或因管理不善，技术不到位，惨遭失败。鉴于前车之鉴，许多干部和群众都在思考，能否把采购来的、活框饲养的蜂群，再转到老桶中去，让山区的乡亲们用熟悉的方法饲养？对于这个要求，也是笔者等设计的这款蜂箱，能轻而易举办到的事情。那么，这款蜂箱到底是什么样子呢？

一、箱柜式简易蜂箱的构造和尺寸

箱柜式简易蜂箱（专利号：201920199243.0，持有人徐祖荫、韦小平、龙立炎），就是一个形似箱柜的方形木箱。针对不同的活框蜂箱，可有不同的尺寸，这里仅以郎氏蜂箱为例。其尺寸为高 26.2 厘米、长 49 厘米、宽 39 厘米，以上尺寸均为内空（图 3-15A）。蜂箱的宽面配有一扇有合页、可以开关的门，以便观察、清扫箱底、管理和取蜜。这扇门对面的箱壁则为一块可以拆卸的活动挡板（图 3-15B），其尺寸为高 26.1 厘米、宽 48.6 厘米，可用木螺钉将挡板上的木条（长 53 厘米、宽 3 厘米、厚 2 厘米）出沿处固定在其左右箱壁的箱沿上。

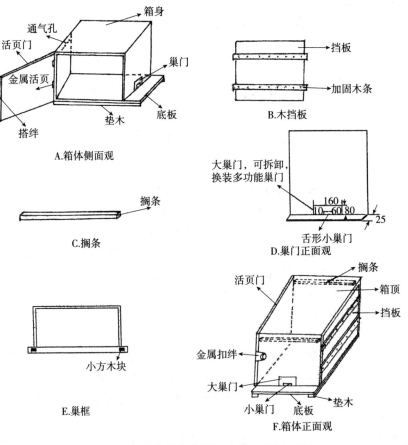

图 3-15　箱柜式简易蜂箱结构示意（单位：厘米）

为保温起见，蜂箱的板厚宜为 2～3 厘米。由于箱壁可能会用多块木板拼接，为加固箱壁可用竹梢钉连接，或在每面桶壁上加 2 根木条钉牢固定。当然，如箱壁使用整块木板，则无需加钉木条。箱壁连接处如有缝隙，启用后可用新鲜牛粪糊严。

此种蜂箱设计有大、小两个巢门，巢门开在蜂箱窄面其中一面的下方。小巢门含在大巢门内（图 3-15），平时只开小巢门。大小巢门的具体尺寸为大巢门长 16 厘米、高 8 厘米；小巢门长 6 厘米、高 1 厘米。当蜂群临近分蜂，群内出现王台时，将大巢门拆下，用塑料长钉钉牢多功能巢门。此时可如图 3-16 状，工蜂、雄蜂都可自由进出。王台发红后，表示 2 天左右即将出王，此时可将雅阁式隔王片安装在多功能巢门中间的空框上（图 3-17），这样分蜂时雄蜂、蜂王只能滞留在盒内，以便收王分蜂。在开巢门箱壁相对的另一面箱壁上，在其中上部要开 6 个（一排）孔径为 10 毫米的通气孔，以便与巢门对流通风。

图 3-16　多功能巢门（下）及雅阁式隔王片（上）

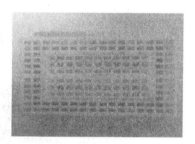

图 3-17　已安上隔王片的多功能巢门

为了将活动巢脾带蜂转移到蜂箱内，笔者等在箱内设计了 2 根搁条，搁条长 38 厘米、宽 1.5 厘米、厚 1 厘米，分别钉在箱内的两侧壁距箱顶板以下 2 厘米处。

将活框蜂箱中饲养的蜂群转到此蜂箱时，框与框之间应掌握好正确的脾距，不应过宽或过窄，以免蜂群乱造赘脾，可采取两种方法。第一种叫"木卡条法"，具体是事先准备好若干条长 38 厘米，宽、厚各 1 厘米的木卡条。放框前，打开活页门，先安放一根木卡条在搁条上，一直推抵到箱挡板处，然后连脾带蜂提出，放到箱内搁条上，推抵至木卡条。每放一框，就放一根木卡条，一直到蜂脾全部转移完毕为止（图 3-18）。第二种叫做小木块法，即事先准备好若干长 2 厘米，宽、厚各 1 厘米的小木块，过箱时，先用橡皮筋分别各固定一块小木块在巢脾框耳的同一侧（长度与巢框长度方向一致，图 3-15E），然后拉开活页门，将有小木块的一面朝向蜂箱内，推到箱后壁，如此一块接一块地顺序转移全部巢脾和蜜蜂，这样每块巢脾间，均能保持 1 厘米标准的脾间距

（即蜂路）。过完箱后，边脾不放保温隔板，顺其自然，让蜂群造自然脾（图3-19），然后逐步过渡到传统方式饲养。

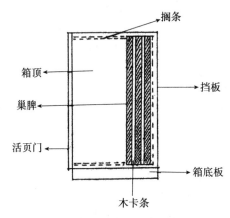

图 3-18　箱柜式简易蜂箱顶部剖示
（示已将活框箱中的巢脾转移到箱柜式蜂箱中）

图 3-19　已造自然脾的箱柜式简易蜂箱

如果是将短框箱（即郎氏箱横放箱）改成本箱饲养，因中蜂喜欢造短脾，效果会更好，更符合中蜂的生物学特性，只是本箱巢框搁条要加长，且要钉在箱长的方向上。

二、箱柜式简易蜂箱的使用和管理

1. 过箱　是将饲养在老桶中的蜂群转移到活框饲养的蜂箱中，从无框式饲养转变为活框饲养。笔者等设计的这种蜂箱则是"反其道而行之"，目的是将活框饲养的蜂群，包括蜂、脾一起，顺利转移到此箱内，再逐步过渡为无框式饲养。

换箱时，先将活框蜂箱搬开，将箱柜式蜂箱放到原址，如前面所说，先将一根木卡条放到桶内搁条上推到底（紧靠后挡板），然后将巢脾连蜂提出，放在搁条上，推移至木卡条，然后按以上程序，一根木条，一块巢脾，一块接一块地顺序摆放。排脾时注意将子脾放中间，蜜粉脾放两边，不放隔板。完成后关闭柜门，整个过箱过程就完成了。

2. 取蜜　由于使用箱柜式蜂箱并采用传统的无框式饲养，取蜜时可按传统方法割脾榨蜜，一年只取 1～2 次封盖成熟蜜。割蜜时不要全部取净，应留一部分作饲料，以蜂养蜂。

过到此箱中的活框巢脾取蜜或淘汰，可将此箱挡板取下，然后取出活框巢脾，抖蜂后处理。取蜜时巢脾上如有未出完的子脾，可在取蜜后（割去蜜脾或在摇蜜机中摇蜜）再还回蜂群。如果巢内的活动巢脾已经淘汰完，再割自然巢脾时，自然脾上如有子脾，此时可像过箱时那样，将割蜜后剩下的子脾绑在活框上，然后将框挂在箱内搁条上，推放到巢脾边，让蜂群继续保温出子，待子脾出完后再取框淘汰，这样就能有效利用子脾，不会像传统养蜂那样割蜜弃子。

3. 日常管理　主要是定期 10～15 天清扫箱底。在蜂群越冬及越夏之前，如巢内饲料不足（两边巢脾没有蜜或封盖蜜），应用 518 巢门饲喂器放在箱底，喂足越冬或越夏饲料。如无必要，尽量少喂糖，以确保蜂蜜的纯度。

平常尽量做箱外观察。蜂群繁殖期只要有带粉蜂进巢，就说明蜂王健在，蜂群正常，尽量少开箱打扰蜂群。

4. 分蜂　蜂群分蜂期，如发现群内有许多黑蜂（雄蜂）出游，这时要开箱观察群内有无王台，并观察王台发育情况，推算并记录新王出房的时间，临近出王前（王台红头），即拆下大巢门，安装多功能巢门。

发现分蜂后，可在巢门前收集分出群和关在多功能巢门内的老蜂王，放入另一箱，分为一群，另址安放。再打开原箱活页门，用手电查看王台数量，如留下的蜂护不住脾，可割去部分老旧巢脾，留下一个质量最好的老熟王台，另留一个日龄较小的王台，以防不测。

如认为用多功能巢门分蜂比较被动，王台红熟时，也可实行人工主动分蜂。可将原箱与另一箱拆去挡板，两者无缝对接，中间插入平面隔王板，然后用小木槌轻轻敲击原桶，让蜂群原箱向新箱转移，等转移差不多过半时，即可将两箱拆开，新箱另放新址。因为有隔王板阻隔，老王仍留在原箱中。将原箱中带有成熟王台的其中一块巢脾割下，用过箱的方式将巢脾镶装在巢框上，放到新蜂箱中。原箱中因有王则不留王台，即分为两群。

5. 病敌害防治　老桶饲养的蜂群，主要敌害是巢虫和胡蜂。在 4—9 月巢虫发生期，可将市售巢虫清片安放于巢门内，或对蜂群、蜂箱喷洒千分之二浓度的"康宽"（该药对螟蛾科昆虫敏感，用医用皮试针抽 0.1 毫升原药兑水 500 毫升），打开活页门，每半月喷一次，主要喷洒箱缝和箱底。

胡蜂发生期，拍杀胡蜂，或在巢门前安装多功能巢门或斜坡式金属巢门罩。

　　笔者等设计的这款蜂箱，目前已在贵州省惠水县摆金村、息烽县坪上村、湖北省荆门市得到初步应用，反应良好。若要完善，还需今后在实际使用中不断加以摸索和改进。

三、结束语

　　随着国家扶贫攻坚号角的吹响，不少地方政府为了尽快让当地群众脱贫，大量采购蜂群发放农户。一边是政府汹涌的采购浪潮，另一边却是大批培训不足、技术准备不足的农民。这样的结果，发下去的蜂群非死即逃，农民不能受益。还有些地方购买蜂群后，发到农户手中又不放心，集中饲养蜜源又不够，处于"骑虎难下"的局面。笔者等设计的这款蜂箱，就是顺应当前形势，为了解决上述矛盾而精心设计的，它兼具了新箱与老桶的优点，并有利于互相转换。

　　将活框饲养的蜂群转换到这款简易蜂箱中饲养，既能让地方政府充分实施好国家的扶贫政策，在短期内采购足够数量的蜂群提供给农户，解决蜂种来源的问题，通过蜂箱转换后，又能适应当前农民的饲养管理和技术水平。通过发放 10 群基础蜂群给蜜源丰富的山区贫困户，达到农民养得住，政府投资靠得住，政府满意，农民赚钱的目的。也许这种养蜂方式不一定能高产，但若每群蜂每年能生产 2.5～4.0 千克高质量的蜂蜜，每千克 200 元，养群户的收入一年就能增收 5 000～8 000 元，脱贫就不再是一句空话（养得好、蜜源丰富的地方一箱也能产超过 10 千克蜜）。当然，如果农户在今后生产实践中，逐步掌握和提高了养蜂技术，也可以再由此箱转移到新箱，实现专业化和规模化饲养，从而实现自己的致富梦。

从《智取威虎山》中的小炉匠到今天的养蜂高手

——记 GN 箱的饲养者方劢鸽

　　2018 年 10 月上旬，浙江省开化县有一蜂友打来电话，说该县养蜂协会、县农业局举办中蜂培训班，想邀请笔者去讲课。出于专业兴趣，笔者于 10 月下旬赴开化，与福建农业大学的周冰峰教授一起为他们授课。

据该县养蜂学会介绍，该县有一个姓方的师傅 GN 箱养蜂养得很好，课间方师傅展示他养 GN 箱的照片，笔者看到他继箱上一块块封盖完整的蜜脾，非常感兴趣，因此特邀他到酒店的房间里，利用讲课间隙，采访、座谈了一个下午。

一、20 世纪六七十年代的"小炉匠"

方师傅，全名方勖鸽，浙江淳安县人，家住千岛湖旁。18 岁参军，分配到邻县开化县中队服役。那时正值"文化大革命"时期，大力宣传样板戏，部队要组织文艺演出。方师傅是文艺活跃分子，于是部队就派他和其他几个同志观摩学习，回县演出。由于他个子较矮，队里就分配他在《智取威虎山》一剧中，饰演匪首许大马棒的联络副官——能说会道而又狡猾、绰号"小炉匠"的栾平。由于方师傅演得活灵活现，给领导、观众留下了十分深刻的印象，1971 年退伍时就被招到当地越剧团（当时称文艺宣传队）当演员。1988 年越剧团撤销，他又调到县文化馆，2011 年以副研究馆员的身份退休。

方师傅养蜂是从 1997 年开始的，当时剧团的露台上飞来一群中蜂，他把中蜂收下来养在一个空水桶里，放在自家阳台上饲养，当年割了 8 千克蜜，于是对养蜂产生了强烈的兴趣。此后他买了各种各样的养蜂书，还订阅了《蜜蜂杂志》《中国蜂业》，向经验丰富的养蜂师傅请教，同时自己动手解木板，打箱子，边学边养。方师傅十分勤奋好学，他说买来的养蜂书内容大致都差不多，但其中只要某一本书有一句话对自己有用就值了。他老家千岛湖是著名的风景区，生态条件也很好，于是退休之后就和老伴回到老家，开了一个"品蜜农庄"，在家经营民宿、饭庄，养了七八十群中蜂，其中一半圆桶，一半活框，并组织成立了千岛湖方兴中蜂养殖专业合作社。由于千岛湖的生态环境以及他所产的蜂蜜质量好，全部是封盖蜜，蜂蜜生意也相当不错。

二、龚氏培训班中的"三剑客"

方师傅曾多次参加四川农大龚凫羌教授的养蜂培训班，并采用龚老师发明的 GN 式蜂箱饲养。最初 GN 箱的管理为精管细养，繁蜂的效果的确很好，但由于调脾工作量大，影响推广。后经四川省雅安职业技术学院张忆老师（也是龚老师的学生）改进，发明了 GN 箱张氏懒养法，10～15 天调脾一次，再加上方师傅及其他两个学员在实践中的运用，GN 箱养中蜂的优点就显现出来了，2016 年，方师傅 37 群活框蜂取了 750 多千克封盖蜜。方师傅及江西省德兴市海口镇的董文龙、上饶市信州区的刘孝高等三人都是 GN 箱张氏养蜂法学员中的佼佼者，心得独到，成效显著，所以人称龚氏培训班上的"三剑客"。

GN 箱张氏饲养法的要点：第一是实行多箱体饲养。即巢箱和第一继箱为育虫区（繁殖区），此时巢继箱间不用隔王板，两箱上下框梁之间有留 4 毫米的间隙，蜂王可自由上下产卵。当气温上升到 25℃，蜂群强盛之后，在第一继箱上加平面隔王板，在隔王板上再加上一个继箱（第二继箱）。巢脾置于箱子中间，一般布置成倒宝塔形，即巢箱 2～3 张脾，第一继箱 4～5 张脾，再上面的箱体脾数又要放多一些（如 7 张）。这样布置，接近于自然巢脾上大下小的情况。巢脾布置也可采取上下一致、相互对应的方式，如上四下四。但不管怎么布脾，脾的两侧均要放上保温隔板。

第二是每 10～15 天调脾一次（张式懒养法）。蜂王通常在第一继箱中产卵，查箱时可将第一继箱中大幼虫脾调到巢箱中，并加上巢础造脾。巢箱中的旧脾、蛹脾、蜜脾则陆续提到第二继箱中，以便让蜂群贮蜜。为使繁殖区与产蜜区分开，第二继箱与第一继箱间须用隔王板隔开。另外，每加一格继箱，当蜂脾增加后，就要在其上再加一个空继箱，以保证箱内通风透气，以便蜂群保持、调节箱内温度，防止箱内过分湿热。一旦温度降到 25℃ 以下，蜂群群势下降时，就要将继箱压成平箱繁殖。箱体矮化后，易于保温繁蜂。

这个方法最大的特点就是有利于将育虫繁殖区与产蜜区分开，有利于中蜂蜜提质增产，这些可从方师傅所拍的照片中看出（图 3-20、图 3-21 和图 3-22）。为达到此目的，其他箱型也有配套使用浅继箱的，但由于巢箱与浅继箱的尺寸不同，就要为此专门造浅巢脾或准备浅巢脾（由巢框锯短改造），比较麻烦，运用起来不方便。而 GN 箱的独特之处，就是其巢框的高度（内径为 13.3 厘米）比较合适，且巢、继箱高度一致。过去笔者曾经考察过，大流蜜期中蜂贮蜜区的高度大多在 10～14 厘米，因此比较符合中蜂的生产能力。如使用郎氏箱浅继箱（浅巢框高度 10 厘米），则显得矮了一些。由于 GN 箱所有箱体高度一致，也就方便在各个箱体之间随意调脾，省去了许多麻烦，还能达到比较理想的效果。

图 3-20　方勐鸽师傅和他饲养的
GN 双王箱

图 3-21 方师傅的蜂群蜂数相当密集

图 3-22 方师傅生产的巢蜜

方师傅在张氏养法的基础上，还有新的体会。一是他强调蜂数要密集，至少要保持蜂脾相称；二是要做到蜜足脾新，经常淘汰旧脾，这样可减轻病虫害的发生。他说，一般蜜足的概念，就是脾上要有 3～4 指宽的蜜脾，但他认为这只能叫做解决了蜂子的温饱问题，而不叫蜜足。他认为蜜足的概念，一定要比这个多，要让蜜蜂过上小康生活，即巢内有大块的封盖蜜脾。若蜜不足，他就用档次低一点的乌桕蜜来喂蜂（而不用白糖），这样才能随时保持住强群。现方师傅已不再取分离蜜（分离蜜放久后会发酵），蜜脾封盖后他就提出贮存在 8～10℃ 的冰柜内。客人需要买蜜，他就从蜂箱内提出封盖蜜脾，现榨现摇卖给客人，然后再从冰柜中提取封盖蜜脾还给蜂群，让蜂群保存。

方师傅说，实行多箱体养蜂，巢、继箱间能方便互换巢脾还有一个好处，那就是方便育王。因为第一继箱巢脾上有许多卵虫脾。在需要育王时，可在巢、继箱间加上一块平面隔王板，将蜂王调到巢箱里。第一继箱巢脾由于隔王，自然就会产生较多的自然王台。这样育王对于初学养蜂和年龄偏大、眼力不好、没有掌握人工育王的人来说，批量育王就不是什么问题了。

这种多箱体（多层次）养蜂的方法和原理，其他类型的蜂箱均可运用，但关键是巢框和巢箱的高度，GN 箱比较合适。其他箱型如用此法，可参考 GN 箱，只要改变框高、箱高即可。

养蜂科学技术总是在生产实践中不断发展完善的。客观地说，GN 箱的成功，与龚凫羌教授对巢框的科学设计，张忆老师对饲养方法的改进，方师傅等学员在生产实践中的运用和进一步完善，都有关系，都做出了不同程度的贡献。是他们的实践，逐渐形成了一套比较完善的 GN 箱多箱体（多层次）饲养法。所以说，龚老师办养蜂培训班时，只要有方师傅等三人参加，其他学员也会踊跃报名前来，就是这个原因。

访格子箱的饲养者

——傅业常

  傅业常，2019 年 55 岁，贵州省息烽县人民代表大会常务委员会办公室副主任。6 年前，一个偶然的机会接触了蜜蜂，从而对养蜂产生了浓厚的兴趣。现在，他和另一个养蜂爱好者用格子箱业余养蜂 160 余群，最多时超过 200 群。2018 年笔者初到息烽时，就听该县农业局局长谈到过此人，直到最近，终于有机会到他蜂场参观，并对他本人进行了实地采访。

一、傅老师的养蜂趣闻

  共同的爱好激起了傅老师的谈兴，他讲了自己亲身经历的几件养蜂趣事。

  6 年前，他第一次买了两群中蜂，放到自家楼顶平台上饲养。为了稳定蜂群，当天傍晚，他摘了自己楼顶种的一片菜叶，放在蜂箱的巢门前，然后滴上少许几滴白糖水，喂得并不多。当巢内工蜂闻到糖水的气息后，就有几个工蜂陆续跑出来搬糖。第二、三天也是如此。到了第四天，奇怪的现象出现了，当他刚把菜叶放在巢门边，箱内的工蜂就排着队，一个接一个地爬到菜叶上，等待他喂蜜，他觉得蜜蜂实在是太可爱了，这样又继续喂了十多天，他觉得蜂群已经稳定，决定不再饲喂。但停喂后的第一天，他仍然摘了一片菜叶放在巢门口，工蜂爬过来等了许久，但这次却没有等到糖水。这样一连三天，巢内工蜂出来只见菜叶，不见喂糖，觉得"上当受骗"，到第四天，当他再次放上菜叶时，蜜蜂就再也不出来了（笔者注：这个例子说明，蜜蜂对外界环境有条件反射，可训练，利用这个特点，可以训练蜜蜂为作物、果树授粉）。

  第二件事是他楼顶有一箱蜂失王，已经工蜂产卵。由于他在另一箱内育有3 个王台，便打开那个蜂箱准备借一个王台，可当他打开蜂箱时，王台已经出了，并在巢门处捉到了一只处女王，准备将其介入失王群。可当他打开失王群时，却惊异地发现已有一只处女王出现在蜂群中，由于这群蜂本身并无王台，那么这只处女王究竟是从何而来的呢？当他再去查看那箱育王群时，发现 3 个王台都出了，一只在脾上，一只被他关住，那么还有一只呢？于是他判定工产群内的处女王，肯定是从这群蜂内飞过去的，而两箱蜂之间相距约有 20 米。更有趣的是，不久前，他在楼顶上相距 3 天分了两箱蜂，他计算了出王的时间，便打开先分的那一箱看一下情况，可还是晚了一天，几个王台已经出了，他又打开另一箱无王的分蜂群，几个王台都还没出，但其中一张脾的王台上却有一只处女王在啃王台。他立刻明白，这肯定是从那先出王的分蜂群里飞过来的处女王。

大家一定都会注意到，蜂场内失王群、交尾群中常有雄蜂聚集的现象；笔者过去也曾多次报道过蜂群有"投亲靠友"的现象，说明雄蜂、工蜂对其他蜂群中的情况是有感知的。这两头蜂王之所以出台后会飞到失王群中，肯定是感知到那群蜂内没有蜂王，这群蜂会接纳它。

傅老师讲的第三件事，是当蜂群遇到敌害侵扰时，会找主人求救。傅老师说，有一次他夫妻二人和朋友到自己的一个蜂场去玩，突然有工蜂飞来咬他耳朵，还有另外两只工蜂飞到他手背上，当他撑开手指时，工蜂就爬到指缝虎口处啃咬，赶都赶不走，但这些工蜂并不搔拢在场的其他人，傅老师感觉不对劲，就判断说其中肯定至少有一箱蜜蜂有事。其他人都不相信，于是大家就一起跟着他一探究竟，当他们查到第 11 群时，果然见到三只金环胡蜂正爬在巢门处啃咬巢门，骚扰蜂群。此类事情后来还连续发生了两三次。傅老师的办公室离他家约有 1 千米，有一次他在办公室上班，也是有几只工蜂飞进他的办公室绕着他转，他回家一看，也见有多只胡蜂正在骚扰他的蜂群，但让他觉得奇怪的是，这几只蜜蜂是怎么找到他的办公室的呢？他说，直到现在都想不清楚是为什么。笔者回想 30 多年前，在黔东南州办培训班时，有一位天柱县的学员也遇到类似的情况，说他在地中劳作时，每当蜂场遭受胡蜂袭扰，就会有工蜂绕他飞行通风报信，甚至在他的头上叮咬示警。笔者当时觉得他的说法不可思议，是无稽之谈。但听了傅老师的经历后，两相印证，觉得似乎有些道理。难怪有人说，蜜蜂是世界上最奇异的动物之一（【德】于尔根·陶茨）。

二、傅老师的格子箱

傅老师养蜂大多使用格子箱（图 3-23、图 3-24）。他曾使用过多种规格的格子箱，经过反复摸索，他认为，最适合贵州省息烽县地区的格子箱尺寸是内径 29 厘米见方，高 8～10 厘米，内径小了会出现割蜜分蜂的现象。傅老师测量过，两个格子箱的蜂量相当于郎氏箱 4 脾蜂，5 格相当于 10 脾蜂，最大限度可养到 6 格，蜂量相当于郎氏箱 12 脾。一年取蜜 1～2 次。一次在春季（5 月），一次在秋季（9 月），一般一层格子箱可取纯蜜 3.25～3.50 千克，特强群可连取上面 3 格，取纯蜜 9.5～10.0 千克，但这种情况较少。经测定，取蜜浓度可达 41 波美度。取掉顶层贮蜜的格子后，要在底层加上相应数量的空格，让蜂群往下继续造脾。

图 3-23　傅业常的其中一个
格子箱蜂场

图 3-24　格子箱的底面观

通过几年的实践，傅老师认为格子箱的优点是管理简单，不复杂。他平常要上班，只有休息日才有空去管理。他的蜂分别放在 6 个点上，寄放在周围蜜源条件较好的老乡家，请老乡看管，主要是解决蜂群安全问题及扑打胡蜂，老乡并不参与蜂群管理。若蜂场有分蜂或遇到其他一些问题，则通过电话联系，由他自己亲自处理，每个蜂场基本上每隔 1～2 个月会去检查一次，所得蜂蜜的 1/3 归农户。他说如果不是养格子箱，换成是活框箱，这样多的蜂群，即使不上班，他也管不过来。为保证蜂蜜的纯度，格子箱平常不饲喂（白糖），因此傅老师特别强调，蜂场一定要安排在蜜源条件好的地方，否则没有收益。

傅老师说，格子箱养殖也有一些缺点。例如，一旦取蜜，由于压缩了蜂巢的空间，虽然下面续上了空格子，但暂时还没有造脾，蜂群被压缩在有限的蜂巢内，就会造成群内有大量的休闲蜂，容易产生分蜂热。另外，每一格都要穿竹签，不便查王换王，有些蜂群割蜜后群势会变弱等，因此还需继续研究、改进。经过多次试验，他使用的格子箱采用活梁，让蜜蜂在活梁上造脾。活梁（相当于上框梁，但无框，见图 3-25、图 3-26 和图 3-27）长 27 厘米、宽 3 厘米、厚 1.5 厘米，一个格子内可安放 9 个活梁。他用的活梁有两种形式，一种中间开窄槽，可以嵌巢础，巢础外露 2～10 厘米，以便引导蜜蜂按规则造脾；另一种则无槽（图 3-27），任蜜蜂自然造脾。

放活梁的好处是可以直接拿开格子，用竹签的则要用钢丝沿箱缝割脾才能将两个格子分开。傅老师并非每一隔都放活梁，而是每隔一格或两格放活梁。

不放活梁的格子则穿竹签，竹签穿在距顶部 1/3 处，一般使用 2 根，放格子时要将竹签着生的方向与上层格子巢脾着生方向垂直成 90°角。当底层的格子箱有较多的工蜂附着在箱外，说明此时箱内巢脾已经做满，需要在下面添加一层格子，让蜂群继续往下造脾。

傅老师拿给笔者看的蜂蜜颜色较混浊，表层还一些一些浮沫，主要是因为其中混有花粉。所以建议他榨蜜时宜将蜜脾与花粉脾分开处理。

笔者之所以介绍傅老师使用格子箱的经验，一是他饲养格子箱，有创新和独到之处；二是格子箱管理简单，费工少，非常适合农村闲散劳力饲养。在蜜源丰富的地方，一家养二三十群蜂，也能增加一笔不小的收入，是今后农村中蜂饲养的一个重要发展方向（粗放式或简单化饲养），值得大力提倡、推广。

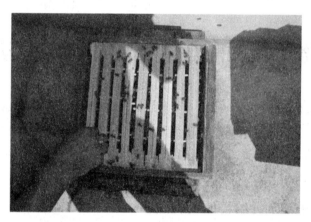

图 3-25　放活梁后的格子箱

图 3-26　已造脾的活梁

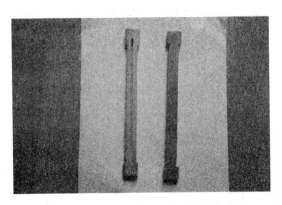

图 3-27　活梁正面观，左边一根开有窄槽

格子箱加配套活框群的饲养方法

在中蜂养殖和产业扶贫模式上，笔者倡导采取活框养殖和传统方法饲养相结合的方式，"两条腿走路"，各自发挥特长，互为调剂，互为补充。对于两种饲养方法的结合，一些地方进行了很好的探索，下面将格子箱饲养补充配套活框群的两种做法介绍如下。

一、格子箱加补给群的饲养法

格子箱加补给群的饲养法以京山市杨集镇涂传波师傅为代表。杨集镇位于大洪山南麓，蜜源非常丰富，特别是柄果海桐、荆条、五倍子、刺楸花期长，流蜜涌，且蜜质纯正，口味醇香。全镇养中蜂 50 群以上有 100 多户，其中 100 群以上有 30 多户。新式活框养法占 1/3，老桶和格子箱占 2/3。

该镇的涂师傅一直养格子箱，有十多年实践经验，去年有 100 多群，今年加上 20 多个老桶，总数超过 200 群。他认为格子箱养中蜂遵循中蜂原生自然规律，对蜂群人为干预少，蜂群得少病，管理简单，一年只在分群和割蜜季节开箱，所需劳力不大，根据能力大小，一人可以管理 100～200 群，也适合留守老人、妇女和劳力较差的贫困户养殖增收。

涂师傅的格子箱规格为 25 厘米×25 厘米的内框，板材厚度 2 厘米，每个格子高度为 10 厘米，中间可以造 7 张脾。涂师傅格子箱的层数可加到 7 个，一格产蜜 3.5 千克左右，可以取蜜 3～4 格，一个做满 7 个格子的强群平均可以取蜜 10～15 千克，群势差一点的取蜜 5 千克多。以当地市场价每千克 30～40 元算，收入也还是相当不错的。

涂师傅的蜂场地处小山区，平均气温要比平原地区平均气温低。格子箱蜂群一般在 2 月底、3 月初开始春繁，这时要清除底箱杂质，将蜂群不能护住的老旧巢脾割掉，保持蜂多于脾的状态。3 月至 4 月上旬外界蜜粉源充足，蜂群发展很快，一般于 4 月 10 日左右开始分蜂。这时要做好分蜂前的准备，预备充足的新分群蜂箱，平整新分群场地，在箱前观察分蜂预兆。涂师傅采取的是自然分蜂再收捕的方式。当分蜂发生时，涂师傅一整天都要待在蜂场上，随时准备收捕新分群，在分蜂高峰期还要请人帮忙。当蜂群飞出蜂箱，落在附近场地时，必须在 2 小时内收回，放在黑暗环境中幽闭，否则当蜂群二次起飞远走后就很难收回了。收蜂时涂师傅锯树枝、烟熏、爬树、搭梯等许多"笨"办法都采用过，比较麻烦。

收回的新蜂群会发生飞逃，飞逃的原因也很多。新分群巢门口如果没有守卫蜂，或工蜂不在门口扇风和清除杂质，这样的蜂群大多要飞逃；5 月中下旬有一个短暂的缺蜜期，这时期新分群也易发生逃群现象，老王群飞逃率甚至超过 50%。

如何解决蜂群飞逃问题是养好格子箱的关键。涂师傅采用配套补给箱的做法取得了很好的效果。具体做法是，在养格子箱时，配套饲养部分补给箱。补给箱实际上就是尺寸较小的活框蜂箱，其外框尺寸为 29 厘米×29 厘米，内框为 25 厘米×25 厘米，高度为 16.5 厘米，其中两对边箱沿口上各开一条 1 厘米深的框槽，以便安放活动巢框。箱内可以放 7 个小的短巢框，短巢框的尺寸为上框梁长 27 厘米，下框梁长 24 厘米，两个边条长 14 厘米，巢框不拉铁丝（图 3-28 至图 3-31）。

图 3-28　补给群

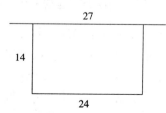

图 3-29　补给箱的巢框尺寸（单位：厘米）

图 3-30 涂师傅编好号的格子箱　　　图 3-31 格子箱蜂场

补给箱里的巢脾做好了，可随时准备调用。当发现格子箱的蜂群要飞逃，将补给箱中有蜜、粉、子的巢脾去除两个边条和下框梁，插入到有飞逃迹象的格子箱内（将格子箱内的竹签抽出再插进去固定），这样就能很好地解决飞逃的问题。补给箱也是多层的，可以加 2～3 层格子。一个补给箱中的巢脾，可以补给 5～10 个格子箱使用。

涂师傅不会人工育王，换王时采用自然王台。部分老王会在 5 月发生二次分蜂，没有分的蜂群在 6 月板栗、荆条花期应注意分蜂，也有少部分新王强群会在 7—8 月发生二次分蜂。不管是二次分蜂还是三次分蜂，当年的老王要在上半年全部换成新王，小群、弱群全部掐掉蜂王，并回原群。7 月度夏期间注意失王群、弱群、病群和盗蜂并及时处理，做好遮阴降温工作。7 月下旬刺楸流蜜，8 月下旬至 9 月上旬五倍子花期、9 月上旬至 10 月上旬党楸花期要适时加添格子。10 月取蜜，取成熟封盖蜜，留足饲料。11 月进入越冬期注意盗蜂，12 月至翌年 2 月期间自然断子，长期低温阴雨天，缺蜜群要补喂；发生缺蜜饥饿昏迷的蜂群，要搬进温暖和遮光的室内进行抢救。

二、格子箱加活框蜂群的饲养法

湖北省南漳县水镜风情养蜂专业合作社在山区村镇主推格子箱饲养法，开展中蜂产业扶贫工作。他们的格子箱每套蜂箱有 5 层，每层高度 10 厘米，28 厘米×28 厘米的内框，板材厚度 2 厘米，底座高 7 厘米，最上面是顶盖。做满整格是 8 张脾，一个格子可以取 5 千克蜜，一般可以取 2～3 格。

所配套的活框蜂箱就是平常所用的意标箱，只是箱中一部分巢脾为普通巢框所造的脾，另一部分为在两个普通巢脾间添加除去侧条、下框梁后的上框梁，让蜂群在上框梁下造的自然脾，以便随时割脾补给格子箱。

使用前，将新格子蜂箱内壁涂抹蜂蜡，用火枪或火烤使其内表碳化。原始老桶过箱到格子箱时，敲蜂桶使蜂群离脾，割取蜂巢，切取整片子脾后放在格子箱内用竹签固定，掌握蜂路10毫米，盖好顶盖，然后将收集起来的蜂团抖落在巢门口，让蜂群自行爬入，要注意观察蜂王是否一起进入，以免失王。春季管理时清除底部蜡渣，割掉多余老旧脾，撤掉多余格子，对重量轻的蜂群用蜜糖水补喂，此后随群势增长逐步添加格子。

3月底至5月初实行人工分蜂。查看巢门口采粉蜂减少，有雄蜂进出，说明这群蜂已经准备自然分蜂了，这时要搬起格子箱底部查看王台，如已经封盖就可以提前人工分蜂。先拿掉格子箱的顶盖，上面加一空格后再盖上顶盖，敲箱或喷烟驱蜂上行，用细铁丝将格子箱从箱体间的接缝处拦腰切断，分成上下两个部分。将上面部分的格子箱搬离原位，加底板、底座和顶盖移至新址。下面部分的隔子箱放在原址，选留一个王台或介入人工王台，盖上顶盖即可。原址群为下面部分的格子箱，故以子脾为主，新址群为上面部分格子箱，则以蜜粉脾为主。新址群搬离后，外勤蜂返回原址，新址群失去外勤蜂，仅剩下大部分幼蜂，失去分蜂能力，虽无采集能力，但饲料充足，老王持续产卵，蜂群快速发展。原址群失去幼蜂，但保留了子脾和大量外勤蜂，虽无子但具备采集能力，10～15天后，新王交尾产子，也会进入快速发展阶段。分蜂时注意尽量不要在夜间操作，以免下面部分蜂群工蜂过少，子脾保护不足产生烂子现象。

如果人工分蜂不及时或发生二次自然分蜂，需要收捕分蜂群并做好防逃处理。平时巡查蜂场，发现有的蜂群巢门口采集蜂减少，查看蜂巢时又没有王台，有可能会发生飞逃。这时可从配套饲养的活框群中割取子脾，加入飞逃群，巢门加装防逃片，缺饲料及时补喂即可。另外当需要补充大量格子箱时，可以采用活框箱过箱到格子箱的办法，割取活框箱中的子脾插入格子箱，快速发展格子箱蜂群的数量。此外，也可以利用活框箱为格子箱进行人工育王工作。

三、意见和建议

以上两种方法各有特点，并有共同之处，可以相互借鉴，灵活运用，可取之处是都遵循了中蜂自然造脾结团、产子储蜜的生物学特性，适应当地蜜源条件和从业者的养殖习惯、劳动能力和技术水平，人为干预少，管理简单，大大减少了工作量，可以适度粗放规模养殖；所生产的蜂蜜多为自然成熟蜜。用活框蜂箱配套格子箱使用（补给箱实际也是借鉴活框蜂箱养蜂的原理和方法），可以有效防止飞逃现象发生，还可以利用活框蜂箱快速发展格子箱，并为格子箱进行人工育王。

格子箱蜂场长期原场自然分蜂换王，会导致蜂群近亲繁殖，蜂种退化。涂师傅全部采取自然分蜂的办法显得笨拙、被动，不妨借鉴后者人工分蜂的办法，如果结合活框箱，人工选种、育王换王，效果会更好。

传统蜂箱中的另类

——树皮蜂桶

笔者一行数人到贵州省威宁县石门乡帮助当地蜂农指导中蜂饲养。石门乡紧邻云南省的昭通市，乡所在地石门坎海拔 2 145 米，养蜂地区的海拔在 1 800～2 750 米，蜂种为典型的云贵高原型中蜂，蜂体偏黑，耐寒性好。

石门乡虽离昭通不远，但气候却与昭通差别很大。昭通日照充足，昼夜温差大，昭通出产的苹果味甜爽口，闻名遐迩。但石门乡因处于昆明静止锋之下，冬春季节常云遮雾罩，光照不足，气温偏低，属高寒冷凉山区，主要作物为玉米、土豆。

石门乡的主要蜜源除野藿香、半边苏、牙刷草外，还有地红子、三颗针（鸡脚黄连）、漆树、椿树、川续断、荞麦、苕子、金丝桃（小过路黄）、火棘等。当地群众素有养蜂之习，传统养蜂一直沿袭至今，目前尚无活框养蜂。一年基本取蜜 1 次（在 5—6 月），鲜有 2 次的。一年平均群产蜜 1.5～2.5 千克，多的也可产到 5 千克以上。传统养蜂所产的蜂蜜浓度很高，笔者品尝过数家留存的蜂蜜，浓度都在 43 波美度左右，颜色偏深，为琥珀色，但蜜香味突出。

在考察中，笔者发现当地有三种蜂桶，有两种是大家都比较熟悉的，一是木头中空式圆桶，但数量较少。二是用厚木板（3.33 厘米以上）钉成的长方形蜂桶。三是本文接下来要介绍的树皮蜂桶。

老乡们说这种蜂桶是用一种叫橡皮树（青杠树）的树干上环剥下来的树皮，将数块树皮围成圆筒状，外用蔑箍箍定而成，同时里边也要用数道环形蔑箍支撑。然后圆桶两挡头用圆形木板遮挡，并糊以牛粪（图 3-32 和图 3-33），蜂桶外边的缝隙也要用新鲜牛粪糊严保温。蜂桶大小大致是直径 22～25 厘米，长度 60～80 厘米。

图 3-32 树皮蜂桶

图 3-33 树皮蜂桶的顶面观

笔者问老乡，剥皮后树会不会死？老乡说不会，老的树皮剥掉后还会再生。后来笔者在山里果然发现了这种剥了皮，仍然活着的树。老树的皮厚，有很深的纵裂纹，皮色灰白。剥去老皮后长出的树皮颜色发暗（灰黑色），表面较光滑，尚无纵裂纹（图3-34）。看上去此树属壳斗科，据说剥下来的树皮除制作蜂桶外，还可做烤胶。

这种桶的优点是桶身轻巧，便于村民们背到山上，放置在岩壁的显眼处收蜂。有蜂投住后，也可以很轻巧地背回家。

笔者跑了很多地方，也见过许多种传统蜂箱，但这种蜂桶还是第一次见到，且制作蜂桶时不需砍树，十分环保，故特做此报道。

图 3-34 被剥过的橡皮树(左、中)，树干下部黑色部分的树皮已被剥去

电动榨蜜榨蜡机

目前市面上在售的不锈钢榨蜡机均为手动式，使用费时费力，效率低下，榨得也不干净。这样的榨蜡机也可用于榨蜜，比如传统养蜂割下来的蜜脾，以及蜂蜜分销店将脾蜜、巢蜜现压现榨卖给顾客。

为了适应市场需要，提高工作效率及改善产品的卫生条件，笔者等特别研制了一款电动榨蜜榨蜡机，并已获专利（专利号：201821593481·1，专利持有人杨永中、徐祖荫）。

该设备可使用 220 伏的交流电，在不方便找电源的地方也可以使用蓄电池。该设备主要部件为不锈钢压榨机以及电动推杆。使用时，将需要压榨的物料用塑料纱网包扎后放入压榨机底部，加上挤压板。再在压榨机上部安置好电动推杆，接通电源，通过手中按钮控制推杆，使推杆下压，顶住挤压板，向下挤压，液体物料即通过塑料纱网溢出，通过压榨机下面的接盘汇入容器。然后调节按钮使推杆向上，再加物料，继续压榨。该推杆压力为 2 492 牛（合 300 千克），榨蜜、榨蜡都足够了。

图 3-35　贵州省台江县杜贤伟县长（右）正在品尝张德文（中）现场割下来的老桶脾蜜

2018 年 9 月 7 日，笔者等曾带该设备到贵州省台江县红阳村实际操作演示，养蜂户张德文当天到山场上割蜜后，带到村民委员会现场压榨，干部和村民看后都非常认可，觉得使用又方便，榨得又干净（图 3-35、图 3-36 和图 3-37）。2019 年 1 月 6 日，笔者又专程从贵州赶到云南省墨江县，拜会蜂群在那里春繁的新疆北屯市养蜂专业合作社的梁朝友，梁朝友看后也很认可（图 3-38 和图 3-39）。梁朝友生产的成熟蜜浓度相当高，很黏稠，用一般的摇蜜机很难将蜜摇干净，温度低时尤其如此。为此，笔者等还专门配套设计了一款成熟蜜恒温预热箱，当外界气

图 3-36　在台江县红阳村村委会演示电动榨蜜机

图 3-37　电动榨蜜机正在工作，有蜂蜜流出来

温较低时，可将封盖蜜脾放在恒温箱中，一次可放 9 张脾，温度自动控制在 45℃左右。待脾内蜂蜜温度上升后，再放到电动榨蜜机中将其压榨出来。

该设备价格不高，使用方便，可单卖（电动推杆），也可配套出售（包括压榨机、恒温箱）。有需要者，可联系杨永中，13398504035；梁朝友，13139798688 或 13199799886。

图 3-38　梁朝友（左）正在调试电动榨蜜榨蜡机

图 3-39　在梁朝友云南春繁场地的合影
（左 1 杨永中，左 2 徐祖荫，右边为梁朝友夫妇）

第四篇

蜂种保护及利用

试论中蜂在我国养蜂生产中的
地位和作用

我国养蜂生产中使用的两大蜂种，一是自国外引进、以意蜂为代表的西方蜜蜂；二是土生土长的中华蜜蜂，简称中蜂或土蜂。据有关部门统计，目前我国大约有 1 000 万群蜂，其中意蜂 600 万群，中蜂 400 万群。

最近 20 年来，随着我国国民经济的发展，人民生活水平的提高，"土蜂蜜"成了时尚货，消费者除自食外，包装精美的土蜂蜜还成了人们走亲访友的土特产和伴手礼。有些地方政府也正是看中了中蜂蜜的市场价值，所以"十三五"期间，许多地方都把养蜂列为农村脱贫攻坚的一个重要抓手，大力发展、推动中蜂养殖。就贵州省而言，有的一个乡引入上千群，一县引入上万群，使得贵州省的中蜂数量，较之 10 年前大约翻了一番。但是，由于有的地方蜜源条件差，技术准备不足，发展规模盲目托大，使许多地方养蜂扶贫项目都陷入了窘境。有些地方养蜂项目失败了；有些地方虽然发展起来了，所产的蜂蜜又不能为市场消化、吸收。造成这些问题的原因，主要是因为政府部门、生产者对中蜂在整个养蜂行业中的地位、现状及所处发展阶段认识不足，因此有必要在此认真加以阐述。

一、中蜂在我国蜂业界中的战略定位

养蜂是大农业中的一个重要组成部分，在讲养蜂之前先从大农业讲起。由于现代科学技术的进步，农业、畜牧品种的改良，工业对农业装备化程度的提高，经营环境的改变，经营理念的更新，以及市场多元化的细分与扩展，当下的农业已经与过去传统农业发生了很大的改变与区分，形成了不同的农业类型。例如，现代的农业可以划分为主体农业、特色农业、原生态农业、有机农业、观光旅游农业、立体循环农业、山地高效农业、订单农业、设施农业等。主体农业在国外的代表，如美国、加拿大、荷兰、巴西，农场规模大，机械化程度高，产品产量高，以生产大豆、玉米、小麦等作物和以出口为主，商品化率高，其收成好坏影响整个国际市场的定价，这些国家的农业，就叫做主体农业。我国东北、华北、江淮一带的玉米、稻谷、大豆、小麦主产区，也属于主体农业的范畴。贵州省山多山大，土地破碎、分散，难于使用大型机械，农业生产成本高，产量低，历来就是缺粮省，农民种地多以自给自足为主，所以贵州省的农业就不能叫做主体农业。

就养蜂这一行来说，也有主体和非主体之分。意蜂蜂群数多，不但蜂蜜产量高，还能生产蜂王浆、蜂胶、花粉、蜂毒、雄蜂蛹等。可以说，90%的蜂产品，以及近100%出口的产品都是意蜂生产的。因此，无论从提供产品的种类、产量和内外贸市场的占比，意蜂生产都是我国蜂产业的主体。当然在一些地区，如广西、广东、福建、海南等我国南方地区，中蜂数量、产蜜量会高一些，但从全国层面来说，这是一个不容置疑的事实。

尽管在产品品种、产量上比不过意蜂，但中蜂养殖在我国养蜂生产中，仍然占有不可忽视和独特的地位，这是中蜂的特性、生产环境所决定的，理由如下。

第一，中蜂主要分布在山区，善于采集零星蜜源形成产量，因此，可以在农村广大地区，尤其是山区，实行定地或定地加小转地饲养。不像意蜂对蜜源条件要求那么苛刻，需要长途转地、连续采集大面积蜜源来维持专业化生产。

第二，由于大量农村青壮年外出务工，现留在农村大多数是老人和妇女，养蜂不需要很强的体力，所以也适合残疾人饲养，养中蜂所需劳力比较符合当前农村的实际情况。

第三，意蜂实行专业化生产，技术要求高，常年转地又需要较强的劳动力，要取得显著的效益，还要求具有一定的生产规模。而中蜂生产的方式可繁可简，规模可大可小，灵活多样。兼业、小规模饲养，少的每户可养3~5群或10多群，作为副业生产或庭院经济，掌握技术后也可上一定规模。专业化饲养，规模大的也可养到200~300群。

第四，土蜂蜜有一定的市场需求，相对意蜂蜜而言，价位较高，能给饲养者带来比较好的经济效益。土蜂蜜生产在农村地区，农村地区购买蜂产品不如城市方便，生产出来的部分产品可就地消化，加上现在人们怕买到假蜜，因此更愿意购买看得见生产源头和生产者的蜂蜜，即使价格高一点也能接受。再说，中蜂蜜除少部分采自农作物外，绝大多数采自于山区的野花、野草，污染少，比较符合现代、绿色、天然的理念，产品能满足市场多样化、个性化的需要。

第五，在当前的扶贫工作，政府乡村振兴、同步小康战略中，具有特殊的意义。政府扶贫针对的是农村中的贫困户，而贫困户由于文化、技术水平差，经济底子薄，抗风险能力低，因此政府养蜂扶贫项目大多选择中蜂，而不是选择技术要求、投入高，风险系数大的意蜂，再加上中蜂为农作物、果树、植物授粉，生态价值巨大，尽管中蜂养殖不能作为主体蜂业，但可以把它定义为特色蜂业、（原）生态蜂业、有机蜂业、观光体闲蜂业、山地高效农业等。

比如特色蜂业，由于中蜂耐寒性好，在冬季可采野桂花、鸭脚木、刺五加（楤木）、枇杷蜜，还有各种各样的百花蜜，这些蜜种有异于意蜂生产的主要蜜种，也很有特点，这也正是中蜂蜜在市场上的卖点。因此，中蜂生产要围绕"名、特、优、稀"四个字做文章，要充分体现出自身的特点和优势。

又如有机蜜，中蜂病虫害少，尤其是传统养蜂不用药，基本不喂糖，大多采的是山上野花，生态、绿色、环保。因此，中蜂蜜除打绿色、生态牌以外，还可把中蜂蜜当做有机蜜来看待（喂过药、糖的除外）。

说到山地高效农业，只要蜜源条件好，有一定技术和规模，养中蜂年收入几万甚至十几万也是大有人在的。

至于结合山区旅游开发，把饲养中蜂作为观光、体验、休闲的项目，如湖北省神农架林区，北京市房山区，浙江省江山县、开化县，以及贵州省雷公山等都是比较好的例子。根据中蜂自身的特点和市场需求，中蜂生产要往这些方向靠，才有长期可持续发展的可能。

二、中蜂蜜的市场定位

中蜂蜜，也就是"土蜂蜜"，不同地区、不同品种的市场价在每千克80～200元，较之意蜂而言，中蜂蜜走的是中高端市场，属于中高档产品。

农产品的价位，多来自于产品的品牌。品牌形成的因素决定于产品的品种、不同的生产区域、不同的生产方式等，但都能够得到消费者的认可，就是缘于畜禽品种、饲养方式（如是否是土鸡或土猪，喂饲料或是喂粮食，圈养或是散养）、出栏周期和可供应量的不同。

中蜂（土蜂）本身就是一个品牌。中蜂多半养在生态条件好的山区，野生蜜源多，如果采用传统或半传统方式饲养，不用药，不喂糖，一年只取1～2次蜜，产蜜时间长，产量低，通常每桶只能割蜜1.5～2.5千克，大多在5千克以下，可以看做是绿色、有机产品，价格高一些消费者也是可以理解和接受的。

三、中蜂生产、经营方式的定位

我国当前中蜂生产主要有两种方式，一种是精细型；另一种是粗放型（也称为中蜂简易化饲养）。

这两种方式各有其优缺点。精细化管理，指的是现代活框养蜂，需要较高的技术，有一定的投入，管理精细，花的活路、精力比较多，但蜂群发展快。

粗放式管理是指按传统方式或改良后的半传统方式饲养，管理简单易行，投入较少，蜜源条件好的地方可以做到不喂糖，不打药，生产蜂蜜的质量好，市场认可度高，适宜走中高端市场。

决定饲养方式、规模有以下几个因素，即蜜源、技术、劳力、市场化程度、产业化程度。自身劳力较强、技术好、当地蜜源充足（或小转地饲养），自我销售能力强，商品化率程度高，饲养规模可大些。反之，饲养规模就要小一些。两种方式饲养规模都可大可小。少的每户养5～10群，多的可养百群左右（精细化），粗放式饲养甚至可养200～300群，据说韩国有一老人用格子箱养到1 000群。

中蜂主要利用零星蜜源，一地蜜源、载蜂量有限，又大多为定地饲养，所以中蜂饲养不宜太集中，一个点的规模不宜过大，要合理布局，分散放养。前面所讲一人能养200～300群（粗放型），并不是集中在一个地方，而大多分散在若干个点饲养。一个点大多放置几十群，一般不超过100群。放蜂点多选在蜜源条件较好的地方，与亲戚、朋友或农户合作，农户负责蜂群安全和扑打马蜂，养蜂户则负责提供投资和技术，所得蜂蜜按比例分成（一般为三七开，投资者占七成），这在很多地方都有成功的例子。

这次笔者到浙江省开化县讲学，听该县养蜂协会会长介绍，当地是山区，自身蜜源条件不错，全县有18万亩油菜，山上有野桂花、无患子、盐肤木、乌桕、枇杷，到周边及邻省还可采柑橘（江西）、枇杷（本省及安徽），因此采取精细化、规模化饲养，条件也是不错的。总之，每个地方、每个人的情况不同，饲养方式、规模一定要根据自身情况和所处条件来决定，不必强求一致。

意蜂和中蜂相比较，意蜂场生产的产品除部分直销外，大部分交给中间商或厂家，加工销售、出口，进入了地方或全国的产业链和流通体系，商品化率高，应该说意蜂生产已基本完成了产业化的进程。从中蜂目前的情况看，仍处于较原始的小农经济阶段，产品大多以自产自销为主。中蜂由于产品价位高，产品除少部分为商家零星收购外，大多数厂商难以接手，产销很难进入国内、国际大循环，一部分经营时间较长的蜂场，在经营过程中积累了人脉和客户，初步可以做到产销封闭式循环，但对于大多数养蜂户，尤其是近几年通过扶贫项目的养蜂户来说，尚难顺畅地进入更大的市场。要想将中蜂养殖真正成为高效农业，当然应该与市场高度接轨，因此对于将中蜂定位为产业化、规模化发展的地方而言，当地政府就必须大力提升养殖户的饲养管理水平及组织化程度，实行规范化、标准化生产，认真考虑市场运作、品牌建设、产加销一体，最终实现产业化，以确保中蜂养殖能健康、可持续发展。

陈世骧与中华蜜蜂的种下分类

40多年前，笔者曾拜读过陈世骧先生《进化论与分类学》一文，对笔者从事昆虫和蜜蜂研究有极大的启发，受益匪浅。其实这篇文章，早在二三十年前笔者就想写，但几次想写，又数次搁笔。搁笔的原因是因为觉得手中所掌握的材料不足，难以写好这篇学习的体会。直到最近，由于收集到了一些新的材料，才重新提笔。当然，在触及主题之前，首先要介绍一下陈世骧这个人。

一、陈世骧其人其事

陈世骧（1905—1988）研究员，世界著名昆虫学家，进化分类学家。1928年毕业于复旦大学，1934年获法国巴黎大学博士学位，1934年回国工作，他曾以鞘翅目叶甲总科为主要研究对象，把叶甲总科三科分类，改进为6科，为国际同行所采用，他发表昆虫新种600多个，新属60多个。1934年其博士论文获法国昆虫学会1935年巴赛奖金（Prix Passat）。在其50多年的科研生涯中，共发表论著185篇、册。20世纪50年代开始研究物种问题、分类原理和进化规律。1975年总结了"又变又不变，又连续又间断"的物种概念，首次将物种概念、进化原理和特征分析，综合为进化分类学的一个理论体系，为分类学提供了新的理论概念和特征分析方法。1955年被聘为中国科学院院士，曾先后担任中国科学院昆虫研究所、中国科学院动物研究所所长、名誉所长。除大量的科研工作和所长工作外，他还兼任《中国动物志》编委会主任，《中国科学》编委，《昆虫学报》《动物分类学报》主编等，并曾担任过中国昆虫学会理事长、中国农学会副理事长、中国科学技术协会常务委员等职。

陈老一生著述等身，学术成就斐然。其中，他引入了"居群"的观点，提出了"又变又不变，又连续又间断"的物种概念。

物种"又变又不变"较好理解，凡从事与生物有关的人都知道生物遗传的保守性和变异性。遗传保守性保证了物种独立存在，遗传变异性导致了物种分化与进化。变是绝对的，不变是相对的。至于既连续又间断，陈老叙述道：进化是时间过程，又是空间过程；物种是时间产物，又是空间产物。物种的空间存在和空间结构，形成了种下分类的其中一个理论依据。因为每一个物种都有一定的生活习性，要求一定的居住场所。每一物种又占有一定的分布区域，但是，在它的分布区域内，有可能生存的场所与不能生存的场所彼此相互交替着。因此，每一物种都有一定的空间结构，在其分散的、不连续的居住场所或地点，形成大大小小的群体单元，称之为"居群"，亦可称之为种群。居群是指物种在一个居住点的群体。"居"字突出了物种的空间存在。例如，生活在池塘里的水蚤，每一个池塘里的同种个体组成居群。菜地里的猿叶虫，桔树上的大实蝇，也都在一定的菜地范围或橘林范围内形成居群。

　　不同种间有生殖隔离现象，所以种是生物的繁殖单元，居群则是种内的繁殖单元。同群的个体因经常相遇，所以成为实际的繁殖单元。群与群之间也可通过迁移杂交而实现基因交流。距离越远，交流的机会也越少，相距遥远的居群不可能直接交流（如华南虎与东北虎虽系同种，但在自然情况下，两者不可能相遇）。居群是分散的，又是联系的，所以说物种是由既连续又间断的居群所组成（图4-1）。

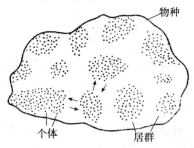

图 4-1　物种的群体结构示意（箭头表示群间交流）

　　从物种进化角度来说，物种是生物进化单元，居群是种内的分化单元。居群是变异的，正如个体变异一样，同种间的居群没有两个完全相同。在物种分布的范围内，不同地区的居群可以分化为不同的类型，成为地理亚种。种下分类的根据是种内的空间关系，是种与种之间又连续又间断的空间所呈现的地理分化，居群分化是物种分化的前奏。例如，家蝇和尖音库蚊在我国分布就各有两个亚种。分布在华北的尖音库蚊称淡色亚种（*Culex pipiens palleng*），在华南的成为乏倦亚种（*c. p. fatigans*），两者在北纬 30°一带相遇，产生中间类型。许多物种都有明显的地理分化，可以区分为不同的亚种（当然也包括我们的中华蜜蜂在内）。

二、中华蜜蜂种下分类的进展概况

　　中蜂是我国生产上应用的一个主要蜂种，总数约为 300 万群。中蜂又是一个广布型蜂种，除我国新疆以外都有分布。在这么大的一个地理范围内，由于气候、植被、地形等在不同分布区之间差异甚大，相互隔离的程度不一样，导致中蜂在形态、遗传结构和生物学特性等方面产生了不同的分化，因而形成了

不同的地理亚种或生态类型（图 4-2）

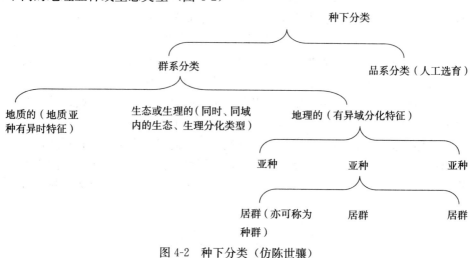

图 4-2 种下分类（仿陈世骧）

关于我国境内中蜂分布及种下分类，20 世纪 70 年代前虽有报道，但一直没有进行过深入系统的研究。为了充分开发利用我国的中蜂资源，1975—1981 年，由中国农业科学院蜜蜂研究所牵头，广东、广西、云南、贵州、四川、陕西、湖南、吉林、甘肃等省、自治区参加，组成了全国中蜂资源调查协作组，对全国中蜂资源状况进行了深入考察，先后调查了 1 000 多个点，测量了 220 个点的样品，获取了 10 万多个数据，将分布于我国境内的东方蜜蜂（即中蜂），分为 5 个亚种，9 个生态类型。2011 年，《中国畜禽遗传资源志·蜜蜂志》在此基础上，将分布于我国的东方蜜蜂，归纳为北方中蜂、华南中蜂、华中中蜂、云贵高原中蜂、长白山中蜂、海南中蜂、阿坝中蜂、滇南中蜂和西藏中蜂等 9 个生态类型，基本奠定了我国中蜂种下分类的基础，并得到学界的普遍认同。

近一二十年来，随着分子生物学的运用，以及不同学者多角度、多方位的进一步研究，许多研究成果都有力地支持了上述观点。例如，陈伟文（2013）、张祖芸等（2017）对中蜂 30 多个形态指标进行测定，均证实广东或广西的中蜂与云南不同地区的中蜂各为一个地理类群。曹联飞等（2017）通过对浙江省丽水市中蜂样本基于 wtDNA^{leu} coll 进行序列测定，共发现 20 个单倍型，其主体单倍型占 41.5%，与已报道的福建中蜂主体单倍型以及广州（中蜂）序列相同，支持丽水中蜂划为华南型中蜂。还有一些学者对长白山中蜂进行研究（王瑞武，1998；谭垦，2004；葛凤晨，2012），该型中蜂前翅外横脉中段常有一个小突起，肘脉指数 6.19，远高于国内其他地区的中蜂（3.5～4.17），对 DNA 的扩增片段长度多态性（AFLP）测试，少一个 EcoRL 位点。这些特征与朝鲜半岛、日本的东方蜜蜂接近，而与国内的其他中蜂不同，因此可以划分为一个独特的生态类型。

中蜂不同的地理类型，不仅在形态特征上及遗传信息上不尽相同，在生物学特性上也可得到进一步证实。例如笔者于 20 世纪 80 年代曾组织贵州省威宁中蜂（属云贵高原型）、湄潭中蜂、锦屏中蜂（属华中型）到第三地罗甸县春繁。罗甸县属贵州省低热地区，1 月平均气温 8.7℃。原产地海拔较低、早春气温较暖和的湄潭（3.8℃）、锦屏（5.3℃），1 月下旬中蜂就开始产卵，而原产地 2 400 米、早春气温较低（1 月平均气温 1.9℃）的威宁中蜂，蜂王开产期较前两个蜂种推迟约半个月。据 2 月 1 日调查，湄潭、锦屏中蜂有封盖子的蜂群数分别达到 100%、80%，而威宁中蜂尚未发现有封盖子。威宁中蜂因长期适应于原产地高寒、高海拔、早春回暖期和开花期较晚的生境条件，所以即使早春转移到气温较高的地区，蜂王也仍然保留着开产期较迟的遗传特性。2017 年，笔者又组织了国内不同地区的中蜂到贵阳地区试验，其间 7 月下旬至 8 月上旬出现 30℃左右的高温天气，来自高寒高海拔地区的威宁中蜂（云贵高原型）不耐热，蜂王停产，蜂群断子，并出现飞逃现象。而同期从广东省东莞市引来的中蜂（华南型）则表现出耐热的特性，蜂王产子依然很好，但其中一群蜂量达 5 框的蜂群出现王台，说明该蜂种不耐大群，完全符合华南型蜂种的种性特征。

三、"又变又不变，又连续又间断"的理论被充分印证

陈老虽未参加过中蜂分类工作，但其"又变又不变，又连续又间断"的理论在中蜂种下分类中，可以得到充分印证。

（一）不同地方的蜂种在形态特征、遗传信息上都有其各自的特点，在没有人为干预的自然情况下，这些特征是相对稳定的

自首次开展全国中蜂资源调查结果公布以来，不断有学者继续对其进行深入研究，尤其是近十多年来，无论是用形态特征鉴定的方法，还是利用现代分子生物学的手段，对不同地区中蜂开展有关研究，结果表明，不同地区的中蜂，即使是同一生态类型之间，都有其相对独立的特征（蒋滢，1997；王瑞武，1998；董霞等，2001；谭垦等，2002；姜玉锁等，2007；石巍等，2004；陈盛禄等，2004；苏松坤等，2004，吉挺等，2008，2009；陈晶等，2008；刘之光等，2008；沈飞英等，2008；丁桂玲等，2008，朱翔杰、周冰峰等，2011，周姝婧等，2012；徐新建等，2012；于增源等，2012，陈伟文等，2013；张祖芸等，2017；曹联飞等，2017）。得出上述结果并不让人感到意外，因为"同种间的居群，没有两个完全相同"（陈世骧，1977）。例如，曹联飞等

（2017）的工作表明，丽水中蜂其主体单倍型与已报道的福建中蜂主体单倍型及广州中蜂序列相同，虽然支持丽水中蜂划为华南中蜂，但丽水中蜂第二大单倍型分布频率与福建中蜂明显不同，并同时报道了两个新发现的单倍型，提示丽水中蜂还有其独特的遗传背景。

以上例证体现了陈老所说的种内居群在遗传特征上是有变化的。那么"不变"有没有例证呢？2006 年，在农业部组织全国进行第二次补充调查地方畜禽品种资源期间，贵州省品种改良站组织有关人员，对部分贵州中蜂再次进行了外形特征鉴定。尽管两次测定时间相隔 22 年（首次为 1984 年），并由不同的人操作，但前后两次所测结果，除雄蜂右前翅长有较大出入外（可能是由于前后两次测定时取样部位掌握不一致），其余指标均非常接近。说明不同地区的蜂种，在未受人为干预的情况下，其遗传特性又是相对稳定的。

遗传的稳定性是物种存在的前提，但是一旦受到人为重大干预，蜂种的遗体结构就会发生变化。例如，由于海岛隔离，使海南中蜂形成独特的地理亚种（或生态类型）。但是，由于商业利益驱使，近十多年来大量的大陆中蜂被卖到海南（相当于物种在空间上长途迁徙），大陆种群和海南种群发生基因交流，从而导致海南中蜂在遗体结构上发生了显著改变。赵文正、和绍禹（2017）通过对来自海南岛海口、屯昌、白沙、万宁的中蜂标本，分别用线粒体 DNA 和微卫星 DNA 两种分子标记进行群体检测，从 4 个样点的样本中共检出了 22 种单倍型，经与大陆蜂种对比，其中 5 种属于大陆典型的单倍型（CH），其中 17 种属海南亚种单倍型（NH），两者之间存在较大的遗传差距，其中引种数量较多的海口、屯昌两地同时含有两个蜂种的单倍型，且大陆单倍型（CH）已在种群组成中占有相当大的比例（海口 53.3%，屯昌 46.7%），而白沙、万宁则尚未检测到 CH 单倍型。表明人为从大陆引种已在海口、屯昌发展到相当大的群体数量，并与当地蜂种杂交，基因交流，以致当地蜂种基因变异。

（二）不同地区的中蜂，其形态特征（数量性状）的变化是既连续又间断的

陈老在其论文中谈到，分类学的中心工作，在于研究生物连续性发展过程中的间断，种间有间断性，种下和种上类型之间也有间断性，但这三方面的性质是不同的（种下间断为"半间"，种间间断为"基间"，种上间断为"远间"）。陈老引用迈尔的简图（图 4-3）用以说明物种通过地理分化，形成新种的几个主要阶段。图 4-3 中 A 代表一个广布的、未曾分化的物种，图中 B 代表已经分化为不同地理亚种的阶段（既有间断又相连），图中 C 表示已经分裂为不同物种的阶段。从图 4-3 B、C 中我们可以看到亚种间与物种间两种不

同性质的间断，所以种下类型是物种的间断形式，它是较次级的间断（而不是明确的间断），因此亚种之间经常会出现一些中间的过渡类型。

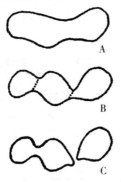

图 4-3　物种分化形成的几个阶段（仿 Mayr）

　　从贵州省中蜂资源调查的情况看，发现同一生态类型之间，其形态特征（数量性状）的变化呈连续、渐变的形式，而不是呈杂乱无章，跳跃式的变化。但在不同的生态类型之间，其形态特征会出现较为明显的分化，具有一定的间断性质（即"半间"），这印证了陈老的论断。

　　20 世纪 80 年代中期，为配合全国中蜂资源调查，贵州省也开展了全省中蜂资源调查，在全省 84 个县市中，选取有代表性的 40 个县市，共 42 个取样点调查取样，占全省县市数的 50% 左右。不但取样点多，且分布均匀，代表性强。所测定的样本数也很大，每点测工蜂 150 只，部分地区加测雄蜂 30 只。根据测定的结果，贵州省中蜂基本可划为两个生态类型，即分布于海拔 1 600～2 400 米、高海拔冷凉地区（包括毕节市、六盘水市的大部分地区）的云贵高原型，贵州省其余大部分地区（海拔在 300～1 000 米）则为华中型蜂种。这两个生态类型之间有一定的过渡地带。例如，以吻长为例（表 4-1），在华中型中蜂分布的各个地区之间，其数值波动范围很小，在 5.145～5.189 毫米（变异系数 $CV=0.74\%$），呈一定规律的连续渐变状态[*]，但毕节地区中蜂吻长平均值为 5.245 毫米，明显高于华中型中蜂。再如表示蜂种体色的 3＋4 背板黑区比例（%），贵州省大部分地区（华中型）波动在 31.1%～34.5%（变异系数 $CV=23.33\%$），数值较低且波幅不大。而毕节地区中蜂这一数值则达到 49.37%，明显高于其他地区，所以该地区中蜂体色明显偏黑，而其他

──────────

　　* 根据最近福建农林大学周姝婧、朱翔杰等（2017）研究，通过形态标记、微卫星标记测定，也发现在秦巴山区（大致在华中型中蜂分布的范围内）的中蜂存在分化不明显、同质性较高、呈渐变的情况。其遗传分化系数 Fst 为 0.002～0.037，遗传距离 da 为 0.029～0.215，基因流参数 Nm 为 6.51～124.75。

地区体色偏黄。贵州省不同地区的华中型中蜂右前翅宽波幅不大，波动在3.036～3.084毫米（变异系数 $CV=0.68\%$），毕节地区的中蜂为3.643毫米，其右前翅宽也明显高于其他中蜂。这个例子充分说明了种下分类其数量性状变化呈既连续、又间断的特性。

表4-1　贵州不同地区中蜂（工蜂）部分形态指标的平均值

采样地点		吻长（毫米）	3+4背板黑区比例（%）	右前翅宽（毫米）
组别	县市			
铜仁	5县市	5.180	34.485	3.036
遵义	8县市	5.189	34.423	3.084
贵阳	4县市	5.180	33.655	3.080
黔东南	7县市	5.177	32.107	3.079
黔南	6县市	5.155	31.140	3.059
黔西南	6县市	5.145	41.370	3.067
毕节	4县市	5.245	49.370	3.643

国内有学者（莊德安，1989）虽亦承认种内数量性状变异呈连续状态，但由于取样点少，样本数量不足，以及定种依据所测定的指标过少（肘脉a、b段及角J10、B4），以致在划分地理亚种时呈现出不连续，亚种内分布跳跃、地域混乱的情况。例如，在其划分的8个亚种中，将我国西北地区的甘肃天水、陕西咸阳，南方的海南、广东（惠莱），东部的江苏（海门），中部河南（波县），西南地区贵州（锦屏、雷公山）的中蜂划为同一个亚种（华夏亚种）；而将贵州毕节、福建南靖、山东泰山、浙江诸暨、四川南江划为毕节亚种。这显然是与种下分类既连续、又间断的科学论断以及实际情况相违背的。

四、结束语

陈世骧先生是我国著名的昆虫学家和分类学家，他的理论在当年笔者从事中蜂资源调查的工作中，起到了重大的指导作用。即使在中蜂资源调查取得成果并深入开展研究的今天，重温陈老的著述仍倍感亲切。

陈老说过："分类学是由生活和生产实践的要求而产生，为生活和生产实践的目的服务。"在过去中蜂种下分类取得初步成就的基础上，我国众多学者现仍孜孜以求，继续探索形态鉴定时科学取样、关键指标选取和分析归纳的最佳方法（朱翔杰等，2011）；利用分子生物学手段，揭示种下分类及其遗传变化规律，验证、补充已有成果；以及深入开展不同生态类型中蜂生物学特性研究，发掘不同地方蜂种的优良特性，以便为加强中蜂资源的保护利用，提供正确的理论依据。相信随着这些工作进一步深入开展，一定会使中蜂在我国今后的养蜂生产中，发挥出更大的作用。

不同生态类型中蜂异地饲养观察试验

——以华南、阿坝、云贵高原、华中型中蜂及双色王为例

中蜂是我国养蜂生产中使用的主要蜂种之一。关于中蜂种下分类，近40年来，无论从形态学还是分子生物学，国内学者都做了大量工作，至今已认定分为9大类型（海南、滇南、华南、西藏、华中、云贵高原、北方、阿坝和长白山中蜂），并收入《中国畜禽资源品种志——蜜蜂志》内。关于这些生态类型的主要生物学特性，在进行蜂种资源调查时，也做过一定的调查和描述。但与外形特征及分子生物学鉴定相比，中蜂不同生态类型的生物学特性、生产性能的研究报道至今仍寥寥无几，满足不了生产上的需求。

笔者30多年前，在配合全国中蜂资源调查时，曾对分布在贵州省的两个中蜂主要生态类型（华中型、云贵高原型）和三个地方蜂种（威宁、锦屏、湄潭中蜂，前者属云贵高原型，后两者属华中型）进行过异地观察试验，也曾经自福建农林大学引种到贵州观察，并做过相应的报道。初步表明，不同生态类型之间，其主要生物学特性也有很大的差异。

近些年来随着中蜂饲养的兴起，贵州省各地自省外引了不少地方的蜂种饲养，如福建、两广、四川、浙江、湖南、云南等。国内其他地区也大致如此。在没有充分、全面了解各生态类型生物学特性、生产性能的前提下，无序引种，不仅会导致品种混杂，而且会还会导致某些地方品种生产能力下降。

为了有效开发、利用各地中蜂品种资源，对地方品种进行提纯复壮，或有目的地进行不同地方品系间的杂交。自2017年6月开始，笔者等分别自原产地引进了4个有代表性的蜂种，与本地蜂种（华中型）一起，在贵州省开阳县进行了异地饲养试验，现将观察的初步结果报道如下。

一、参试品系及试验方法

2017年6月，笔者等分别自四川马尔康阿坝中蜂种蜂场、贵州威宁县石

门乡、广东佛山、广东东莞分别引进了阿坝中蜂、威宁中蜂（属典型的云贵高原型）、华南中蜂（从广东佛山以笼蜂形式购入）、双色杂交种（自广东东莞引进）蜂王各 3 只，加上本地蜂种（属华中型）共 5 个品系在贵州省开阳画马崖野生蜜蜂养殖场南江基地定地饲养观察。引种时间大致在 6 月，由于来种地方不一，引种蜂王途中死亡、补寄等原因，组群参试的时间先后略有差异。

每品系参试蜂群各 3 群，起步群势均为 3 框足蜂。每隔 12 天调查测定子脾一次。调查时用钢卷尺量取子圈的长度和宽度（根据情况，适当调整量取的长度，折合成长方形计算子圈面积），并且目测估计封盖子的密实度（封盖子占子圈面积的百分比）和实际蜂量。然后通过以下公式计算。

封盖子数（个）＝子圈长×宽（厘米）×100/19.36×封盖子密实度，计算出封盖子数［其中 100/19.36 表示（4.4×4.4）厘米^2 面积内有 100 个巢房］，试验期间，同时注意观察记录蜂群分蜂、起造王台、灭台、疾病发生、取蜜、补饲等情况。

二、不同生态类型蜂种原产地气候、蜜源基本情况

不同生态类型的蜂种由于几千万年来长期生活在不同的地域，其所处地区的海拔、气候、蜜源情况均不相同，甚至有极大的差异，因此其蜂种的生物学特性也必然与此相关。

笔者等引进的两个华南型中蜂（其中双色王为杂交种）均来自于广东（佛山和东莞），地处潮汕平原，气候属南亚热带气候区，年平均气温较高，18℃左右。冬春气候温暖，夏季气候炎热，最热时白天气温会达到 35℃ 以上。其主要蜜源有 3—4 月的龙眼、荔枝，5—6 月的乌桕，12 月的枧（野桂花）、鸭脚木、枇杷。另有桉树、南洋楹、盐肤木、鬼针草、千里光、野菊花等辅助蜜粉源，7、8、9 三个月许多地方为缺蜜越夏期。

阿坝中蜂引自四川阿坝州马尔康市国家级阿坝中蜂保种场。该地海拔2 600 米，年平均气温 8～9℃，属高寒高海拔地区，蜂群越冬期长，昼夜温差大。当地一般 2 月蜂王开始恢复产卵繁殖，清明前后分蜂，主要产蜜期为 5 月 10 日至 6 月 20 日，非常短暂。主要蜜源为各种山花、三颗针等。国庆节前即应备足越冬饲料。越冬蜂群势下降率为 30% 左右。

云贵高原中蜂引自贵州省威宁县石门乡，该地位于滇黔边界，属乌蒙山区，平均海拔 2 000 米，该蜂种最高分布为 2 750 米。年平均气温不足 10℃，气候冷凉高寒。2017 年 3—5 月，笔者先后 3 次赴该乡考察。每次去清晨、傍晚均雨雾迷茫，气候十分恶劣。主要农作物有玉米、土豆，主要蜜源有地红子、三颗针、漆树，另有少量盐肤木、多种蔷薇科野花、野藿香、金丝梅等辅

助蜜粉源。清明前后分蜂,生产期 6 月中旬至 7 月。越冬期长,一般传统方式取蜜割一半取一半,才能基本保证蜂群安全越冬。

贵阳本地蜂种属华中生态型。主产地平均海拔 1 000 米左右,年均温 14.5~16℃,属北亚热带湿润气候区,四季分明,夏季气候凉爽,仅 7 月下旬至 8 月上中旬有一时段,中午气温会超过 30℃,但早晚凉快。冬季最低气温一般不会低于-4℃。主要蜜源早春有油菜,夏季有乌桕、荆条(6 月下旬至 8 月上中旬),8 月下旬至 9 月上旬有楤木、盐肤木。11 月下旬至翌年 1 月有少量枇杷,但枇杷花期易受寒潮影响,流蜜不太稳定。其他辅助蜜粉源较多,有乌蔹莓、乌泡、多种蔷薇科野花、千里光、野菊花、金丝梅等。其气温较阿坝、威宁暖和而没有广东那么炎热。

三、试验结果与分析

本次试验地点安排在贵阳市开阳县南江峡谷风景区内,试验地点的基本情况如前所述,当地主要蜜源为盐肤木、枇杷,缺乏乌桕,荆条。

(一)不同蜂种封盖子数量及群势变化

从图 4-4 中可见,不论从何处引进的蜂种,其群内封盖子的数量都与外界

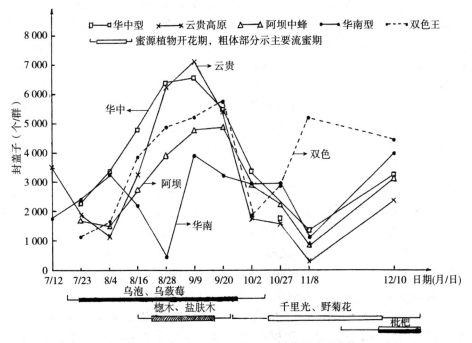

图 4-4　中蜂不同生态类型异地饲养封盖子曲线

蜜源的流蜜量及补饲的情况密切相关。各蜂种蜂王产卵及封盖子数量的变化趋势基本相同，每个蜂种的产卵高峰期均出现在8月16日至9月20日椶木、盐肤大流蜜期间。9月下旬至10月上旬，贵州省有一段低温阴雨天气（每年都有），蜂王产卵随之下降。此后随着补饲以及11月中下旬枇杷开始开花流蜜，各蜂种产卵量又开始逐渐有所回升。

以单次产卵量最高的情况看，产卵量占前三位的分别是云贵高原中蜂（即威宁蜂，后同，高峰出现在9月9日，群均封盖子7 133个，蜂王日均产卵594粒）、华中型中蜂（即本地蜂，后同，高峰出现在8月28日，群均封盖子6 477个，蜂王日均产卵509粒）、双色王（高峰出现在9月20日，群均封盖子5 791个，蜂王日均产卵482.5粒）。其次是阿坝中蜂，高峰出现在9月20日，群均封盖4 905个，蜂王日均产卵408.7粒。最差的是华南中蜂，高峰出现在9月9日，群均封盖子3 940粒，蜂王日均产卵328.7粒。另从育虫节律来看，以所记录的最低产卵和最产卵量作比较，威宁中蜂达到24.4倍，阿坝中蜂达到5.8倍，而华南中蜂和双色王仅分别为3.2和1.9倍，说明威宁中蜂、阿坝中蜂育虫节律较陡，这种特性是与其生活在高寒地区，能利用短暂的大流蜜期突击采集、贮备足够多的蜂蜜越冬的特点是相适应的。

从蜂群的群势看，7月下旬组织试验时各蜂种的起步群势均为3框或3框多一些。此后随着养殖时间延长，群势逐渐上升。其中群势最强的为本地华中型中蜂，10月27日群均群势7.3框，到2018年1月2日本试验最后一次调查时为6.3框。威宁（云贵高原）中蜂9月20日平均群势达6.6框，列第二位，2018年1月2日为5.3框，但在8月28日、9月9日蜂量分别在5.6框、6.5框时曾发生过分蜂热，采取灭台措施后即解除。阿坝中蜂最高群势出现在10月2日，6框足蜂，2018年1月2日降为4.3框。来自广东的双色王最高群势出现在10月2日、11月8日、12月10日，均为6框足蜂，但分别在9月9日（当时为5框蜂量），11月8日和12月10日（当时为6框）出现过分蜂热，12月中旬巢脾下部还有大量的雄蜂脾出现，其他蜂种此时则没有雄蜂脾；2018年1月2日平均群势5框。表现最差的是华南中蜂，从8月4日至12月10日均连续闹分蜂热，出现分蜂热的群势为3～4框；2018年1月2日本试验最后一次调查时平均群势为3.8框。特别突出的是8月4日，其中一群蜂发生分蜂，收回老王后十多天（群势2框）又再次发生第二次分蜂，表现出好分蜂、不耐大群的习性。双色王维持群势的能力较华南中蜂稍强，4～6框会产生分蜂热。能维持大群的是本地华中型、阿坝中蜂和威宁中蜂，据原产地反映，这几个蜂种最大群势都能达到12框以上，甚至达到15～16框（表4-2）。

表4-2　中蜂不同生态类型异地饲养观察试验（贵阳，2017—2018）

不同日期（月/日）群均封盖子（个）

蜂种	7/12	7/23	8/4	8/16	8/28	9/9	9/20	10/2	10/27	11/8	12/10
华南中蜂	1 755	2 415	* 3 391	2 236	*** 460	*** 3 940	*** 3 203	*** 2 934	*** 2 960	*** 1 108	*** 3 997
双色王	—	1 158	1 682	3 889	*** 4 903	*** 5 250	*** 5 791	1 887	*** 2 920	*** 5 226	*** 4 469
阿坝中蜂	—	1 736	1 528	2 747	3 938	4 803	* 4 905	2 905	2 271	845	3 203
威宁中蜂（云贵高原型）	3 528	1 892	1 143	3 284	** 6 281	** 7 133	5 433	2 255	1 585	292	2 360
贵阳本地中蜂（华中型）	—	2 334	3 404	4 832	6 477	6 108	** 5 460	3 411	2 293	1 888	3 228

不同日期（月/日）群均蜂量（足框）

蜂种	7/12	7/23	8/4	8/16	8/28	9/9	9/20	10/2	10/27	11/8	12/10	1/2
华南中蜂		3.0	3.3	4.0	3.6	3.3	3.0	4.3	3.3	3.3	2.3	3.8
双色王				3.0	4.0	5.0	5.0	5.0	5.3	6.0	6.0	5.0
阿坝中蜂			3.0	3.6	4.6	5.0	5.3	6.0	5.3	5.0	3.7	4.3
威宁中蜂（云贵高原型）		3.3	4.3	5.0	5.6	6.5	6.6	6.0	6.3	6.0	4.7	5.3
贵阳本地中蜂（华中型）		3.2	4.0	4.6	6.0	5.6	6.6	7.0	7.3	6.6	4.7	6.3

注：1．表中标＊者表示出现王台的蜂群数，标注越多蜂群数越多。

2．由于双色王耗糖量大，11月饲养员看到缺蜜，担心饿死蜂群，未经允许就自给私自给双色王群喂了2次糖（每群2千克），造成双色王封盖子数和群势反常增加，并在12月上中旬出现大量雄蜂脾，出现分蜂热。

3．本试验最后一次调查为2018年1月2日。因天气原因，气温低，不便测量封盖子，只调查了群势。

（二）不同生态类型中蜂产子育虫对气候、蜜源、季节变化的反应

威宁中蜂、阿坝中蜂因来自于高寒高海拔地区，因此耐热性较差。试验场地在 7 月下旬至 8 月上旬有一段时间出现高温天气，白天最高气温达到 30～33℃，所有威宁中蜂在此期间都曾经断过子，并有一群蜂曾发生过飞逃。阿坝中蜂在高温期也曾发生过断子现象。不同生态类型的蜂种，不但在形态特征上有遗传的保守性，而且在生物学特性上，也表现出遗传的保守性。在我们还未从事本项试验之前，想象中来自热区的蜂种耐热怕冷，到冬季比原产地寒冷的地区，产卵量肯定会比耐寒的蜂种少；而来自高寒地区的蜂种抗寒，到比原产地冬季暖和的地区，产卵量肯定会较热区来的蜂种好，但事实却并非如此。

本地华中型中蜂、威宁中蜂、阿坝中蜂在冬季到来时，对外界的环境条件都很敏感，10 月国庆节以后，由于气温递降，这三种蜂的产子力都明显下降，即使在 11 至 12 月的枇杷花期，其蜂王的产子数量也均低于来自于广东的华南中蜂和双色王（双色王的系谱不清，据说是越南的黄色蜂种与北方中蜂杂交的结果）。分析其原因，大概是因为这三个蜂种，尤其是威宁中蜂和阿坝中蜂，原产地此时的气温极低，蜂群已进入越冬状态，冬季会断子，如此时仍大量产子，会大量消耗饲料，不利度过漫长的冬季；到异地后，蜂王产子仍然相对较少，且贮蜜量显著高于其他两个蜂热区来的蜂种。而华南中蜂、双色王（其中有热区蜂种的血缘）则因来自于南亚热带地区，原产地冬季气候温暖，越冬期很短，冬季几乎不会自然断子，尤其进入 12 月，原产地蜜源丰富，有枰、鸭脚木、枇杷等主要蜜源流蜜，为当地主要蜂蜜生产期，因此即使搬迁到异地，蜂王对季节、气温变化也仍然不十分敏感，只要此时外界仍有蜜源，或对其进行补饲，蜂王产卵仍旧会维持在较高的产卵水平，消耗大而贮蜜量少。因此，不同的生态类型在冬季的这种表现，是与原产地的气候、蜜源条件密切相关的。

这种生物学上的保守性，早在 30 多年前，贵州省进行中蜂资源调查时，笔者就曾经做过类似的报道。例如，1984 年，笔者曾将贵州省威宁中蜂（属云贵高原型）、锦屏、湄潭中蜂（属华中型）放到低热地区罗甸（年均温 18℃，1 月气温 8.7℃）同场饲养观察，早春蜂王开产期，威宁中蜂较其他两个蜂种约推迟半个月左右。其原因就是威宁中蜂原产地 1 月、2 月的气温低（分别为 1.9℃、3.7℃），蜂王开产期较迟。即使将蜂群搬迁到早春气候温暖的地区，该蜂种仍然保持开产期较迟的特性，其实这种生物学特性上的保守性，对于不同地区的蜂种适应当地的物候和物种的延续都是十分有利的。

四、产蜜量及饲料消耗量

试验观察场地有两个主要流蜜期，一是 8 月下旬至 9 月上旬的盐肤木花期；二是 2017 年 11 月下旬至 2018 年 1 月下旬的枇杷花期，各品系在两个花期的产蜜量见表 4-3。

盐肤木花期产蜜量从高到低依次为阿坝中蜂＞本地中蜂＞威宁中蜂＞华南中蜂＞双色王。阿坝中蜂、本地中蜂、威宁中蜂之间产蜜量接近，其产蜜量分别为双色王的 1.76 倍、1.74 倍和 1.44 倍。枇杷花期本地华中型中蜂三次群均取蜜 38.24 斤，与威宁（云贵高原型）中蜂 33.27 斤接近，两者差异不显著，但显著高于阿坝中蜂（19.60 斤）。华南中蜂此期仅产蜜 5.3 斤，双色王蜂群则不能取蜜。从前后两次花期总的取蜜情况看，本地（华中型）中蜂产蜜量（42.07 斤）略高于威宁（云贵高原型）中蜂（36.44 斤）。阿坝中蜂 23.47 斤，与上述两蜂种差异显著。华南中蜂、双色王产蜜量低，仅分别为 7.97 和 2.2 斤。据湖北荆门市养蜂员刘云反映，双色王特点与笔者的观察基本相似，繁殖力强，子特好，但大部分网友反映打不到蜜。在生产实践中，贵州省许多地方自福建、广西、广东引入蜂群后，也反映所引入的蜂群群势、产蜜量均不如本地中蜂。

通过本次试验可以看出，蜂种的抗寒特性看来并不表现在蜂王的产子性能上，而是表现在对冬蜜的采集能力上。据观察，当枇杷花期白天气温 8℃时，本地中蜂、威宁中蜂、阿坝中蜂出勤率明显高于双色王和华南中蜂，因此这也是这三个蜂种产蜜量高于热区来的两个蜂种其中一个重要的原因。

饲料消耗则相反，双色王因蜂王产子无节制，蜂王产子面积大，试验期间群均消耗饲料白糖 26 斤。华南中蜂次之，为 22 斤，其余三个蜂种饲料消耗低，仅为 6 斤。

五、抗病力及其他表现

本次试验期间，蜂群中曾经发生过中蜂囊状幼虫病。双色王抗病力最强，未发病，其余各蜂种均有蜂群发病，但经用药治疗或换脾等措施即痊愈。本地（华中型）中蜂抗病力较双色王和华南中蜂差，但稍好于威宁中蜂、阿坝中蜂。威宁中蜂、阿坝中蜂原产地均为无疫病区，没有外来蜂种进入该地，免疫力、抗病力差是可以理解的。

表4-3 中蜂不同生态类型异地观察产蜜量比较（开阳，2017—2018）

产蜜量（斤/群）

蜂种	盐肤木花期				枇杷花期				两花期合计
	1号群	2号群	3号群	$\bar{x}_1 \pm S$	1号群	2号群	3号群	$\bar{x} \pm S$	$\bar{x}_1 + \bar{x}_2 + \bar{x}_3 + \bar{x}_4$
华南中蜂	4.00	2.00	2.00	2.67±1.15	3.40	0.00	2.60	2.00±1.78	7.97
双色王	2.70	1.18	2.10	2.20±0.77	3.80	0.00	2.80	3.30±	2.20
					0.00	0.00	0.00	0.00±0.00	
					0.00	0.00	0.00	0.00±0.0	
阿坝中蜂	3.70	3.80	4.10	3.87±0.21	5.20	7.40	5.20	5.93±1.27	23.47
					5.45	7.20	5.55	6.07±0.98	
					7.75	9.60	5.46	7.60±2.07	
威宁中蜂（云高原型）	2.50	5.00	2.00	3.17±1.61	12.30	8.70	13.20	11.40±2.38	36.44
					9.20	10.90	10.10	10.07±0.85	
					12.40	15.70	7.30	11.80±4.23	
贵阳本地中蜂（华中型）	3.00	4.15	4.00	3.83±0.63	13.10	16.20	8.10	12.40±4.09	42.07
					11.82	18.10	7.00	12.31±5.57	
					12.80	19.50	8.30	13.53±5.46	

注：1. 试验期间共取蜜3次。盐肤木花期于2017年8月24日取蜜，取蜜浓度42波美度；第二次于2018年1月2日取蜜，取蜜浓度41.5波美度；双色王群的2号群不能取蜜。枇杷花期共取蜜3次；第一次于2017年12月23日取蜜，取蜜浓度40.5波美度；第二次于2018年1月29日取蜜，取蜜浓度41波美度；第三次均未取蜜。

2. 枇杷花期第一、二次打蜜，双色王群和华南中蜂上栏为第一次取枇杷蜜的数据，为 $\bar{x}_2$；中栏和上栏为第二次取枇杷蜜的数据，为 $\bar{x}_3$；下栏为第三次取枇杷蜜的数据，为 $\bar{x}_4$。

3. 表中枇杷花期一栏，每一蜂种上栏为第一次取枇杷蜜的数据，为 $\bar{x}_2$；中栏为第二次取枇杷蜜的数据，为 $\bar{x}_3$；下栏为第三次取枇杷蜜的数据，为 $\bar{x}_4$。

华南中蜂、双色王也有优点，两者耐热性均好，试验地点高温期不断子。华南中蜂定向力强，盗性弱，蜂群可整齐排列；抗病力弱于双色王但强于其他蜂种。双色王工蜂护子性好，提脾检查时蜂比较安静。但双色王攻击性较强（也有的饲养者反映性温驯，可能与制种时选用的不同黑色蜂种有关），特别爱招胡蜂，易受胡蜂攻击。另外，如使用 4.9 毫米房眼的巢脾，双色王群在巢脾上有间雄现象，会出现零星、分散的雄蜂巢房（巢房顶部发红）。威宁中蜂、阿坝中蜂护子性略差，当气温较高、提脾见光时，子脾上附着的工蜂会惊散。

六、结论与讨论

综上所述，就本次在贵州参试的五个蜂种而言，从最大群势、越冬前群势、蜂王最高产卵量、产蜜量，饲料消耗量等多方面考虑，占前三名的仍是本地（华中型）中蜂、威宁（云贵高原型）中蜂、阿坝中蜂。双色王在某些方面略优于华南中蜂。

华中型、云贵高原型、阿坝中蜂都是国内优良蜂种，这三种中蜂蜂王产卵力强，能维持大群，对环境适应能力较强，产蜜量高，饲料消耗少，但抗病力稍差。双色王产卵力、蜂群繁殖力强，子圈大而整齐，很少见虫，但蜂王产卵无节制，消耗饲料多，产蜜性能差，饲料报酬低（产蜜量：饲料量），优点是工蜂护子性强，抗病性好，维持群势方面略优于华南中蜂。湖北荆门市中蜂养殖者刘云也养有双色王，他认为双色王产蜜量低，不宜作生产群。华南中蜂耐热性好，但好分蜂，不耐大群，产蜜量也低。

通过五个蜂种异地观察试验，再次充分表明，不同生态类型的中蜂，在生物学特性上有比较明显的差异，而且生物学特性也与其形态特征一样，在一定程度上也具有遗传的保守性。不同生态类型具有某些不同的生物学特性，是与其长期生活、适应原产地气候、蜜源条件逐渐形成的，对原产地气候、蜜源的适应性最强。因此，在蜂种的选用上，笔者仍然主张饲养者在选用蜂种时，应尽量选用当地的蜂种，并开展本品种选育，改进某些缺点，充分挖掘当地蜂种的生产潜力，保护和利用好当地的中蜂资源，这也是此次不同生态类型异地饲养观察最主要的目的。对于当地蜂种种性确实不好的地区，应在保护好当地蜂种资源的基础上，有序、有目的地引入优良蜂种，开展杂交优势利用研究和生产比较试验，然后逐步推广，防止无序、盲目引种，导致当地蜂种混杂，优秀基因流失，以及重大流行性病害的发生。

不同生态类型中华蜜蜂工蜂体重及个体采集力的比较

中华蜜蜂是我国土生土长的蜂种，也是当地各种农作物和经济作物的主要传粉昆虫。关于中蜂蜂种的生物学分类，近 40 年来，无论从形态学还是分子生物学，国内学者都做了大量工作，并将中蜂划分为 9 大生态类型：海南、滇南、华南、西藏、华中、云贵高原、北方、阿坝和长白山中蜂，并收入《中国畜禽资源品种志——蜜蜂志》内。

贵州省境内中蜂主要包括华中生态型和云贵高原生态型。不同生态类型的蜂种由于几千万年来长期生活在不同的地域，其所处地区的海拔、气候、蜜源情况均不相同，甚至有极大的差异。随着近年来贵州蜂产业快速发展，贵州省从外省引进大量的中蜂蜂群，如福建、广西、广东、四川、浙江、湖南、云南等。在没有充分、全面了解各生态类型生物学特性、生产性能的前提下，无序引种，不仅会导致品种混杂，而且会还会导致某些地方品种生产能力下降。由于国内对不同生态型中蜂的生物学差异及其对不同生境的适应能力，缺乏大量的基础研究和生产实践经验，因此本研究工作以贵州省外不同生态型的中华蜜蜂为试验材料，与贵州省内两个不同生态型中蜂进行异地饲养对比试验，详细分析不同生态型中蜂在贵州省省内表现出的个体生物学差异及其生产能力，旨在为广大的养蜂工作者在生产实践中提供参考。

一、试验材料与方法

（一）试验材料

本试验从国内各地引进共计 5 个不同生态型的中蜂，包括：华南型中蜂、广东双色王、阿坝中蜂、云贵高原型中蜂、华中型中蜂。各生态型中蜂及其来源如表 4-4 所示。每一生态型中蜂购置 3 群，不同蜂群间初始群势相当，在同一地点进行统一的生产管理。试验地点为贵阳市开阳县南江大峡谷开阳画马崖野生蜜蜂养殖场。

表 4-4　试验材料及来源

类别	华南型中蜂	广东双色王	阿坝中蜂	云贵高原型中蜂	华中型中蜂
来源	广东省佛山市	广东省东莞市	四川省阿坝州马尔康市	贵州省威宁县	贵州省贵阳市

注：本研究使用的材料主要由徐祖荫等提供。

华南型中蜂及双色王（杂交种）均来自于广东（佛山和东莞），其来源地地处潮汕平原，气候属南亚热带气候区，年平均气温较高，为 18℃左右。阿坝中蜂引自四川阿坝州马尔康市国家级阿坝中蜂保种场。该地海拔 2 600 米，年平均气温 8～9℃，属高寒高海拔地区，蜂群越冬期长，昼夜温差大。云贵高原中蜂引自贵州省威宁县石门乡，该地位于滇黔边界，属乌蒙山区，平均海拔 2 000 米，该蜂种最高分布为 2 750 米。年平均气温不足 10℃，气候冷凉高寒。贵阳本地蜂种属华中生态型，主产地平均海拔 1 000 米左右，年均温 14.5～16℃，属北亚热带湿润气候区，四季分明，夏季气候凉爽。

（二）试验方法

1. 工蜂个体大小　从每个生态型中蜂的 3 群蜂群中，利用虫瓶直接从蜂脾上刮下工蜂，随即在隔离的屋内用棉球蘸取少量乙醚放入瓶中制作成毒瓶，短时间内杀死工蜂，并即刻在千分之一天平上称重。

2. 工蜂采集能力　于 2017 年 11 月下旬，贵阳市开阳县南江大峡谷枇杷繁花期，日照、气温适于枇杷花流蜜的中午 12：00 左右，利用虫瓶堵住蜂群巢门，收集出房的中蜂，在隔离的屋内用棉球蘸取少量乙醚放入瓶中制作成毒瓶，短时间内杀死工蜂，并即刻在千分之一天平上称重，为 M_1。半个小时后，将该蜂群巢门关闭，待回巢工蜂在巢门口聚集时，随即利用虫瓶直接从巢门口刮下工蜂，利用同样的方法称重，为 M_2。利用 M_2 和 M_1 的差值计算工蜂在大流蜜期的采集力。即：

$$工蜂采集能力 W = M_2 - M_1$$

（三）试验仪器

电子天平，型号：长协电子 Mini T-serries，东莞市南城长协电子制品厂销售。

（四）数据统计

试验均采用 SPSS 16.0 和 Microsoft Excel 2017 软件进行统计数据处理。统计分析方式：One-Way ANOVA；分析方法：LSD 最小显著性差异法。

二、试验结果

1. 工蜂体重　笔者针对每一种生态型中蜂，均收集了 50 个以上工蜂的体重数据，以保证数据的准确性。如图 4-5 所示，工蜂个体大小顺序为：阿坝中蜂＞广东双色王＞华中型中蜂＞云贵高原型中蜂＞华南型中蜂。阿坝中蜂工蜂的个体最大，工蜂平均体重为 0.128 克；华南型中蜂个体最小，工蜂平均体重为 0.092 克。各生态型中蜂个体平均重见图 4-5。

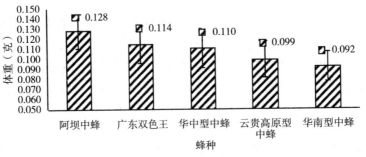

图 4-5　不同生态型中蜂的工蜂平均个体重

笔者利用 SPSS 16.0 对所有的数据进行了方差分析，以检验不同生态型中蜂的工蜂体重是否具有显著性差异，检验结果如表 4-5 所示。结果表明工蜂个体大小可分为三组：阿坝中蜂为第一组，工蜂体重显著高于其他生态型中蜂（$P < 0.01$）；广东双色王和华中型中蜂为第二组，工蜂体重次之，两者无显著性差异（$P > 0.01$）；云贵高原型中蜂和华南型中蜂为第三组，工蜂体重最小，两者无显著性差异（$P > 0.01$）。

表 4-5　不同生态型中蜂工蜂体重显著性分析

蜂种生态型	蜂种生态型	样本均值差	标准差	检验值	差异是否显著
阿坝中蜂	广东双色王	0.013*	0.003 5	0.00	是
	华南型中蜂	0.036*	0.003 4	0.00	是
	云贵高原型中蜂	0.027*	0.003 4	0.00	是
	华中型中蜂	0.017*	0.003 4	0.00	是
广东双色王	阿坝中蜂	−0.013*	0.003 5	0.00	是
	华中型中蜂	0.022*	0.003 4	0.00	是
	云贵高原型中蜂	0.015*	0.003 4	0.00	是
	华中型中蜂	0.004	0.003 4	0.21	否
华南型中蜂	阿坝中蜂	−0.036*	0.003 4	0.00	是
	广东双色王	−0.022*	0.003 4	0.00	是
	云贵高原型中蜂	−0.007	0.003 3	0.04	否
	华中型中蜂	−0.018*	0.003 3	0.00	是

蜂种生态型	蜂种生态型	样本均值差	标准差	检验值	差异是否显著
云贵高原型中蜂	阿坝中蜂	−0.029*	0.003 4	0.00	是
	广东双色王	−0.015*	0.003 4	0.00	是
	华南型中蜂	0.007	0.003 3	0.04	否
	华中型中蜂	−0.011*	0.003 3	0.00	是
华中型中蜂	阿坝中蜂	−0.017*	0.003 4	0.00	是
	广东双色王	−0.004	0.003 4	0.21	否
	华南型中蜂	0.018*	0.003 3	0.00	是
	云贵高原型中蜂	0.0117*	0.003 3	0.00	是

注：* 表示置信水平 0.99，不同生态型中蜂的工蜂个体存在显著性差异。

2. 工蜂采集力　笔者针对每一种生态型中蜂，同样收集了 50 个以上工蜂采集力数据。尽管华中型中蜂的个体不是最大的，但是其采集力是最高的，相当于阿坝中蜂、华南型中蜂、双色王的 2 倍；贵州另一个生态型中蜂云贵高原型中蜂采集力次之。工蜂个体最大的阿坝中蜂，在本试验蜂场所处环境条件下，其采集力虽然最低，但与华南型中蜂、双色王无显著差异。工蜂采集力大小顺序为：华中型中蜂＞云贵高原型中蜂＞华南型中蜂＞广东双色王＞阿坝中蜂，各蜂种在贵州枇杷花期个体采集力具体数值参见图 4-6。

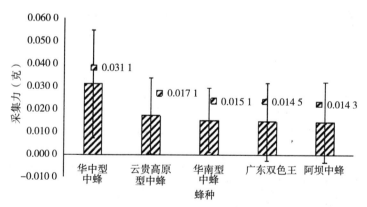

图 4-6　不同生态型中蜂的工蜂个体采集力

笔者同样利用 SPSS 16.0 对所有的数据进行了方差分析，以检验不同生态型中蜂的采集力是否具有显著性差异，检验结果如表 4-6 所示。结果表明华中型中蜂的工蜂采集力显著高于华南型中蜂、广东双色王和阿坝中蜂（$P <$ 0.05），但是和贵州省内另一生态型中蜂，即云贵高原型中蜂无显著性差异

（$P>0.05$）；华南型中蜂、广东双色王和阿坝中蜂之间的工蜂采集力无显著性差异（$P>0.05$）。

表 4-6 　不同生态型中蜂工蜂采集力显著性分析

蜂种生态型	蜂种生态型	样本均值差	标准差	检验值	差异是否显著
阿坝中蜂	广东双色王	−0.000 2	0.007 70	0.975 0	否
	华南型中蜂	−0.000 8	0.007 70	0.914 0	否
	云贵高原型中蜂	−0.002 8	0.007 70	0.715 0	否
	华中型中蜂	−0.016 84*	0.007 70	0.029 0	是
广东双色王	阿坝中蜂	0.000 2	0.007 70	0.975 0	否
	华南型中蜂	−0.000 6	0.007 63	0.938 0	否
	云贵高原型中蜂	−0.002 6	0.007 63	0.736 0	否
	华中型中蜂	−.016 60*	0.007 63	0.030 0	是
华南型中蜂	阿坝中蜂	0.000 8	0.007 70	0.914 0	否
	广东双色王	0.000 6	0.007 63	0.938 0	否
	云贵高原型中蜂	−0.002 0	0.007 63	0.795 0	否
	华中型中蜂	−.016 017 9*	0.007 63	0.037 0	是
云贵高原型中蜂	阿坝中蜂	0.002 8	0.007 70	0.715 0	否
	广东双色王	0.002 6	0.007 63	0.736 0	否
	华南型中蜂	0.002 0	0.007 63	0.795 0	否
	华中型中蜂	−0.014 0	0.007 63	0.067 0	否
华中型中蜂	阿坝中蜂	0.016 84*	0.007 70	0.029 0	是
	广东双色王	0.016 60*	0.007 63	0.030 0	是
	华南型中蜂	0.016 01*	0.007 63	0.037 0	是
	云贵高原型中蜂	0.014 0	0.007 63	0.067 0	否

注：＊表示置信水平 0.95，不同生态型中蜂的工蜂个体存在显著性差异。

三、结论

阿坝中蜂是国内中华蜜蜂的优秀品种，其工蜂体重显著高于其他生态型中蜂（$P<0.01$）；广东双色王和华中型中蜂的工蜂体重次之，两者无显著性差异（$P>0.01$）；云贵高原型中蜂和华南型中蜂为第三组，工蜂体重最小，两者无显著性差异（$P>0.01$）。

不同的生态型中蜂，在特定的生境环境条件下，其工蜂采集力与工蜂个体大小并不一定成正比。尽管华中型中蜂的工蜂个体不是最大的，但是其采集力是最高的；而工蜂个体最高的阿坝中蜂，在枇杷花期其工蜂采集力平均值是最低的，与广东双色王基本相同，略低于华南型中蜂，但三者间在贵州省枇杷花期个体采集力并无显著差异（$P > 0.05$）。华中型中蜂的工蜂采集力显著高于华南型中蜂、广东双色王和阿坝中蜂（$P < 0.05$），但是和贵州省内另一个生态型中蜂，即云贵高原型中蜂之间无显著性差异（$P > 0.05$）。

四、探讨

　　1. 参与试验的 5 个不同生态类型的中蜂，其工蜂个体重及采集力是不同的。从本次测定的结果看，阿坝中蜂工蜂个体最大，华南型中蜂个体最小，华中型、云贵高原型居中，这与全国中蜂资源调查时进行体尺测量的结果基本是一致的。

　　广东双色王杂交种个体也较大，其工蜂与华中型中蜂个体重基本接近，估计其中因有北方中蜂的血统在内，且又有一定的杂交优势。

　　2. 在本次试验中，不同蜂种工蜂的个体采集力，与笔者所作不同生态类型中蜂异地饲养试验中的实际产蜜量，有较为明显的因果关系（详见《不同生态类型中蜂异地饲养观察试验》一文）。例如，个体采集力最强的贵州华中型中蜂，其工蜂在贵州省枇杷花期个体采集力为阿坝、华南型中蜂及双色王的 2 倍，2017 年群均秋冬蜜产量为 42.07 斤。采集力第二的云贵高原型中蜂，产蜜量居第二位，同期群均产蜜量为 36.44 斤。而个体采集力较差的华南型中蜂及双色王仅分别产蜜 7.97 斤和 2.2 斤。两个试验的结果是可以互相佐证的。

　　阿坝中蜂在贵州省枇杷花期个体采集力的数据虽然最低，与华南型中蜂、双色王接近，三者间无显著差异，但秋冬产蜜量也不错，在五个蜂种中，同期产蜜量占第三（23.47 斤），远高于华南型中蜂和双色王，这可能在低温条件下，与蜂种的抗寒性、出勤率有关。遗憾的是，这方面缺乏具体的观察资料，还有待于今后补充、观察。

　　在一般情况下，由于工蜂个体采集力与蜂群的产蜜量有较高的关联度，提示在选种育种时，可以通过测定工蜂的个体采集力，并结合考察其产蜜量来选择种蜂群，以提高蜂群的生产能力。

　　3. 本次试验和我们所作《不同生态类型中蜂异地饲养观察试验》，再次充分表明，分布于贵州省的华中型中蜂、云贵高原型中蜂均为国内优良的中蜂蜂种，对当地蜜源、气候适应性强，耐寒性好，群势强，产蜜量高，是贵州省生产上首选的蜂种，而不应随意引入其他类型的蜂种。主管部门对此应加强监督管理，采取切实措施，在相应的分布地区，保护、推广和运用上述两个蜂种，并严格防止生产能力低劣的蜂种，以各种形式流入贵州省。

关于中蜂杂交优势利用问题的探讨

2017年年初，一位来自广东省惠州市大亚湾的蜂友希望笔者帮忙联系购买一只正宗的阿坝中蜂种王。这位蜂友叫刘关星，年养中蜂五六十群，他讲述了应用阿坝中蜂蜂王与华南型中蜂杂交后的种性表现和实际运用情况。2018年笔者又与他通过一次电话，再次详细询问了一些具体情况。

刘师傅有一个重庆的蜂友，前年自四川阿坝买了一群阿坝中蜂，与当地中蜂（华中型）杂交，他由此从重庆引了一只杂交一代王到广东，又用这只杂交一代王作母本育王，与当地蜂种（华南型）再次杂交。

杂交后代与当地华南型蜂种比较，采冬蜜（枧、鸭脚木等）期间，由于杂交种产蜜量高，出现蜜压子的现象。但过冬后群势下降较快，一般群势降为3框左右越冬，而本地蜂种产子较好，有4框蜂量越冬。广东冬季气温较高，一般蜂群都不断子，1月春繁，2月底即可分蜂。次年春季时因两蜂种的基础群势不同，早春繁蜂杂交种不如当地蜂种发蜂快。但到了3月底，杂交种达5~6框蜂后，繁殖速度就远超本地蜂种，一般群势可达6~8框。而本地华南型蜂种一般到了4~5框蜂就会闹分蜂热。广东夏季气温高，本地种耐热，夏季繁殖时杂交种又不如本地种。

当地的主要蜜源有3—4月的龙眼、荔枝，12月有枧（野桂花）、鸭脚木、枇杷等。从冬蜜的产量比较，本地蜂每群产蜜2.0~2.5千克，而杂交种每群平均产蜜5千克，是本地种的1倍左右。

从抗中囊病的情况看，本地蜂种一开始强于杂交种。发病期一般在早春和晚秋。刚引进杂交种时蜂群发病率大约在15%，经选育淘汰，杂交蜂群发病率可降低一半，已不高于本地蜂种。发病群一般通过关王断子、介绍王台、补子脾等方法，不用药即可自愈。

杂交种后代蜂群产蜜性能也有分化，有的繁殖性能很好，脾面上2/3为子脾，1/3为蜜脾。有的产蜜性能好，大流蜜期2/3脾面为蜜脾，其余为子脾，有蜜压子的现象。

由于不易购到阿坝原种王，原先引来的杂交一代王又已老化并失王，故刘师傅从杂交种里边挑选出表现优良的种群，打时间差，分别在2月、7月（本地蜂越夏期）本地蜂群还未产生雄蜂时，用杂交种先培育一批雄蜂，与处女王交尾。从目前来看，效果还可以。

从广东省惠州市刘师傅反映的情况看，由于华南型中蜂群势小，好分蜂，从外地引入耐大群、生产性能好、不同生态类型的中蜂与之杂交，其杂交优势是非常明显的。杂交种繁殖力强，群势大，产蜜量高，经选育，其后代也能提高抗病力，明显优于当地群势小、爱分蜂、繁殖力虽强但产蜜量低的本地（华南型）蜂种。

刘师傅属引种目标明确、正确利用杂交优势的例子。但目前在引种上出现的问题是很多地方到外地盲目引种，无序引种，甚至大量生产性能低劣的蜂种，通过商业买卖（特别是利用扶贫资金），倒流和入侵到生产性能优越蜂种的地区，对中蜂地方蜂种资源的保护十分不利。

为了保护优秀的地方蜂种资源，正确、有序引种，有效开展中蜂杂交优势利用，笔者的研究团队特提出如下建议。

一、本地中蜂资源的保护及地方良种的选育是杂交优势利用的基础

开展中蜂杂交优势利用，一定要更加强调本地中蜂资源的保护及地方良种的选育工作，这是夯实杂交优势利用的基础。当地中蜂最大的特点就是非常适应当地的蜜源、气候，这是首先应予肯定的。不同生态类型中蜂杂交后，会表现出一定的杂交优势，这是因为两个蜂种间亲缘关系较远，又有各自不同的特点。例如，前述华南型中蜂耐热性好，繁殖力和抗病性强，而阿坝中蜂及其后代耐大群，产蜜性能好，杂交后能体现出双方的优势，既能适应当地的气候和蜜源条件，又能提高产蜜量和养蜂经济效益。因此，强调保护地方品种资源，并在此基础上开展地方良种选育或提纯复壮，建立保种和良种繁育基地，显得更为必要。

二、目标明确，引种有序，开展杂交优势利用研究和和生产比较试验

随着近些年中蜂饲养热的兴起，目前，民间引进不同地方品种进行杂交的事例也越来越多。而国内相关院校、科研及管理部门对此则研究不多，远远落后于形势的发展。因此，有必要加强相关研究，积极引导。政府主管部门更要加强这方面的监管力度，防止无序、盲目引种，划定蜂种保护区，有效保护当地蜂种资源和防止重大流行性病害的引入和发生。

三、引种杂交，应主要考虑引入品系的主要生产性能是否优于本地蜂种

根据水桶的"短板原理"，引入杂交的蜂种，其主要生产性能及某些方面（如抗病性）应优于当地蜂种，而决不能让生产性能低劣的蜂种流入当地。如果引进主要生产性能不如当地品种的蜂种，以及作为杂交的素材，这样反而会成为"短板"，降低当地蜂群的生产能力。既不利于优良地方蜂种资源的保护，也不利于现实生产，这是开展中蜂杂交优势利用应当坚持的一个基本原则。

四、杂交优势利用，可以在不同的生态类型之间，或同一生态类型、不同地方品系之间进行

杂交优势的利用，不一定在不同的生态类型之间进行，也可以在同一生态类型、不同地方品系之间进行。我国地域辽阔，每一个生态类型分布的范围都很大。例如，分布于贵州省绝大部分地区的华中型中蜂，在湖南、湖北、重庆、四川、江西、浙江部分地区也均为其分布区。利用杂交优势，可以在不同省区，甚至同省不同地区之间交换或引入蜂种，因为每一个地区的蜂种在遗传及生物学特性上都具有一定的差异性，开展它们之间杂交优势利用，都有可能达到克服某些缺点，提高当地蜂群生活力、生产力的目的。

采集中蜂标本的几点体会

应福建农林大学蜂学学院周冰峰教授约请，2013 年 4 月中下旬至 5 月初，笔者陪周教授和他的两个学生，先后奔赴黔东南苗族侗族自治州的锦屏县、铜仁市的梵净山自然保护区（江口县、印江县）、遵义市正安县、赤水桫椤自然保护区、毕节市大方县、六盘水市盘县、黔西南州兴仁县、贵阳市白云区、开阳县等地采集中蜂标本，以备研究之用。

笔者等从贵州中部出发，围着贵州省边缘跑了一大圈。连续 16 天，马不停蹄地走了 4 300 千米，虽然一路风尘仆仆，但令人欣慰的是，基本上完成了预定的采样任务，同时通过这次经历，笔者本人也颇有些心得体会。

一、中蜂数量多少，与栖息地的生态环境、蜜源条件密切相关

在笔者所到的 10 个采样点中，除了大方县理化乡、盘县乐民镇以外，其余地方生态条件都非常好，山清水秀，林木繁茂，蜜粉源植物丰富，所以中蜂数量多，蜂场也容易养成一定规模，所以采样比较方便，能在较短的时间内，采足设定的样本数量（60 群）。而在生态条件较差的地方，采集蜂群样本就比较困难。这里采 3～5 群蜂的标本，然后跑很远的地方，再采 3～5 群。通常要跑若干个村寨，才能基本达到样本数量的要求。这些地方，百姓家的蜂群数量少，饲养管理落后，大多为旧法饲养。例如，大方县理化乡，石漠化严重，林木稀少。盘县乐民镇是个煤炭乡镇，青壮劳力大多外出务工或在矿区工作，家中通常只剩下一些老人。过去盘县地里种油菜，撒绿肥（即苕子，盘县曾是贵州省苕子蜜的重点产区），现除了地里种一些麦子外，油菜种得很少，根本不撒苕子，所以蜜源条件差。这两个地方，中蜂数量稀少，群势通常也不大。

而在开阳县境内，由于生态条件好，油菜种植面积大，养蜂条件优越，有经验的农户饲养的中蜂，群势都很旺。例如，该县大石板村的汪生福养蜂 60 多群，春季分蜂后，原群和分出群仍能达到 6～8 框蜂量。贵州工蜂的个体也比较大。福建农林大学的徐新建博士在开阳采样时，看见新造的赘脾房眼很大，起初以为是雄蜂脾，过后经过仔细辨认，才知道原来还是工蜂巢房。

二、旧法饲养的中蜂群，巢虫危害比较严重

笔者等采样的地方，发现采用旧法饲养的蜂群，巢虫危害比较严重，特别是不便于观察、打扫的老、旧、窄蜂桶。笔者在大方理化乡采样时，发现有一群老桶中的巢脾已被巢虫吃完。从蜂桶中取出来的巢虫茧衣（绝大部分已化蛹），约有 500 克重，据此推算，估计至少有巢虫五六百条，数量惊人。

箱体比较大的旧式蜂桶，如用木板订成的方形大箱，箱门可以随意打开，便于清扫、观察，生活在这些老式蜂桶中的蜂群，巢虫危害轻一些。

三、完整护脾是中蜂重要的生物学特性

笔者等在采样的过程中，在旧式蜂桶中，可以观察到不少中蜂自然蜂巢的情况，尤其在方形、体积较大的木板蜂箱中，观察得更清楚。

生活正常、自然结团的蜂群，工蜂一定是把巢脾包裹得非常严实的。而笔者发现有许多地方，尤其是饲养经验不足的蜂农，新法饲养的蜂群，往往脾多于蜂，工蜂护不住巢脾的两端；有的甚至在蜂箱中，比实际蜂量多放了 2～3 张巢脾，这就严重违背了中蜂的生物学特性。这也是一些蜂农饲养不好中蜂，

导致巢虫泛滥的重要原因。因此，中蜂饲养，必须保持蜂脾相称，尤其是在早春气温低、天气变化剧烈的蜂群繁殖期，一定要把蜂量打紧，使蜂多于脾，加强保温，才能保证蜂儿正常发育，不冻子，不伤蜂，蜂群健康发展。

四、两种值得推荐的中蜂箱

笔者等此行看到两种蜂箱，一种是水泥蜂箱。过去也有人做过水泥蜂箱，但做工粗糙。笔者此次在锦屏县大同乡看到欧必煜师傅做的水泥箱，做工精致，不重，可短距离移动。箱型完全仿制中蜂标准箱。箱身是整体浇铸成型，箱身与箱底接缝处用水泥勾缝糊严。

水泥箱的好处是夏季能保湿。另外欧师傅做的蜂箱没有箱缝，蜡蛾（巢虫成虫）不易产卵，这样可以减轻巢虫危害。

另外一种是梵净山区当地养蜂员改良的意蜂箱（郎式箱），方法很简单，就是把原来按蜂箱长度方向放巢脾（巢框上梁长 48.4 厘米），改为宽度方向放巢脾。巢脾上梁长度缩短为 38.7 厘米，高度不变。巢框上梁的宽度缩窄，但蜂箱的总容积没有改变。意标箱一般最多可放框 9 个脾，改良后，可放 11 个窄巢脾。巢脾的总有效面积相近。这种改良方法，与云南的云式中蜂箱（都是在郎式箱巢框的基础上将上、下框梁缩窄，高度不变）有相似之处。

安徽科技学院李位三教授在测量了云南、安徽大量的自然蜂巢后得出结论："中蜂自然巢脾的长度（顶部）与高度的比例为 1：（0.83～0.97）"。意标箱巢脾长度与高度比仅为 1：0.47。经上述将巢脾排列方向改变后，可以提高到 1：0.62。这样可能更接近自然巢脾的结构。另外，巢脾的宽度缩短后，蜂群结团就更接近于球形，子脾较集中，保温效果好，蜂群繁殖快，又便于初学养蜂者掌握蜂脾关系。在意标箱基础上改良，市面上配套的各种蜂机具，如摇蜜机、平面隔王板等都可以使用，不用另外设计、生产，这也是使用这种蜂箱的方便之处。

第五篇

蜂病防治

张用新和他的抗中囊病蜂种选育

中蜂囊状幼虫病（简称中囊病）是危害中蜂的一种毁灭性病害。该病流行迅速，危害严重，20世纪70年代曾在我国大部分地区暴发、蔓延，致蜂群损失过半。此后该病虽有所缓和，但在中蜂产区仍不时呈点、片发生，对中蜂生产的威胁极大。

由于目前国内对中囊病至今还没有一种有效药物，因此抗中囊病蜂种选育就成了防治中囊病唯一有效的途径。国内抗中囊病蜂种选育，福建农林大学和中国农业科学院蜜蜂研究所在20世纪八九十年代都曾经进行过，但因多种原因未能坚持下去。因此，张用新近十多年来开展抗中囊病蜂种的选育，对这项工作的持续开展和生产中运用，具有十分重要的意义。为此，2016年6月17—18日，笔者等一行三人到张用新蜂场参访学习，特报道于下。

一、张用新其人

张用新是福建省福州市上街镇厚美村人，现年70岁，从13岁开始接触养蜂，至今已经历了五十多个春秋。

张师傅家住福州市郊，闽江边上。这里除了水田之外，再有就是成千上万亩的荔枝、龙眼，小桥流水，稻浪翻滚，绿树成荫，花果飘香，环境相当优美。荔枝和龙眼均是优良的蜜源，当然也少不了蜜蜂，除了吸引外来蜂群采蜜外，当地村民自然而然也养起了蜜蜂。由于耳濡目染，张师傅从小就喜欢上了蜜蜂，并饲养了一两群，还常去蜂场帮忙，乘机偷师学艺。

待初中毕业，张师傅在父亲的安排下，学了一两年裁缝，尽管当时裁缝在农村是一个比较赚钱的行业，但他对养蜂仍情有独钟。不顾家庭反对，他用做裁缝积攒下来的100多元钱，再加上他母亲偷偷给他的200多元钱，买了13群中蜂饲养。凭借当地得天独厚的蜜源条件，就这样一边做裁缝，一边搞养蜂，收入相当不错。他当时一年的养蜂收入，可以相当于国家机关干部10个人一年的工资，着实令人羡慕。20世纪70年代中囊病暴发，张师傅的蜂群也未能幸免，因此又买意蜂饲养，但始终没有放弃过中蜂。20世纪80年代末期，由于受蜂王浆高价收购的诱惑（每千克230元），改养意蜂，到省外转地饲养跑了5年，此后又回到福州做了5年的蜂产品加工经营（兼定地饲养意蜂）。1998年后，随着福州城区扩大，张师傅家的花果之乡被高楼大厦所替代，蜜源条件变差，饲养意蜂连年亏本，于是 2002 年又重新养起了中蜂。2003 年与福建农林大学合作，在福州闽侯县芦里村建立了山区养蜂基地，成了福建农大的教学蜂场。张师傅养蜂技艺高超，该蜂场曾先后接待过中国农业部副部长；马来西亚农业部副部长；加拿大养蜂协会理事长和该国蜂刊总编辑，以及第一届海峡两岸养蜂学术交流会代表团成员。台湾大学何铠光教授看了他的蜂群后，不由得竖起了大拇指，对张用新说："张师傅，您真棒！"

二、再访张用新蜂场

笔者曾于 2013 年在福建农大周冰峰教授的引荐下，在福建莆田的枇杷场地与张师傅见过面，参观过他的蜂场。曾对他关注蜂种选育，华南型蜂种平均群势能够达到 7 框蜂，留下了十分深刻的印象，并做了相关报道。2016 年 6 月中旬，笔者接到张师傅的盛情邀请，又到他在山区的山乌桕场地参观考察。

该场地距福州市区约 30 千米，为丘陵山区。这里树木参天，修竹成林，泉瀑之声不绝于耳，山清水秀。当天因为下雨，山间云气缭绕，"雾漫山峦瘦，风引水声长"，恰如一幅绝妙的泼墨山水，恍似人间仙境。张师傅的蜂场就坐落在山半腰处。

次晨一早我们起床后，张师傅就带我们几个去看他的蜂群和周边的蜜源。近 200 群中蜂，除分散放置在房前屋后、楼上楼下之外，大多数放置在林间劈出的小道旁。沿着小路看过去，有各种各样的柃木（野桂花）、八叶五加、盐肤木，还有正在开花流蜜的山乌桕、猴耳环等，种类、数量都很多，蜜粉源十分丰富。2017 年山乌桕花期雨水多，有阵雨，甚至还有大暴雨，但中蜂十分勤奋，只要不是雷暴雨，中蜂仍能冒雨出勤采集。尽管前段时间大部分蜂群已经取过一次蜜，笔者查看蜂群时，巢房内又贮上了新鲜的蜂蜜，如果再有 2 天晴天，估计就可再打一次蜜。

张师傅非常大方地要笔者等随意打开他的蜂群看，并特意叮嘱要尽量多看。他的蜂群群势大多为 5～7 框，但蜂数相当密集，箱盖和隔板上还有附蜂。为了解他巢脾上的蜂数究竟有多厚，笔者等特意请张师傅对其蜂场有代表性的蜂群称重，结果是：5 框蜂群净重 2.25 千克；6 框群净重 2.65 千克，7 框群净重 3 千克；每个脾上的工蜂数量为 4 600～4 800 只。如果按蜂脾相称的方法（每框 3 000 只）排列的巢脾计算，他的 5、6、7 框蜂，应分别相当于平常的 8、9.5 和 10.8 框蜂。由于蜂量足，蜂数紧，再加上是大流蜜期，他采用的是 14～15 毫米的大蜂路。

看张师傅的蜂群，总的印象是强（群势强）、紧（蜂数紧）抗（抗中囊病），没有看到病蜂。张师傅和他的助手说："你们这次来时不巧，正值下雨天，工蜂出勤不多。如果天晴的话，全场工蜂出勤，可说是遮天蔽日；飞翔的轰鸣声很大，并不亚于一个大型的意蜂场。"

张师傅养蜂最大的规模曾经达到过 320 群，3 个人管理，中蜂脾均年产蜜量可达 6～8 千克，产蜜量很高。就在笔者这次参观后的两天张师傅又打了一次蜜，他特地称重了两群蜂的产蜜量，一个 7 框群打蜜 9.5 千克，一个 8 框群打蜜 12 千克（均为第二次在山乌桕场地取蜜）。就养中蜂来说，张师傅的饲养管理可以说是国内大师级的水平。

三、抗中囊病蜂种的选育

引进张师傅选育的抗中囊病蜂种，是笔者这次到张师傅蜂场参观考察的主要目的。

张师傅是一个做事非常严格认真的人，养蜂时特别注重蜂种的选育。在长期的养蜂生涯中，他对中蜂有着深刻的了解和特殊的感情。有两件事令他印象深刻。中囊病浩劫之后的 1976 年，他养意蜂 13 群，平均 12 框，共 156 框，山乌桕花期打蜜 65 千克，框均产 0.42 千克。中蜂 8 群，总共 25 框，同样也打蜜 65 千克，框均产 2.6 千克，中蜂产蜜量并不弱，是一个非常适合在山区饲养的优秀蜂种。1973 年中囊病大暴发，他的 22 群中蜂用什么药物、方法治疗都不行，只剩下 2～3 群。这样的情况持续到 1976 年，经过他不断淘汰选择，50 群蜂中已有 7～8 群能明显抗病，群势还能上升，这对他启发很大，看来通过选育，不但能提高蜂群的群势，同时也能提高蜂群抗中囊病的能力。为了进一步检验观察和提升蜂群抗中囊病的能力，近两年来，他在选出的种蜂群中接种有中囊病死幼虫的巢脾，从中再选出高抗中囊病的蜂群，继续作种群使用，从而加速抗病蜂种选育的进程，使蜂群抗中囊病的能力得以持续不断地提高。被接毒的蜂群即使发病，其病死幼虫的发病率也在千分之一以下，抗病能力相当突出。而周围的蜂场，仍然有不少蜂群在发病。

为解决中囊病防治的问题，20 世纪 80 年代，贵州省畜牧兽医研究所曾到福建农林大学引进当时龚一飞教授选育的抗中囊病蜂种，与贵州省易感蜂种杂交。试验结果表明，其杂交一、二代绝大部分蜂群都能抗病，其病死幼虫率能控制在 2% 以下。张师傅的工作再一次证明，通过蜂种选育可以有效地防治中囊病，他历经多年选育的抗中囊病品系，目前既可以作为珍贵的选育种素材，也可以通过与当地蜂种杂交，利用其杂交一、二代防治中囊病，在生产中具有十分重要的推广实用价值。

"老骥伏枥，志在千里"，张师傅虽年届古稀，但仍壮心不已。临别时他对笔者说："我热爱养蜂，尤喜中蜂，希望还能在蜂种选育上再干十年"。我们衷心祝愿张老师身体健康，心想事成，为我国中蜂事业的发展，继续勇攀高峰，做出更大的贡献。"会当凌绝顶，一览众山小"！

养蜂学中两个必须平反的冤案

一、冤案之一：危害中蜂的是（有）小蜡螟

许多人把生活在中蜂箱中的两种螟蛾科的幼虫，即大蜡螟、小蜡螟，统称为"巢虫"。虽然是同科昆虫，但它们是两个完全独立的物种（大、小蜡螟是名称，不是指虫体的大、小。当然，大蜡螟的成熟幼虫，是要比小蜡螟的成熟幼虫大得多。它们的关系，就好比黄牛和水牛，意蜂和中蜂一样）。

两种蜡螟不但名称不一致（大蜡螟的学名是 *Galleria mellonellaZinne*，小蜡螟的学名是 *Achroia grisella Fabrieius*），它们幼虫的生活习性也完全不同。爬到巢脾中危害中蜂的是大蜡螟（即大巢虫）。小蜡螟只是底栖昆虫，它的幼虫（即小巢虫）只以箱底的蜡屑为生，就像蜂箱中的蟑螂（俗称"偷油婆"）、蛞蝓（俗称"鼻涕虫"）一样，充其量只是蜂箱中的卫生性害虫，对中蜂并不构成实际威胁，如果把它列成中蜂的重要敌害，那绝对是一种错误。这一结论，笔者已在 1979—1980 年，即 30 多年前的相关研究中，已经明确了，并先后发表过多篇相关论文阐述过。而且这一结论，后来被广东昆虫研究所的罗岳雄等所证实。

笔者等研究巢虫的问题始于 20 世纪 70 年代末，那时全国中蜂正处于中囊病浩劫之后。当时全国中蜂协作委员会组织相关省区进行科技攻关，解决中囊病及其他中蜂生产中存在的实际问题，推动中蜂生产的恢复和发展。贵州省当时承担的就是中蜂协作委员会定下的小蜡螟防治研究课题。因为基于当时的认识水平，大家都认为小蜡螟是中蜂的敌害，自然就把它列为研究对象。但在实际研究中发现，小蜡螟幼虫在箱底取食蜡屑，并不上脾危害蜂群。上脾危害蜂群的只有大蜡螟，所以才向有关方面汇报，改变了课题的研究方向。

另外，国外的一些书籍和资料，有法国的，也有美国的，都只提到了大蜡螟，而没有提及小蜡螟，包括对库存巢脾的危害。但是，在后续出版的一些养蜂书籍，甚至专门的中蜂学术著作、教科书以及大型养蜂著作，仍然把小蜡螟当成中蜂的敌害。科学就应实事求是，不应人云亦云，而应认真考证，随着科技进步、发展，与时俱进，敢于采纳新的正确观点，这样就不至于总是停留在

20 世纪五六十年代的认识水平上，以免"佛头着粪"，以一小点瑕疵，影响了全书的学术水平。

二、冤案之二：蜡螟绒茧蜂是中蜂的敌害

蜂箱中生活着多种茧蜂，其中有两种茧蜂容易混淆，一种叫蜡螟绒茧蜂（*Apanteles galleriae Wikinson*），一种叫斯氏蜜蜂茧蜂（*Syntretomorpha szaboi* Papp）。蜡螟绒茧蜂曾被人误作为中蜂绒茧蜂报道过。

我国最初研究报道绒茧蜂危害中蜂的是贵州省仁怀市（原仁怀县）的陈绍鹄先生。陈当时在仁怀县畜牧局工作，发现中蜂成蜂会被一种寄生蜂寄生。笔者是经贵州省农业厅刘继宗先生介绍，于 1981 年在广西阳朔召开的中蜂协作会上认识陈先生的。刘继宗先生的用意是希望笔者对陈先生的研究，特别是中蜂寄生蜂的定名上有所帮助，于是请陈先生将寄生蜂成蜂的标本寄给笔者。从陈先生所提供的标本看，经体视显微镜观察，与笔者在蜂箱内收集到的蜡螟绒茧蜂成虫，外形上完全一致。因此，笔者特别提醒陈先生，最好是直接收集被寄生的病蜂，然后培养出茧子，再采集这种寄生蜂的成虫来鉴定，以免有张冠李戴之嫌。陈先生的专业是畜牧兽医，对昆虫不太熟悉，后在该县植保站范毓政的帮助下，终于培养出了中蜂寄生蜂的成虫，通过显微镜观察，该寄生蜂成虫与蜡螟绒茧蜂的形态完全不一致。后经湖南农业大学游兰韶教授（寄生蜂分类专家）鉴定，最初定名为中蜂柄腹寄蜂（该蜂腹部与胸部连接处收缩似一个柄），后又定名为斯氏蜜蜂茧蜂。该项目曾获湖南省科技进步三等奖。

在陈先生研究的同时，湖北省鄂西州建始县的谭维君在《湖北养蜂》杂志上报道中蜂被"肉蝇"寄生，笔者曾与他通过信，告之陈先生的研究结果，并请他帮忙收集一些"肉蝇"成虫的标本。后在他的支持下，寄来了所谓"肉蝇"成虫标本。经比对，结果与陈先生培养出来斯氏蜜蜂茧蜂的标本完全一致。这说明中蜂成蜂被寄生蜂寄生，远不止贵州仁怀一地。2011 年，笔者在贵州省正安县，也发现从邻县务川过来放蜂的中蜂场，被该蜂寄生的现象很严重。凡行动迟缓的工蜂，用手指一压腹部，就会有一条蛆（寄蜂幼虫）出来。2012 年在重庆召开的首届全国中蜂论坛会上，福建农林大学的梁勤教授也说，目前国内有许多地方都发现有中蜂被寄生蜂寄生的现象。

蜡螟绒茧蜂寄生在蜡螟体内（常在箱内作茧化蛹），因此是益虫；而斯氏蜜蜂茧蜂则寄生在成蜂体内（化蛹场所在箱外），是中蜂的敌害，一益一害，不容混淆。陈绍鹄先生研究早期曾在《中国养蜂》上报道中蜂寄生蜂为中蜂绒茧蜂，在弄清中蜂寄生蜂的真凶后，为了澄清事实，纠正原来的误会，笔者与陈、范三人还特地写了一篇《中蜂蜂群中三种寄生蜂的特征与识别》，刊登在

1990 年第 3 期的《蜜蜂杂志》上。2016 年，已经 80 多岁高龄的陈老先生，还专门请人拍摄并制作成光盘，记录了斯氏中蜂茧蜂从蜂体中钻出，吐丝结茧的过程。

其实以上两个问题一直都存在，也被澄清过，但直到现在都还被人误解与混淆。因此，笔者认为有必要描述当年研究的事实与经过，再次予以澄清，故特写此文，以正本清源。

为什么经常打扫的蜂箱内
还会发生巢虫为害

养中蜂的朋友都知道要经常清扫箱底，及时清除掉落箱底的蜡渣和巢虫。有些卫生做得好的蜂场，箱底确实找不见一点蜡渣，也没有发现巢虫的幼虫和蛹，但有时却会发现蜂箱中也会有蜡蛾出现（巢虫的成虫）。当然，这也预示着蜂群还会继续受到巢虫危害，因为成虫会产卵，卵孵化的小幼虫又会上脾为害。但问题是这些蜡蛾究竟从何而来？据研究，蜡蛾的飞翔能力不强，远距离迁飞而来几乎没有这种可能。所以这些蜡蛾的来源，应该是出自本场。

笔者在研究的过程中发现，在许多蜂场中都会发现这样一种现象，即巢虫的幼虫老熟后，会自巢脾中迁移至上框梁的腹面，在上框梁腹面的巢础沟中藏身和化蛹。在没有巢础沟的上框梁，巢虫幼虫会咬噬上框梁的腹面，打洞藏身，然后化蛹，羽化出蜡蛾，继续产卵为害蜂群（图 5-1 和图 5-2）。这就是为什么重视箱底卫生、勤于打扫的蜂场，仍然会有巢虫为害的原因。

巢虫靠取食巢脾中黑旧部分（即子圈部分）为生，因为其中有蜜蜂幼虫化蛹时吐的茧衣，茧衣中富含巢虫发育所需要的养分，且巢脾越黑旧，巢虫就发育得越好，蜡蛾产卵也就越多。因此，防治巢虫最好的办法就是及时造新脾，更换、淘汰掉老旧巢脾，换得越快、越彻底就越好。流蜜期的蜂群发展快，造脾好，可以抓紧时机造脾，非流蜜也可以喂糖造脾。笔者发现，近几年靠不断喂糖繁蜂卖蜂的蜂场，很少发现巢虫为害，就是这个道理。

另外，从蜂箱中撤换出来的废旧巢脾不要乱扔，而要及时将旧脾从巢框中刮下，化蜡灭虫。清刮巢框时特别要注意上框梁的腹面，掏挖出深藏在其中的巢虫和蛹，以免留下后患。

图 5-1　藏在巢础沟中的巢虫

图 5-2　巢虫在巢础沟中化的蛹

枇杷花期养蜂考察小记

一、工蜂身上的枇杷螨

2016 年 12 月中旬笔者到福建省莆田市张用新蜂场考察，正值枇杷花盛期，发现回巢的部分采集蜂，胸背部附着有一些灰白色的细小螨虫（图 5-3）。这些小螨虫是枇杷花中的粉螨，当地人叫它"枇杷虱"。此螨靠取食枇杷花心中的蜂蜜和花粉为生，长约 1 毫米，体型大致呈前略小而后略大的梯形。如拨开枇杷花心看，会发现有很多这种螨。工蜂到花心中采蜜或采粉时，会被

图 5-3　附着在工蜂胸背部的枇杷花粉螨

此螨附着在胸背部，有时也会在其并胸腹节背部发现，一只蜂上有粉螨 50～70 只；大约 20％的回巢蜂会附有此螨。据当地养蜂员反映，此螨每年都会发生，只是丰收年少，发生迟一些；枇杷蜜歉收年发生早，多一些。

这种螨对蜜蜂通常并无直接危害，但被其附着的工蜂仍表现感到不自在，在蜂场附近植物的叶上，常看到被螨附着的工蜂在休息，或在做一些抖动的动作；如蜂身上附着的螨太多，可能也有工蜂回不来的情况。养蜂员说，附着在工蜂身上的这种螨会被其他工蜂清理掉，经一晚，第二天开箱查看，蜂身上所

带的螨已被清理，有的年份箱底下会铺一层死螨，甚至发臭。张师傅说他曾经看见过一头全身被此螨包裹着的蜂王，奄奄一息地爬出箱外，但这么多年只是唯一的一次。蜂王当然不会外出采集接触蜂螨，其身上的螨，肯定是自巢内其他带螨工蜂身上转移而来的。

2016年江西一养蜂者发来一幅工蜂身上爬满了粉螨的照片。贵州一蜂场在枇杷场地也发现过工蜂身上附着粉螨的情况（2017年因开花较晚，未发生），但都反映经过其他工蜂清理，第二天其身上的螨虫会被清除，并无大碍。

不同蜂种间对粉螨的反应会否不同？据福建当地的养蜂员说，此螨对中蜂基本无害，因为中蜂有互相清理的习惯。而意蜂附着此螨会造成群势下降。

二、再谈非缺蜜性盗蜂

福建省莆田市蜂农反映，因枇杷蜜香味较重，流蜜通常不太涌，枇杷花期常有盗蜂发生，只是不同年份间发生的早晚、轻重程度不同而已。

外界有蜜源，但流蜜又不是很好的情况下发生的盗蜂，称为非缺蜜性盗蜂。

这种盗蜂通常发生在同场的不同蜂群间，开始为几群被盗，处理不好会波及全场。此种盗蜂的特征是外界有蜜源，但流蜜不是很好，群内有饲料并不缺蜜。被盗群箱门口较乱，工蜂情绪显得很不安定，频繁地抖动尾部和翅膀。但防卫蜂与盗蜂之间打斗并不激烈，巢门前工蜂大多为体色发黑的老年蜂，互相闻味甚至嘴对嘴饲喂（故有些养蜂员将此种盗蜂称之为"和平盗"）。严重时还有些工蜂在箱门前或巢门上方的箱壁上互相纠结成小团，一至数个，时而散团，时而集结（图5-4）。

图5-4 非缺蜜性盗蜂

盗蜂一旦侵入巢内，会被巢内工蜂斗杀，然后将其清除到箱外。一旦盗蜂严重，场地内会发现有很多死蜂。有些死蜂伸吻，翅张开，因此有些养蜂员根据症状怀疑是农药中毒。但如挤压死蜂腹部，发现没有螫针，这是工蜂互斗的结果，证明即为盗蜂，并非农药中毒。

此种盗蜂一开始，如及时补饲，或将少数被盗群迁走，又无外场盗蜂干扰，局面还可控制。一旦全场蔓延，即使喂糖也不能解决问题，最好的办法就是迁场到蜜源条件较好的地方休整。

张师傅蜂场在枇杷花期盗蜂严重，但因枇杷蜜价值高，舍不得迁场，于是就采取用开水烫杀箱门口聚集的双方老工蜂（包括本群工蜂及盗蜂），这样处理后，情况会好一些。如一旦气候适宜，枇杷流蜜转好，盗蜂自然会减轻。另外，在易发生盗蜂的场地取蜜，最好在夜间进行，避免加剧盗蜂的发生。

中蜂简报两则

一、正安——有效地控制了中囊病疫情

2014 年早春，由于受连续低温阴雨的影响，许多地区都发生了中囊病。贵州省正安县碧峰、安场、杨兴三个乡、镇也暴发了疫情，共有 3 000 群蜂发病，损失率达 50％左右。

疫情发生后，正安县畜产办立即上报省、市农业委员会有关部门。遵义市农业委员会配合正安县畜产办、正安县养蜂协会，深入疫区调查疫情，确定为中囊病并发欧洲幼虫腐臭病。随后，县主管部门、县养蜂协会立即召集疫区蜂农开会，及时向全县各蜂场发放宣传资料，不允许疫区蜂群到非疫区放蜂，并深入发病乡镇指导防治。防治时，对病群采取断子清巢、缩脾紧脾、密集群势等措施；重病群以换箱换脾、换王为主，配合中草药和抗生素治疗。到 6 月底检查，疫情已基本得到控制，并成功地阻止了中囊病向其他非疫区蔓延，生产逐渐恢复正常。

笔者等于 2014 年 6 月底到现场调查，安场镇光明村龚师傅的一群蜂曾因病重飞逃，本不打算收回，但在同村丁师傅的劝说下将其从树上收回，换箱弃脾，另自一健康群中调两张脾给该群，并补抖两脾蜂在内。因收蜂时老王受伤，收回后蜂群即造台，老王失踪。随后新蜂王出房，交尾产子，子脾健康，封盖整齐，病即痊愈，说明中囊病也是可防可控的。

二、纳雍——活框饲养推广进度快，效果好

纳雍县位于贵州省西北部，是云贵高原中蜂的分布区，也是国家级贫困县。2013 年在进行全县畜禽存栏基数统计时，同时对全县中蜂数量也做了一

次普查，结果发现当地中蜂资源丰富，有蜂 1.01 万群，但 99％ 均为老法饲养。

2013 年 6 月，当地农业局与笔者取得联系后，于 6 月 20 日在该县举办了第一期中蜂过箱培训班，到会参训人员 47 人。随后该县组织 8 人到贵州省养蜂大县正安县参观，通过参与取蜜（五倍子蜜），学习人工育王，激发了中蜂活框饲养的热情，回县后即在全县多个乡镇开展了中蜂过箱的试点。

该项目具体由当时负责畜牧工作的县农业局副局长陈仕甫主抓，县畜牧发展股顾怀农协助。两人一到周六、日即下乡指导农户过箱，平时下班后努力学习相关的养蜂知识。在他们的带领和组织下，到 2013 年 10 月中旬已完成过箱350 群，过箱后许多蜂场当年即取得明显成效。例如，该县沙包乡的周家贵，8 月 13 日过第一桶，到 9 月全部过完，10 月初还分蜂两群，共 20 群。11 月 7日野藿香花期，其中 14 群蜂取蜜 93 千克，收入 2 万多元。寨乐乡双山村白岩组李军，2014 年年初有活框中蜂 15 箱，由于肯钻研，管理细，并初步掌握了人工育王技术，到 2014 年 7 月，繁殖到 102 群，其中 30 群已出售。

中蜂养殖经济效益显著，引起了当地各级政府部门的重视，2014 年 2 月，纳雍县政府专门出台了《纳雍县人民政府关于认真做好纳雍县境内云贵高原中蜂保护和开发利用工作的通知》，鼓励和支持农户发展养蜂生产，建立农民养蜂合作社，强化养蜂生产的组织化程度，努力打造纳雍蜂产业品牌，充分发挥养蜂在精准扶贫工作中的作用。2014 年 3 月，该县特邀请国家畜禽资源委员会与蜂有关的 4 位专家石巍、薛运波、罗岳雄、梁勤来县指导工作。

自第一次培训后，纳雍县又针对不同季节的管理要求，陆续举办了两期培训班，农户养蜂积极性空前高涨，参训人数一次比一次多。例如，2014 年 7月举办的中蜂人工育王培训班，原只通知 10 多人参加，结果到会人数 73 人。

至 2014 年 7 月底止，前后仅通过一年多的时间，全县中蜂已过箱 1 420群，成功率达 80％。全县共 23 个乡镇建活框示范蜂场 34 个，带动周边农户活框养蜂 68 户，其中规模最大的蜂场达 72 群。

火焰消毒法的又一创新

蜂箱、蜂具消毒是蜂场经常要做的一项工作，火焰消毒具有能杀菌灭虫（包括虫卵）、灭生性强、消毒彻底，消毒过的蜂具没有残留物，不会对蜜蜂造成影响等优点。

贵州省现代农业发展研究所原饲养有一群树桩（直立的）自然空洞中蜂，后因巢虫危害而飞逃。该树洞有上下两个出口，相距约50厘米，两出口直径各约10厘米。为了消毒该树洞，笔者等将树洞内的老巢脾及巢虫掏出，然后上下各塞进一根报纸卷，首尾相接，从下面点燃纸卷。由于直立树洞形成的"烟囱效应"，上面洞口有明火喷出，且火势很猛，让我们联想到平时蜂场上是否可以利用"烟囱效应"的原理，制作一个简易的火焰消毒工具。

考虑到这种消毒方式的便捷性和可移动性，于是我们选择了直径28厘米、高52厘米无上盖的废旧涂料桶，在距桶底部6厘米处开一个长15厘米、宽9厘米的口（图5-5），即可做成一个简易的消毒工具。利用柴草或废弃的巢框作为原料，放在经以上方式处理过的涂料桶中并点燃，火焰的高度可以达到80～90厘米。将蜂箱、空巢框、隔王板、隔板等蜂具在火焰上来回移动，灼烧至蜂具表面微显焦黄时即可（图5-6）。

由于火焰温度较高，在消毒蜂具时，应戴上用水打湿后的棉纱手套，以防烫伤。

图5-5 改造后的涂料桶

图5-6 利用火焰对蜂箱消毒

用大孔径塑料铁纱网做巢门罩
防胡蜂效果好

胡蜂是蜜蜂的重要敌害，6—10月都有发生，危害期长，且每天活动时间从早到晚，没有停歇，让人防不胜防，一旦稍有疏忽，便会造成重大损失。专业养蜂者在其发生期内，通常整天守候在蜂场上，拍打胡蜂。而中蜂场大多为兼业饲养，养蜂者通常还有其他工作或农活，不能全天守候在蜂场上。因此，用过塑铁纱网做成巢门罩防胡蜂就很有现实意义。

笔者用（1厘米×1厘米）孔径的过塑铁纱网（市面小五金店内有售），做成方盒式或斜坡式（图5-7）巢门罩，罩于巢门前，这样既能防止胡蜂进巢危害，又不影响工蜂正常出勤，其效果比在巢门前安装塑料防盗器的效果要好得多（防盗器影响工蜂进出和外出采集）。罩上巢门罩后，管理人员就不一定全天在蜂场守候，只要抽时间到蜂场拍杀胡蜂就可以了。从防护的效果看，斜坡式较方盒式要好。

图5-7　巢门金属网防护罩

中蜂在胡蜂来犯时，虽然会紧缩于巢内守卫，但群势较强的中蜂，一些守卫蜂还是会外出迎敌，与胡蜂搏斗，这样做正中大胡蜂的下怀，会对工蜂痛下杀手。用斜坡式巢门罩会扩大工蜂的防区，减少胡蜂对守卫蜂的威胁。

做巢门罩的成本并不高，1米过塑铁纱网可做斜坡式巢门6～7个，方盒式18个，每个斜坡式巢门罩的成本约2元多，方盒式巢门每个仅0.8元左右。

一棍搞定大胡蜂

胡蜂是蜜蜂的重要敌害，每年7—9月，会到蜂场上来骚扰。小胡蜂（抱蜂）在蜂箱附近凌空捕捉蜜蜂，捉了就走。但大胡蜂（又叫大马蜂、金环胡蜂）却十分凶残，除了捕食蜜蜂而外，还企图咬穿蜂箱的巢门，攻入巢内，劫掠蜂儿（主要是蜂蛹）回巢喂食其幼虫。蜂群内凡抵抗的工蜂均会被其咬死，损失惨重。被大胡蜂攻击的蜂群工蜂不敢出勤，甚至整窝蜂群被其赶跑，危害非常之大。

胡蜂危害期会整日袭扰蜂群，为此需要有人整天在场守护，十分耗费人力。而为了充分利用蜜源，养蜂员又常将蜂群分散在多个场地饲养，实在难于分别看守。防治胡蜂目前虽有许多方法，但操作上有些麻烦，现介绍一种简单的办法供大家参考。

据贵州省桐梓县童梓德师傅所说，该县有一养蜂员从四川那边学了一招防大胡蜂的方法，方法简单，却很实用。

　　具体做法是用一根长度与蜂箱宽度（巢门一侧）一致、截面3厘米×3厘米的方形木棍，两端用钉钉在蜂箱巢门上方的外壁，木棍距巢门踏板的距离为4毫米，以便工蜂能自由进去（图5-8和图5-9）。钉木棍前应将蜂箱的舌形巢门拆掉，或将巢门开启的方向从向外开改为向内开。拆掉巢门的蜂箱如需转地，搬运时可用卫生纸塞住巢门即可。

图5-8　示钉在巢门踏板上方的木棍　　　图5-9　钉在巢门口木棍的侧视图

　　大胡蜂飞到蜂场后，会啃咬巢门。但钉上木条后，由于木条厚实，胡蜂用大颚咬掉木棍的棱角后，木棍被咬处变圆，使大胡蜂的大颚无法发力咬穿木棍。胡蜂也是"机会主义者"，一旦花费大量功夫而又一无所得，为了急于给自己的幼虫找食，迫使大胡蜂不得不放弃继续啃咬木棍，而到他处觅食。

　　当胡蜂啃咬木棍时，由于木条下进出蜂箱的缝隙处很宽，工蜂会避开胡蜂自由进出蜂箱，不会受到伤害；也不会像未钉木棍前蜂群被堵在巢门内出不来。这样处理，就不用人一整天守候在蜂场拍打胡蜂了。

蜜 蜂 天 敌

——食虫虻

　　2017年7月笔者在湖北省荆门市举办中蜂养殖培训班期间，在当地发现了一种捕食蜜蜂的天敌——食虫虻。

食虫虻属双翅目（Diptere）短角亚目（Brachycera）食虫虻科（Asilidae）昆虫，与苍蝇是近亲，所以外形有点类似于大苍蝇。但食虫虻性情凶猛，可捕食几乎所有昆虫，如蝉、椿象、蝗虫、蛾蝶、胡蜂、蜻蜓、步甲等，就连凶猛的胡蜂在它的偷袭之下，也不是它的对手（图5-10）。此外，食虫虻还可捕食蜘蛛以及同类相残，号称昆虫界的"魔鬼"，是昆虫界中的顶级捕食者。

图 5-10　食虫虻在捕食胡蜂

食虫虻分布于世界各地，种类很多，大约7 000余种，其中蛮食虫虻属（*Promachus*）中的少数种会捕食蜜蜂，为养蜂业的敌害。

食虫虻身体强壮，飞行快速，常停息在草茎上，看到飞行中的猎物时即飞冲过去，从后面用灵活、强有力而多小刺的双足夹住猎物，即使最强大的甲虫也无法逃生。捕食到猎物后，它用尖锐的口器将神经毒素和消化液注入猎物体内，然后吸食猎物的体液。除捕食昆虫外，有的种类会吸血，如臭名昭著的牛虻便是其中之一。

食虫虻的幼虫生活在腐木、落叶及泥土中，以捕食其他昆虫为生（如蛴螬）。

此次在荆门发现的食虫虻有两种。其中一种通体黑色（图5-11和图5-12），体长2厘米左右，翅展3.5厘米，前翅黑灰色，膜质透明；后翅特化成一对短而细的平衡棒，棒顶为一乳白色的小球。两复眼大而突出。前胸背板、腹部背板光滑，胸下部、腹下部、腿部两侧有白灰色的硬鬃毛。两复眼间的狭长面部有黑色长鬃毛，其两侧为白灰色鬃毛。刺吸式口器从下颌部向上弯曲伸出，质地坚硬，顶部有一尖锐小刺。腹部八节，第八节呈管状，末端有外生殖器伸出。

图 5-11　湖北荆门发现捕食蜜蜂的黑色食虫虻

图 5-12　食虫虻侧面观

黄色食虫虻个体大（图 5-13）。头、胸、腹基本褐色，体长 3.5 厘米，翅展 5.3 厘米。前翅浅黄褐色，透明，平衡棒及顶端小球米黄色。足部除基节深褐色、附节褐色外，其余均黄褐色，前、中足腿节正侧面近基部处各有一椭圆形的褐色斑。两者数量在湖北省荆门市一带以黑色者居多。贵州省尚未有发现。

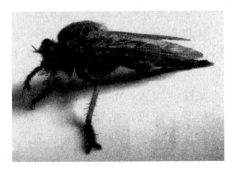

图 5-13　黄色食虫虻

由于食虫虻是蜜蜂的天敌，在蜂场上出现时应注意拍杀。

怎样有效防治中蜂的主要病敌害

养蜂员最担心的事就是蜂群生病。一旦病敌害发生，不但要花费大量的时间、精力去救治蜂群，还会削弱蜂群群势，不能打蜜，严重时造成蜂群飞逃或死亡，甚至全场覆灭。即使通过一段时间能把蜂病治愈，用药后还会带来产品污染、抗生素或农药残留超标的问题，影响产品的质量和销售。其后如饲养管理不当、气候不良，病情又会反复发作，后患无穷。那么，养蜂员怎样才能保证蜂群健康发展呢？

一、事前预防

事前预防，并不是指事前喂药，这是两个完全不同的概念。有些养蜂员怕蜂群生病，不管有病无病，先喂药再说，还美其名曰"以预防为主"，其实这种做法是不可取的。不管是中药还是西药，常言道："是药三分毒"。消费者长期食用这种有药物污染的蜂蜜，就会产生抗药性，对人体健康是不利的。特别是对于中蜂蜜（即"土蜂蜜"），它的卖点就是天然、绿色、无污染。如果对蜂群喂了药，或多或少会残留到产品中，还能说它是全天然、无污染的吗？这种做法和说法显然是消费者不能接受的。

笔者所说事前预防，特别强调的是必须加强蜂群的饲养管理，通过饲养管理来提高蜂群自身对外部不良环境、有害生物的抵抗能力。加强饲养管理的内容很多，它包括随时随地保证蜂群内都有充足的蜜粉供应，特殊时期（如春繁时外界气候不好，不利工蜂出门采集）还要喂水喂盐。大流蜜期，要给蜜蜂留足口粮，反对采取"掠夺式""一扫光"的取蜜方式。早春和晚秋，注意对蜂群保温防寒。在蜂脾关系的处理上，除了在春繁期要缩脾紧脾、密集蜂数、蜂多于脾外，其他时期至少要保持蜂脾相称。蜂群不能分得太弱，大流蜜前及时培育强群。及时更新巢脾，老旧巢脾要及时淘汰化蜡。养蜂员要养成良好的卫生操作习惯，蜂箱、蜂具要严格定期消毒，健康群与病群使用的工具（如蜂刷、启刮刀、割蜜刀）要分开。严防盗蜂发生，减少疾病传播的机会。

另外，要将蜂群安置在蜜粉源条件较好、水源较近，冬、春两季避风向阳、夏季通风阴凉的地方。如无必要，平时尽量作箱外观察或抽群检查，尽量少干扰蜂群。大力推广人工育王技术，选用、培育抗病蜂王，并每隔两年到距离本场 20 千米以外的地方，购入或交换优良的蜂群做种群，避免因长期近亲繁殖而造成蜂群生活力、抗病力下降。

虽然以上措施说起来简单，但要认真做到并非易事，需要养蜂员在平时工作中认真地、一点一滴地去落实。这样才能保证蜂群少生病或不生病，少用药，甚至不用药。

二、正确判别病种，对症、合理、科学用药

中蜂的病敌害相对简单，主要是"两病一虫"。"两病"是指中蜂囊状幼虫病（简称中囊病）、欧洲幼虫腐臭病（简称烂子病），"一虫"就是大巢虫（又称绵虫、大蜡螟）。

一旦蜂场中出现病群，不要慌张，首先要认真观察病害的症状，以便正确判断致病的原因。只有熟悉病害的特征，才能做到早发现，早治疗，以免病情扩散，波及全场，难以收拾。

这"两病一虫"都是在蜜蜂幼虫期（或蛹期）造成伤害的，因此平常要注意观察子脾。烂子病的致病菌是以蜂房链球菌为主的一些细菌，为细菌性病害，抗生素类药物对其有作用。其症状是幼虫一二日龄感病后，三四日龄时死亡，即幼虫在巢房底部盘曲阶段（呈 C 字形时）死亡。幼虫封盖后及成蜂则不易感病。当病情不太严重时，幼虫死亡后，工蜂会将其从巢内清理，拖出巢外丢弃，然后蜂王又会在巢房内产卵，卵再孵化为幼虫，这样就会形成卵、幼虫、封盖子相间的插花子脾。而健康的蜂群，其子脾是比较整齐的。如长期看见的是这种插花子脾，而不是整齐的封盖子，甚至长期"见子不见蜂"，群内虽有子而群势长不上来，甚至下跌，很有可能是发生了烂子。如仔细检查，在子脾上会发现身体蹋陷、体色灰白、失去健康幼虫应有珍珠般光泽的病死幼虫，即可判定为蜂群得了烂子病，发病严重时，死幼虫增多，工蜂来不及清

理，子脾有时甚至会散发出一股酸臭味（醋味）。此病发生的季节特点是，多发生在春季至初夏（3月至5月上旬）和晚秋（9—10月）阶段，但其他季节也会时有发生。

导致蜜蜂发生中囊病的致病微生物是中囊病病毒，为病毒性病害，抗生素对它不起作用，需进行抗病毒治疗。中囊病幼虫死亡期为封盖后、化蛹前，即预蛹期。患病蜂群的封盖子脾上会出现许多大小不一的细小穿孔，这些穿孔是工蜂感知幼虫死亡后，准备咬开房盖，将其清理时造成的。被工蜂全部打开房盖后的死亡幼虫头尖上翘，呈尖头状，所以又叫"尖子""尖脑壳"，有些地方又称其为"立蛆病"。用小镊子夹住死幼虫的头部从巢房内取出，可见其呈下粗上细的囊袋状，虫体外表皮与虫体间有液体，尸液无臭味。死亡幼虫在脾上常连片分布。据此特征即可判定为蜂群患了中囊病。发生此病时，常会并发烂子病。中囊病发生的季节特点通常在春季3月至5月上旬，以及晚秋至初冬（10—11月），寒潮频繁、气温变化剧烈的时期。一般进入夏季之后，因高温不适宜病毒的增殖，抵抗力稍强的蜂群常会自愈，症状即行消失（或暂时消失，秋季又再次发生）。

由于烂子病与中囊病是由两种不同的病原物造成的，所以使用的对症药物也不一样。治疗烂子病应采用抗生素治疗，按《蜜蜂饲养允许使用的药物使用规定》，可用土霉素进行治疗，每群（10框蜂）用量200毫克，兑水稀释后斜对子脾喷雾，或加在50%的糖浆中饲喂，每隔2天治疗一次，连续2~3次为一疗程。市面上出售治疗烂子病的药物，诸如烂子宁、烂子康、幼虫康、保幼康等，也可参考其说明使用。中囊病系因病毒引起，抗生素对其无效，因此推荐使用13%的盐酸金刚烷胺粉（抗病毒制剂），使用剂量为1 000毫升糖水加本品2克，每群喂250毫升，3天1次，6次为1个疗程。也可同时每框蜂另加一片病毒灵，一起饲喂。此外，可用抗病毒862、中囊灵、中蜂囊幼康、囊虫康复液、囊立克等（其主要成分同前或加有中草药），参照说明书使用。如上述两种病同时发生，则分别购入上述两类药物混合使用、治疗。

巢虫（大蜡螟）危害的主要特征是封盖子脾上出现"白头蛹"，即受害蜜蜂在蛹期死亡。死蛹巢房被工蜂咬开后，呈平头状，头部隐现淡紫色的复眼，夹出的虫尸是蜂蛹。脾上个别地方偶尔也会出现如中囊病那样的"尖子"，但数量少、不连片，呈线状走向，可与中囊病相区别。巢虫危害的蜂群还有其他症状，如巢脾表面坑洼不平（系工蜂咬脾清理巢虫所致），越是老旧的巢脾，坑洼的面积越大，箱底蜡屑多，甚至其中有巢虫。根据这些情况，即可判定为巢虫危害。与前述两病相反，巢虫在气温较高的季节危害严重，故其发生危害期通常在5—10月，10月后至翌年3、4月，巢虫处于越冬蛰伏期，停止危害。

对付巢虫的办法，可在蜂箱底部靠近巢门处，放置市售"巢虫清片"，弱群1张，强群2张。也可用德国联邦公司生产、国内包装的"康宽"（或"巢虫清"），该药对螟蛾科昆虫敏感（巢虫属螟蛾科），而对蜜蜂（属膜翅目）毒性较低。可用青霉素皮试针管抽取该药0.1毫升，兑水500毫升（约1瓶大的矿泉水）稀释喷雾，尤其是蜂箱四角的接缝处。在巢虫活动期（5—9月），每半月喷雾一次，可控制甚至根除其危害。

三、实行综合防治

蜂群一旦得病，除用药控制外，还应采取综合措施，才能迅速有效地控制病虫危害，保证不蔓延，能治愈，不反弹。

一旦发现病群，首先要紧脾缩脾，打紧蜂数，做到蜂多于脾。因病群中幼虫和蛹死亡，老蜂相继死去，新蜂又接替不上，群势就会随之下降。因此，密集蜂数，会加速蜂群对病死幼虫的清理，减少病原物，以及加强幼虫的哺育和保温，增强蜂群对疾病的抵抗能力。发病蜂场对弱群应进行合并。

对病群治疗时，同时应采取换箱换脾的措施，减少传染源。用消过毒的蜂箱（最好经火焰消毒），替换出病群的蜂箱。如蜂群病情严重，巢脾上死幼虫多，工蜂清理能力差，换箱时还应换脾，将巢内病脾撤出销毁（深埋或焚烧），调健康群中的出房子脾充实病群。如条件有限，箱内病脾不能全部更换，应采取扣王、断子清巢（10天左右）的措施。在有条件育王、换王的情况下（群内有雄蜂），可利用健康群的自然王台，或病群扣王后调入健康群的小幼虫脾产生的急造王台，另行培育抗病能力较强的新王，替换原来不抗病的蜂王。

蜂群患病后情绪不正常，采取上述措施对其又有很强的干扰，病群常会发生飞逃，故宜采取蜂王剪翅（剪去一侧前翅1/3），或在巢门前加装防逃片、多功能防盗巢门等办法（育王换王的蜂群除外），防止病群飞逃。待蜂群转入正常后，再重新启用常规巢门。

对巢虫危害严重的蜂群，应将白头蛹多的老旧巢脾，分别疏散到其他健康群中作为边脾（每群一框），待其中封盖子出完后，提出化蜡灭虫。同时应将健康群中的封盖子调入被害群，防止群势下降。对被害群应加强奖励饲喂，起造新脾，逐渐淘汰老脾及虫害脾。从被害群中撤出的巢脾不要乱甩乱放，而要及时进行处理。如巢脾较新，尚可利用，可喷打"康宽"（或"巢虫清"），或燃烧硫黄熏蒸，或在冰柜中冷冻，消灭虫源后再保存备用。

无数事例说明，只要认真做好以上三点，中蜂的病敌害是可防、可控、可治的。

蜂海问道

中蜂病虫害应防重于治，
早发现早治疗

笔者在翻看近几年的《养蜂杂志》时，发现几篇有关治疗蜂病的文章很不错，与笔者的观点和实际经验是一致的，故特提出讨论，并推荐给养蜂朋友。

一、我与蜜蜂病敌害打交道的经历

在进入正题之前，先谈一下笔者与蜜蜂病敌害打交道的经历。回忆起40多年前，我那时还是个30多岁的青年，刚接触养蜂，也是啥事不懂，更不要说对蜂病的识别和防治了。刚入门的第一个课题就是大蜡螟（巢虫）的防治研究。课题结束后，我于20世纪80年代初调入贵州省畜牧兽医研究所任禽蜂研究室主任，专职从事养蜂研究。甫一上任，就碰上所里试验蜂场大、小蜂螨暴发，摆放蜂群的坝子上，密密麻麻地铺了一层残翅蜜蜂，当即就给我来了个"下马威"。后因螨害严重，继而蜂群又并发了欧腐病。我因刚入此道，对这些病都不甚了解，有些手脚无措。

我当时就想，既然此生注定要从事养蜂研究，连蜂病都搞不定，下一步还怎么开展工作，万一哪天某种蜂病暴发，所有研究工作岂不是白费工夫？于是当即就下定决心，除了已上手的贵州省中蜂资源调查任务外，首先就从蜂病防治研究入手。此后连续几年，我和同事陆续开展了大、小蜂螨、中囊病、欧腐病、白垩病、金环胡蜂等病敌害的防治研究。为了取得实际防治经验，有时我们还故意让蜂群发病，以便仔细观察其发病的特征和病程，然后再用药及其他措施把蜂群给挽救回来。这些经历，对我此后指导蜂病防治工作受益不浅，有了底气。由于从事上述工作的原因，我还曾是中国养蜂学会下属蜂保专业委员会的最早成员之一。

二、几篇好文中提出蜂病防治工作的要点，接地气，很实用，有效果

笔者前面提到的几篇好文章，首先是甘肃省养蜂研究所刘守礼的《防治中蜂囊状幼虫病的思考》，以及安徽宣城泾县章立华的《中蜂囊状幼虫病的预

防》，还有湖南平江县杨冲所写的《巢虫从来都不是问题》。本人也曾写过《养中蜂的三板斧》《中蜂传染性疾病防治概说》《怎样有效防治中蜂的主要病敌害》等文章，其主要观点基本都是一致的。

中蜂的主要病敌害是"两病一虫"，即中囊病、欧腐病（又称烂子病）和巢虫（大蜡螟）。虽然刘守礼、章立华所写的文中只提了中囊病的防治，实际上除了用药不同以外，中囊病和欧腐病在防治原理上、主要措施上都是相通的，对中囊病的防治思路和主要防控手段，防治欧腐病时也可参考。

刘守礼文中指出，防治中囊病，首先要认清中囊病的病原（中囊病病毒）、典型症状（感病幼虫大多在封盖后、化蛹前死亡，死亡幼虫头尖上翘，呈囊袋状）、发病规律（多发生于春夏季，南方3—4月，北方5—6月），并特别强调养蜂员要准确掌握此病与其他幼虫病症状的区别（如烂子病，系1~2日龄幼虫感染，3~4日龄盘曲幼虫时死亡，多死于封盖前）。由于中囊病是病毒性病害，所以使用抗生素治疗不管用（除非是中囊病和欧腐病二者混合感染），必须采取对症的抗病毒药物治疗，而不能胡乱采用抗生素治疗，否则不但达不到治疗效果，反而会延误和加重病情，错过最佳治疗时间，结果事与愿违。

笔者在《养中蜂的三板斧》一文中也特别强调养蜂员发现病情、判别病种的重要性，这就好比人生了病为什么要尽快到医院就诊一样。因为到医院后，通过化验，医生观察、诊断，可以判断病人生的是什么病，病情如何，该用什么药，怎样治疗，这样医生在治病时才心里有数。

养蜂员能够看病、识病的重要性还在于能不能在蜂群发病初期就及时发现。如果能在少数蜂群刚开始发病时就能发现病情，这就在治疗上争得了主动权，做到早发现，早治疗，早控制。治早，治少（病群还少时）、治了（彻底消除病情），防止疾病在蜂群、蜂场中扩大、蔓延，把疾病的损失控制在最小的范围内。谁也难保一个蜂场一直不生病，但只要养蜂员懂病，能看病，有一双"火眼金睛"，就能够在病害刚出现时发现它，及时控制它。笔者有这样的体会，当下到别的蜂场去检查时，凭经验，我们常会发现蜂群已生病，即使当时病情并不明显，还处于发病初期，哪怕一个脾中只有一两个病死幼虫。而饲养员对此却浑然不觉，认为蜂群很健康，没问题。一旦等他们发现蜂群生病后，往往是病情已经很严重了，难以收拾，必须付出很大代价才能将其纠正过来。所以能否准确、及时判别有病无病，什么病种，是养蜂员必备的基本功。一个优秀的养蜂员，应该首先是一个好的蜂医生。

懂得看病、识病，还要懂得如何正确治疗。刘守礼文中提到，由于蜜蜂个体寿命短，特别是幼虫，一旦发病，感染力就等于死亡率，想要用药挽救是不可能的。对蜂群用药和采取其他手段治疗的目的，是保护其他健康幼虫不生病，并让蜂群尽快清除掉病死幼虫，迅速减少、切断病源，防止扩大传染。所以在对待像中囊病、欧腐病这些传染性疾病时，除了对症用药之外（中囊病可用市售的对症药物，但目前尚无商品化的特效药物，欧腐病可用土霉素治疗），还要立即对病群采取缩脾紧脾，打紧蜂数，抽出、淘汰死幼虫多的严重病脾，扣王断子等措施，在加速清理已死幼虫的同时，使蜂群不再产生新的病死幼虫，从而达到迅速减少和清除病源物，清洁、净化巢内环境的目的。

笔者很同意刘守礼以上的观点。还有一条重要的经验，那就是一旦对病群采取以上措施后，如果经一个疗程（6～8 天）的治疗，仍无明显效果，巢内病死幼虫仍未清理干净，此时就必须毫不手软，坚决、果断地采取"换箱、换脾、换王"三换的措施，换上消过毒的蜂箱；将病群中所有巢脾抖蜂后提出深埋或烧毁，补给健康子脾；并设法给病群介绍王台，培育新王，或介绍其他健康蜂群中的抗病蜂王，同时继续给药治疗一个疗程，尽早让蜂群恢复健康。在笔者指导的蜂场中，有时虽有个别蜂群发病，但采取上述措施后，整个蜂场基本安然无恙。

除治疗以外，刘守礼文中还特别强调，在防病治疗的总体思路上，应把预防工作放在第一位，实行"预防为主、治疗为辅"的方针。即平时应注意选留抗病力强的蜂群做种用群，每隔 2～3 年定期与外地蜂场（相距本场 20千米以上）交换蜂种，防止近亲繁殖，蜂种退化；加强饲养管理，做到蜜足、王新、脾新，饲养强群；春繁时缩脾紧脾，加强保温；平时注意保持卫生操作习惯等，在尽量"不用药、少用药"绿色防控理念的指导下，降低中囊病的发病率。章立华在谈到他防治中囊病的经验教训时总结了五点，即"紧脾要狠心，管理要精细，处置要果断，蜂具要消毒，蜂种要更新"，说的也是这个意思。按照这些原则，刘、章二位在指导和防治中囊病的工作中，都取得了显著的效果。2017 年，距章家 200 米的蜂场发生了严重的中囊病，他家的蜂群虽有个别群发病，但由于处置果断，并未蔓延开，后期无一群发病，蜂群数由春繁时的 31 群发展到越冬前的 85 群。另据刘守礼报道，近几年来，中囊病虽然在仅距 20～30 千米的麻沿、城关等乡镇大面积频发，但在他们联系的榆树镇苟店村再没发生过病情，蜜蜂不生病，不喂药，所取成熟蜜无农药、抗生素残留超标，产品供不应求，十分畅销。正巧在笔者撰写本文期间，有位四川宜宾的何保林师傅来访，何师傅养中蜂 20 多年，经验丰富。我们在谈治疗蜂病的时候，他说自己的蜂场近 5 年没有生过病。不但如此，他还经常廉价自别人手中收购有病蜂场，经过救治，康复后再行出售。他用的办法就是换箱、换脾（用本场的子脾替换病脾）、换王，把病脾全部销毁，只要蜂子。

事情总是在不断发展变化的，中囊病在我国从开始发现到现在，已先后经历了50多年的时间，经过长期自然淘汰、人为干预，除少数极封闭的地区之外，我国大部分地区的中蜂对中囊病的抗性都在逐渐增强，目前多只呈点片状、间歇性发生，病程表现也多呈慢性型，并不像刚发生时那样，来势迅猛，蜂群染病即垮，无一幸免，这也给实施上述防治方案创造了较好的基础条件。

总之，根据他们的报道和笔者多年与蜂病打交道的经验，对中蜂的病害（中囊病、欧腐病）不要怕，不可怕。事实证明，只要踏踏实实、认认真真地贯彻"以防为主、治疗为辅"的方针，提高看病、识病的能力，早发现，早治疗；治疗时不吝惜，下狠手，这些传染病是完全可防可控的。

三、只要做好防治工作，巢虫也不是什么问题

巢虫在蜂场中发生相当普遍。据广东省昆虫研究所、浙江大学等单位在当地及国内蜂场调查，巢虫发生率达90％～98.6％，发生率是相当高的。但在不同的蜂场间，发生危害率有很大差别，有的蜂场很轻，有的蜂场严重，甚至因此垮场、逃群。

湖南省养蜂从业者杨冲说他那里"巢虫从来都不是问题"，其主要措施是"勤换箱，用新脾、蜜集群势（即保持蜂脾相称或蜂多于脾）"。

巢虫（幼虫）在蜂箱内主要是潜藏在巢脾中，危害蜜蜂，造成"白头蛹"，尤喜旧脾。而中蜂则喜欢新脾，讨厌旧脾，因为旧脾容易生巢虫。由于工蜂咬脾清巢，巢虫会随着蜡屑掉落到箱底，因此在巢虫活动期（4—10月），每隔7～10天，必须打扫一次箱底，将箱底蜡屑、巢虫消除干净，这和杨冲换箱是一个道理。

防治巢虫的另外一个重要措施就是及时造新脾，换旧脾，淘汰虫害脾（有白头蛹，脾面黑旧，不平有坑凹），要趁流蜜期多造新脾。旧脾、虫害脾中有巢虫，要及时抽出化蜡灭虫，不宜久放。如果撤出的巢脾还比较新，脾面也比较整齐，还想利用，此时可将巢脾放到冰柜中冷冻1～2天，或者燃烧升华硫熏蒸巢脾，杀死脾中巢虫，然后妥善保存备用。近几年由于蜂种产业的兴起，一些以繁蜂卖蜂为主的中蜂场，由于不断饲喂，加础造脾，巢脾更新的速度快，很少见到巢虫危害，甚至见不到巢虫。

在巢虫的药物防治上，可在蜂群中放置巢虫清片，强群2张，弱群一张，

放置在巢箱内近巢门处。也可用"康宽"原液稀释成千分之二浓度药液喷箱喷脾，每半个月（4—9月）一次，这样就能基本控制住巢虫危害。

如果一旦遭到巢虫危害，脾上发现白头蛹较多（死蛹），一是立即更换消过毒（用火焰或喷"康宽"）的蜂箱，补给健康子脾，然后将有白头蛹的巢脾分别分散到健康群中作边脾（一群一脾），待脾中子脾出尽后，将其取出淘汰化蜡。当然，防治巢虫的办法还很多，但只要认真做到以上几条，再加上随时保持巢内饲料充足，蜂脾相称，夏季蜂群注意遮阴防晒，巢虫在蜂巢内自然就翻不了天。

四、绝非多余的话

中蜂与意蜂比较，中蜂的病敌害相对要简单一些，我国养蜂界对中蜂"两病一虫"的研究、斗争也持续了半个多世纪。可以这样说，当前对中蜂"两病一虫"已经有了一个比较全面、清楚的认识，在实践中，也逐步积累和建立了一套科学、完整的防控理论体系和实用方法。但为什么长期以来，这些问题仍一直困扰着生产者呢？归根结底，最主要原因，一是养蜂员的饲养管理水平低，在生产中没有认真贯彻防重于治的方针，蜂养得不好，蜂群抵抗力差，给病虫害泛滥造成了可乘之机；二是缺乏防治经验，尤其是缺乏早期识别、判断蜂病的能力，以致延误了最佳的防治时期，先进的科学技术和落后的生产力之间形成了巨大的反差。因此，要最终解决生产上"两病一虫"的问题，根本的关键还在于养蜂者身上。这就要求养蜂者努力提高自身素质，从两方面入手，一是首先要把蜂子养好，提高蜂群抵抗病虫害的能力，不给病虫害以可乘之机；二是提高自身看蜂识病的能力，一旦有病，能够早发现，早治疗。只要做到这两点，制服"两病一虫"自然也就不会是问题了。

中蜂囊状幼虫病与欧洲幼虫腐臭病的区别和治疗

准确识别、判定病种是用药及治病的前提，中蜂的主要病敌害是"两病两虫"（即中囊病、欧腐病，巢虫和胡蜂）。很多养蜂者对中囊病、欧腐病的发病症状及二者之间的区别不是很清楚，以致不能早发现、早治疗，贻误了最佳的治疗时机。或因分不清病种，治疗时乱用药、用错药；"撒大网"，超剂量用药，既达不到迅速控制病情的目的，又污染了蜂产品。对于中囊病和欧腐病，因为都是蜜蜂幼虫期生病，故民间统称为"烂子病"，这种叫法其实是不科学的，应该对它们加以区分。为了给养蜂者检查、治疗时提供方便，特开列表 5-1，供防治时参考。

表 5-1　中蜂囊状幼虫病与欧腐病的区别

比较项目	中囊病	欧腐病
病原	中蜂囊状幼虫病病毒，属病毒性病害	主要为蜂房链球菌，属细菌性病害
幼虫染病死亡阶段	1～2 日龄幼虫感病，5～6 日龄大幼虫期死亡，即在幼虫封盖后、化蛹前死亡	1～2 日龄幼虫感病，3～4 日龄盘曲幼虫死亡，即死亡幼虫绝大多数在封盖之前
发病季节	主要在春秋两季，特别是骤冷骤热的蜂群春繁期。夏季高温期病情消失。南方多发生于 3—4 月，北方多发生于 5—6 月	春秋两季易发病，夏季有时也会发生
发病症状	1. 死亡幼虫的典型症状为头尖上翘，俗称尖子，立蛆。用小镊子将死幼虫夹出，呈上小下大的囊袋状，幼虫表皮与虫体之间有一层清液 2. 死亡虫量较多，通常在子脾上呈片状分布 3. 由于死幼虫多，工蜂在打开房盖后常来不及清理，部分死幼虫虫体会出现瘫软塌陷；或因工蜂清理搬运，个别虫尸会发生扭曲。死亡时间较长来不及清理的死幼虫，虫体会变黄或变浅褐色，有时在其头部会呈现出黑色的口沟 4. 患中囊病蜂群的子脾上，由于工蜂要清除封盖后的病死幼虫，会咬开房盖，故封盖子脾上常会出现许多细小穿孔 5. 处于中囊病恢复期的封盖子脾也会出现插花子脾现象 6. 中囊病发病主要与蜂种的抗病性有关，所以有时群势较强的蜂群也会发病	1. 死幼虫通常在巢房内呈 C 字形（盘曲幼虫），死幼虫体色呈乳白或灰白、黄白色，失去正常幼虫的珍珠般、亮晶晶的光泽 2. 死亡幼虫多呈不规则的散点状分布，严重时也有成片的。发病初期由于死幼虫少，分布零星，不易察觉 3. 由于病死幼虫较小，工蜂易于清理。工蜂清理后空出的巢房，蜂王又会继续在其中产卵，孵化为幼虫后其中部分幼虫又会感染死亡，所以巢脾上会形成卵、幼虫、封盖蛹间杂的插花子脾。因为大部分幼虫死亡，能封盖出房的幼蜂少，常会出现长期见子不见蜂，蜂群群势下降的情况 4. 由于此病的死亡幼虫多发生在封盖之前，所以工蜂无须打开房盖，一般在封盖子脾上看不到细小穿孔 5. 强群保温、清巢能力较强，故多数表现为较弱的蜂群发病

蜂海问道

（续）

比较项目	中囊病	欧腐病
对症药物	1. 对中囊病应采取抗病毒治疗，不使用抗生素。应采用抗病毒862、盐酸金刚烷胺粉以及其他市售抗中囊病的药物，按说明使用 2. 用药时，每10框蜂还可添加1粒病毒灵 3. 推荐的中草药方： （1）贯众、金银花各50克，甘草10克，加水煮沸15分钟后过滤，添加1:1的糖浆饲喂，可喂10~15框蜂 （2）华千金藤50克，复合维生素10片。先用水加中药煮沸后15分钟过滤，然后加入1:1的糖浆和维生素片（化水）喂蜂。以上剂量可喂蜂20~40框蜂 另外也可将上述药物或不加糖的中药滤液直接喷脾喷蜂。喂或喷，隔天1次，4~5次为1个疗程	用土霉素治疗，8~10框蜂用药200毫克，药片用水化开后混在1:1的糖浆中喂蜂，也可化水后直接对蜂群逐脾喷雾。喂或喷，隔天1次，2~3次为一个疗程

说明：用药治疗病群时应结合采取如下措施（也可说是治疗蜂病的标准程序）：

1. 如病群不多，应尽快将病群转移到距本场2千米外的地方，进行隔离治疗。

2. 对病群扣王断子，缩脾紧脾，打紧蜂数，促使工蜂尽快拖子（死幼虫）清巢，减少和切断病源。提出的病脾要立即烧、埋或做消毒处理。

3. 关小病群巢门，防止盗蜂，以免传染其他蜂群。

4. 对弱小的病群要及时相互合并。

5. 凡病情严重的蜂群，应采取换箱、换脾、换王等"三换"措施，实行综合治疗。所有病脾抖蜂提出后要连框立即深埋或烧毁，换下的蜂箱、隔板、覆布等蜂具要进行严格消毒。

中囊病发病严重时，有时也会同时并发欧腐病，造成二者混合感染，如出现上种情况，也可同时配合使用土霉素治疗。

早春极端气候条件对中蜂生存率及春繁效果影响的探讨

——兼谈从饲养管理角度防控中囊病的措施

我国南方地区2019年早春长期低温阴雨持续的时间，打破了近100多年来的历史记录。就贵阳地区而言，自2月6日（大年初二）出现两个晴天后

（此时大部分蜂场开始包装春繁），一直到3月25日，其间一共47天，总计晴天日数仅为12天，仅占25.5%，且气温变化剧烈，晴天白天气温有时会达到20℃以上，最高时达28℃，但隔天气温就会呈现断崖式下降，陡降十四五度。

由于长期低温阴雨寡照，花期推迟，蜂群不能进蜜进粉，且无适当外出排泄的机会。许多蜂场由于对早春恶劣天气估计不足，越冬前蜂群贮备饲料不够，导致蜂群大量死亡。存活的蜂群繁殖速度慢，与往年同期蜂群群势相比，群势普遍偏弱，部分蜂场甚至还发生了中囊病。

一、超长期低温阴雨，导致2019年早春蜂群大量死亡

贵州多地（如岑巩、锦屏、息烽、台江、大方、黄平等县），均反应由于受长期低温阴雨的影响，蜂群饿死的情况严重。其主要原因是养蜂员按往年的规律办事，没有估计到2019年早春会有如此恶劣的超常低温阴雨天气，2018年秋季没有给蜂群充分备足越冬饲料。蜂群饿毙的情况，在政府实施养蜂扶贫项目的地区尤其严重，这些地区养蜂员多为刚入行的新手，毫无管理经验。据调查，蜂群死亡率达到50%～70%，个别蜂场甚至达90%。不要说这些新手，就连有多年养蜂经验的老养蜂员，2019年蜂场也出了问题。

笔者在走访的过程中，发现凡能生存下来的蜂群，巢内均有比较充足的饲料。此外，有些人还利用天晴之机，适当给蜂群补饲了糖浆。在岑巩县一养蜂户家中发现一群蜂有一只蜂王，周围只有二三百只工蜂，也存活了下来（图5-14）。其存活的原因，就是巢脾中还有不少饲料。这说明，只要越冬之前（贵州省约在9月底至10月初）给蜂群留足和补喂了饲料，一脾蜂有1.5～2千克的封盖蜜，蜂群完全能够安全过冬及度过早春恶劣天气，保群是完全没有问题的。关于这一点，养蜂员一定要引起高度重视，不要抱有侥幸心理，越冬饲料宁可多，不可少。

图5-14　顺利越冬后的极弱蜂群

类似2019年的这种情况，2012年、2017年都曾发生过。据湖南省桂阳县侯知柏、耒阳市徐传球等报道，2012年1月起到3月10日，共计70天，其中仅1月31日晴1天，2月19—22日这四天是多云天气外，其余65天均为低温阴雨天气，导致许多蜂群饿死、排泄不畅，部分蜂群发生大肚病。低温阴雨范围波及

广东、广西、湖南、湖北、江西、贵州多地，造成油菜蜜减产。早春出现长期低温阴雨的气候现象，并非个别年份的偶然现象，因此应引起足够的重视。

二、中蜂早春繁殖的方法、措施与中囊病发病率的关系

笔者等在贵州、湖北两省调查，由于受到2019年早春超长时间低温阴雨、温度剧烈升降的影响，一些蜂场发生了中囊病。但是，在同样的气候条件下，也有完全不发病或仅有个别群发病的蜂场。

调查发现蜂场发病与否与蜂场春繁采取的方法、措施有很大关系。例如，贵州省桐梓县童师傅的蜂场（230群），今年没有发病。他采取的措施，一是搬到低海拔（300米左右）、气温较高、能避风的夹皮沟里采野樱桃、菜花春繁；二是越冬之前充分喂足了饲料，春繁时不采取紧脾的措施，顺其自然，直至雨水节（2月底）气温较为明显回升后，再将多余的巢脾抽出。春繁期间总共奖饲了3次，每次喂量很少（2个小时内搬完），其中加了一些预防中囊病和欧腐病的药物（但从其提供的中草药药方上看，并不具备抗中囊病的作用）。不喂花粉（因巢脾中有花粉），不加包装，不对蜂群做过多干预。到3月20日左右蜂量已达4框蜂，子脾面积大，春繁效果好。另外，笔者在调查中也发现，管理粗放的蜂场反而没事，到3月20日左右，蜂群未紧脾，不喂粉，不保温，只要巢脾中有饲料，蜂群没有死，子脾正常，未发病。

湖北的情况大抵如此，饲料充足、粗放管理的蜂群没有事。而完全按照意蜂那套管理办法，过早包装、紧脾、奖饲蜜粉的蜂场反而可能会发病。如湖北省荆门市的郭家友蜂场，去年繁蜂就按意蜂的管理办法，提前包装、喂蜜喂粉，发生了中囊病。2019年吸取了前一年的教训，没有这么做，蜂群健康。

从贵州省多年的气象资料可以看出，贵州省除黔西南州、黔南州、黔东南州南部地区及北部边缘地区外，其余地区1月下旬至2月上旬气温普遍偏低，旬平均气温一般都不足6℃（表5-2），且寒潮频繁，气温变化剧烈。此时油菜尚未开花，外界蜜粉源严重不足，工蜂多数时间也不能外出采集。如这些地区提前在1月下旬至2月上旬包装春繁，紧脾繁殖，喂糖喂粉，会促使蜂群提早繁殖，蜂王过度产卵。喂糖喂粉，又会人为过多地干扰蜂群，尤其在气温较低的时候，会降低蜂群的正常巢温和蜂群的抵抗力。正常年景，早春气温较高的年份影响还不大，若遇到像2019年这样恶劣的天气，就会出问题。然而，在越冬前给蜂群充分留足饲料的前提下，如果早春顺其自然，让蜂群自然感知外界的气温、蜜源情况，自身调节其产卵量，这样在外界气温剧烈变化的阶段（1月下旬至2月上中旬），其巢内子脾就会控制在一定的范围内，这样就会大幅减少不良气候对蜂群的冲击，从而保证了蜂群健康、正常的繁殖。中囊病在

早春、油菜花前期是高发期。早春气温低且极不稳定，正常年份如此，2019年更为特殊，这是谁也难以改变的客观规律。但是，人们完全可以在充分认识和掌握客观规律（包括气象条件和蜂群的发病规律）的基础上，采取相应的措施，防止和降低病害的发生。也就是说，在过去经常所提"防病治病"的基础上，还应当再加上一个"避病"的措施。

表 5-2　贵州省部分地区历年 1 月下旬至 3 月旬平均气温对照

时间	贵阳	息烽	遵义	正安	桐梓	江口	锦屏	麻江	台江	纳雍	大方	开阳
1 月下旬	4.2	4.7	4.1	5.6	3.9	5.4	5.5	4.7	5.2	4.7	2.4	3.1
2 月上旬	4.1	4.9	4.6	5.7	4.7	5.9	5.6	5.9	5.8	4.2	1.8	2.2
2 月中旬	5.4	6.0	6.0	6.5	4.7	6.3	5.8	6.2		5.5	1.2	3.3
2 月下旬	5.1	8.5	5.6	6.6	6.0	6.7	6.9	8.7	6.3	4.6	3.0	2.8
3 月上旬	9.0	11.7	9.4	10.2	8.5		9.9	11.2	9.6	8.8	6.8	6.7
3 月中旬	11.9	11.8	12.2	12.8	11.7	11.5	12.2	11.0	11.9	11.8	8.1	10.8
3 月下旬	11.8	14.1	10.7	12.9	11.8	12.0	1.31	13.7	12.4	12.0	10.1	9.0

注：本表为 1956—1970 年 15 年贵州省气象系统实测值。

　　根据笔者 2019 年春季在贵州省息烽县观察，2 月上旬立春后包装春繁的蜂群，于 3 月上旬开始出现病情，3 月 15 日前后为蜂群发病率和发病幼虫死亡的高峰期。3 月下旬，尤其自 3 月 27 日以后气温明显回暖，日平均气温 12～15℃，白天最高气温 20～28℃，病情即明显趋于缓和，尤其是轻病群，蜂群清巢速度明显加快，幼虫死亡率显著下降。重病群经采取"三换"措施之后也逐渐趋于康复。这种情况，与笔者 1985—1986 年连续两年在贵阳地区（息烽县属贵阳市管辖），不间断对中囊病病情监测的结果高度吻合一致（两年发现幼虫死亡高蜂均出现在 3 月 15 日前后，此后即呈迅速下降趋势）。因此，如将蜂群包装春繁的日期从立春推迟 15～20 天，使幼虫出现的高峰期正好处于 3 月中下旬气温的上升期，从而错开了 2 月上旬至 3 月初气温低迷、寒潮阴雨频繁、幼虫对中囊病易感高发的阶段。加之进入 3 月后，此时外界油菜、山花流蜜吐粉，蜂群繁殖条件明显改善；且因气温较高，蜂群活跃，工蜂清巢能力增强，从而极大地提高了蜂群的群体免疫力，必然会显著降低蜂群的发病率。因此，基于上述原因，从饲养管理的角度防控中囊病，建议中蜂适时包装春繁的时间，一般应掌握在当地旬平均气温接近或达到 6℃左右的时期。在此之前，应先让蜂群根据外界情况，自行调控产卵、繁殖的速度，不应过多对蜂群进行人为干预。当然，在推迟春繁之后，对蜂群适当保温包装，缩脾紧脾，并根据外界流蜜及群内饲料情况，酌情奖饲补饲，仍然是必需的。

提到早春包装春繁，原来的目的主要是为了繁蜂打油菜蜜。但近些年来油菜面积大幅减少。另外油菜作为越冬之后的第一个蜜源，油菜蜜中多半混有过冬的饲料糖，口感也较差，在市场上的价格较低，许多养中蜂的地区都把主攻方向放在了口味、质量较好的夏、秋季蜜源上。因此，提前包装春繁、抢打油菜蜜的重要性对于目前来说，已不如过去那么重要了。蜂群在油菜花期的主要任务就是恢复群势，健康繁殖，为实现下一阶段的生产目标打好基础。只要在越冬前充分喂足饲料，适当延后春繁，错开菜花期前这段温度低、变化剧烈的不利天气，顺其自然繁殖，实行粗放式管理，应该是今后预防中囊病发生、变被动为主动的一项重要措施。贵州省开阳县有一个养蜂师傅就说过，只要在越冬之前喂足饲料，春季管理时少奖饲或不奖饲，蜂群繁殖虽然看起来比别人晚一些，但蜂群不生病，减少了许多工作量和不必要的麻烦，这也是他近几年在对付中囊病的实践中，摸索总结出来的宝贵经验。

看来越冬保群也好，适当推迟春繁、降低中囊的病发病率也好，都需要在秋繁时把蜂群的饲料准备充足，这就是蜂业界常说的"一年之计在于秋"这句话的道理所在。只要秋季做好了工作，无论是蜂群安全越冬，还是顺利春繁，就可以做到"任凭风吹浪打，胜似闲庭信步"了。

中囊病治愈记

贵州省某县两蜂场于 2019 年春天发生中囊病，其中一个蜂场 2 月下旬自外地购入 59 群蜂，到其他县采油菜。买入后不久即发现蜂群不健康，有 3～4 群发病，开始用土霉素治疗无效，3 月中旬病情逐渐严重，并陆续蔓延至 30 多群。4 月初搬回当地，在专家的建议下，进一步缩脾紧脾，密集蜂数并扣王，将病群与健康群分开，搬到另一场地隔离治疗。用药主要为中药元胡加千里光，等量加水煎汁，再加囊虫康复液（仅前一两次用）。除喷脾外，另在药液中加入清毒过的蜂蜜喂蜂，喷、喂结合进行。于 4 月底、5 月初，轻病群经扣王 15～20 天后，脾中的死幼虫被清理干净，弱群互相合并。由于该场新建，难以调脾换脾，故对病情严重、烂子多的蜂群，先抖蜂在箱中，提出巢脾摇蜜后，将脾浸泡在中药液中二三十分钟，用摇蜜机将脾中的幼虫（包括死的和活的）甩出，再放入巢箱中，让蜂王产卵。其他场地健康无病蜂群分出来的新王交尾成功后，随新王带蜂两脾调过来，将病群与健康群合并。由于新王满足不了全部蜂群的需要，待病群断子，彻底清理完巢脾中的死幼虫后，再放开老王产子。至 6 月中旬检查，42 群中只有 3 群未换王的蜂群仍有病，但一个脾上仅有个别死幼虫（这些病群继续再隔离换王）。其余蜂群均已痊愈（图 5-15 和图 5-16）。

图 5-15　科技人员对病愈蜂群抽样送检

图 5-16　该场病愈蜂群的子脾

另一蜂场 2018 年秋季 200 群蜂中发现有个别蜂群发病，采取换箱换脾处理后平息。2019 年春繁后，于 2 月底、3 月初有极少数蜂群发病。病群在本场用换箱、换脾、扣王断子、用药（中药加囊虫康复液）等措施处理，但仍有扩大蔓延的趋势。5 月下旬该场决定将病群（16 群）迁到其他地方隔离治疗。隔离之初仅喂过 2～3 次中药，此后不再用药。随着扣王断子后群势进一步减弱，再次缩脾紧脾。并从无病群中培育人工王台，介绍给病群。由于 2019 年低温阴雨天多，一直持续到初夏，第一批新王只成功一半。其中有两群今年的新王群仍有少量烂子，于是又继续扣王断子，并继续介入王台，让新王交尾产卵。凡交尾的失败的无王群，则并入有王群。最后 16 群挽救了 8 群。蜂群减少的原因主要是新王交尾失败。于 6 月中旬检查，剩下来的 8 群蜂已全部治愈。病愈群子脾整齐大张，相当漂亮（图 5-17）。

图 5-17　示病愈后蜂群的子脾

蜂海问道

由此看出，蜂群一旦发生中囊病后，不管轻重，应立即搬迁隔离，这是首要措施。接着采取缩脾紧脾、扣王断子清巢等措施，再从无病群或抗病群中移虫，人工育王或用它们产生的自然王台给病群换王，即可有效地控制中囊病。经贵州大学、中国农科院蜜蜂所分别进行 PCR 循环检测，上述两场转为健康的蜂群，其成蜂体内均未再检测出病毒，说明采取上述方法，已将病群彻底治愈。

成功治疗中蜂欧洲幼虫
腐臭病的两个案例

2019 年 6 月中旬，贵州省息烽县有养蜂员告诉笔者，他家有几群蜂发生了病情，症状不像中囊病，子脾花，脾上以卵和幼虫为主，只有稀稀疏疏不多的封盖子，蜂群群势也有所下降，请笔者去帮忙诊断，经过观察，在脾上发现了为数不多的几个死幼虫。死幼虫均为封盖前的盘曲幼虫，症状与欧腐病的症状相似，于是拍照取证（图 5-18 和图 5-19），并建议他用土霉素片研细化水，喷雾治疗。用量为每群 200 毫克。该场隔 3 天用药一次，总共只喷了两次。10天后蜂群已经治愈，虽然子脾仍显得有些不正常（发病时形成的花子脾恢复后留下的后遗症），但已有大量正常的封盖子（图 5-20），现已转到其他场地采蜜。

图 5-18　示欧腐病的花子脾

图 5-19　圈内示脾上病死幼虫

6 月下旬，桐梓县某蜂场亦发生类似病情，200 多群蜂有 10 多群发病，症状同上一案例。笔者亦同样建议他用土霉素治疗。他们将这 10 多群蜂分为三组，其中第一组全部采用药水喷脾治疗，隔天一次，连治三次。第二组为第一、二次喷雾，第三次喂药，每次喂药物糖浆 250 g（含土霉素 200 毫克）。第三组为第一次喷雾，第二、三次喂药。喷、喂均隔天一次，治疗后病情得到有效控制。经观察，三组处理的效果都差不多，其中喷雾的效果似乎表现得快些。10 天后，所有病群的子脾均已正常封盖（图 5-21）。

用土霉素治疗中蜂欧洲幼虫腐臭病的效果好，且治疗成本极低。

不管是哪种蜂病，只要及时发现，诊断准确，对症下药或采取相对应的措施，都可以取得很好的治疗效果。

图 5-20　息烽县某蜂场治疗后的康复子脾

图 5-21　桐梓县某蜂场治疗后的康复子脾

新报道的蜜蜂鸟害与"鼠"害

一、新报道的蜜蜂鸟害

曾经报道过的蜜蜂鸟害有多种，如蜂虎〔包括栗头、绿喉、栗喉、蓝喉等种类，属佛法僧目（Coraciiformes）蜂虎科（Meropidae）〕、啄木鸟（Picinae）、伯劳（Lanius）、大山雀（Parns major）、雨燕（Apodiformes）等。

2018 年和 2019 年，笔者在贵州新发现一种啄食蜜蜂很厉害的鸟，属雀形目（Passerifomes）鹎科（Pycnonotidae）短脚鹎属（Ixos），与蜂虎不是一个科，叫绿翅短脚鹎（*Hypsipetes mcclellandii holtii*）。该鸟能在空中和蜂箱附近捕食和啄食蜜蜂，在春季气温较低的时期（平均气温低于8℃以下）和雨雾天气，常到蜂场附近结群活动，一次可有几只到一二十只不等，大概此时由于蜜蜂翅膀被雨淋湿，飞行不灵活，容易被它们捕食。2019年贵州省息烽、修文、遵义、岑巩及云南楚雄等地的养蜂员均反映蜂场上有此鸟危害。笔者等这次除猎获标本外，还抓拍到了该鸟食蜂的镜头（图5-22、图5-23和图5-24）。

图5-22　绿翅短脚鹎捕蜂场所

图5-23　绿翅短脚鹎正在吞食蜜蜂

该鸟的外形特征是（图5-25和图5-26）：额至头顶、枕栗褐或棕褐色，羽形尖，先端具显明的白色羽轴纹，到头顶后部白色羽轴纹逐渐不显和消失。颈浅栗褐色。背、肩、腰橄榄绿色（指名亚种）、橄榄褐色或灰褐色，微带橄榄绿色（云南亚种）或橄榄棕色（华南亚种）。尾橄榄绿色，两翅覆羽橄榄绿色（云南亚种）或橄榄棕色（华南亚种）。眼先沾灰白色，耳羽、颊锈色或红褐色，

图5-24　绿翅短脚鹎正在吞食蜜蜂

颈侧较耳羽稍深。颏、喉灰色，胸浅棕或灰棕色，从颏至胸有白色纵纹，其余下体棕白色或淡棕黄色，两肋淡灰棕色，尾下覆羽淡黄色，羽缘淡黄或橄榄绿色，翼下覆羽棕白色。虹膜暗红、朱红、棕红或紫红色。跗蹠肉色、肉黄色至黑褐色。喙深黑色。据有关资料描述，黄喉蜂虎的头部及两颊及喙呈蓝色，与本种特征不相符，且为不同的两个科属。由于此鸟与蜂虎等食蜂鸟为不同的鸟类，因此可以认为此鸟危害蜜蜂，本文应为首次报道。

图 5-25 绿翅短脚鹎　　图 5-26 被弹弓打死的绿翅短脚鹎
（贵仁蜂业摄）　　　　（应有祥供稿）

　　该鸟栖息在海拔 600～3 000 米的山地阔叶林、针叶林、针阔叶混交林、次生林、林缘疏林、竹林、稀树灌丛和灌丛草地等各类生境中，尤以林缘疏林和沟谷地带较常见，有时也出现在村寨和田边附近丛林中或树上，食性较杂，主要取食野生植物的种子，也吃部分昆虫。植物性食物主要有果实、野樱桃、浆果、乌饭果、榕果、核果、草莓、黄泡果、蔷薇果、鸡树子果、草籽等。动物性食物主要有鞘翅目昆虫、蜂、同翅目、双翅目昆虫、蚱蜢、斑蝥和其他昆虫。

　　此鸟在蜂场上危害有明显的季节性，一般日平均气温回升到 10～12℃ 后，即很少见到该鸟的踪迹。一是此时蜜蜂飞翔灵活，二是蜜蜂会主动驱离、攻击敌害。贵州息烽县李立刚师傅曾拍了一段视频，一只挂在网上的绿翅短脚鹎被许多工蜂攻击。蜜蜂有时也会攻击出现在蜂场上的鸡或其他禽类（如家鸽、画眉等）。据大方县谢江师傅说，他家曾有几只生蛋母鸡，因经常在蜂场上窜动，而被工蜂围攻致死。息烽县宋师傅因蜂场的蜜蜂螯死邻居家鸟笼中的画眉，还为此赔偿了 1 200 元。蜂场上此鸟来犯多而蜂群抵抗力弱时，可用器具驱离、捕杀。

二、鼩鼱

　　鼩鼱（*Sorex araneus* Linnaeus）为小型哺乳动物，外形似鼠，嘴尖，但个体很小，种类较多（图 5-27）。食虫类的被毛较柔软细密，吻鼻延伸成灵活的吻突，具五趾型附肢，并具钩爪，多距行性，足和尾上有鳞。乳腺开口处具乳头。头颅扁平，脑小，嗅叶较大，嗅觉非常灵敏，但眼睛不发达。食性较杂，喜吃蚯蚓，也吃昆虫（包括蜂尸）及其他食物。我们所见的鼩鼱毛皮为深黑灰色和褐灰色两种，体长约 6 厘米，幼体体长 4 厘米。

　　如蜂群越冬期间放于田间，蜂箱将箱底禾本科杂草压塌并遮光，形成平铺枯死的干草茎，鼩鼱就喜欢在箱底下筑巢（图 5-28）。由于鼩鼱身躯细小，可通过巢门进入蜂箱内，有时生活在箱内，有时亦生活在箱底。

图 5-27　鼩　鼱

图 5-28　蜂箱底部发现的鼩鼱窝
（其中有 6 只幼体）

鼩鼱在箱内主要咬损放置在蜂巢一侧的保温物，如塑料泡沫板（图 5-29、图5-30）、保温用的草框等，并啃食放在蜂巢隔板外侧巢脾上有存蜜及花粉的部分（图 5-31、图 5-32），除此而外，还喜食蜂尸，会将蜂箱周围的蜂尸收集起来，放到箱底其窝边食用，但未见其对蜜蜂有直接危害。

笔者数十年前曾在蜂箱内捕获过一只鼩鼱。最近两年春繁时又在箱内和箱底发现此物。成年鼩鼱跑、跳能力极强，十分灵活敏捷。幼体因未发育成熟，较迟钝。

鼩鼱吃昆虫，对蜂群又无直接危害，理应保护。对此物最好的防治方法就是将退出的巢脾及时提出箱外，另行保存，不给其造成取食危害的机会。

国内报道鼠害的种类多为家鼠或田鼠，属啮齿目（Rodentir）鼠科（Muridae）动物，但鼩鼱则属食虫目（Insectivora）鼩鼱科（Soricidea），与上述常见的鼠类不是一个种，也不是一个目。

图 5-29　被鼩鼱啃坏的保温泡沫板

图 5-30　泡沫板上被啃下掉落箱底的泡沫

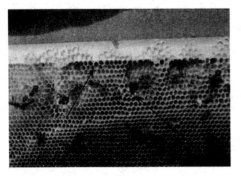 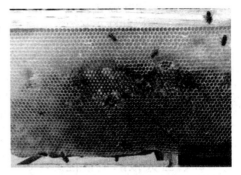

图 5-31　被啃食的蜜脾（箭头所指部分）　　图 5-32　被啃食的花粉脾（箭头所指部分）

我国发生的一种蜜蜂新蚁害

——南美红火蚁

一、发现红火蚁对蜜蜂危害

2019 年 3 月，家住广东省惠州市的刘关星师傅给笔者打来电话，说他的蜂场遭到一种蚂蚁（即红火蚁）危害。刘师傅的蜂场原在山里，2019 年春节时搬到山外边，但仍靠着山。搬场 3 天后，发现蜂场中有几群蜂很混乱，开箱一看，发现这种混乱的蜂群中都有一种小蚂蚁，箱底黑压压的一片。这种蚂蚁个头虽小，但非常凶猛，会主动攻击蜜蜂，蜜蜂被咬后，在箱底下翻滚，然后被蚂蚁肢解、吃掉。巢脾上的工蜂不敢到箱底；蜂箱外的工蜂在巢门口乱飞，不敢进去，蜂群混乱不堪。刘师傅自己也被这种蚂蚁叮咬过。

以前刘师傅的蜂场在山里时，周围也有多种蚂蚁，但对蜂群危害并不严重，一般都不会主动攻击蜜蜂，但这次却不一样。刘师傅收集蚂蚁标本寄给广东省惠州学院的钟平生博士鉴定，才知道这种攻击蜂群的蚂蚁叫"红火蚁"。

刘师傅对受害蜂群换箱，用农药氯氰菊酯喷蚁窝（先挖开）、喷箱、喷蜂箱支架。经过几次喷治，才基本控制住了蚁害。

二、红火蚁的分类地位及目前在我国的分布区域

红火蚁（*Solenopsis invicta Buren*）隶属于膜翅目（Myrmicinae）蚁科

（Formicidae）切叶蚁亚科（Myrinicimae）火蚁属（*Solenopsis*）。原产于南美洲巴拉河流域，是外来物种。因食性杂，竞争力强，繁殖力大，习性凶猛，为世界上最具破坏力的入侵生物之一。20 世纪 30 年代传入美国。红火蚁入侵我国已有十多年的历史，于 2004 传入广东湛江，现已扩散到广西、浙江、江西、湖南、海南、香港、澳门、台湾、福建、重庆、四川、云南、贵州 14 个地区的 300 多个行政县区。广东是发生程度最重和分布范围最广的省份。

三、红火蚁的危害性

红火蚁作为一种杂食性土栖昆虫，一般在土壤下方构建蚁巢，食性很杂，主要摄取植物根系、种子、嫩茎，能够捕杀昆虫（包括蜜蜂）、蚯蚓、青蛙、蜥蜴、鸟类和小哺乳动物，破坏生物多样性，甚至造成家畜死亡。红火蚁对土壤结构造成破坏，损坏农田灌溉工程，影响作物收割，并造成大批森林资源被破坏，严重影响农林业生产。

红火蚁会啃咬电路，影响电气设备正常工作，将绝缘体咬破，造成设备、电线短路。对城市中的景区、绿地、建筑也会造成负面影响，严重影响人们的生活质量、生产安全、旅游业和国民经济的发展。据美国有关调查显示，仅在得克萨斯州，由红火蚁对电器与通讯设备造成的损失就达 14.65 亿美元/年（Lard et al.，2001）。

红火蚁还会直接影响人类的身体健康。红火蚁攻击性强，人们被红火蚁叮咬之后，被叮咬部位会产生红肿、红斑、痛痒及发烧，伤口会引起二次感染。很多抵抗力差、体质敏感的人被叮咬之后，会产生短暂性休克，严重时甚至造成死亡。在广东地区，已出现多起儿童、老人被红火蚁叮咬事件，全国也有个别死亡案例。据美国资料粗略估算，因为红火蚁伤害人类的医疗费用已达 800 万美元。

由于红火蚁对蜂群、养蜂者均有伤害，分布范围广泛，因此应引起蜂业界的足够重视。

四、如何识别红火蚁

一是通过巢穴外观进行识别，红火蚁巢在地面有隆起的土堆状蚁丘，内部呈现蜂窝状（图 5-33 和图 5-34），而一般蚂蚁的巢穴不会隆起。

二是通过是否有攻击性进行识别。红火蚁具有很强的攻击性，可在做好保护措施后（如戴手套、扎紧衣裤等），将棍棒插入蚁巢。如果是红火蚁，则会迅速涌出蚁巢进行攻击。

图 5-33　红火蚁巢　　　　　　　图 5-34　红火蚁巢在地表
形成的蚁丘

　　三是通过形态鉴定。晴天中午用拌药诱饵（火腿肠）放于规格为 50 毫升的多个标本瓶中，置蚁巢 100 厘米处随机散放。标本瓶口面向蚁穴，平放于地面。在做好防护的条件下，用棍棒轻微干扰蚁群，让活动工蚁自由扩散。待工蚁进瓶一定数量后，迅速塞好瓶盖，带回室内鉴定。

　　鉴别是否是红火蚁，可从以下三个方面进行。

　　1. 红火蚁（图 5-35 和图 5-36）体长 2.5～4 毫米，呈棕红或橘红色，形态与一般蚂蚁相近。

　　2. 红火蚁兵蚁头部略呈方形，其大小与身体比例协调（图 5-37）。

　　3. 腹柄节（结节）的数量。腹柄节即结节，为蚂蚁腹部（包括并胸腹、结节和后腹）的一部分，一般连接在后腹部的前端。红火蚁的腹柄节具有两节，且较为暴露，第一结节呈扁锥状，第二结节呈圆柱装（图 5-38）。

图 5-35　红火蚁单体　　　　图 5-36　红火蚁正面观，体棕
红色或橘红色

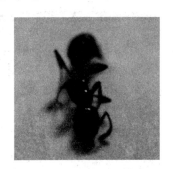

图 5-37　红火蚁头部，形状略呈方形，　　图 5-38　箭头处示红火蚁腹部
其大小与身体较为协调　　　　　　　　　　的结节——腹柄节

通过体长、体色、兵蚁头部长宽比例及与身体大小的协调性、腹柄节的数量这三个特征综合判断，可与其他蚁种相区别。

五、对红火蚁的防控措施

入侵红火蚁的扩散、传播包括自然扩散和人为传播。自然扩散主要是生殖蚁飞行或随洪水流动扩散，也可随搬巢而短距离移动。人为传播主要因园艺植物污染、草皮污染、土壤移动、堆肥及园艺农耕机具设备污染、空货柜污染、车辆等运输工具污染而做长距离传播。

（一）加强进出口检疫

为了能够控制红火蚁危害、蔓延，早在 2005 年，我国农业部门就已将红火蚁列入进境植物检疫性有害生物以及全国植物检疫性有害生物。卫生部也在多年中不断完善《红火蚁伤人预防控制技术方案》，国家林业局也将红火蚁列为《森林危险性有害生物名单》当中。

想要做好红火蚁防控，还需要从进出口产品检疫工作开始。对红火蚁分布国家、我国红火蚁分布地区的产品进行检疫，包括可能携带红火蚁的种子、苗木、草皮、盆栽等植物，以及木制包装、集装箱、原木等传播介质。发现红火蚁要立即杀灭处理。对发现有红火蚁的盆栽苗木、花卉、盆景，可使用氟虫晴、毒死蜱、阿维菌素等药剂配成药液，进行喷雾、浸液或浇灌处理，让药液与红火蚁充分接触和浸入。对新调入的各种园林植物和绿化草皮，可撒布 5%毒死蜱颗粒剂或用 50%毒死蜱溶液稀释后均匀喷施药剂灭蚁，禁止红火蚁发生区的淤泥、堆肥和垃圾等运出。

原来没有红火蚁分布的地区，发现红火蚁后，要及时向当地政府、农业、林业、卫生部门报告，以便采取有效措施及时进行防控，防止进一步扩散。

（二）对红火蚁的防控措施

红火蚁的繁殖力极强，一般每穴有3～5只蚁后。每只蚁后每天产卵1 000粒，这意味着一个成熟蚁巢每天有3 000～5 000只红火蚁降生，数量巨大，目前尚无天敌有效抑制。

对红火蚁的防治方法有物理防治、生物防治、化学防治。生物防治方法有 α-三联噻吩、淡拟青霉、绿僵菌、白僵菌、苏云金芽孢杆菌、红背桂提取物、马缨丹提取物等，但现大都处于研究阶段，仍未在实践中大量运用。

当前对红火蚁的控制仍以化学防治为主。其中又有饵剂防治、喷粉防治、药液淋灌3种方法。其中饵剂防治是最常用的防治方法，市面饵剂的有效成分有多杀霉素、茚虫威、氟蚁腙、氟虫腈、氟虫胺、舒绝、苯氧威等，有效成分含量为0.05％～0.5％。其中报道0.04％～0.05％茚虫威（黄俊等，2009；谭德龙等，2016；姜浔等，2017）、0.05％氟虫腈、0.05％溴虫腈（姜浔等，2017）有较好的防治效果，防治后蚁群级别降低率可达91.44％～100％。

1. 饵剂防治　选择晴天，施药期间气温在20～35℃、地面干燥时用上述专用饵剂诱杀，用药量依蚁巢大小而定，在蚁巢10～100厘米远处点状或环状撒放毒饵。严重发生区域，当蚁巢密度大、分布普遍时可采用防治单个蚁巢和普遍撒施相结合的办法施用毒饵，并适当加大毒饵的用量。一般需施用2次以上。

2. 喷粉防治　用粉剂灭巢的优点是能够对蚁后产生威胁，进而杀灭全巢。缺点是施药操作要求细致，只能用于防治较明显蚁巢，不能用于防治散蚁及不显蚁丘。这种防治方法在操作时主要破坏蚁巢，待工蚁大量涌出后迅速将药粉均匀撒于工蚁身上。通过带药工蚁与其他蚂蚁之间的接触传递药物，进而毒杀全巢。撒药应在气温15℃以上时使用，下雨、风力大时不能施药。破坏蚁巢程度要尽量大些，应至少破坏蚁巢地面以上部分（蚁丘）1/3及以上，且温度较低，破坏蚁巢程度应越大。

华南农业大学红火蚁研究中心专家表示，防治红火蚁推荐药剂多为低毒的卫生用药，不要购买普通高毒农药防治。否则不但不能根除红火蚁，还会导致红火蚁分巢，从一个蚁巢变为多个。

广东省农业农村厅植保植检处建议，诱杀红火蚁最好将饵剂与粉剂结合，好的饵剂、粉剂两个阶段杀灭效果可达95％以上。据基层植保部门反映，近两年使用较多、效果较好的药剂为茚虫威、氟蚁腙的饵剂和高效氯氰菊酯、红蚁净粉剂。

3. 药液淋灌　将毒死蜱、氯氰菊酯、阿维菌素等，配成药液淋灌蚁巢，每巢用药量为 10～15 千克。

六、被红火蚁叮咬后的救护措施

人一旦被红火蚁叮咬，应立即冲洗伤口，注意清洁卫生，避免抓挠，在伤口处涂抹清凉油、类固醇药膏等缓解和恢复。一旦出现过敏症状，如出现红斑、皮疹、头晕、发热、心搏加速、胸痛等症状，应立即就医，并告知致敏原因，做脱敏、抢救处理。

第六篇

蜜源与授粉

建立蜜源植物丰富度评价体系的研究

一、开展蜜源植物丰富度评价体系研究的重要性和必要性

蜜源植物是养蜂生产的物质基础，如果没有蜜蜂可利用的蜜源植物，就根本无法谈养蜂生产，可以这么说，养蜂业是对当地自然资源依赖度较强的一项产业。这对定地和小转地饲养，且又以生产天然蜂蜜为主的中蜂来说，蜜源植物的重要性，无论怎么强调都不为过。

近些年来，由于我国农村人口大量向城镇转移，减轻了农村土地的人口压力，毁林开荒、毁林砍柴的现象逐渐减少，使得天然植被得以恢复，生态环境、中蜂的生存环境有了极大改善，蜂群数量有了明显的恢复和增加，中蜂生产因此有了较好的发展基础。再加上近些年来我国国民经济的快速发展，人民生活水平不断提高，崇尚天然、自身保健意识不断增强，以及对食品安全关注度的提高，给中蜂蜜（或土蜂蜜）的销售市场及价格的提升提供了很大空间。中蜂蜜的市场价格往往是意蜂蜜的 2～3 倍，在一些地方，一千克中蜂蜜的价格甚至可以卖到 200～400 元，农民养一箱蜂能收入几百甚至上千元。显著的经济效益，使一些贫困地区的政府把养蜂当成扶贫、脱贫的一项重要手段，甚至整乡、整县推进。

从贵州省中蜂生产总体情况看，一些地区发展较好，而在另一些地区发展并不完全尽如人意，甚至走了不少弯路。究其原因，除当地缺乏养蜂技术人才、技术服务跟不上外，还有就是对当地发展养蜂业的情况没有摸清，尤其是对蜜源植物的状况缺乏了解和判断。

过去对蜜源植物的了解仅局限于蜜源植物的种类上，但对于数量的概念，尤其是对野生蜜源植物则比较模糊，缺乏一个定量的标准。因此，开展蜜源植物丰富度的研究，建立起一套相对完善、客观、科学的评价体系作为标准，供各地在相关项目立项之前，比较清楚地了解到当地蜜源植物的种类、数量、流蜜量、蜂蜜品质，以及气候状况对植物泌蜜、蜜蜂采集的影响，进行综合评价，以确定在哪些区域重点发展，发展规模、饲养管理模式、转地放蜂路线等，作为当地养蜂生产的参考指标和科学依据，是非常重要和必要的。

二、蜜源植物丰富度的评价指标设定及评价体系的建立

目前，有关蜜源植物丰富度的评价指标研究在国内尚属空白，为此，笔者等根据相关调研结果，特提出以下 5 个评价指标，即蜜源植物的种类、数量（蜜源植物丰富度）、主要蜜源的流蜜量、主要商品蜜的品质以及气候配合度等。原则是简单、实用、有效，易于实施。

（一）调查取样方法

结合踏查法与详查法了解所调查区域的蜜源植物概况。在有代表性的调查区中，选择地形变化大、植被类型多、植物生长旺盛的地段进行踏查。踏查路线可根据调查地形和植被的复杂程度、蜜源植物分布均匀程度以及调查精度的要求，选择间隔法或区域控制法。在此基础上访问调查对当地植物有研究的相关人员以及当地居民，参考地方《植物志》，对选定范围内的蜜源植物进行详细调查，掌握蜜源植物的种类、数量及分布情况。

对某一地区蜜源植物丰富度进行评价，需在该地区选择具有代表性的 3 块样地，每个样地面积 20 米×20 米，采用四分法将该样地平均分割为 4 个 10 米×10 米的样方，取对角线上的两个样方进行蜜源植物实地调查。采用丰富度指数（Richness Index）、香农指数（Shannon-Wiener Index）和辛普森指数（Simpson Index），统计分析样地内蜜源植物的丰富度、多样性以及均匀度。

（二）评价指标的确定

1. 蜜源植物的种类 在建立评价体系前，首先要对当地的主要和辅助蜜源的种类、分布进行调查。在评价报告中，应当作为报告中的一项主要内容来提及。

由于蜜源植物的"种类"本身是难以量化的，且同一个流蜜期有多种蜜源植物在流蜜，各种蜜源流蜜量、对蜂蜜产量的贡献率也不一样，不好区分。为此，我们将全年分为春季、夏季和秋季三个蜜源期，按是否能取到商品蜜或是只能满足蜂群的繁殖来作为判分的依据。

2. 蜜源植物丰富度 栽培蜜源植物可以到当地有关部门查询，通常以面积来表示。

野生蜜源植物的情况则比较复杂，其生长环境不同，分布常有区域性、不均匀性、不连续性，形成大小不等的自然群落。测算蜜源植物丰富度时，按照本文介绍的调查取样方法选择样地。再有，对野生蜜源植物的完全准确量化有一定困难，所以在不同地区用同一系统进行比较的结果，具有相对性。

3. 流蜜量 主要蜜源植物的流蜜量、流蜜规律可查资料参考，也可用微

量吸管进行实测。国内曾经有学者对东北地区蜜源植物的流蜜量用蜂群采集法进行过实测，但作为一般立项时不一定有条件去进行。因此，在建立体系时可到当地养蜂户中去调查，以其常年群均产蜜量作参考。为统一标准，老式蜂桶的产量可以翻倍计算（产量相当于活框饲养的一半）。

4. 蜂蜜品质 指商品蜜的色、香、味、形等影响品质的感观和性状。蜂蜜品质往往会影响市场销售量及价格。优质和有特点（比如香味、保健价值）的蜂蜜数量越多，开发的价值就越大。

中蜂产蜜量没法与意蜂相比，但许多中蜂蜜很有特点（如野桂花、野坝子、鸭脚木、野藿香蜜等），往往也是消费者愿意出高价购买的卖点，同时也是本评价体系中需要考虑的一个因素（质量、售价、产值）。

5. 气候配合度 气温、降雨等气象因素，往往会影响植物开花泌蜜以及蜂群出勤、采集。如果没有良好的气象条件配合，会影响蜂群的采蜜量，降低蜜源植物的利用价值，如女贞在贵州许多地方都有，但其开花在 6—7 月，往往时逢雨季，很难成为重要的蜜源植物。柃（野桂花）在我国南方山区分布广泛，能生产野桂花蜜的地区一般在海拔 700 米以下、冬春气候比较温暖的地方；海拔 700 米以上的地区，不能成为主要蜜源。

中蜂因为多生活在山区，山区粉源丰富，且中蜂以产蜜为主，所以本体系主要考虑的是蜜源植物，粉源植物只作参考。

（三）评价体系的建立

建立评价体系，就是根据实地调查后，给上述 5 项指标分别打分，然后再根据各项指标在体系中的权重重新计算，进行综合评分，对该地区蜜源植物的丰富度做出客观评价，指导生产实践。

因各项指标评价内容不一，现将各项指标的评分标准分别说明如下。

1. 蜜源种类 此处所指不是具体的某一种蜜源植物，而是统指某一季蜜源植物能否提供商品蜜，或只够繁殖之用，给予判分，如春季蜜源植物指大面积的油菜、紫云英、苕子、荔枝、龙眼等；夏季主要蜜源植物有洋槐、乌桕、荆条、漆树、椴树等；秋季主要蜜源指胡枝子、盐肤木、千里光、野藿香、鸭脚木、野坝子、野桂花等（表 6-1）。

表 6-1　蜜源种类的评分标准

蜜源种类	分值（分）			总分值（分）
	春季（2—4 月）	夏季（5—9 月）	秋（10 月以后）	
主要蜜源	33.0	33.0	34.0	100
辅助蜜源	0～16.5	0～16.5	0～17.0	50

如果春季蜜源植物能提供商品蜜（不管数量多少），就记 33 分；只够繁殖之用（即只有辅助蜜源），就记 16.5 分（根据进蜜多少可记 0~16.5 分），如果没有就记 0 分。其他两季也一样，然后将所得分数累加。

定地饲养方式，其蜜源统计只能以当地为准。小转地饲养的蜂场，以能够利用的蜜源为准。就地区而言，蜜源植物的评价宜以乡或县为单位。

2. 主要蜜源植物的数量 大宗栽培蜜源的统计，如油菜、紫云英、绿肥、果树等，应按面积向当地有关部门查询、统计。由于大宗蜜源的评分在上一栏中已有考虑，故在此栏只考虑给野生蜜源植物作调查及打分。野生蜜源种类多，既有乔木，又有灌木、草本，如何对它们进行调查、统计、评价，此前没有一个具体标准，这正是本课题工作的重点和难点。按照本文介绍的调查取样方法进行实地调查，每一个样地计算 6 个 10 米×10 米样方中，乔木、灌木和草本蜜源植物的平均数量，根据所得平均数，按表 6-2 中的株数范围评分。评分时可按实际调查数量多少在表中规定的分值范围内灵活掌握判分。

表 6-2 主要蜜源植物实测数量的评分标准

蜜源植物	乔木（株/100 米²）	≤2	3~10	>10
	灌木（株/100 米²）	<50	60~200	>200
	草本（株/100 米²）	<200	300~500	>500
分值（分）		0~30	31~70	71~100
蜜源等级		少	中	多

以上只是一个取样地点的调查值，如实施项目的区域还有多个取样点，实际评分过程中，按照该地区 3 个样地取样计数判分后再取平均值（$\bar{x}$）进行统计判分。

3. 流蜜量 蜜源植物流蜜量大小往往会反映在蜂群的产蜜量上，所以流蜜量一般以调查当地农户常年平均产蜜量作为评分参考。统计时，老桶的产蜜量应加倍。评分标准见表 6-3。

表 6-3 流蜜量评分标准

常年群产蜜量（千克/群）	<10	10.1~15	15.1~20	20.1~25	>25
分值（分）	60	70	80	90	100

4. 蜂蜜品质 1 类蜜如荞麦、桉树蜜。2 类蜜如油菜蜜、乌桕蜜。3 类蜜如盐肤木（五倍子）、玄参蜜。4 类蜜如大多数老桶产的混合蜜，以及龙眼、荔枝和野藿香蜜。5 类蜜如野桂花、野坝子、鸭脚木、千里光和椴树蜜

等（表6-4）。

表6-4　蜂蜜品质的评分标准

类　别	1	2	3	4	5
蜂蜜特点	蜜味不佳，色泽较深	蜜味无特点，色稍深或浅	蜜味有特点，但无香味	蜜味有特点，且有一定香味	蜜有特殊香味，色较浅，结晶细腻
分值（分）	60	70	80	90	100

5. 主要蜜源流蜜期的气候配合度　1类情况如云南近些年来的野坝子，由于干旱导致野坝子植株死亡或流蜜不佳。2类情况如枇杷蜜源，开花期11月中下旬至翌年1月，易受寒潮影响，本身也有大小年之分。3类情况如贵州夏季的乌桕以及黔西北的野藿香、黔东南的野桂花。4类情况如各地油菜，油菜号称铁杆蜜源，只要当地有一定种植面积，油菜蜜的收入一般还是比较稳定的（表6-5）。

表6-5　主要蜜源流蜜期气候配合度评分标准

类　别	1	2	3	4
开花流蜜期气候状况	流蜜期气候变化较大，不稳产	流蜜期气候有变化，蜜源植物本身也有大小年之分	流蜜期气候有一定变化，常年有产量，但不一定高产	流蜜期气候较好，能稳产高产
分值（分）	50	60	80	100

从前述可见，除主要蜜源植物的数量是实测值以外，其他指标都相对粗放一些。为了提高测评的灵敏度，所以对各项指标所得评分再用权重进行调整。主要蜜源植物数量这一指标的权重设定为0.35，最高。蜜源植物种类及流蜜量权重分别为0.2，气候配合度为0.15，蜂蜜品质权重仅为0.1（表6-6）。

表6-6　主要蜜源植物丰富度综合评分时使用的权重

考察指标	指标分值计算权重	所得分值	
		测评分值	与权重乘积的分值
蜜源植物种类	0.20		
主要蜜源植物数量	0.35		
流蜜量	0.20		
蜂蜜品质	0.10		
气候配合度	0.15		
总（Σ）	1.00		

将各项指标测评的分值分别乘以各自的权重后再相加，就得到该主要蜜源植物丰富度的总分值，然后与主要蜜源植物丰富度的标准模型作比较，即可作为指导当地养蜂生产时的重要参考。

（四）蜜源植物丰富度评价体系的验证

笔者提出的这套评价体系，是否能客观、真实、科学地反映当地蜜源状况呢？我们选出贵州省三个蜜源植物丰富度、蜂群拥有量、养蜂生产发展水平不同的代表性地区，来验证这套评价体系。这三个地区分别是位于贵州省黔北地区的正安县、黔西北地区的纳雍县和黔中地区的紫云县宗地乡。测评结果见表 6-7。

表 6-7　贵州省不同地区主要蜜源丰富度的综合评分

考察项目	不同地区各项指标评分（分）					
	正安县		纳雍县		宗地县	
	考察评分	与权重的乘积	考察评分	与权重的乘积	考察评分	与权重的乘积
蜜源植物种类	100（33＋33＋34）	20	67（16.5＋16.5＋34）	13	50.5（16.5＋34）	10
主要蜜源数量	130（80＋30＋20）	45	80	28	50	17
流蜜量	80	16	70	14	60	12
商品蜜品质	73（70＋70＋80）/3	7	90	9	90	9
主要流蜜期气候配合度	80（100＋70＋70）/3	12	70	10	70	10
综合评分		100		74		58
蜜源指数*	10		7.4		5.8	
当地蜜源实际状况	好		中		差	
蜂群数量（万群）	4.0		2.2		0.1	
平均每平方千米蜂群数（群）	12		8		3	

＊蜜源指数表示当地主要蜜源的丰富度，按综合得分折算，每 10 分为 1 个指数。

正安县是贵州省养蜂重点地区，春有油菜，夏有乌桕，秋季有盐肤木，均能提供商品蜜（得 100 分），常年群均产蜜量 20 千克（得 80 分）。主要蜜源植物的数量虽未实际调查，但可分别判为 80 分（油菜面积大）、30 分（乌桕）、

209

20 分（盐肤木）。主要商品蜜的品质平均分为 73 分（油菜、乌桕蜜 70 分，五倍子蜜 80 分）、气候配合度平均分为 80 分。上述各项指标得分乘以各自权重后相加，总得分 100 分，位居第 1。

纳雍县位于我国西北部，海拔较高，主要蜜源是秋季的野藿香（得 34 分）、春夏季只有辅助蜜源（分别得 16.5 分），蜜源植物种类合计 64 分。年群产蜜量 10～15 千克（评定为 70 分），商品蜜品质为 4 类（评定为 90 分），主要流蜜期 10 月中旬至 11 月中旬，受寒潮影响，评定为 70 分。主要蜜源野藿香数量中等偏上，评定为 70 分。各项指标得分乘以权重后相加，总共为 74 分，位列第 2。

紫云县县宗地乡处于贵州省麻山地区，石漠化现象严重。主要蜜源是秋季野藿香（34 分），春季有零星蜜源（16.5 分），夏季缺蜜（0 分），合计得 50.5 分。当地野藿香长势、密度均不如纳雍县（评定为 50 分），常年每群蜂产蜜量不足 10 千克（评定为 60 分），由于主要流蜜期在晚秋，易受寒潮影响，故气候配合度得 70 分。野藿香蜜有特点，属 4 类蜜（90 分）。用权重平衡后综合得分为 58 分，低于 60 分，列第 3。

根据这套系统的判别结果，这三个地区的蜜源情况分别为好（正安县）、中（纳雍县）、差（宗地乡），与三地蜜源的实际状况高度一致。以上三个地区的蜂群数量也印证了这一点，正安县有蜂 4 万群（中蜂 3 万群，意蜂 1 万群），平均每平方千米有蜂 12 群；纳雍有蜂 2.2 万群，平均每平方千米有蜂 8 群，而宗地全乡有蜂 1 000 群，每平方千米只有蜂 3 群。说明这套蜜源植物数量测评体系是科学、实用和灵敏的。

三、主要蜜源植物丰富度评价体系的运用

蜜源植物鉴定、调查是养蜂学中的一个重要分支。过去蜜源植物调查多侧重于在蜜源植物种类方面，而忽略了数量调查，尤其是对野生蜜源植物数量的调查，因此建立蜜源植物丰富度评价体系，正好填补了有关方面的空白。

建立蜜源植物丰富度评价体系至少可以发挥以下几方面的作用。

1. 通过收集当地蜜源植物的有关信息（如种类、数量、流蜜状况等），并通过这套评价体系作出适当评价，可以为各地养蜂项目的立项审批、制订发展规划、确定发展规模、安排发展布局、明确生产方向、制定有针对性的科学饲养管理模式、设计转地放蜂路线等提供科学依据。这也是认真践行国家提出的科学发展观在养蜂业中的一个重要举措。

2. 各地养蜂业务主管部门、科研单位，可以利用该系统，按自然条件、

气候分类，通过调查研究，建立蜜源植物不同丰富度的标准数学模型，并据此提出相应的标准化饲养管理措施，正确指导不同蜜源类型地区的养蜂生产，提高养蜂生产的效益和水平。

3. 利用该评价体系，从蜜源植物丰富度上，揭示出不同地区养蜂生产方式、养蜂水平和发展差异的原因。

4. 通过该项测评体系，在蜜源植物丰富度较低的地区，开展补充种植蜜源植物的研究，改善当地养蜂生产条件，发展养蜂生产。

蜜源植物丰富度与蜂蜜产量的关系

2017 年 9 月初，正是贵州省大部分地区盐肤木（俗称"五倍子"）开花流蜜的盛期，笔者受惠水县摆金乡摆金村村党支部书记吴天生的邀请，到当地考察咨询。该村 2 个月前自省外购入 336 群中蜂，分别安置在该乡的五个地点养殖，每个安置点养蜂数十到上百群不等。当笔者等到该村各养蜂点考察时，很少看到盐肤本及同期开花的楤木（又称"刺老包"）。打开蜂箱查看，蜂群内进蜜也不多。这种情况，与贵州省其他盐肤木多的地方（如桐梓县、息烽县等）恰好相反。

据笔者了解，贵州省 2018 年五倍子蜜丰收，当时大部分地方已取了一次蜜，正准备取第二次蜜，所以笔者对吴书记说："山上看到的东西（指蜜源植物），与箱内的东西（蜂蜜）是对得上号的"。

事后，笔者特意请吴书记及其他地方的养蜂户（或单位），将其蜂场沿线 2～3 千米的范围内，凡目视可见的五倍子树数目记录下来，并提供其蜂群数及五倍子花期的产蜜量，统计结果见表 6-8。

表 6-8　蜜源植物（五倍子）数量与产蜜量的关系

调查地点		蜂群数量（群）	蜂场沿线 2～3 千米目视可见五倍子树（株）	蜂群平均蜜源占有率（株/群）	五倍子花期平均产蜜量（千克/群）
桐梓县高垭子村		60	300	5.00	5.00
息烽县坪上村		30	200	6.70	6.00
惠水县摆金镇摆金村	砖厂点	110	116	1.00	未取蜜
	高坪点	40	29	0.73	未取蜜
	磨石坝点	58	26	0.45	未取蜜

（续）

调查地点		蜂群数量（群）	蜂场沿线2～3千米目视可见五倍子树（株）	蜂群平均蜜源占有率（株/群）	五倍子花期平均产蜜量（千克/群）
惠水县摆金镇摆金村	大水井点	90	55	0.61	未取蜜
	关山点	113	110	0.97	未取蜜
盘县高原画廊		82	5	0.06	补饲蜜粉

从表6-8中可见，蜂群的产蜜量与其平均蜜源的占有量是密切相关的。桐梓县、息烽县调查点每群蜂占有蜜源5～6株，五倍子花期可产蜜5～6千克，而惠水县摆金村的五个放蜂点，每群蜂蜜源占有率均在1株以下，由于蜜源不足，不敢取蜜。盘县高原画廊五倍子极其稀少，不但没有取蜜，连饲料都不足，还要补蜜补粉，蜂群才能繁殖。还有一点要说明的是，桐梓和息烽除了五倍子较多外，楤木（刺老包）、乌泡、乌蔹莓、鬼针草等多种辅助蜜源也很多。

从这次考察中，也给我们开展蜜源植物丰富度的调查，特别是对乔木类蜜源植物的调查，提供了很好的启示。由于野生蜜源植物不像栽培植物，在野外分布极不均匀，因此如何正确取样，才能真实地反映当地蜜源植物的丰富度，是调查时必须首先考虑的问题。此次考查采用的方法是切实可行的，即以蜂场（或即将建场的地点）为中心点，其左右两侧共2～3千米的路径上（包括公路或小路，因为蜂场都必须建在通路的地方），凡目视范围内可见的乔木类蜜源植物的株数，作为一项重要的参考指标。如果植株生长密度较大，分辩不清；或视力较差，远的地方看不清楚，可借助20倍的普通望远镜作为辅助调查工具。这个方法，不仅对于五倍子树，而且对于其他类似的小乔木或高大乔木，都是一个很适用的方法。

让蜂场更美丽，让蜂蜜更甜蜜

——关于建设"美丽蜂场"的倡议

一、为什么要提倡建设"美丽蜂场"

贵州省政府2014年提出建设"四在农家，美丽乡村"的活动，以此推动贵州农村观光旅游业的发展。另据报道，2016年，贵州省准备打造4 000个乡村旅游点，因此曾经有几个风景区及乡村旅游试点来与笔者联系赴当地考察，想结合旅游业，推动当地农民养蜂。他们说："要发展旅游业，养猪、养牛、养鸡，因有粪便污染，都不合适，只有蜜蜂无污染，既能帮助农户养蜂致富，又能为当地增加一道风景线。"所以笔者认为结合美丽乡村建设，去建设美丽蜂场，是一项非常值得探索的事情。当然，这里讲养蜂，指的是以定地饲养为主的中蜂。

中蜂产品主要是蜂蜜，中蜂产蜜量虽然不如意蜂，但蜂蜜品种很特别（如意蜂难以采到的鸭脚木、枇杷、野桂花、野藿香、百花蜜等），且中蜂蜜主要通过熟人、朋友介绍，实行点对点销售。据广东省昆虫研究所罗岳雄在国家蜂产业体系西南、华南片区2014年总结会上介绍，即使在以中蜂为主的广东省，蜂场自身销售蜂蜜的数量，仍然占到全部产量的70%左右。贵州省赤水市桫椤自然保护区管理局的干部梁盛曾做过一个试验，他自产的蜂蜜绝大部分都是通过熟人、朋友介绍卖出去的。但同样是他的蜂蜜，摆到集市上，就卖得不好，甚至卖不出去。这就说明，中蜂产品的销售主要依靠人脉和口碑的宣传。由于蜂场直销的方式减少了中间环节，受益者主要是饲养者本人，这就为开展"美丽蜂场"建设，有了具体落实的条件和内生动力。

在大多数的情况下，中蜂饲养以定地饲养为主，许多顾客又是亲自登门购买，因此蜂场的环境建设就显得相当重要。如果蜂场周围四时鲜花盛开，环境清洁干净，产品卫生状况良好，显然会给光临蜂场的顾客留下一个十分美好的印象，愿意掏钱甚至高价购买在这种环境下生产的蜂蜜。即使今后蜂场产品实施网络销售，经常把自家蜂场环境以及蜂蜜生产的过程放到网上展示，也会强烈激起消费者购买的欲望。笔者曾到贵州省内外多地讲学（如湖北省、浙江省及贵州省的锦屏县、大方县、桐梓县等），宣扬上述观点，都得到了同行们热烈的反响，觉得这是一个结合发展旅游、大力拓展销售空间、保持市场行情的新的养殖模式。

二、建成"美丽蜂场"的可行性

几十年来，有关部门曾大力提倡种植蜜源植物，可是种植蜜源植物的普惠性（不只是种植者本人）和缓效性，使得许多人望而却步，鲜有人响应。然而现在随着国家稳定发展农村经济若干政策陆续出台（如允许土地流转、延长30年土地承包期、自主种养殖、长期稳定经营等）；蜂蜜价格上涨，饲养中蜂专业化水平和比较效益提高；种植蜜源、改善生态环境对蜂蜜有促销作用，能直接与蜂农经济效益挂钩，因此极大地调动了蜂农种植蜜源植物的积极性。例如，贵州省桐梓县娄山镇娄山村民组养蜂员刘鼎英，2015年自发播种了拐枣苗，经过一年培育，苗高已达120厘米，而且得到了当地养蜂合作社的支持，社员们自愿种树苗，绿化荒山荒地。大方县理化乡果木村复退军人谢绍勇在乡政府的支持下，2014年购蜂30群，2015年养蜂收入达2万多元。通过两年的生产实践，充分体会到蜜源对中蜂养殖的重要性，他将自己蜂场周围的十多亩地流转下来，打算种植油菜、荞麦、拐枣、洋槐、五倍子、一串红等，受到乡政府的重视。2018年秋季，该乡武装部邓部长还亲自掏钱购买油菜种，发动蜂场周边农户种植油菜，以示支持，令人感动。

新的时代需要人们去创造新的营销、生产模式，建设"美丽蜂场"，既是我们这个时代的产物，也是时代赋予我们这代人的光荣使命。

三、怎样建设"美丽蜂场"

在蜂场定地饲养的情况下，一个地方的蜜源条件总是有限的，有的蜂场不是春季缺蜜，就是夏季蜜源不足。因此，建设"美丽蜂场"的关键，就是在绿化蜂场周边环境的时候，种植一些既是景观类植物，同时又是重要的补充蜜源植物，把改造蜂场经营环境和改善养蜂生产条件有机地结合起来。在一些生态环境、蜜源条件不是很好的地方（如石漠化地区），还应考虑到地面植被恢复和防止水土流失的问题。

根据近两年的关注和调研，在建设"美丽蜂场"时，我们特建议种植下列植物（表6-9）。

表6-9　既是景观又是蜜源的植物种类一览

植物名称	蜜源价值	开花流蜜期	景观及其他经济价值	景观期	适种地点
洋槐	乔木，夏初蜜源植物	4月下旬至5月上中旬	花白色，有香味，面积大时如香波雪浪	4月下旬至5月上中旬	荒山荒坡，可作水土保持林
拐枣	乔木，夏季主要补充蜜源，流蜜量大	5月	花白色；果异形，可食用、酿酒、作饲料	5月花期，9—10月果期	荒山荒地，田边地角
山乌桕和家乌桕	乔木，夏季主要蜜源，流蜜量较大	6月至7月上中旬	入秋后叶由绿转黄，渐变红。陆游有"乌桕赤于枫"之句	10—11月	荒山荒地，田边地角
柿	乔木，春季蜜源	4月	观果，秋季金果挂枝，且可食用	10—11月	房屋及蜂场附近

植物名称	蜜源价值	开花流蜜期	景观及其他经济价值	景观期	适种地点
盐肤木（五倍子）	乔木，秋季重要蜜粉源植物，同时也是一种经济作物	铁倍5月；泡倍8月下旬至9月上旬	秋季叶黄，可观叶，也可采收倍角	10月	荒山荒地，田边地角
苦丁茶	小灌木，夏季蜜源，也是经济作物	6月	观花、观叶，花多而繁，白色，有香味，叶有经济价值，代茶用	常绿植物	可作蜂场、房屋的绿篱或单独栽培
油菜	我国春、夏季重要蜜源	2—4月或7月	花黄色，栽培面积大时蔚为景观，又是重要的油料作物	南方2—4月，西北7月	大田
荞麦	夏、秋季蜜源	6—9月	粮食、经济作物，花红白色，杆红	6—10月	大田
向日葵	夏季蜜源	7—8月	花黄色，经济作物，单作或与玉米混种，有些旅游景点亦作景观植物大面积栽培	7—8月	大田
苕子（野豌豆）	绿肥，春季蜜源	4月中下旬至5月上中旬	花紫红色，多用途绿肥植物，亦可作饲料	花期4月中下旬至5月上中旬	蜂场空地，大田、果园绿肥
紫云英	绿肥，春季蜜源	3月下旬至5月上旬	绿肥	3月下旬至5月上旬	稻田绿肥
头花蓼	药用植物，秋季蜜源	9—10月	地面覆盖度好，开花时一片紫红色	9—10月	大田、果园
多花勾儿茶	夏季补充蜜源	7—8月	藤本，绿叶期长，花多、色白	常绿植物	种于荒坡、山石及树林间，亦可作绿篱及石漠化地面覆盖物
乌蔹莓	夏、秋季蜜源植物	7—9月	藤本，绿叶期、开花期长	6—10月	可作为绿篱或石漠化地区地面覆盖植物
千里光	我国南方秋季蜜源植物	10月至翌年2月	丛生状藤本，花多，黄色，开花期长，形成我国南方重要的秋天景观	10月至翌年2月	田边地角，二荒地

蜂海问道

215

（续）

植物名称	蜜源价值	开花流蜜期	景观及其他经济价值	景观期	适种地点
一串红	夏、秋季蜜源	6—11月	花红色，花期长	6—11月	蜂场内空地或房屋周围
南美马鞭草	夏、秋季蜜源，意蜂利用好	5—10月	花紫红色，花期长	5—10月	花圃、大田、蜂场周围
金银女贞	夏季蜜源	6—7月	嫩叶黄，老叶绿	全年	可作绿篱
栾树	夏秋季蜜源	6—9月	花黄果红，多为行道及景观树	全年	行道及田边地角
漆树	夏季重要蜜源	6—7月	树形、叶形优雅	春、夏、秋三季	荒山荒坡
无患子	夏季蜜源	5—6月	秋冬季树叶黄色，景观树	秋、冬季	行道及景观树种
黄柏	成片种植区为夏季重要蜜源	5—6月	名贵中药材	春、夏、秋	荒山荒坡

四、建设"美丽蜂场"时应注意的指导原则

1. 考虑每个蜂场的场地、环境条件不同，在建设美丽蜂场时，应结合自身情况，因地制宜地选择适合当地种植的蜜源植物，尤其是当地比较缺乏的重要补充蜜源植物，合理进行品种、数量搭配，科学设计布局，尽量做到美观、实用，季季有蜜源，时时有景观。

2. 在有条件的情况下，蜜源及景观植物的种植应保持适当规模。种得太少，既不能形成撼动人心的景观，也不能保障蜜源的有效供给。

3. 尽量争取将蜜源植物的种植，纳入当地政府、林业部门退耕还林、还草以及其他经济（如林果业、药杂业、旅游业）发展规划，取得政府政策、经济方面的支持。

4. 养蜂户应尽量提高自己的综合素质，结合新农村建设，随时保持房舍、蜂场周围的清洁卫生，给消费者一个良好的印象。条件好了，也可以考虑开"农家乐"或与其他业态相结合，多渠道增加收入。

蜜源建设对发展养蜂业来说，是一项长期的任务，是一项功在当代、惠及子孙的事业，凡有志于长期从事养蜂业的人来说，应该从自身做起，从现在做起。通过持续不断的努力，把蜂场建设得更加美丽，让蜂蜜卖得更加红火，使我们所从事的事业变得更加甜蜜。

关于贵州省结合退耕还林、还草，
补充种植蜜源植物的倡议

　　养蜂是畜牧业和现代化大农业的重要组成部分，贵州省现有蜂58万群，其中意蜂8万群，中蜂50万群。养蜂不仅可以为人们提供有特殊营养价值的蜂产品（如蜂蜜、蜂王浆、蜂胶、蜂花粉等），而且可为多种农作物（如油菜、向日葵、荞麦、各种瓜类、蔬菜）、果树、经济作物（如苹果、梨、樱桃、李、巴旦木、蓝莓、草莓）授粉，提高产量和改进产品的品质。2015年，贵州省现代农业发展研究所在麻江县组织蜂群为蓝莓授粉，经蜜蜂授粉的蓝莓结实率提高41%，果重、果径、维生素含量有明显提高，固形物含量提高1.5倍，维生素C含量提高2.2倍。果形大，味道甜。经蜜蜂授粉的蓝莓每千克售价50元，而未经蜜蜂授粉的蓝莓每千克售价仅20元。

　　美国农业部门对蜜蜂授粉直接和间接经济效益进行了评估，所列农作物和商品总价值接近190亿美元。如果将一些像南瓜、荞麦一类的小作物也包括在内，其总价值接近200亿美元，而1900年蜂蜜和蜂蜡的产值是1.4亿美元，也就是说蜜蜂授粉给社会的贡献是养蜂业本身的143倍。加拿大1982年蜜蜂授粉后直接和间接经济价值为120亿加元，而当年收获的蜂产品价值还不足6 000万加元，蜜蜂授粉的收入是养蜂收入的200倍。据有关部门报道，我国蜂产品年总产值80亿元，按美国或加拿大估计的蜜蜂授粉贡献，将是8 000亿～16 000亿元，从这一数据看，蜜蜂产业实际上是一个不小的产业。

　　蜜蜂为植物传花授粉，还具有重要的生态效益。蜜蜂与植物一起协同进化，许多植物都需要蜜蜂为其授粉，才能延续后代，演变进化。据统计，在人类所利用的1 300种植物中，有1 100多种植物需要蜜蜂传粉，如果没有蜜蜂授粉，这些植物将无法繁衍生息。因此，蜜蜂是地球上整个生态系统中不可缺少的一环，也是检验当地环境是否安全与健康的一项重要指标。世界著名的科学家爱因斯坦曾经说过一句名言："当蜜蜂从地球上消失的时候，人类将最多在地球上存活四年。没有蜜蜂，就没有授粉、没有植物、没有动物、没有人类……"2002年，美国国立卫生研究院把蜜蜂列入了优先测序的物种名单，当2004年第一份蜜蜂基因组的草图公布时，美国官方郑重表示："如果没有蜜蜂，整个生态系统将会崩溃。"所以养蜂在丰富人们食谱、保障人们健康、促进作物增产、维持生态平衡等方面，发挥了重要作用。

贵州省是以饲养中蜂为主的省区，中蜂约占蜂群总数的84％，且大多分布于山区，适合农村定地饲养。养蜂不争地、不用粮、投资小、见效快、效益好（1千克中蜂蜜市场零售价一般为200元左右），既可专业饲养，也可兼业饲养；不但中青年可以养，妇女、老人也可以养；不仅健康人可以养，残疾人也可以养。因此，贵州省许多地区都将养蜂当成一项帮助农民致富、扶贫攻坚的重要措施来抓（如纳雍、赫章、威宁、六盘水、息烽、开阳、紫云、长顺、正安、务川、桐梓、望谟、普定、安龙、赤水、龙里、惠水、石阡、梵净山保护区等），掀起了养蜂热潮，大力发展养蜂。在养蜂老区桐梓县，该县畜牧局对娄山、黄连、高桥三乡镇10家农户调查，在同一地区，人口劳力相近的家庭，养蜂13～28群的农户，人均收入为10 707.6元，而非养蜂户人均收入3 798.2元，养蜂户较非养蜂户人均增收6 909.4元，收入是非养蜂户的2.62倍。盘县淤泥乡彝族村民韩美书，2013年由20群蜂起步，3年发展到100群，2015年养蜂收入10万元，人均可支配收入由之前每人3 000元提高到现在的15 000元，家里修建了2层宽大的小洋楼，而且在村里率先购置了小轿车。梵净山区江口县的78岁的杨老汉和印江县田茂荣（女）家因养蜂，年收入6万～8万元。龙里县茶香村由县妇联牵头，实施养蜂扶贫项目，2015年向贫困户投放300箱蜜蜂，到2016年8月，该项目蜂群扩大到573群，比发放数增加了261群，最多的一户向庭先20多群蜂收蜜240千克，收入近5万元，最少一户3群蜂收蜜20多千克，收入4 000多元，扶贫效果明显。开阳县上寨村残疾村民吴培翠，双脚不能直立行走，丈夫体弱多病、弱智，两个孩子外出打工，生活贫困。开阳县画马岩蜂场2015年6月资助该户蜂群7群，8月底蜂群发展到10群，产蜜超过75千克，收入16 000元。吴培翠的儿子看到养蜂比自己在外打工收入还高，便回家与父母一起打理蜂场，开始从事养蜂业。纳雍县2013年有蜂10 078群，当时95％为传统养蜂，当年开始推广中蜂活框饲养，通过3年努力，到2016年全县蜂群数增加21 000群，其中活框养蜂占95％，养30群以上达170余户，最多的一户达208群。许多蜂农通过养蜂逐步脱贫致富。其中最典型的是纳雍县寨乐乡双山村李军，蜂群由最初的15群发展到208群，2014年、2015年两年养蜂收入（包括卖蜂和卖蜜）分别达15万和20万元。预计2016年收入将达35.5万元，除养蜂成本3万元，纯收入可达32万元。上述实例不胜枚举，由此可见，发展养蜂不仅对推动贵州现代山地高效农业有重要作用，同时对全力推进精准扶贫，助推全省同步小康也具有重要的现实意义。

蜜蜂生产蜂蜜，需要自外界采集植物的花蜜才能酿成蜂蜜，蜜源是养蜂生产的物质基础。因此，养蜂生产又是一项资源依赖性很强的产业。尽管贵州省具有生态条件好、植被丰富、基础蜂群多的优势，但是在蜜源均衡轮供的问题上，也有一定的局限。其中最突出的就是6、7、8三个月夏季蜜源不足，严重制约了养蜂业的发展和养蜂效益的进一步提高。许多蜂群在这三个月的缺蜜越夏期间，因高温、缺蜜，导致群势下降，严重时甚至死亡或飞逃。即使过去夏季蜜源较好的地区，例如贵州省黔北地区（包括遵义市和铜仁市），原来盛产乌桕（又名捲子，夏季重要蜜源），但自20世纪90年代后，由于乌桕子无人收购（因有更廉价的代用品），失去经济价值，从而导致大面积砍伐、破坏。还有一些地区因开荒造林，单一种植松、杉等人工林，致使一些非常有价值的蜜源植物，如野桂花（山茶科柃木植物，其蜜号称蜜中之王）、野脚木（又称八叶五加）、楤木（又称刺老包）、盐肤木（俗名五倍子）等被当成杂木而大量砍伐，恶化了养蜂生产条件，导致上述珍贵蜂蜜消失与枯竭。

贵州省是两江（长江、珠江）源头之一，据知，为了配合国家整体经济的发展，加强水土保持，涵养水源，贵州省"十三五"期间，又将开展新一轮退耕还林、还草的工作。仅以遵义市的桐梓县为例，"十三五"期间退耕还林的面积达117万亩，数量巨大。

过去退耕还林，树种都有明确规定，主要是用材林（如松、杉）和果树，并未包括蜜源植物在内，根据上述理由，为此我们特建议，将补充种植蜜源植物的内容，也纳入到这次退耕还林的计划中来。

将种植蜜源植物纳入退耕还林的计划，可以达到以下几个目的：

第一，补充种植蜜源植物，可以进一步改善生态环境和养蜂生产条件，降低生产成本，提高养蜂效益，有利于当地养蜂业持续、稳定发展，增加农民收入，加快扶贫攻坚的步伐。

第二，在加大力度保护原有野生蜜源（如野桂花、楤木、鸭脚木、盐肤木等）的基础上，统一规划，适度安排种植蜜源林，可以增加生物多样性（包括植物、动物和鸟类种群），避免单一林相（如松、杉）带来病虫危害的问题。

第三，据有关报道，"十三五"期间，贵州省将打造4 000个乡村旅游景点。结合贵州省"美丽乡村"建设，种植一些既是蜜源、又是景观类的植物，把产业做成生态，把生态做成产业，有利于发展乡村旅游业，同时也有利于蜂产品的宣传销售。

例如，拐枣树形优美、高大、正直，花色白而繁密，流蜜量大，既是很好的风景林、蜜源林，又是很好用材林，每立方米木材价格较杉树高400元。乌桕是优良的夏季蜜源，秋季叶子由绿转黄然后变红，宋代诗人陆游就有"乌桕赤于枫"之句，如大面积种植，可以让人们在秋天欣赏到大片红叶的美景。种植盐肤木也如此（秋天叶子变黄），农民还可以收获倍角。洋槐耐瘠，根蘖性强，发展快，为荒山绿化、水土保持的重要树种，初夏时成片洋槐开花（白色），香波雪浪，也是一景。过去洋槐、乌桕在贵州省多作行道树种植，现广西阳朔沿河道两边也种植乌桕作为景观树。

第四，在适生地带，选择性地发展一些既是蜜源，又有较高经济价值的果树、药材，如枇杷、柿、蓝莓、枣、黄柏等，多方面增加农民收入。

第五，在水土流失、石漠化严重的地区，选择种植一些藤蔓类、覆盖度好的野生蜜源植物，如多花勾儿茶、乌泡、乌蔹莓（母猪藤）等。具体补充种植蜜源植物的种类，另请参考《让蜂场更美丽，让蜂蜜更甜蜜——关于建设美丽蜂场的建议》一文。

对于种植蜜源植物的重要性，几十年来，尽管蜂业界和相关部门早有认识，也曾大力提倡过，可是种植蜜源植物受益的普惠性（受益的不只是种植者本人）和缓效性，以及没有相应项目和经费的支持，使许多人望而却步，大多止于口号。这项工作，只有得到政府、政策、项目的支持，多部门协调联动，才能达到一定的规模和取得一定成效。为此特吁请退耕还林的主管部门（林业厅）和各级政府关注此项工作，并将其列入退耕还林、还草的计划之中。

"一村万树"缀开化，打造蜂业绽芳华

——浙江省开化县"扩蜜源、养土蜂"初见成效

开化县位于浙江省的西部，全县平均海拔 200 米左右，面积 2 300 千米^2，属亚热带季风气候区。该县位于浙江、江西、安徽三省交界处，与浙江的淳安（千岛湖）、常山县，江西省的婺源、德兴、玉山县，安徽省休宁县相接壤。

开化是山区，号称九山半水半分田，山多地少，但森林密布，溪流纵横，是钱塘江的源头，我国华东地区的生态屏障。其中古田山为国家级自然保护区，开化也是一个森林公园县，有"华东绿肺、天然氧吧"之称。除此之外，大家耳熟能详的著名景区，如千岛湖、三清山、黄山、武夷山及景德镇离它都不远（百余千米），地理、生态位置相当重要。

鉴于该县特殊的生态地理位置，开化就把"生态立县"作为当地经济发展的主要战略，围绕林区生态做文章，发展特色农业，设施农业，大力开展旅游

开发和休闲民宿。在养殖业中，逐渐限制、淘汰高污染的大型养猪、养鸡场。由于饲养中蜂与周围环境融合度高，无污染，农民又素有养土蜂的习惯，因此近些年来，开化把养蜂列为绿色、高效、生态、助农脱贫奔小康的重要产业来抓，出台了一系列优惠扶持政策，发展中蜂生产。现全县蜂群饲养量已达到2.6万群，养蜂户达2 098户，年产值2 200余万元，养蜂户每户增收一万元，养蜂业在发展县域经济、山区发展、扶贫攻坚、乡村振兴的工作中，发挥了重要作用。

　　笔者最近应邀到开化参加当地中蜂养殖精英培训班，从与县级主管部门、养蜂学会领导的交谈中，了解该县养蜂生产发展的情况，感到该县在发展中蜂产业上，立足当地资源，定位准确，目标明晰，有一套相当完整、清楚的发展思路，并出台了一系列相关政策和措施，政府主导，部门联动，多措并举，做出了显著成效。因此，2017年浙江省、衢州市相继在开化县召开了养蜂现场会，推广开化经验。有关经验、做法已在《新华社》《农民日报》等做了相关报道，笔者这里只就感触最深的该县大力种植蜜源植物的情况、成效，做相应报道，以供同行参考。

　　凡养过蜂的人都知道，养蜂是一项资源依赖性很强的产业，蜜源是养蜂建场的基础。开化县是山区，植物种类繁多，全县有油菜18万亩，此外还有些紫云英、各种果树（柿、梨、桃、柑橘、枇杷）及野生蜜源，如冬青、无患子、拐枣（当地人叫金钩）、漆树、椿树、栾树、五倍子等，养蜂基础条件较好。但也有不尽如人意的地方，总的来说是春、秋较好而夏季缺蜜，夏季气温高，缺蜜期长达3个月（5月中旬至8月中旬），严重制约了当地养蜂业的发展。因此，除了充分利用当地的自然蜜源外，人工补充种植蜜源植物，尤其是夏季开花的蜜源植物，就很有必要。

　　讲到种植蜜源植物，这里就不能不提到一个人，这人就是曾在该县担任过县委宣传部长、副县长、县人大副主任，现任县老区促进会会长的陈兴龙同志。陈主任现年58岁，退休后回到本县华埠镇学门村老家，从5年前接收一群野蜂开始，到目前已发展到200群，并带动周边农户70人养蜂。在陈老养蜂的实践中，他亲身体会到蜜源植物对养蜂的重要作用，没有蜜源，缺乏蜜源难养蜂，养不好蜂，更谈不上高产高效。因此他身体力行，在自家林地及转租来的400多亩林地中，补种蜜源植物。另外，他还提出"以蜜换花，以花取蜜"，即提供油菜种和树苗，发动周边农户在自己承包林、地上种蜜源。凡种了蜜源的，他就拿自产的蜂蜜奖励农户，不断扩大蜜源规模，使他的养蜂规模，与蜜源种植同步增长，取得了实实在在的效果（图6-1至图6-3）。

图 6-1　培训班学员参观陈兴龙（左）蜂场

图 6-2　陈兴龙在公路两旁种植的乌桕树

陈老经常找现任县领导屈膝谈心，交换意见，充分阐明种植蜜源植物对于发展养蜂的重要性。他的这种精神，也感染了其他领导，比如县畜牧局副局长余北安，是衢州市人大代表，每当人大开会，她就将种蜜源植物作为提案提出来，在小组会上发言，反复提，不断说，提请人大关注这项工作。通过以上这些工作，果然引起了上级部门的重视，真正把提案变成了议案和决议。正是在陈主任和农业部门的多方努力下，2018 年开化县政府出台了《开化县加快中蜂产业发展的实施意见》，明确了开化县发展养蜂业的指导思想、基本原则、发展目标、工作计划、保障措施、产业扶持政策等。组织成立了县养蜂专班，成员包括政府主要领导，还包括县农办、县林业局、水利局、交通局、国土局、环保局、住建局、文旅局、发改局、财政局

图 6-3　陈兴龙家庭院中种植的 7 年生拐枣，两年前挂果，现树上果实累累

及各乡镇主要领导，印发推荐种植蜜粉源植物的名单。提出了"扩蜜源，养土蜂""户养 10 桶蜂，每户百斤蜜，收入万元钱"的口号，并计划三年内投入 1 600 万元，在全县广泛种植蜜源林。

开化县所选择种植的蜜源植物，如柑橘、油菜、紫云英、柿、枣、板栗、无患子、冬青、女贞、乌桕、拐枣、棕榈、芝麻、栾树、五倍子、茶、柃、枇杷等，其中既有大田作物和果树，又有其他植物。在种植蜜源植物时，他们提出四个结合，即"用材林与蜜源林相结合，针叶林与阔叶林相结合，乔、灌、

草相结合，绿化与彩化相结合"，山、水、林、田、路跟城市绿化综合治理。比如，油菜、紫云英既是大田作物，开花时又是景观植物。乌桕、栾树、五倍子（盐肤木），入秋后叶子由绿转黄，再由黄转红，也是很漂亮的景观植物，宋代诗人陆游就有"乌桕赤于枫"之句。在已经成片种植松、杉林的山上，间伐后种上蜜源植物，针叶林和阔叶林搭配，既可减轻森林虫害，林相改变又带来景观的改变，由绿变彩，增强了森林的观赏性，丰富旅游资源，这些都是很好的发展思路。

笔者认为开化在发展蜜源种植上，有一条很重要的经验，那就是政府主导，部门负责，群众参与，多部门协调、联动，全县上下形成一股合力，这样才能打造出气势，彰显出效果。县里各部门都掌握一部分绿化资金，但过去都是各自为政，"各吹各的号，各唱各的调"。但现在开化县政府出台大种蜜源，统一号令，就已不再是哪一个部门的事了。比如水利部门负责河滩绿化，林业部门负责荒山、退耕还林绿化，交通部分负责公路、行道绿化，城镇建设负责城镇绿化，农业部门负责大田种植，都要围绕种植蜜源这一中心来进行，尽量种植能与扩大蜜源相结合的经济作物、果树、绿化与彩化的植物、树种。财政部门则要努力争取资金，强化资金保障。

仅据目前统计，该县对各类蜜源植物已育苗 6 万多株，并在 6 个示范村种植无患子、栾树、乌桕、拐枣、枇杷、柑橘 2.6 万株，加上其他乡镇种植的已达 4 万余株，下一步示范村还要扩展到 30 个。县里规定，凡一村种植蜜源植物 1 万株的，奖励 15 万元。县农业局把过去用于补贴购买蜂机具的资金，全部转为用于补贴蜜源林种植，示范户只要带动 15 户种植蜜源的，可补贴 5 万元。县老区促进会对种植蜜源有一定数量的农户，也有 5 000 元的经费补助……这些鼓励措施使全县上下"心往一处想，钱往一处用，劲往一处使"。

这次会议期间，组织学员到陈主任家蜂场参观。他家蜂场掩映在一片树海绿阴中，200 群蜂就布置在多权而蜿蜒曲折的林间小道旁。林中植物种类繁多，茶花堆雪，金钩（拐枣的果实）垂树，松柏滴翠，霜后的乌桕、五倍子叶流丹飞红，勤劳的小蜜蜂正飞翔在树丛花草间，一派五彩斑斓、欣欣向荣的景象，令所有参观者都激动万分。

据陈主任介绍，从播种到开花，乌桕、拐枣需要 4 年，无患子、南酸枣 5 年，只有挖五倍子的根蘖苗种第二年能开花。他种的一颗 4 年生的拐枣树，现胸径已达 12 厘米。种下去虽然不能马上见效，但种树是功在当代、利在千秋的大事，四五年对于一个长期可持续发展的事业来说，就是一瞬间的事情。"没有触手可及的成功，只有从零到整的积累"陈主任说，只要政府下定决心，

223

上下齐心合力，持续不断地狠抓下去，几年之后，开化的生态养蜂就一定会有更大的变化。

过去，种植蜜源的普惠性、缓效性使许多人望而却步，且一家一户即使有心，也难成气候、规模，因此喊口号的人多，敢吃螃蟹的实践者少之又少。作为一个蜂业工作者来说，蜜源建设也是笔者关注的焦点，早在2001年笔者就提出了"补种蜜源植物，发展生态养蜂"的概念，此后又陆续发表过10多篇文章及倡议，并于2015年组织农户培育种植拐枣苗7万余株。可惜的是，由于没有纳入政府的大盘子，种植的面积相对较小。现在终于出了浙江开化这个样板，在一个县的范围内大种蜜源的成功实践，就好比深圳对于改革开放一样，其意义十分重大，在种植蜜源上提供了一个看得见、摸得着的实例，不但增强了大家的信心，也给整个蜂业界树立了榜样，成为当今国内大面积种植蜜源的开拓者、引领者。相信发展中蜂生产的地区，只要认真学习、推广开化经验，真正实现绿色、生态、可持续发展的愿景也就不远了。

贵州省蜜源植物的区域分布类型

蜜源植物是养蜂生产的物质基础，一个地方蜜源植物的种类和数量，决定了当地蜂群的承载量、发展潜力、产品生产成本及蜂蜜的产量。

20世纪80年代，贵州省对省内蜜源植物种类、分布，进行了一系列的考查，并据此对全省养蜂生产进行了区域规划。根据国家"十三五"规划，目前贵州省已进入扶贫攻坚阶段，为帮助山区农民脱贫致富，许多地方都在大力发展中蜂生产，并将其作为重要的扶贫项目。但由于政府及行政部门对养蜂知识、当地蜜源状况缺乏了解，以致大量买蜂下发农户后，出现死蜂和逃群现象，导致项目失败。

为了给各级政府、业务部门发展当地养蜂业当好参谋，现根据贵州省不同地区的气候、地理条件、蜜源种类及数量，划分为不同的区域类型，并提出相应的建议，供决策时参考。

一、划分蜜源植物区域类型的主要依据

(一)气候条件

气候条件，即光照、温度、降水量，对蜜源植物种类的分布、数量、长

势、开花流蜜（多少）均有很大影响。

贵州省是山区，除了一般意义上的自然条件，还有因立地条件（海拔高度、地理位置）不一样，导致气候又有所不同。因此，气候、海拔、地理位置等，是进行蜜源植物区域划分的一个重要依据。

（二）地貌类型

地貌类型包括山地、农区、林地（森林覆盖率）所占当地土地面积的比例，以及石漠化程度，对蜜源植物的种类、分布、生长也有影响。农作区与林区比例合适的地区，既有栽培蜜源植物，又有野生蜜源植物，有利于蜜蜂生存、发展，因此也是进行蜜源植物区域划分的其中一个依据。

（三）耕作习惯

当地田土实行单熟制，还是两熟制，对蜜源植物的供应，也有很大影响。实行两熟制的地方，冬季一般会种油菜、绿肥等作物，所以这些地方春季蜜源就比较丰富。

贵州省黔西北地区，由于气候高寒，冬春干旱，所以一般在玉米、土豆收获后，除部分地块种植绿肥（苕子）外，一般不种小季，也不翻耕。虽春季蜜源较差，但因此保留了地中野藿香类（如一炷香、半边香、东紫苏等）、鬼针草等野生蜜源，无意中为当地发展养蜂生产，提供了秋季有效蜜源。

（四）蜜源植物的种类、数量

蜜源植物种类、分布、数量与上述因素都有很大关系。例如，贵州省西部地区、石漠化地区野藿香类野生蜜源较多，而在贵州省东部及北部地区，就不是优势蜜源，生长量少。盐肤本（五倍子）在东部、北部地区较多，在西部地区数量偏少。

另外，并不是所有绿色植物都是蜜源植物。林地类型不同，对蜜源的供应也有差别。例如以松、杉、柏为主的用材林，这三种植物均不是蜜源植物，只在幼林地中或林缘生长有零星的野生蜜源，所以这种林区对养蜂业的贡献率不高。杂木林、灌丛等生物多样性丰富，其中含有许多野生蜜粉源，对养蜂而言，显然要优于单纯的松、杉林。

二、贵州蜜源植物区域类型的划分

（一）黔北、野东北春（油菜）、夏（乌桕、荆条）、秋（五倍子）季蜜源分布区

本区范围较广，包括遵义市、铜仁市、黔南州的岑巩、玉屏县，黔东南州的瓮安县，贵阳市北部及开阳、息烽、修文县，毕节市的金沙县（图6-4A）。

本区中、南部较高，海拔1 000～1 200米，东部梵净山一线降至800米以

下，铜仁、玉屏不足 500 米；西北部边缘地区（习水、赤水）仅 300 米左右。境内有大娄山及武陵山余脉，山峦起伏，谷地纵横，既有宽谷盆地（坝区），又有典型的山区，地貌和小气候类型复杂多样。年平均气温大多在 16～18℃，尤以北部边缘赤水河谷、乌江河谷热量丰富。年降水量 1 100 毫米以上。温湿度适宜，雨量充沛，森林覆盖率 40% 左右，植被大多属中亚带常绿阔叶林及针叶阔叶混交林。由于生态条件较好，其境内有多个国家级自然保护区（梵净山、麻阳河、赤水沙椤、宽阔水）。

该区农业生产发达，坝区多种植水稻，旱作主要为玉米（部分地区有与葵花混作的习惯）。通常为两熟制，小季作物有油菜，小麦，也有少部分绿肥（以紫云英为主）。夏季主要蜜源，海拔 700 米以下有乌桕，河谷地带还有荆条。秋季蜜源，高山地区有乌泡、五倍子。其他重要的辅助蜜源还有羊角栗（山矾）、漆树、洋槐、向日葵、刺老包（楤木）、壳斗科的槠类、栲类、板栗，蔷薇科的各种泡类（如栽秧泡、乌泡等），多种菊科植物（以千里光、鬼针草为代表）、乌饭莓、油茶和茶（粉源）；部分山区还有野桂花（如梵净山）；本区西北边缘地带（赤水、习水）还有龙眼、荔枝分布。

由于该地区蜜源植物丰富，春、夏、秋三季蜜源轮供均衡，养蜂历史悠久，历来是贵州省养蜂生产重点地区。本区为中、意蜂混养区。20 世纪 50—80 年代，不仅贵州省意蜂到乌江流域沿线采集乌桕、荆条，生产蜂蜜和蜂王浆，其他省、自治区，特别是毗邻省区，如重庆、四川、云南、广西以及浙江等省、自治区的蜂场也慕名前来，云集于此，采蜜度夏。例如，贵州省正安县，全县有蜂 6 万群，其中中蜂 5 万余群；而铜仁地区的德江县则以饲养意蜂为主，全县有蜂 0.9 万群，其中意蜂 0.5 万群。

本区中蜂属华中生态型，体大群强，抗中囊病能力较强。由于蜜源丰富，小气候多样，适于小转地饲养，每群蜂年产蜜量可达 15～20 千克，主要蜜种为油菜、乌桕、荆条、五倍子蜜，部分地区（如梵净山区）还可生产野桂花蜜。

近几年来，由于农民工大量外出，春季油菜、绿肥有大面积减少的趋势。此外，自 5 月上旬洋槐结束到 7 月中旬乌桕流蜜前，仍有一些地区蜜源条件不足。因此，本区养蜂业要想持续发展，须逐步恢复油菜、绿肥种植面积，并利用退耕还林，大力补充种植洋槐、拐枣、铁五倍（5 月开花）、秋五倍（开花期 8 月底至 9 月上旬）漆树、乌桕等蜜源植物。

（二）贵州西南部、南部春（油菜、苕子）、秋（野藿香）季蜜源分布区

本区范围为贵阳市南部（清镇）、安顺市、黔西南州、六盘水市的六枝、盘县，以及黔南州的长顺、惠水、平塘、罗甸等县（图 6-4B）。

本区平均海拔大致从300~1 200米，变化较大。西部和北部地势较高，南部较低。年平均气温16~19.6℃，年均降水量1 000毫米左右，为春干夏湿中亚热带气候区。雨季开始期越往西越偏迟，本区西部，较贵州省东部地区偏迟约20天左右（大约在4月上旬）。特点是冬春气候干旱，气温较高，有利于蜂群越冬春繁。以兴义为例，其12月、1月、2月的月平均气温分别为9.6℃、8.1℃、8.9℃，较贵州省北部正安同期分别高2.6℃、3.0℃、2.6℃，较贵州省东部锦屏同期分别高2.1℃、2.8℃和2.6℃。

本区为典型的喀斯特地区，石漠化程度高，多峰丛洼地，地表水渗漏严重，最典型的为贵州省麻山地区。森林覆盖率在20％以下，没有自然保护区。水系为珠江水系（南、北盘江和红水河的上游）。耕地多以旱作和玉米为主，亦有部分水稻。冬闲田土习惯以种植油菜为主，此外亦种有绿肥（苕子）和部分小麦。

由于冬春气温高，油菜面积大，开花早，本区西部（关岭、镇宁、紫云、普定、兴义、兴仁、贞丰、册享、安龙），南部（长顺、罗甸、平塘）温热地区历来是省内外意蜂重要的越冬春繁基地。由于本区盛产油菜，又是通往云南的重要路径，因此也是省内外蜂场经由本区向云南（如洛平、曲靖）或贵州省中部采晚油菜转场的"黄金通道"。本区夏季缺蜜期较长（5—9月），9月后有野藿香等野生蜜源，可形成一定产量。主要辅助蜜源有白刺花、山矾（羊角栗）、各种泡类（蔷薇科）、板栗、楤木（刺老包）、野坝子、鬼针草、少量五倍子等。南部边缘地带还分布有少量的龙眼、荔枝（罗甸、册享）。

本区历来以饲养意蜂为主，山区亦有零星中蜂。中蜂主要为华中生态型，偏南部地区亦有华中型与华南型中蜂的过渡类型。中蜂每群产蜜量5~10千克。

本区在保持油菜种植面积的同时，应适当增加绿肥（苕子）的种植面积，延长春季流蜜期。结合退耕还林，补充种植洋槐、拐枣、漆树、五倍子等夏秋季蜜源，以改善中蜂在本区的生存、生产条件。

（三）黔东南春（油菜）、秋（五倍子、千里光、野桂花）季蜜源分布区

本区范围大致包括黔东南州及黔南州的都匀、三都、独山、荔波、贵定、龙里等县（市）（图6-4C）。

苗岭山脉横亘于本区中部。以苗岭为分水岭，北部地区属长江水系，南部为珠江水系，如都柳江，大、小环江、大狗河的上游。平均海拔500~800米。大部分地区年平均气温为15.8~18℃，其南部地区热量较为丰富。年降水量1 200~1 300毫米。雨量充沛，水热同季，以种植水稻为主。森林覆盖率大多

在 50% 以上，且以松、杉为主，是贵州省主要林区。境内有雷公山及月亮山自然保护区。

本区历来以饲养中蜂为主，蜂种为华中型。年平均产蜜量 10～15 千克。主要蜜源，春季除油菜外，还有少量绿肥（紫云英）。夏季缺蜜期较长（5 月至 7 月中旬），秋季有刺老包、刺楸、五倍子、鸭脚木、千里光、火草、野菊花、油茶（粉源）等。部分深山区还有野桂花，在本区东南部地区能构成一定产量。

为发展养蜂业，本区除恢复油菜、紫云英种植面积，注意保护野桂花等珍贵的野生蜜源外，还应提倡大力种植拐枣、洋槐、漆树、楤木、五倍子等蜜源植物。

（四）黔西北春（苕子）、夏（山花、漆树）、秋（野藿香）季蜜源分布区

本区的属范围为毕节市（除金沙外）、六盘水市及水城特区（图 6-4D）。

图 6-4　贵州省蜜源植物区域分布类型区

A. 黔北、黔东北春（油菜）、夏（乌桕、荆条）、秋（五倍子）季蜜源分布区
B. 贵州西南部、南部春（油菜、苕子）、秋（野藿香）季蜜源分布区
C. 黔东南春（油菜）、秋（五倍子、千里光、野桂花）季蜜源分布区
D. 黔西北春（苕子）、夏（山花、漆树）、秋（野藿香）季蜜源分布区

本区属乌蒙山区，海拔 1 600～2 400 米，是贵州省地势最高的地区，以威宁为中心，还保存着贵州最典型的高原面。其气候、植被均较特殊。年平均气温多在 13℃以下（威宁只有 10.5℃），高于 10℃以上的日平均积温不足 2 000℃。年平均降水量较少，1 000 毫米以下，是省内著名的低温中心和少雨区，如本区中的六盘水市就有"中国凉都"之称。

本区许多地区石漠化严重，森林覆盖率在 15％以下，区内没有自然保护区。植被属中亚热带常绿阔叶林带，并富含云南植物区系成分（贵州省其他地区为华中区系成分）。本区分布的云南松、滇杨为省之中部、东部所没有。地红子、鸡脚黄连（三颗针）、漆树、兰花子、野藿香类蜜源在本区分布较多。苕子、荞麦过去种植面积也较大。辅助蜜源有鬼针草、千里光，少量的刺老包、五倍子、野坝子等。

本区以饲养中蜂为主，意蜂大部分是前来本区采苕子、野藿香的季节性客蜂。本区中蜂与省内其他地区不同，为云贵高原生态型中蜂，耐低温，耐大群，突击采集力强，为贵州省优良蜂种。其中威宁、赫章、水城为核心分布区，其余地区为华中型与云贵高原型的过渡类型。由于本区气温低，生产期较短，秋季蜜源开花期易受气候影响，因此年群产蜜量较低，为 5～8 千克。

为支撑养蜂业持续发展，本区应大力提倡种植苕子（绿肥）、荞麦（甜荞、花荞），以及补充种植漆树、五倍子、楤木、拐枣等夏、秋季蜜源植物。

三、结论

根据贵州省不同地区气候、立地条件（海拔、地理位置）以及蜜粉源状况，可将其分为四个不同的区域类型，即黔北、黔东北春（油菜）、夏（乌桕、荆条）、秋（五倍子）季蜜源分布区，此区亦是中、意蜂混养区；黔西南、黔南春（油菜、苕子）、秋（野藿香）季蜜源分布区，此区为意蜂主产区。其余为两个中蜂主产区，即黔东南春（油菜）、秋（五倍子、千里光、野桂花）季蜜源分布区、黔西北春（苕子）、夏（山花、漆树）、秋（野藿香）季蜜源分布区。

为了进一步了解贵州省蜜粉资源状况，建议在上述四个区域中，分别选取有代表性的地区（如遵义市的正安县，铜仁市的德江县，黔东南州的雷山县、锦屏县，黔南州的惠水县，黔西南州的兴仁县、紫云县，六盘水市的盘县，毕节市的纳雍县、威宁县，贵阳市的息烽县等），开展蜜源植物丰富度调查，摸清其蜜源植物的种类、数量特点及现有载蜂量，作为参照对象，进一步完善区域划分，以便为各地在发展养蜂，制定规划时作参考。

春 蜂 巡 礼

笔者从海南过冬回到贵州已是阳春三月，海南虽然无冬，但经历过严冬的贵州似乎春意更浓，桃李争艳，菜花飘香，正式宣告了春天的来临。小小的蜜蜂好像比人们更加敏锐地感知到春天的信息，早在1个月前（1月底2月初），蜂王就已开产繁殖，现在第一批幼蜂已经开始陆续出房。由于蜂群已进入紧张的春繁期，笔者一行数人受邀到各养蜂点去检查指导，有几点很深的感受，现报道如下。

一、贵州省油菜种植面积大为缩减

西南地区历来是我国油菜的主产区，记得60多年前笔者在读小学的时候，地理课本上就有云贵高原油菜花的彩色插图。即使在10年前，只要一到这个季节，贵州无论是平地、坝子，还是坡田坡土，山上山下，沟沟岔岔，到处都是菜花，一片金黄。微风吹来，空气中弥漫着阵阵菜花的芳香，令人心旷神怡。2005年，法国洛泽尔省议会代表团来贵州省访问，其中有一些是养蜂工作者。笔者陪他们从贵阳市出发，经安顺黄果树，然后再到黔西南州，几百千米的车程，一路上菜花飘香，不时还有蜂场出现。他们的议会副主席和法国养蜂联合会主席在座谈中曾多次提到，非常羡慕贵州的养蜂条件，还打趣地说："真想把法国的蜜蜂都搬到贵州来放养"。但时至今日，情况已经发生了很大变化，虽然仍有一些地方种有油菜，但种植面积已经大大萎缩，东一点，西一块，许多土地都闲置或撂荒着，油菜花俨然已经失去了往日的风采和辉"黄"。在一些地方，甚至走上几十上百千米，竟然找不到一块油菜田。例如，与贵阳市相邻的龙里县，看到的就是这么一幅景象。

至于为什么农民不种油菜，道理非常简单，就是种植油菜的比较效益低。种一亩油菜，除去投劳投肥，一年收入也就二三百元钱。而现在外出务工，这点钱几天甚至一两天就可收入自己的囊中。再加上现在青壮劳力都外出务工，留在家中的不是老人就是小孩，所以秋季不种油菜也就是很自然的事了。

二、不同地区的蜜源状况差异很大

从总体来看，贵州省油菜种植面积在逐年缩小，但不同地区的情况还有所不同。例如，同属贵州省黔南苗族布依族自治州管辖的两个县——龙里和独山，春季蜜源情况就有明显的差异。

毗邻贵阳市的龙里县目前重点发展刺梨产业（刺梨是一种蔷薇科小灌木，有粉无蜜，果可食用），种植模式较单一，田土中基本看不到油菜的踪影。独山县处于广西、贵州的交界之处，目前正在重点打造旅游产业（其中包括生态旅游），生态条件远好于龙里，森林覆盖率达60％左右。许多地方目前仍然种有油菜，有些地方油菜种植的面积还比较大（尤其在坝区）。笔者这次在当地看到的蜜源植物除油菜外，在山区还有李、野樱桃、木姜子以及另外两三种不知名称的野花（其中一种为杨树属植物，有花粉）。两县的蜜源状况反差相当大。

由于蜜源条件不同，蜂群发展的情况就不一样。在龙里县茶香村县妇女联合会的扶贫点上，一个点放蜂几十群就会感到有压力，而独山县一个点可放蜂上百群。由于春季没有什么大蜜源，龙里点上的蜂群仍需靠喂糖繁蜂、保蜂，而独山县的蜂群中已进蜜粉，蜂群的繁殖也相当好。

三、有条件的蜂场应实行小转地饲养，充分利用当地的蜜粉资源

笔者到独山县访问的是独山刘厚发中蜂养殖场。刘厚发是独山县巴台村农民，在广东打工时受到广东蜂农的影响，2008年开始回乡养蜂，后在县林业局的支持下，到该县生态条件很好的深沟乡紫林国营林场办蜂场。经过逐年发展累积，现已扩展到现在的200群。由于他的蜂群养在深山林区，品质纯正，浓度高，深受消费者的欢迎。他养蜂致富的事迹曾先后在《黔南报》《贵州民族报》《贵州日报》报道过。2013年，中国蜂产品协会会长王啉也曾到该场参观过。

深山林区养蜂好倒是好，但其优势在于夏秋季蜜源（夏季的丝栗栲，秋季的盐肤木），早春蜜源有限，尤其缺乏像油菜这样的大蜜源，且深山林木翁郁，早春气温低，也不利于蜂群繁殖。原来蜂场不大时没有出现问题，现在蜂场规模扩大了就成了问题。刘师傅的儿子学校毕业后在县里工作，也热爱养蜂，看到山外油菜花遍地金黄，而自己家这么多蜂群待在山里却无事可做，他看在眼里，急在心里，于是就动员父亲转地放蜂。刘师傅长期定地饲养，缺乏转地放蜂的经验，生怕转地时蜂群会出问题，对转地放蜂的效果心里没有底，又可惜转地放蜂的运输费用，对此很是犹豫。后经儿子说服，决定拨出80群蜂转到油菜场地尝试。笔者这次到独山，就先后看了他家分开的两个蜂场。

山里的蜂场进了蜜粉，蜂王产子繁殖的情况也还好，但天一阴下来，出勤就减少了。而5天前刚转地到油菜场地的蜂群，工蜂出勤很积极，子圈大，进粉进蜜的情况明显好于山里的蜂群，提起脾来显然要重得多，且蜂群已经开始

往下加造新脾。看到这样的情况，不但主人高兴，笔者也感到十分兴奋。刘师傅的儿子说，等再过一两天，蜂群进蜜更多一些，一定要让他父亲到油菜场地看一下，用事实来说服老人家，彻底打消他的顾虑，把蜂场全部搬过来。

谈到蜜源对养蜂的作用，这里还要举一个例子。笔者这次路过麻江县白竹林蓝莓种植园，园内养有去年秋天自己飞来的几群中蜂。经笔者建议，该园自己播种了一两亩油菜（当然附近农民还有一些零星的油菜地）。这次检查蜂群时就感到该场蜂群的繁殖还不错，其中群势较大的一群已经造了新脾，情况显然要比龙里的情况好得多。说明补充种植部分蜜源植物，对养蜂的作用还是很明显的。

四、初学养蜂者最大的问题仍然是脾多于蜂，蜂脾不相称

去年秋天和这次检查，笔者发现许多初学养蜂者对蜂脾关系普遍处理得不好，蜂群内常脾多于蜂。

贵州省早春气候骤冷骤热，易出现寒潮；太阳升起，外界气温又很高。气温回升后，加上外界蜜源刺激，蜂群内子圈就会迅速扩大。而一旦降温，由于脾多于蜂，蜂群受冷缩团后就会将部分子脾暴露在蜂团之外，以至于幼虫受冻挨饿，发病死亡。笔者在这次检查中就发现部分蜂场发生了中蜂囊状幼虫病，原因就在于此。因此，早春实行紧脾繁殖，平时严格实行蜂脾相称是再三要强调的，这是中蜂活框饲养的基本功，笔者曾经对养蜂员说过一句话："如果做不到蜂脾相称，就不要学养蜂了"。虽然话是过头了一些，但话糙理不糙。

养蜂是资源依赖性很强的一项养殖业，从这次检查调研中可以充分看出蜜源对发展养蜂生产的重要性。因此，充分掌握当地的蜜粉源状况，对于决定在什么地方养，养多少，怎么养（即采取什么样的养蜂策略和技术路线），是非常重要的。为此，笔者目前正在从事建立蜜源植物丰富度的评价体系，以及补充种植蜜源植物的相关研究，这将为正确指导贵州省养蜂业的发展，尤其是中蜂产业，改善蜂群生存环境，开展生态养蜂，打造美丽蜂场，促进蜂蜜销售，都有十分重要的理论价值和现实意义。

几种新报道有养蜂价值的蜜源植物（一）

近些年来，我们在工作中逐渐发现了一些过去没有报道过、有较高养蜂价值的蜜源植物，现介绍如下。

一、乌蔹莓

乌蔹莓［*Cayratia japonica*（Thunb.）Gagnep.］俗称虎葛、五爪龙、母猪藤（图6-5）。

1. 形态特征 葡萄科乌蔹莓属植物，草质藤本。多生于荒地、路边及攀爬于树冠之上。小枝疏被柔毛或近无毛。卷须2～3叉分枝。鸟足状5小叶复叶，椭圆形至椭圆披针形，先端渐尖，基部楔形或宽圆，具疏锯齿，中央小叶显著狭长。复二歧聚伞花序腋生，花萼碟形，花瓣二角状宽卵形，花盘发达。浆果近球形，径约1厘米，未成熟时绿色，质地较硬。成熟后黑色，质软。浆果内有种子2～4枚，种子倒三角状，卵圆形。

图6-5 乌蔹莓

2. 花期及分布 花期6—10月，果期7—11月。产于我国除东北外湿润区及半湿润区，日本、印度、东南亚及澳大利亚也有分布。

3. 养蜂及其他经济价值 该植物花期长，蜂喜采，为夏季重要的辅助蜜源植物，除全株有药用价值外，民间常采集用作猪饲料。由于是藤本，长势强，覆盖度好，也可以种植做绿篱或作石漠化、水土流失地区的覆盖植物。

二、山矾

山矾（*Symplocos caudata*）：俗称羊角莲、羊角栗（图6-6）。

1. 形态特征 山矾科山矾属植物。多生长于荒山、荒坡、路边及林缘。小灌木及小乔木。

嫩枝褐色，叶薄革质，卵形、窄倒卵形、倒披针状椭圆形，长3.5～8厘米，宽1.5～3厘米，先端尖，基部楔形或圆，具浅锯齿或波状齿，有时近全缘，上面中脉凹下，侧脉和网脉在两面均凸起，侧脉4～6对，叶柄长0.5～1厘米。总状花序长2.5～4厘米，被展开柔毛。苞片早落，小苞片与苞片同形。花萼长2～2.5毫米，萼筒倒卵圆锥形，裂片三角状卵形。花冠白色，5深裂几达

图6-6 山矾（又名羊角莲）

基部，长 4～4.5 毫米；雄蕊 25～35 个，花丝基部稍合生；花盘环状；子房 3 室，核果卵状坛形，长 0.7～1 厘米，外果皮薄而脆。

2. 花期及分布 花期 3—4 月，果期 6—7 月。为早春蜜源（如油菜）过后的重要补充蜜源植物，流蜜量大。每天泌蜜时间早，开花时工蜂天不亮就出勤，数量集中的地区可取蜜，蜜色为黄绿色。

三、头花蓼

头花蓼（*Polygonum capitatum*）俗称：草石椒。

1. 形态特征 多年生蓼科草本植物，多生于荒地、路边，也有人工栽培以作药用。茎葡萄，丛生，多分枝。一年生枝茎直立。叶卵形或椭圆形，先端尖，基部楔形，全缘，叶柄基部有时具叶耳，托叶鞘具缘毛。头状花序单生或成对，顶生，花被 5 深裂，淡红色，椭圆形，雄蕊 8 个，花柱 3 裂，中下部连合。瘦果长卵形，具 3 棱，长 1.5～2 毫米，黑褐色。

2. 花期及分布 花期 6—9 月，果期 8—10 月。产于江西、湖北、湖南、广西、广东及西南各省。

3. 养蜂及其他经济价值 花期长，流蜜量大、蜂喜采。全草可入药，一些地区作为药用栽培。由于花期长，花红色，大面积成片种植具有景观效应，也可选作果园地面的覆盖植物。

四、爵床

爵床〔*Rostellularia procumbens*（L.）Nees.〕俗称：地辣椒。

1. 形态特征 爵床科草本植物，多长于荒地及土中，为田间常见杂草，茎基部匍匐，高 10～50 厘米。叶椭圆或椭圆状长圆形，先端锐尖或钝，基部宽楔形或近圆。穗状花序顶生或生上部叶腋，花萼裂片 4 枚，花冠粉红色，二唇形，下唇 3 浅裂；药室不等高，下方 1 室有距。蒴果上部具 4 粒种子，下部空心似柄状。种子有瘤状皱纹。

2. 花期及分布 花期 6—9 月。产于秦岭以南，东至台湾，西南至西藏自治区吉隆县。

3. 养蜂及其他经济价值 全草可入药。分布广，花期长，为夏秋季辅助蜜源植物。

五、柳叶马鞭草

柳叶马鞭草（*Verbena homariensis*）俗称南美马鞭草、长茎马鞭草。

1. 形态特征 马鞭草科多年生草本植物，株高 100～150 厘米，茎直立，细长而坚韧，叶为柳叶形，十字对生，暗绿色，初期叶为椭圆形，边缘略有缺刻，花茎抽高后的叶转为细长型如柳叶状，边缘仍有尖缺刻。茎为正方形，全株有纤毛。花序顶生，花微小，紫红色，冠径 60 厘米，夏秋开放。

2. 花期及分布　花期长，5—10 月。原产于南美洲（巴西、阿根廷等）。现在我国南方广泛种植作为景观植物。

3. 养蜂及其他经济价值　柳叶马鞭草有摇曳的身姿，娇艳的花色，繁茂而长久的观赏期，为著名景观类植物，适合大面积单独种植或与其他植物相配置。可泌蜜，因花管长，意蜂利用较好，可取蜜。

六、粉叶羊蹄甲

粉叶羊蹄甲（*Bauhinia glauca*）：俗称拟粉叶羊蹄甲、万不烂（图 6-7）。

图 6-7　粉叶羊蹄甲

1. 形态特征　豆科羊蹄甲属植物。木质藤本，除花序稍被锈色短柔毛外其余无毛；卷须稍扁，旋卷。叶近圆形，长 5～7 厘米，先端 2 裂达中部或中下部，罅口狭窄，内侧很接近，裂片卵形，先端圆钝，基部宽心形或平截，上面无毛，下面疏被柔毛；基出脉 9～11 条；叶柄长 2～4 厘米。伞房状总状花序顶生或与叶对生，具密集的花；花序梗长 2.5～6 厘米，被疏柔毛；花托长 1.2～1.5 厘米；萼片卵形，急尖，长约 6 毫米；花瓣白色，倒卵形，近相等，具长瓣柄，边缘皱波状，长 1～1.2 厘米。荚果带状，薄，无毛，不开裂，长 15～20 厘米，宽约为 6 厘米。

2. 花期及分布　花期 4—6 月，果期 7—9 月。产于广西、广东、江西、湖南、云南、贵州。生于山坡阴处疏林中或山谷庇荫的密林或灌丛中。

3. 养蜂及其他经济价值　蜜粉兼有，蜂喜采。

七、香港四照花

香港四照花〔*Dendrobenthamiahongkongensis*（Hemsl.）Hutch.〕俗称山荔枝（图 6-8）。

图 6-8　香港四照花

1. 形态特征　山茱萸科四照花属常绿乔木或灌木，高达 5～10 米。多生长于海拔 350～1700 米的湿润山谷密林及混交林中。树皮深灰色或黑褐色，平滑；幼枝绿色。叶对生，椭圆至长椭圆形，长 6.2～13 厘米，宽 3～6.3 厘米。头状花序球形，由 50～70 朵花聚集而成，直径 1 厘米，总苞片 4 枚，白色，宽椭圆形至倒卵状宽椭圆形。花小，有香味，花萼管状，绿色，长 0.7～0.9 毫米。果序球形，直径 2.5 厘米，被白色细毛，成熟时黄色或红色，酷似荔枝果实，味甜可食。

2. 花期及分布　主要开花期 5—6 月，果期 10—12 月。分布于江西、福建、广西、浙江、云南、湖南、贵州、四川、广东等地。

3. 养蜂及其他经济价值　蜂喜采，为夏季重要补充蜜源植物。由于叶常绿，树皮光滑，树形优美，果实多且酷似荔枝，红果绿叶，十分美观，可以人工引种栽培种植作为景观植物。木材可供建材使用。

八、枳椇子

枳椇子（*Hovenia acerba* Lindl.）俗称拐枣、鸡爪、鸡爪子、枸、金果梨、南枳椇、万字果等。

1. 形态特征　鼠李科枳椇属高大乔木，可达 25 米。小枝褐色或黑紫色。叶互生，宽卵形至心形，边缘常具细锯齿。二歧或聚伞圆锥花序，顶生和腋生，花两性，萼片具网状脉或纵条纹，花瓣椭圆状匙形，具短爪，花柱半裂。浆果成熟时黄褐色或棕褐，果序轴明显膨大，呈鸡爪状，味极甜，可食用，种子暗褐色或黑紫色。

2. 花期及分布 拐枣开花期为 5—7 月，果期 8—10 月。我国秦岭以南广大地区均有分布。

3. 养蜂及其他经济价值 拐枣由于夏季开花，开花时花数多，流蜜量大，是夏季非常重要的蜜源植物。此外，拐枣还有多种用途。拐枣果实成熟后可食用，有药用价值，也可用于酿酒、作猪饲料；果榨汁后可喂蜂。拐枣树形高大、正直，可用于建材，每立方米木材市场价格较杉树高 400 元左右。

上述 8 种蜜源植物中，除枳椇子（拐枣）外，均为首次报道。常言道："小生意靠守，大生意靠走。"养中蜂与养意蜂相比，中蜂在产量及收入上就算是小生意，虽然有时也可以小转地，但大多为定地饲养，我国南方很多中蜂产区夏季常常缺乏有效蜜源，会形成很长一段时间的缺蜜期，以上介绍的这些蜜源，其主要开花流蜜期大多在夏季，因此除爵床外，其余 7 种植物养蜂者均可作为重要的夏季蜜源植物引种种植，以改善当地的养蜂生产条件。

几种新报道有养蜂价值的蜜粉源植物（二）

我们在工作中，发现了几种过去尚未报道、夏季开花、有养蜂价值的蜜粉源植物，现报道如下。

一、老虎刺

老虎刺（*Pterolobium punctatum* Hemsl.）为豆科老虎刺属植物，别名蚰蛇利、崖婆勒、倒钩藤、石龙花、倒爪刺等（图 6-9）。

1. 形态特征 木质藤本，长 7～15 米。幼枝银白色，小枝具棱，有散生、黑色下弯的短钩刺。二回羽状复叶，羽片 20～28 个，每羽有小叶 20～30 个，小叶长椭圆形。花排列成大型顶生的圆锥花序，小花萼片 5 枚，花瓣 5 枚，与萼几等长，白色。夹果扁平，椭圆形，长约 5 厘米，宽约 1 厘米。

2. 花期及分布 花期 6—8 月，果期 9 月至翌年 1 月。分布于江西、两湖、两广、云南、贵

图 6-9 老虎刺

州、四川，生于坡林中或路旁，宅旁。

3. 养蜂价值　蜜粉兼有，夏季辅助蜜源。

二、马利筋

马利筋（*Asclepias curassavica* L.）为萝摩科马利筋属植物，别名水羊角、莲生桂子、唐棉（图6-10）。

1. 形态特征　多年生直立草本，高60～100厘米，无毛，全株有白色乳汁。叶对生，披针形，长6～13厘米，宽1～3厘米。聚伞花序顶生及腋生，有花12～20朵；花冠裂片5枚，紫红色，矩圆形，反折；副花冠5裂，黄色，种子卵圆形，顶端具白绢质长达2.5厘米的种毛。

2. 花期及分布　花期几乎全年，果期8—12月。原产于美洲，我国南北各地常有栽培，在南方有变为野生的。

3. 养蜂及其他经济价值　蜜粉兼有，辅助蜜源。此外还有药用价值，有消炎、止血、驱虫之功效。

图6-10　马利筋

三、黄鹌菜

黄鹌菜（*Youngia Japonica*）为菊科黄鹌菜属植物，别名黄鸡婆（图6-11）。

图6-11　黄鹌菜

1. 形态特征　一年生草本，高20～90厘米。茎直立，基生叶丛生，倒披针形，琴状或羽状半裂，长8～14厘米，宽1.3～3厘米。茎生叶少数，通常1～2片。头状花序小，有10～20朵小花，排成聚伞状圆锥花序。舌状花黄色，长4.5～10毫米。瘦果红棕色或褐色，纺锤形，长1.5～2.5毫米，冠毛白色。

2. 花期及分布　花、果期4—10月。广布全国，是一种路边、田间、荒野杂草。

3. 养蜂价值　蜜粉兼有，数量多，蜂喜采，主要花期为5—7月，为重要的辅助蜜源植物。

四、小蜡

小蜡（*Ligustrum sinense* Lour.）为木樨科女贞属植物，别名山指甲、花叶女贞、小蜡条（图6-12）。

1. 形态特征　落叶灌木或小乔木，幼枝被黄色柔毛，老时近无毛。叶纸质或薄革质，卵形、长圆形或披针形，长2～7厘米，宽1～3厘米。花序塔形，有萼，花冠长3.5～5.5毫米，裂片长于花冠筒。果近球形，径5～8毫米。

2. 花期及分布　花期5—6月，果期9—10月。产于河南、安徽、江苏、浙江、福建、台湾、江西、湖南、湖北、广西、广东、香港、云南、贵州、四川，生于海拔2 600米以下山坡，山谷、溪边、林中。

图6-12　小　蜡

3. 养蜂及其他经济价值　蜜粉兼有，蜂喜采，夏季重要辅助蜜源。树皮、叶入药可清热降火，另可作桂花砧木或作绿篱。

此外，与小蜡条同科同属的小叶女贞（*ligustrum quihoui* Carr.），别名小叶水蜡、金叶女贞（*Ligustrum vicaryi* Hort.）也是很好的辅助蜜源植物，花期5—7月，花芳香，数量多时还可取蜜。小叶女贞和金叶女贞都可栽培作绿篱，用于园林绿化。金叶女贞叶色金黄，尤其在春秋两季色泽更加璀璨亮丽。

五、大叶冬青

大叶冬青（*Ilex latifolia* Thunb.）为冬青科冬青属常绿乔木，别名苦丁茶。

1. 形态特征 乔木或小乔木。小枝粗而有纵棱。叶大，厚革质，长椭圆形，长10～20厘米，缘有细尖锯齿，花浅黄绿色，密集簇生于2年生枝叶腋。果红色，径约1厘米，秋季成熟，丰盛。

2. 花期及分布 花期5—6月。产于我国长江中下游至华南地区。耐阴不耐寒。绿叶红果，颇为美丽，宜作园林绿化及观赏树种。

3. 养蜂及其他经济价值 蜜粉兼有。嫩叶可代茶（苦丁茶），并有药效。

六、藤黄檀

藤黄檀（*Dalbergia hancei* Benth.）为豆科黄檀属藤本植物，别名僵树、梣果藤、藤香、红香藤、大香藤（图6-13）。

图6-13 藤黄檀

1. 形态特征 幼枝疏生白色柔毛，有时小枝呈钩状或螺旋状。羽状复叶长5～8厘米；托叶披针形；小叶长圆形，长1～2厘米，先端钝，微缺，基楔形或圆，下面疏被伏贴柔毛。圆锥花序腋生，有萼及小苞片。花冠粉红色。花瓣具长瓣柄，旗瓣椭圆形，翼瓣与龙骨瓣长圆形。荚果扁平，长圆形或带状，无毛，长3～7厘米。种子肾形，长约8毫米，宽5毫米。

2. 花期及分布 花、果期均为3—5月。分布于浙江、安徽、福建、江西、湖南、湖北、广西、广东、海南、贵州及四川东部。生于山坡灌丛中或山谷溪边。

3. 养蜂及其他经济价值 粉多蜜少，中蜂喜采。根有强筋壮骨、舒筋活络的功能；茎有行气、止痛、破热的作用。

七、贵州石楠

贵州石楠（*Photinia bodinieri* H. Lev.）为蔷薇科石楠属乔木（图6-14）。

1. 形态特征 幼枝褐色。叶革质，卵形、倒卵形或长圆形，长4.5～9厘米，先端尾尖，其部楔形，边缘有刺状齿，两面无毛。侧脉约10对，叶柄长1～1.5厘米，无毛，上面有纵沟。复伞房花序顶生，径约5厘米，小花黄色。

2. 花期及分布 花期5月。分布于江苏南部，安徽西部，湖北西南部，湖南、贵州、云南、四川及陕西西南部，生于海拔600～1 000米灌丛中。

3. 养蜂价值 花量大，流蜜好，蜂喜采，数量多的地方可取蜜。

图6-14 贵州石楠

几种新报道的辅助蜜粉源植物

一些常见的农田或荒地杂草也是养蜂的辅助蜜粉源植物，如下面提到的婆婆纳、鹅肠菜、狗牙根等。这些杂草不但常见，而且量很大，有蜜或有粉，或两者兼有。那么为什么过去没有引起人们的关注呢？主要是这些杂草开花的时间与油菜开花的时间差不多，又大量分布在油菜地中。油菜蜜、粉量大，蜜蜂一般不去采这些植物。而没有种植油菜的地方，蜜蜂（尤其是中蜂）就会去利用。在油菜面积逐渐缩减的情况下，这些辅助蜜粉植物的价值就会逐渐显现出来，因此特予报道。

一、阿拉伯婆婆纳

阿拉伯婆婆纳（*Veronica persica* Poir.）又名波斯婆婆纳，是玄参料婆婆纳属植物，常见农田杂草（图 6-15）。

1. 形态特征 铺散多分支杂草，高 10～50 厘米。茎密生两列多细胞柔毛。叶 2～4 对（腋内生花的称苞片），具短柄，卵形或圆形，长 6～20 毫米，宽 5～18 毫米，基部浅心形，边缘具纯齿，两面疏生柔毛。总状花序很长；苞片互生，与叶同形几等大，花梗较长。花萼花期长，仅 3～5 毫米，果期增大，裂片卵状披针形。花冠蓝色、紫色或蓝紫色，长 4～6 毫米。蒴果肾形，种子背面具深的横纹，长约 1.6 毫米。

2. 花期及分布 花期 3—5 月。原产于西亚和欧洲，为归化的荒野及路边杂草。我国分布于华东、华中、云南、贵州、西藏东部及新疆（伊宁）。

3. 养蜂价值 春季辅助蜜粉源植物。

图 6-15 阿拉伯婆婆纳

二、鹅肠菜

鹅肠菜〔*Stellaria media*（L.）Cyr.〕又名鹅耳长、牛繁缕，石竹科鹅肠菜属植物，常见农田杂草（图 6-16）。

1. 形态特征 一年生或两年生草本，高 10～30 厘米，茎俯仰或上升，基部多分枝，常带淡红紫色。叶片宽卵形或卵形，长 1.5～2.5 厘米，宽 1.1～1.5 厘米，顶端渐尖或急尖，基部渐狭或近心形，全缘，基生叶具长柄，上部叶常无柄或短柄。疏聚伞花序顶生，花梗细弱；花瓣白色，长椭圆形，比萼片

图 6-16 鹅肠菜

短。蒴果卵形，顶端 6 裂，具多数种子。种子卵圆形近圆形，红褐色，直径 1～1.2 毫米。

2. 花期及分布　花期 3—7 月。广布种，田间常见杂草。

3. 养蜂价值　粉多蜜少，春季辅助蜜源。

三、狗牙根

狗牙根〔*Cynodondactylon*（Linn.）Pres.〕为禾本科狗牙根属低矮荒野杂草，又名铁丝烂、地蜈蚣（图 6-17）。

图 6-17　狗牙根

1. 形态特征　秆细而坚韧，下部匍匐地面蔓延生长，节上常生不定根，高可达 30 厘米，秆壁薄，光滑无毛，有时略两侧压扁。叶鞘微具脊，叶片线形。穗状花序，小穗灰绿色或带紫色，小花花药淡紫色，柱头紫红色。颖果长圆形。

2. 花期及分布　花期 5—10 月。广布种，分布于我国黄河以南各省。

3. 养蜂价值　夏、秋季辅助粉源植物。

四、皱叶荚蒾

皱叶荚蒾（*Viburnum rhytidophyllum* Hemsl.）又叫枇杷叶荚蒾、羊耳朵（叶的形状有点像羊耳朵），为忍冬科荚蒾属植物（图 6-18）。

1. 形态特征　常绿灌木或小乔木，高达 4 米；幼枝、芽、叶下面、叶柄及花序均被由黄白色、黄褐色或红褐色簇状毛组成的厚绒毛。当年小枝粗壮稍有棱角；二年生小枝红褐色或灰黑色，无毛；老枝黑褐色。叶革质，卵状矩圆形至卵状披针形，长 8～18 厘米，全缘或有不明显小齿；上面深绿色有光泽，叶柄粗壮，长 1.5～4 厘米。聚伞花序稠密，直径 7～12 厘米。花无柄，萼筒状钟形，长 2～3 毫米，被黄白色绒毛；花冠白色、辐状，直径 5～7 毫米。果实红色，后变黑色，宽椭圆形，长 6～8 毫米，无毛。

2. 花期及分布 花期 3—5 月。产于陕西南部、湖北西部、四川东部和东南部及贵州。生长于海拔 800～2 400 米的山坡下或灌丛中。

3. 养蜂价值 辅助蜜源植物。

五、灰毛浆果楝

灰毛浆果楝［*Cipadessa cinerascens* (Pell.) Hand.-Mazz.］系楝科浆果属植物（图 6-19）。

图 6-18 皱叶荚蒾

图 6-19 灰毛浆果楝

1. 形态特征 灌木或小乔木，一般通高 1～4 米；树皮粗糙，嫩枝灰褐色，有棱，生有灰白色皮孔。叶连柄长 20～30 厘米，叶轴和叶柄圆柱形，被黄色柔毛；小叶通常 4～6 对，对生，纸质，卵形至卵长圆形，长 5～10 厘米，宽 3～5 厘米，基部圆形或宽楔形，偏斜，两面均被紧贴的灰黄色柔毛，背面尤密，侧脉每边 8～10 条，斜举。圆锥花序腋生，长 10～15 厘米，分枝伞房花序式，与总轴均被硬黄色柔毛。花直径 3～4 毫米，具短梗，长 1.5～2 毫米，萼短，外被稀疏黄色柔毛；花瓣白色 至黄色，线状长椭圆形。核果小，球形，直径约 5 毫米，熟后紫黑色。

2. 花期及分布 花期 5—8 月。产于广西、四川、云南、贵州等地。多生长在山地疏林或灌丛中。

3. 养蜂价值 夏季辅助蜜源植物。

六、香叶树

香叶树（*Lindera communis* Hemst.）系樟科山胡椒属植物，别名香果树、细叶假樟、野木姜子（图 6-20）。

1. 形态特征 常绿灌木或小乔木，高 3～4 米，树皮淡褐色。叶互生，通常披针形、卵形或椭圆形，长 4～9 厘米，宽 1.5～3 厘米，先端渐尖、急尖或骤尖，基部宽楔形或近圆形，薄革质或厚革质，上面绿色，无毛；下面灰绿色或浅黄色，羽状脉，侧脉每边 5～7 条，弧曲。叶柄长 5～8 毫米。伞形花序具 5～8 朵花，单生或 2 个同生于叶腋，总梗极短。雄花黄色，雌花黄色或黄白色。果卵形，长约 1 厘米，宽 7～8 毫米，也有时略小而近球形，无毛，成熟时红色。

图 6-20　香叶树

2. 花期及分布 花期 3～4 月，果期 9—10 月。广布种。产于陕西、甘肃、湖南、湖北、江西、浙江、福建、台湾、广东、广西、云南、贵州、四川等地区。

3. 养蜂价值 蜜粉兼有，春季重要辅助蜜源植物。

新报道的一种蜜源植物

——柄果海桐

海桐属海桐科海桐花属，常绿灌木或小乔木，大的植株可高达 6 米。其嫩枝被褐色柔毛，有皮孔。叶聚生于枝顶，革质，发亮。伞形花序或伞房状花序，顶生或近顶生。花白色，有芳香，后变黄色。蒴果圆球形，有棱或呈三角形，直径12毫米，花期3—5月。果熟期9—10月。

海桐对气候的适应性较强，能耐寒、热；对土壤适应性强，较抗旱，能耐轻微盐碱；对光照适应能力亦较强，广泛分布于长江、淮河流域。主要价值用于园林观赏及城市环保，也有一定药用价值。海桐枝叶繁茂，株形圆整，四季常青，花味芳香，种子红艳，为著名的观叶、观果植物。其抗二氧化硫等有害气体的能力强，又为环保树种。

海桐的主要品种有20多种。其中光叶海桐（*Pittosporum glabratum* Lindl.）在城区广泛种植，为绿化树种（图6-21）。柄果海桐（*Pittosporum podocarpum* Gagnep.）在丘陵、山地多有分布（图6-22）。湖北荆门地区俗称为岩青树，花期一般从4月15日至5月5日，长达20多天，流蜜很好，蜜味清香醇厚，也能进粉，是荆门地区油菜结束后重要的春季蜜源。两种海桐的主要区别是光叶海桐单叶呈长椭圆形，叶的前端较钝圆；而柄果海桐的叶呈披针形，单叶先端较尖，后端较窄，中前部较宽。

图 6-21　光叶海桐

图 6-22　柄果海桐

荆门地区养中蜂，一般在4月上旬油菜花结束后，经过春繁，群势快速发展，进入分蜂期。4月下旬分蜂结束后，蜂群大量造脾产子，这时能接上好的蜜粉源对蜂群发展尤为重要。荆门本地一部分蜂农，如京山的许长久师傅，在这一时期提前培育强群，采收柄果海桐（岩青）蜜，一个强群正常一年可采收5.0～7.5千克（前提是年成好，蜂群强），可收入500～800元。一部分蜂农利用海桐流蜜期发展蜂群出售，一张带蜂子脾120～150元，一群蜂4张脾也可收入500～600元。

蔷薇科的三种辅助蜜源植物

许多蔷薇科植物多为优良的辅助蜜源，其中在夏季和秋初开花的蔷薇科植物，对蜂群越夏和秋繁具有重要意义，这里介绍三种：

一、宜昌悬钩子

宜昌悬钩子（*Rubus ichangensis*）属蔷薇科悬钩子属落叶灌木，俗名狗屎泡（图6-23）。茎直立或倒垂，具腺毛。叶互生，边缘锯齿，有叶柄；托叶与叶柄合生，不分裂，宿存，离生，较宽大。花两性，聚伞状花序。萼片直立或反折，果时宿存。花瓣稀缺，白色或红色；雄蕊多数，心皮多数，有时仅数枚，果实为由小核果集生于花托上而成的聚合果，种子下垂，种皮膜质。花期4—6月，果期6—7月。

图6-23 宜昌悬钩子

二、白叶莓

白叶莓（*Rubus innominatus*）属蔷薇科悬钩子属落叶灌木。茎直立或倒垂，具腺毛。叶互生，边缘锯齿，叶背面白色，有叶柄；托叶与叶柄合生，不分裂，宿存，离生，较宽大。花两性，聚伞状花序。萼片直立或反折，果时宿存。花瓣稀缺，白色或红色；雄蕊多数，心皮多数，有时仅数枚，果实为由小核果集生于花托上而成的聚合果，种子下垂，种皮膜质。花期4—6月，果期6—7月。

三、川莓

川莓（*Rubus setchuenensis* Bureau et Franch.）俗名糖泡、甜泡、无刺乌泡、马莓叶、侧生根（图6-24）。属蔷薇科落叶灌木，高2～3米，茎杆粗壮，直立后倒垂，茎干光滑无刺，密布白色柔毛。单叶，近圆形或宽卵形，叶脉突起。叶柄生有浅黄色绒毛状柔毛。聚伞状花序，果实半球形，果实初黄红色，熟时黑色（图6-25）。果可实用，药用根部，有祛风、除湿、止呕、活血之功效。

湖北、湖南、广西、四川、云南、贵州为主产区，多分布于海拔500～3 000米的山坡、路旁、林缘或灌丛中。花期长，7—9月为花果期。川莓为盐肤木开花前期繁蜂的重要辅助蜜源，在川莓分布较多的地方还可以取蜜。

图6-24　川莓花苞　　　　　　　图6-25　川莓的果实

许多地方过去曾将川莓与乌泡相混淆。两者的区别在于川莓茎干光滑，白色无刺，而乌泡茎干被红褐色毛，有刺。川莓叶比乌泡叶大1～3倍，且树势强，2米以上枝叶铺散开来，多呈丛状生长，这一点乌泡不如川莓。

中蜂能采苕子（马豌豆）蜜

苕子（*Vicia sativa* L.），也叫救荒野豌豆、光叶紫花苕，为二年生栽培草本绿肥作物。植株为藤蔓状，株高 30～60 厘米，羽状复叶，有卷须，小叶 8～24，上面无毛，下面有短柔毛。总状花序腋生，有花 7～15 朵。花冠蓝色或紫色，花粉黄色，蜜粉丰富。荚果，果实矩圆形。常种于田土之中作绿肥，其草粉也可作猪、牛的优质饲料。苕子生长期长（在南方为越冬作物），播种期弹性较大，从 5—10 月均可播种。5 月播种的可在 8—9 月开花，7 月播种的 10 月开花。一般作为大田绿肥，可于头年 9—10 月播种，翌年 3 月下旬至 5 月开花，开花期长达 1 个多月，常在其盛花期翻犁埋压作为绿肥。我国南北方均有栽培，北方花期较南方约晚 1 个月。20 世纪 90 年代以前，贵州省西部地区（黔西南州、六盘水市、安顺地区、黔南州）和云南东部地区（曲靖、昭通）均为其主产区，每年均有大批意蜂前来放养采蜜。但近来因农民外出务工以及大量使用速效化肥，苕子种植面积已大量缩减。

过去认为苕子花冠较深，意蜂利用较好而中蜂难以利用。2015 年，大方县理化乡果木村猕猴桃果园中撒播苕子作为绿肥（图 6-26），当地有两家中蜂场反映中蜂在苕子花期能采到花蜜。为此，2016 年 4 月苕子花期我们特地前往实地考察（图 6-27、图 6-28），确有许多中蜂在苕子花上采访，且蜂群的巢脾中进有新蜜，品尝后为典型的苕子蜜味道。事后追访，两个蜂场均在之后取过蜜，其中一个蜂场 30 群蜂，取蜜 100 千克，群均产蜜 3.5 千克左右。其蜜颜色清亮（类似于洋槐蜜），味甘甜，略带清香味，但香味不及洋槐蜜，且易结晶（纯洋槐蜜不结晶），结晶色白、油亮，完全符合苕子蜜的特征，证实中蜂确能利用苕子。

据当地两中蜂场养蜂员观察，相对意蜂而言，中蜂对苕子的利用是要困难一些。工蜂采集时，有时能从花冠正面吸蜜，有时则在花冠基部咬孔采蜜，不如意蜂那样轻松，但产苕子蜜是没有问题的。

图 6-26　猕猴桃园中作为绿肥的苕子（野豌豆）

图 6-27　在大方县理化乡果木村科研人员与中蜂养殖户谢绍友（第二排左 3），在苕子地中的合影

图 6-28　苕子花期蜂群中的封盖整蜜脾

　　苕子花多，花蓝紫色或紫红色，大面积成片的苕子开花场面相当壮观，花期又较长，也是一种很好的景观类植物，所以它是一种肥、饲、果园地面荫蔽（图 6-29 至图 6-32）、景观类多种功能兼备的优良蜜粉源植物，耐旱耐瘠，花期如遇雹灾仍可再度发枝开花，有条件的地方可以大力推广。

图 6-29　贵州南山花海中蜂场在息烽县坪上村葡萄园中示范种植的蓝花苕子，对地面杂草起到了很好的荫蔽作用，大大降低了果园锄草成本，图为示范区一角

图 6-30　生长中的苕子（时间为 2 月下旬）

图 6-31 同期未播苕子葡萄园中的
　　　　杂草（苦蒿）

图 6-32 同期未播苕子葡萄园中的杂草
　　　　（繁缕、阿拉伯婆婆纳）

楤　木

——一种有多种用途、适宜人工栽培的蜜源植物

楤木（*Aralia chinensis* L.），属五加科植物，灌木或小乔木（图 6-33），因其茎秆有刺，又称之为刺老包、鹰不朴、鸟不粘、鸟不宿等。因它的花为伞形花序聚生的大型圆锥花序，故在广西来宾一带又将其称为大阳伞。小花白色，果球形，熟时黑色。我国除西北地区外，各地均有分布，从海拔一二百米到 2 500 米均为其适生范围，喜水喜光，多生长于林缘、灌丛、山坡、路旁、沟边，适应性很广，且种类较多。花期 7—10 月，泌蜜较多而花粉较少，是夏秋季重要的辅助蜜源植物。分布多的地区能收到商品蜜。蜜浅琥珀色，有香味，较易结晶，纯的楤木蜜应为上等蜜。

图 6-33　楤木及其嫩芽

251

　　楤木的树芽有点类似于椿树芽，可食，但较椿芽粗大质嫩。因属五加科，有滋补作用，在贵州及云南两省都有采其嫩芽（图6-34）食用的习惯。据报道，日本、韩国也将其当做名贵的山野菜食用。楤木嫩芽吃时可用油炒，也可用清水煮后蘸辣椒水吃。其嫩茎味甜，苞叶绵软，芽叶微苦，但民间传说有清火作用。由于是不用农药、化肥，天然、绿色的野生蔬菜，很受市场欢迎，一般稍粗壮的茎芽8个重0.5千克，每500克市场价20～30元，而贵阳市可卖到50元。嫩芽采摘期在2—3月。

图6-34　楤木嫩芽

　　笔者等曾到贵州省盘县鸡场评镇松河乡布韦梅村访问，该村村民自野外引植发展到近百亩（图6-35）。种植户通过采摘嫩芽，年收入可达1万～3万元。为了扩大销路，该村还有将其真空保鲜包装后销往城市的想法。

图6-35　人工种植的楤木

在摘掉楤木的顶芽后，其树干下部还可发芽长叶、开花。由于楤木有多种经济价值，可以人工栽培。

楤木有类似于洋槐的根蘖性，通过在地下窜根发苗，故在野外一般呈丛状生长，一般主张扦插繁殖。但当地群众除利用自然发出的根蘖苗外，还有意距母树周围约 0.33 米的地面用锄头刨一圆圈，挖断其须根，促使其发苗，然后再移栽，也很有效。

贵州石漠化地区的蜜源植物调查研究

一、背景

贵州是典型的山区，喀斯特面积占全省总面积的 73%，其中重度、中度石漠化面积分别达 5 249.58 千米^2 与 11 895.93 千米^2。石漠化地区在地域上的分布以西部为主，其中，重灾区集中在西部麻山地区。贵州喀斯特地区，尤其是麻山地区，是国家集中连片特困地区，也是全省石漠化面积最广、贫困程度最深、人地关系最为紧张的少数民族聚居地。为实现全国同步小康的目标，贵州省深入推进精准扶贫工作，计划到 2020 年将 623 万农村贫困人口（占全国总数的 8.9%）减少到 213 万，与全省农村低保人数持平。

发展中蜂作为一项投资少、见效快、不占地、不争水和肥的"空中产业"，成为农民脱贫致富的好抓手，因此，各地政府部门都很重视。近年来全省各县先后出台政府文件，将养蜂作为减贫摘帽的重要手段，划拨专项资金扶持养蜂。2013—2015 年共划拨 1 630 万元，精准扶贫近千户贫困户。然而，在喀斯特石漠化地区发展中蜂不能盲目重数量，受限于其生态环境、蜜源植物条件、劳动力数量和结构等因素，各地的中蜂养殖规模与方式都需根据当地具体情况调整。摸清当地有效蜜源植物，客观评价其载蜂量，对合理规划地方蜂业有现实意义。鉴于此，本文以麻山地区为调查地点，以蜜源植物为调查对象，结合生态学田野调查法与社会学问卷采访调查法，对当地的主要蜜粉源农作物和野生植物进行了系统全面的了解，以期为地方制订蜜蜂生产计划提供参考。

二、调查地点及方法

（一）调查地点
贵州石漠化重灾区集中在麻山地区，即纳雍、罗甸、紫云、望谟、长顺、平塘六县结合部。麻山地区缺土少水、土地贫乏瘠薄、人地关系极为紧张，作为一个典型的苗族、布依族聚居地，饲养中蜂一直是当地少数民族的一项传统生计方式，也是他们在长期生产实践中形成的一项规避石漠化的办法。即使在全国中蜂种群锐减、栖息地缩减、受意蜂威胁濒临灭绝的时期，当地的中蜂群一直稳定存在。因此，结合前期研究，选择麻山地区紫云、罗甸两县为调查地点，重点锁定两县交界处，即生态环境相似，养蜂文化相近之处。

（二）问卷调查

以紫云、罗甸两县为调查地点，选择 17 个有典型代表特征的行政村开展问卷调查，对长期饲养中蜂的农户进行半结构式访谈，重点了解农户近两年内饲养的蜂群数、饲养方法、产量及收入；调查农户对村寨周围的主要蜜源农作物和野生植物的种类、数量和分布的了解情况，调查蜜蜂上花情况，蜜粉源植物近年的增减情况、增减原因；同时，调查外来蜂群的转地时间、地点、数量，对当地中蜂造成的影响，以及农户和政府采取的应对措施。

（三）田野调查

在问卷调查的基础上，重点选择 3 个有典型代表特征的峰丛洼地为调查基地，按轻度、中度和重度石漠化分类，采用四分法将样地平均分割为 10 米×10 米的样方，取对角线上的两个样方进行蜜源植物实地调查。详细调查样方内蜜粉源植物种类、数量。植物种属由湖南吉首大学植物系专家进行分类鉴定。样地蜜源植物的丰富度、多样性以及均匀度，采用丰富度指数（Richness Index）、香农-韦弗指数（Shannon-Wien Index）和辛普森多样性指数（Simpson Index）并进行统计分析。

三、结果与讨论

（一）主要蜜源农作物

调查结果表明，当地蜜源农作物共有 21 种（图 6-36），其中主要作物有 4 种，即玉米（16%）、南瓜（15%）、油菜（14%）和豆类（37.3%，黄豆 10.5%、四季豆 8%）。这一调查结果与当地的生态特点、农业结构和生产习惯一致，即种植的农作物种类繁多，但主栽作物数量不大。一方面，当地苗族以养殖业为主，种植玉米南瓜均是为养殖业提供饲料；另一方面，受限于匮乏的水与土地资源，布依族种植的水稻面积不大，大量种植豆类、油菜主要为弥补粮油作物的不足。除玉米、水稻这两类风媒农作物外，其余农作物均可作为蜜源，未来发展中蜂可加以综合利用。

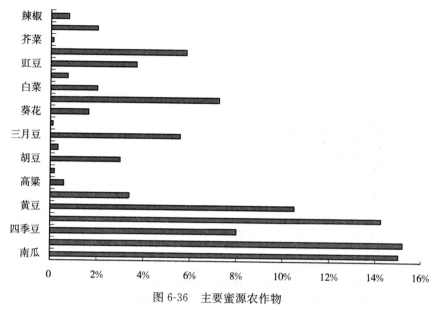

图 6-36　主要蜜源农作物

（二）主要辅助蜜源植物

调查地的辅助蜜源植物共有 37 种（图 6-37，未完全列举），分属 14 个科，23 个属。其中乔木/果树 9 种，以李子（3.7%）、拐枣（8.3%）、槐花（5%）、五倍子（4.7%）、梨（3%）、木姜子（2.3%）为主，藤蔓灌丛类 8 种，以刺梨（13.9%）、金银花（10.9%）、火棘（6.1%）、野葛藤（2%）、乌蔹莓（5.4%）为主，草本类 6 种，以野藿香（14.6%）、大蓟（1.9%）、千里光（1.4%）为主。整体而言，调查地蜜粉源植物，尤其是野生植物种类繁多，但无优势种。秋季蜜源主要以野藿香、五倍子、千里光为主，春季蜜粉源主要以刺梨、金银花、拐枣、火棘为主，夏季以乌蔹莓为主。蜜源植物呈不规律状零星分散于峰丛洼地山脚至山顶，这种种类繁多，但无明显优势植物的特点与喀斯特山区的生态特征完全吻合。例如，以火棘、野藿香、野葛藤为代表的功能植物群，在中度与重度石漠化地区均有出现。这一调查结果也从侧面证实，当地少数民族长期在石漠化严重的地方种植藤蔓类灌丛植物是有利于山区植被恢复，有利于中蜂生存繁殖，也有利于减轻石漠化危害的措施。

（三）蜜粉源植物多样性

统计结果显示，不同石漠化程度下的蜜粉源植物种类和数量差异显著（图6-38），基本趋势为：轻度石漠化＞中度石漠化＞重度石漠化。蜜源植物的丰富度、多样性与均匀性（图6-39）也与石漠化程度成反比，即蜜粉源植物的种类、数量与多样性，随石漠化程度增加而减少。这一结果与盛茂银等（2015）年的研

255

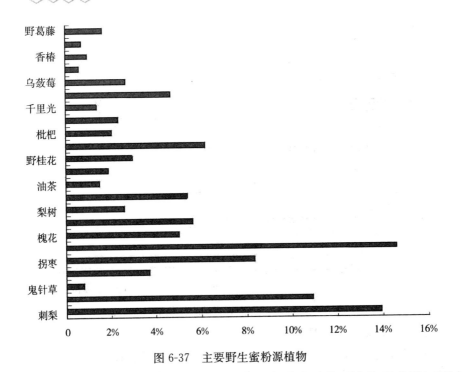

图 6-37　主要野生蜜粉源植物

究结果一致，即贵州喀斯特石漠化地区植物多样性有随着石漠化程度增加而减少的变化趋势。需要指出的是，由于调查未涉及样方生物量的测定，因此，该结果仅是蜜源植物数量与种类的绝对值。另外，喀斯特峰丛洼地生境复杂，考虑到中度、重度石漠化生境调查与取样的困难，样方设计为 10 米×10 米，即在同一水平线上，轻度、中度、重度石漠化现象可能交叉出现。若将样方放大，以峰丛洼地或山头为计量单位，那么调查结果可能会有变化。

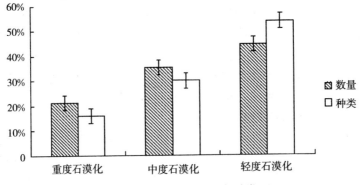

图 6-38　蜜源植物数量与种类

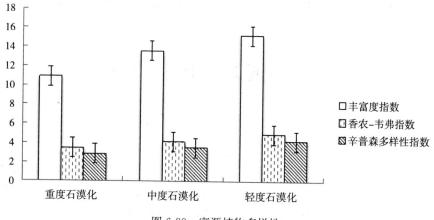

图 6-39 蜜源植物多样性

（四）蜜源植物与蜂群数

中蜂群消涨和蜜源植物情况的调查结果显示，2008 年以来，整个调查区的蜂群数量逐年增加，从 2008 年的 270 群，增加到 2011 年的 644 群，相应的蜂蜜产量也从 1 200 千克上升到 4 800 千克。然而，自 2011 年后，蜂群量与蜂蜜产量呈下降趋势，2013 年止调查区仅有蜂群 410 群，蜂蜜产量也减少到 2 700 千克。调查结果表明，2011 年之前蜂群数量上升的主要原因为退耕还林政策的实施，山区植被得到较好恢复；农村劳动力转移，毁林开荒现象减少，山区植被破坏少；少数民族长期种植规避石漠化的藤蔓灌丛类蜜源植物，为中蜂的繁殖提供了较好的蜜源条件。而 2011 年后蜂群数量下降的主要原因为外来意蜂群的入侵，为此，当地政府已设立中蜂保护区，禁止外来意蜂入境越冬，但中蜂的群势恢复仍需要一个很长的时期。整体而言，调查区域的蜂群数量增长与当地的蜜蜂植物增加紧密相关，但不同石漠化地区的蜂群量与蜜源植物丰富度的关系有待进一步研究。

四、结论

调查结果显示，麻山地区的蜂群数量与蜜源植物丰富度有直接关系。主要蜜源农作物有 21 种，乔木/果树 9 种，野生植物 23 种。主要蜜源农作物有南瓜、油菜和豆类，主要辅助蜜粉源植物有拐枣、野藿香、刺梨、金银花、火棘和乌菝莓。调查结果还表明，贵州麻山石漠化地区的蜜源植物种类丰富，但无优势种，即喀斯特地区，尤其是石漠化中度与重度地区，可供蜜蜂采集的植物种类多，但每一种的数量有限。综上所述，在喀斯特石漠化地区发展中蜂生产，必须综合考虑当地的蜜源植物条件，在石漠化中度、重度地区，很有必要补充种植适宜当地生态环境的蜜源植物，以满足春秋季中蜂扩群繁殖的需要。

贵州有毒蜜源植物调查（一）

——杜鹃花初步调查

2016 年 3 月，根据国家农业部的有关指示和国家蜂产业体系的委托，"十三五"期间在贵州省开展有毒蜜粉源植物的调查工作。接到任务后，我们即按调研计划在省内有毒蜜源可能分布的地区，分片进行调查。

根据以往的历史资料记载，杜鹃花中许多种类均属于有毒蜜源，因此，我们于 2016 年 7 月 11—12 日，到贵州省杜鹃花最集中的地区——位于贵州省毕节地区的大方、黔西和遵义市金沙三县交界之地的百里杜鹃景区进行调查。

杜鹃花在彝族语中被称为"索玛花"。百里杜鹃景区宽 1 000～3 000 米，绵延 50 余千米，总面积达 130 千米^2。景区因大面积千姿百态、绚丽动人的杜鹃花景观和浓郁的民族风情而闻名于世。

20 世纪 80 年代后期至 90 年代，全国植物学、林学、园艺、土壤、地质、遗传、环境、气象、地理和动物学等 10 多个学会、数百名专家学者曾先后来此考察、论证，出版科学考察专著 2 部，发表论文 40 余篇，对百里杜鹃景区的发展、保护起到了重要作用。1993 年 5 月，原国家林业部（现更名为国家林业局）批准建立百里杜鹃国家级森林公园。2008 年中国花卉协会杜鹃花分会授予百里杜鹃管委会下属的普底、金坡、仁和、大水 4 个乡为"中国百里杜鹃花之乡"称号。2015 年，被国家有关单位批准为国家 5A 级风景名胜区。每年花开季节，接待省内外游客达数百万人次。

景区内杜鹃分布广、面积大、品种多，其杜鹃花种类在国内外均属罕见，具有极高的欣赏和科学价值，有"杜鹃花王国"之称。景区内有马缨杜鹃（*R. delavayi Franch*）、树形杜鹃（*R. arboreum* Smith）、狭叶马缨杜鹃（*R. delavayi* Var Feramo-ehum）、美容杜鹃（*R. calophytum*）、大白杜鹃（*R. decorum* Franch.）露珠杜鹃（*R. irroratum* Franch.）、繁花杜鹃（*R. floribundum* Franch）、迷人杜鹃（*R. agastum* Balf. f. et W. W. Smith）、银叶杜鹃（*R. argyrophyllum* Franch）、锈叶杜鹃（*R. siderophyllum* Franch.）、映山红（*R. simsii*）、黄坪杜鹃（*R. huangpingense* Xiang Chen&Jiagong Huang）、桃叶杜鹃（*R. annae* Franch.）、淡紫杜鹃

（*R. Lilacinum* X. chen & Xun Chen）、皱叶杜鹃（*R. denudatum* Levl）、长蕊杜鹃（*R. stamineum* Franch.）、百合花杜鹃（*R. liliiflorum* Levl）、黄杜鹃（*R. molle* G. Don）等 41 个原种，其中还有的是这里的独有种类，如九龙山杜鹃（*Rhododendron jiulongshanense* Xiang chen & jiay·Huang）、普底杜鹃（*Rhododendron pudiense* Xiang chen & jiay·Huang）等。在全世界所有杜鹃花的 9 个亚属中，这里就占了 5 个亚属，因此在百里杜鹃景区调查，具有较强的典型性。

此次调查中，我们专程拜访了百里杜鹃管委会科研所的黄家勇。黄家勇先生在百里杜鹃从事杜鹃科研工作已有 30 多年，曾先后参加过贵州省及国内外有关专家在景区内的调研工作（如英国皇家植物园的大卫博士，中国科学院植物园的张长芹教授，贵州科学院和贵州省植物园的专家陈训、高贵龙等），对当地杜鹃花的种类、生长习性、分布都非常熟悉。据其介绍，当地因杜鹃品种不同，开花期不同，分为早、中、晚花期，主要花在 3 月中下旬至 4 月，最晚的在 5—6 月，但晚花种较少。

关于杜鹃花的毒性，据黄家勇介绍，杜鹃花植株确有一定的麻醉作用。特别是其中一种叫羊踯躅（又叫闹羊花）的，羊食用其植株后会发生中毒现象。但该种杜鹃花在景区内已不多见，目前仅有的 100 多株还是从昆明植物园引种繁殖的。杜鹃花并非每一种都有毒，据黄家勇介绍，5 月开的一种大白杜鹃人还可以食用。另据贵州省杜鹃研究专家鲍厚柱、陈训等报道，有 12 种杜鹃可以食用以及作为药用。

关于蜂蜜是否有毒的问题，黄家勇根据他多年观察，认为极少有蜜蜂在杜鹃花上采访，晚开的花种上稍多些，但总量也不多。这与我们的观察基本是一致的。另外，黄家勇世代居住于此，他的爷爷就曾养过蜂，食用当地产的蜂蜜并未发生过中毒现象。到现在为止（黄家勇已 50 多岁），也从未听说过其他人食用蜂蜜发生过中毒的事情。

我们还特地走访了当地两户养蜂户，养蜂数桶到十来桶不等，旧法饲养，年割蜜 10~15 千克，全部用于出售，每千克售价 200 元，也未听说发生过中毒现象。据养蜂户反映，当地每年取蜜 1~2 次，大多数情况下仅取一次（秋季），第一季取蜜在 4 月，第二次在 9—10 月。根据当地的蜜源植物判断，春季取的大多为油菜蜜，秋季取的是盐肤木（五倍子）、野藿香蜜。

百里杜鹃管理委员会为发展当地农村经济，2015 年 8 月曾邀我们赴景区考察调研可否发展养蜂，当时就已注意到杜鹃花的问题，特地到当地 2 户养蜂户中调查采访，他们回答也从未发现蜂蜜中毒情况。

当地未发现食蜜中毒情况，一是当地杜鹃花流蜜量小，杜鹃花开之时，有其他竞争性蜜源存在，蜜蜂不喜到杜鹃花上采集。另外当地群众大多习惯在9—10月取蜜。即使蜜蜂采得有杜鹃花蜜，也会在度夏时被消耗掉，而秋天蜜源流蜜量大（盐肤木、野藿香）、产蜜多，没有毒。

2016年6月，四川甘孜州康定县新都桥一养蜂户，一家三口发生食蜜中毒事件，表现为恶心呕吐，血压下降，后经抢救脱险。经当地有关部门调查，初步判定为高山杜鹃蜜所致。

为此，这次调查后，我们又于8月上旬专程拜访了贵州省科学院生物研究所的陈翔研究员和贵州师范大学的李朝蝉博士。前者是从事杜鹃分类的专家，后者是从事杜鹃生理生化研究的。据他们讲，全世界杜鹃600余种，其中400种为我国所特有。西藏有230种，云南最多，300余种，四川280种，贵州及广西种类为100余种。贵州杜鹃多分布于海拔2 000米左右的地区，为中低山种类。四川部分分布地在3 500米左右，为高山杜鹃。贵州杜鹃种类与四川种类或有较大差异。采访中他们说：并非每种杜鹃都有毒，比如说大家都比较熟悉，数量较多的一种——"映山红"的花可以食用，当然也不能多食。马樱杜鹃花色红艳，可提红色素，据《中国药典》记载，所提红色素安全，可治妇科病。另分布于贵州省水城、威宁一带的秀雅杜鹃，有报道其植株有清热解毒的作用。因此，贵州省杜鹃花期能否取蜜？所取之蜜会否有毒？都还需要进一步调查，尤其在产区内杜鹃花花期养蜂取蜜后才能获得更为准确的结论。

贵州有毒蜜源植物调查（二）

一、背景

2016年，贵州省农业科学院现代农业发展研究所受国家农业部、国家蜂产业体系的委托，在"十三五"期间，对贵州省有毒蜜源植物进行相关调查。接受任务后，据原供职于贵州省农业农村厅畜牧管理部门的徐祖荫研究员回忆，20世纪80年代后期，他在铜仁地区（现改为铜仁市）的思南县举办养蜂培训班时，曾有铜仁地区防疫站（现改为铜仁市疾病预防与控制中心）的两位同志，因当地发生毒蜜致人死亡事件，前来咨询关于蜂蜜中毒和有毒蜜源植物种类的情况。因此，2016年9月26—28日，省现代农业发展研究所一行三人，特地前往铜仁市及当年毒蜜事件的发生地——印江县木黄镇，进行实地调查追访。

二、对铜仁市疾病预防与控制中心的访问

7月26日，我们在铜仁市畜牧局品种改良站的协助下，特地走访了当年直接参与事件调查工作的铜仁市疾病预防与控制中心。经查访，当时参与调查的人员现已退休，但据当事人（何青）在电话中回忆，他们曾在1990年《中国食品卫生》杂志上发表过一篇相关的调研报告，此文当年还获得过该系统的优秀论文奖。事后我们下载了当时调查报告的原文——《印江县蜂蜜中毒调查报告》。原文详细记述了发生毒蜜中毒的地点、时间、事件的经过，中毒发病率、死亡率以及毒蜜、有毒蜜源的化验结果、治疗抢救措施等。

该事件发生时间为1988年7月14日至8月18日，发生区域为梵净山的木黄、朗溪区，涉及2个区，1个镇，7个村，14个村民组。进食86人，中毒53人，死亡9人（详见原文）。由于中毒死亡人数大，涉及面宽，引起了当地政府及防疫部门的高度重视，除当地防疫部门外，贵州省防疫站也派了两名专家参与调查。此次事件应该是国内同类事件较早的相关报道。

三、在印江县毒蜜中毒事件发生区——木黄镇采访

因毒蜜事件发生的区域位于梵净山自然保护区，经与保护区管理局联系，在他们的积极协助下，我们于9月27—28日到印江县木黄镇调研，走访了当年事件的亲历者（幸存者）和其他见证人。

首先走访的是印江县木黄镇金厂村。据该村老人回忆介绍，村民蒋运享父女三人因采食自养蜂群的蜂蜜中毒，两人死亡（父子），女儿可能因吃的量少，幸运抢救脱险。

随后我们又到该镇芙蓉坝村上寨组，走访了当年中毒事件的亲历者杨秀恩、杨胜富两位老人。杨秀恩（原调查报告中有提到）现年65岁，杨胜富66岁。据两位老人回忆，1988年为了改善自身经济条件，依靠大山优势，很多村民都上山去剥黄柏、肉桂皮出售。那天他们一行五人上山到距该村8千米的肖家湾采山货，行至转弯处，发现有颗倒地大树的空洞中有一窝野生蜂，因树大洞深，蜂群也很大，他们先后从洞中掏出20~25千克蜂蜜装在口袋中，准备回去分蜜。在掏蜜的过程中，有人边掏边吃。开始吃蜜的时候，杨胜富觉得该蜜颜色发深，味发苦，觉得有点不对头，就劝告大家不要吃，并指着其中一人（他们是叔侄关系）说："这个蜜吃不得，您亲爷（住平所村）一个月前就是吃了坟洞里边挖的蜂蜜死的"。但其中有人反驳说："我吃这个蜜觉得是甜的，绝对没有问题，死人我负责"。大家听他这么一说，于是就放松了警惕，陆续吃了一些蜜。但由于各人吃蜜的量不同，中毒的反应、严重程度也不一

样。杨秀恩说："该蜜颜色发黄，吃后辣舌和发苦，觉得口干，想喝水，一小时后头晕无力，说不出话，有呕吐、腹泻的症状，吐和屙的内容物都含有大量的血泡，且觉得两腰疼痛发胀。"他们觉得不对劲，于是边休息、边回家。是两三点钟吃的蜜，六七点钟回到家。其中吃蜜最多的三个人（500 克左右）到晚上八九点钟就死了。杨秀恩本人吃的量稍少，被送到县医院救治，住院 42 天才出院。出院后有相当长一段时间，排便还带有气泡（肠道受损）。

我们到曾经发生过毒蜜事件的平所村牛家湾村民组采访时，见到 74 岁的老人戴泽秀（女）。她告诉说的是另外一件事，此事发生在 1962 年，取蜜食用的时间为农历 7 月 29 日，死亡则发生在农历八月初一。起因是两家人合伙饲养在老桶中的蜂群取蜜。割蜜后，两家人食用榨蜜之后用水冲洗蜡渣所得的所谓"洗窝水"（注意，这种洗窝水中除了蜂蜜之外，还含有大量的花粉）。多的每人吃了两碗左右。戴泽秀伯妈家因此死了 2 人，戴的母亲也因食蜜中毒而亡，一共死亡 3 人。据老人回忆，当时所得的蜂蜜颜色有点深，味辛辣带苦，食后腹胀反胃，呕吐出血，身上还会出现黑紫色淤斑。老人还说："听当地老人传说，每隔 20 年，蜂蜜就会闹人一次"，可见当地蜂蜜中毒的事件历来就有。由于吸取了以往的教训，2011 年（也是干旱年份），当地取下来的蜂蜜也有点带苦，没人敢吃，所以就没有出事。

四、关于有毒蜜源的种类和毒蜜发生区域的讨论

梵净山区蜂蜜中毒的原因，20 世纪 80 年代原铜仁地区防疫站对取自蒋运亨、田茂学、田新云三家（有人死亡）蜂蜜样本化验，与昆明山海棠（卫茅科）、博落回（罂粟科）提取液用薄层色谱法进行对比，检测结果两者均呈阳性。另从检测蜂蜜中花粉粒判断，其中田新云家蜂蜜中含有大量的博落回花粉，占比为 40%～80%（另外两家蜜中只检测出紫云英花粉）。患者中毒症状与罂粟科植物生物碱中毒症状相似，故初步结论判定为博落回中毒。

我们此前和此次到梵净山及铜仁地区工作，也发现当地野外有一些博落回生长，但分布稀疏，总的数量并不大。如仅此判断为博落回中毒，我们认为结论并不完整，对有毒蜂蜜检测中还含有昆明山海棠成分；3 份毒蜜中，有 2 份并未检出博落回花粉。因此，毒蜜中一定还有来自博落回以外的有毒蜜源成分，其中最值得怀疑的是昆明山海棠或雷公藤。据梵净山保护区的干部说，梵净山就有雷公藤的分布。我们在毒蜜发生地与村干部及护林员交流时，他们对照有毒蜜源的照片，认为该地区应该还有昆明山海棠，以及杜鹃花科的吊钟、南烛等的分布（以上皆为有毒蜜源）。由于此次调查花期已过，还有待于今后实地调查取证。

从国内发生毒蜜中毒事件看，多发生在干旱年份。梵净山地区毒蜜事件发生也符合上述规律，如文中提到的 1962 年、1988 年都属于干旱年份。由于干旱的影响，夏季其他主要蜜源生长、流蜜受到影响，而对比较耐旱的有毒蜜源如博落回、昆明山海棠等影响较小，流蜜旺盛，导致蜜蜂采集后产生毒蜜，以致人误食后造成中毒事件。

对于同样是梵净山地区，但蜂蜜中毒事件为什么会集中发生在印江县的木黄、郎溪一带，其他地区，比如江口并未发生呢？梵净山保护区管理局的何汝态解释说："梵净山江口地区原始森林的状态保存得较为完整，高大林木多，森林郁闭面大，且处于梵净山东麓，雨水较为充沛。而印江人口压力大，毁林开荒、烧灰积肥等现象较严重，当地多为次生林带，这就为一些有毒蜜源的生长（如博落回、昆明山海棠）创造了条件。在这些地方，有毒蜜源较多。且上述地区位于梵净山西麓，气候上较东面（江口）要干旱得多，因此在干旱年份容易造成毒蜜中毒事件。因此，认真调查分析梵净山东西两侧（例如江口和印江）的植被构成、气候差异，会在一定程度上帮助我们确定有毒蜜源的分布和间歇性发生的原因，以及找到预防毒蜜事件发生的有效对策。

梵净山为武陵山脉的主峰所在地，武陵山脉正处于我国第三级阶梯（江汉平原）向第二级阶梯（云贵高原）的过渡地带，为呈北北东——南南西走向的复式高大山体，横亘于重庆（渝东南）、贵州（铜仁、遵义市）、湖南（怀化、湘西）、湖北（鄂西州）四省、直辖市之间。相关省市在武陵山脉分布的地区，其气候、土壤、植被、生态环境均有某些相似之处。因此，近年来在湖北鹤峰发生的毒蜜事件，绝不是一起孤立、偶然发生的事件，而是有其发生的必然性，这实际上就是当年梵净山区毒蜜中毒历史情景的再现。如一旦找到现发生在鄂西地区毒蜜中毒的原因，也就不难破解当年梵净山毒蜜形成的一些未解之谜，同时也值得相邻地区引起高度关注和警惕。

五、重大历史事件对今后相关地区发展养蜂业的重要启示

明代医学家李时珍的《本草纲目》中就有"七月勿食生蜜，令人暴下霍乱"的记载，其症状（拉肚子）与这次调查患者所述症状十分相似，说明毒蜜事件自古就有发生（当然并非所有夏季所采的蜂蜜都有毒，毒蜜发生有其一定的分布范围）。

在印江县曾发生毒蜜致 9 人中毒死亡的事件，无论在当时，还是在今天，都是一起非常重大的事件。当前，贵州省各地（包括梵净山地区）为帮助农民脱贫致富，在当地政府倡导、群众积极的参与下，正大力发展养蜂，做得"蜂生水起"。梵净山土蜂蜜已成了当地一张响当当的名片，现每千克蜜卖到 400

元，且供不应求。在一片发展的大好形势下，我们更应该保持清醒的头脑，谨记当年的教训，绝不能再让历史悲剧重演。一旦再次发生毒蜜中毒事件，不但梵净山蜂蜜的声誉受损，还会拖累贵州省中蜂产业的发展。因此，有关部门之间应大力协作，认真摸清梵净山区毒蜜形成的原因、分布范围及发生规律，向当地群众，尤其是养蜂者普及相关知识，在曾经发生过毒蜜事件及其自然条件相似的区域，一定不要在夏季取蜜。如一旦发现可疑蜂蜜，应及时向有关部门报告，上交检验，严格防止类似事件再次发生。

　　编者按：有毒蜜源存在是客观事实，为了防止毒蜜中毒，国家蜂产业体系"十二五"期间，曾动员有关省区开展了专项调查，《贵州有毒蜜源植物调查（一）》和《贵州有毒蜜源调查（二）》两篇文章只是这次调查结果的一部分。

　　由于有毒蜜源的分布具有一定的地域性，且有毒蜜源流蜜与气候、温度有关，又具有一定的季节性，所以，人们对毒蜜中毒的现象既要给予重视，但又不要因此引起惊恐，搞得风声鹤唳，草木皆兵，毕竟毒蜜只在极少数地区，某些年份，某些季节发生。只要人们掌握了毒蜜的发生规律，了解相关的知识，防止毒蜜中毒的事件是完全可以做到的。

中蜂为蓝莓授粉采蜜初探

　　2015年，贵州省农业科学院现代农业发展研究所承担了中蜂为蓝莓授粉的科研课题。蓝莓是对昆虫授粉具有高度依赖性的果树，除蓝莓本身具有较高的经济价值外，蓝莓蜜也是一种口感好、市场稀缺、售价高的高档蜂蜜。因此养蜂，特别是养中蜂为蓝莓授粉，提高蓝莓产量和改善果品品质，开发蓝莓蜜，受到当地有关部门的重视，曾于前几年陆续引进了数百群中蜂开展此项工作，但由于缺乏养蜂技术、管理不到位而失败。该所于2015年3月下旬自贵州省正安县购入43群中蜂，到麻江开展相关试验，对中蜂为蓝莓授粉和采蓝莓蜜，进行了有意义的探索。经试验，蜜蜂网罩强制授粉后，坐果率较对照可提高45.75%，试验结果将另文报道，现仅将采蜜情况总结于后。

一、试验地点的基本情况

　　麻江县位于贵州省黔东南苗族侗族自治州北部，属中低山及丘陵地区，年平均气温16.3℃，平均降水量1 100毫米以上。土壤多为酸性黄壤。由于特殊的地理气候条件，适于发展蓝莓种植。目前全县已种蓝莓5.6万亩，现已开花挂果的2.5万亩，计划未来几年内发展到10万亩。

蓝莓开花期一般迟于油菜花期，在海拔600米左右的浅山区开花期为3月下旬至4月中旬。贵州省油菜花期大多在2月上旬至3月中下旬。蜂群越冬后，通过油菜花期发蜂繁殖，再接着到蓝莓场地采蓝莓蜜，有利于提高蓝莓蜜的产量，因此，开发蓝莓蜜有着十分广阔的前景。

这次试验的具体地点选择在麻江县宣威镇县果品办的蓝莓示范园内，园区海拔750米。园内种植面积90亩，于2010年开始建园，已成林挂果3年，目前正处于盛果期。园区周围还有若干个其他蓝莓园，采集面积较大。但距园区1~2千米有两个意蜂场，每场各有意蜂40~50群。

二、试验蜂群的组织及摆放

贵州省现代农业发展研究所于2015年初到贵州省正安县联系洽购具有一定群势的中蜂蜂群作为蓝莓的授粉试验群及采蜜群，原要求采蜜群群势为6~8框，双王同箱。但由于供蜂蜂场越冬后蜂群起步群势较弱，到3月25日接蜂时，有一部分蜂群虽勉强达到6框左右，但多为临时拼凑起来的双王繁殖群，子脾多，幼蜂多，成年蜂及适龄采集蜂不足，蜂数较稀，蜂脾不完全相称，脾略多于蜂。

所购入的43群蜂中，除10群用于网罩授粉试验外，参加采蜜的蜂群共33群，其中双王群24群，单王群9群。蜂群所使用的蜂箱大部分为贵州本省设计的短框式十二框中蜂箱，其中另有4群为郎氏箱。进场时采蜜群总框数为215框，平均群势6.5框。

蜂群于3月25日进场，进场时蓝莓已开花15%~20%。进场时将一部分蜂群摆放在园区管理房前的蓝莓地中，一部分摆在管理房的后面及右侧（迎风面）。由于管理房位于坡顶，当风，风较大，蜂群到达后第2天开巢门时略有一些混乱，但由于蓝莓花已盛开流蜜，蜂群很快进入正常状态，积极采集。

为防止在蓝莓花期意外分蜂导致蜂群损失，进场后采蜜群的蜂王统一剪去一侧前翅。

三、采蜜试验结果

（一）对中蜂在蓝莓场地采集习性的观察

根据我们在蓝莓场地的观察，中蜂开始出勤的温度为8℃，且雨天也能照常出勤。意蜂要12℃以上才开始出勤，雨天很少见到意蜂。

每天出勤时间，晴天，中蜂最早可于 6 时 10 分开始出勤，至 7 时 30 分出现第一波采集高峰，9 时 30 分后才逐渐减少。而意蜂 8 时 30 分至 10 时才出现出勤高峰。中蜂一般下午 6 至 7 时才收工。如第二天天晴，下午 6 时即收工，收工早。如第二天有雨，则下午 7 时还有出勤蜂陆续回巢。因此，中蜂在蓝莓花上采集的时间较意蜂长。

另据在本蓝莓场地观察，4 月 9 日，晴天，温度 22.7℃，空气湿度 70%，西南风，风力不大，随机对 1 株蓝莓连续观察半小时，共有采访蜂 30 只，其中中蜂 28 只，意蜂 2 只。

蓝莓地上常种有白三叶草，意蜂在蓝莓花期会采白三叶，而中蜂此时几乎不上白三叶，说明中蜂较意蜂喜采蓝莓花，更适合采蓝莓蜜，同时也有利于对蓝莓授粉。

（二）产蜜量

2015 年该场地蓝莓始花期为 3 月 15 日，终花期为 4 月 15 日，花期前后约 1 个月。据该场地负责人讲，2015 年蓝莓开花期早晚应属正常年份。

蓝莓开花流蜜较涌，在该场地先后共取蜜 3 次。由于进场时群内带有油菜蜜，为清框起见，于 3 月 28—29 日第一次取蜜，取混合蜜 140 千克，浓度为 38 波美度。第二次取蜜为 4 月 4 日，取蜜 72 千克，浓度为 37.5 波美度。第三次 4 月 15 日取蜜 50 千克，浓度为 39 波美度。

蓝莓花期结束后，蜂场于 4 月 19 日转地到距该场 10 千米外的卡乌村采柑橘，但当地柑橘开花已处于中后期，虽流蜜，但流蜜量不佳。为了置换出宝贵的蓝莓蜜，在转地后的第 3 天，即 4 月 21 日，除 5 群育王群和 2 群母群外，又抽打已封盖的蓝莓蜜 45 千克，浓度为 40.2 波美度。四次先后共取蜜（其中有部分混合蜜）296 千克。按参加采蜜的蜂群（33 群）计算，平均每群采蜜 8.99 千克。根据对本场附近的意蜂场调查，以及对养蜂者往年意蜂蓝莓蜜产量的追踪调查，2015 年本场中蜂的群均产蜜量与意蜂（群均产蜜 10 千克）基本相近。此外，蜂群在蓝莓花期繁殖，脾数增加了 100 框，出场时总框数达 315 框。

四、试验结果分析

（一）2015 年与 2014 年采蜜情况比较

气象条件好坏与蜂群产蜜量有密切关系。雨日多，降水量大，气温低，会影响蜂群采蜜。据当地养蜂者反映（包括中蜂和意蜂），2015 年蓝莓花期气候较好，收成是近 3 年来最好的一年，2014 年则较差。为了给今后采蓝莓蜜提供依据，我们对麻江县气象局所提供的 2015 年及此前 10 年的气温及降雨等资料进行了分析。

麻江近 11 年 3 月平均有雨天数为 18.45 天，4 月为 18.09 天。2015 年有雨天数 3 月为 23 天，4 月为 15 天，虽然该年 3 月降雨天较常年多，但蓝莓开花盛期主要集中在 4 月上中旬，而 2015 年 4 月的雨天数明显少于常年平均数。而 2014 年 3 月雨天为 26 天，比 2015 年多 3 天，较常年平均多 7.55 天；4 月雨天为 24 天，比 2015 年多 9 天，比常年平均多 5.91 天。2014 年 3—4 月雨天数多，所以 2014 年产蜜量低、2015 年收成好于 2014 年是有根据的。

但从气温条件看，2015 年蓝莓花期的 3 月下旬、4 月上旬、4 月中旬旬平均气温分别为 13.9℃、16.1℃ 和 17.5℃，均高于常年同期旬平均气温（分别为 3 月下旬 12.61℃、4 月上旬 13.88℃、4 月下旬 16.04℃）。2014 年 3 月上旬平均气温为 13.8℃、4 月上旬 14.5℃、4 月中旬 20.0℃，也均高于常年同期的气温；与 2015 年相比，除 4 月上旬低于 2015 年外，其余温度均高于 2015 年同期。尽管如此，2014 年的产蜜量仍不如 2015 年，看来蓝莓蜜收成的好坏，似乎与降雨的关系更大。雨量大，雨天多，不利于蜜蜂外出采集；雨滴打落花朵及冲洗掉蜜汁，导致产蜜量下降。

（二）麻江县蓝莓蜜产量稳定性预测及蜜源评价

从近 11 年的气象资料看，麻江地区 3—4 月雨天数少于常年平均雨天数（3 月为 18.45 天，4 月 18.09 天）的年份有 6 年，出现频率为 54.5%。

从气温条件看，3 月下旬平均气温高于常年同期旬平均气温（12.61℃）的有 7 年，出现频率为 63.6%。4 月上旬平均气温高于常年同期旬平均气温（13.88℃）的有 6 年，出现频率为 54.5%。4 月中旬旬平均气温高于常年同期旬平均气温（16.04℃）的有 7 年，出现频率为 63.6%。

由于蓝莓泌蜜量较大，蜂群在其开花期前又能利用油菜花期繁殖成强群采蜜，加上上述有利的气象条件，因此蓝莓在麻江地区应该是一个比较稳产和可以开发利用的优良蜜源。

五、经验与启示

1. 由于不了解当地情况，2015 年在蓝莓授粉场地摆放蜂群时布置不是很理想，部分蜂群摆放处当风和西晒。今后在安放蜂群时应利用蓝莓园区的种植台地，进行梯级布置，尽量散放，并注意避风和防止西晒。

2. 蓝莓花中期以后蜂群由于受蜜源条件的刺激，群势发展，以及气温逐渐升高，会产生分蜂热，但为了取到成熟封盖的蓝莓蜜，又不宜采取打稀薄蜜的方式来压分蜂热。因此，在进场后应立即组织部分强群育王。在蜂群产生分蜂热时，应顺势而为，一是采取带蜂两脾提走老王组成双王繁殖群，原群挂台（或留台）实行处女王群采蜜；二是采取隔老培新的办法，将原群隔为互不相通的两区，一区用两个巢脾让老王产卵，另一区挂台（或留台）用处女王群采蜜，以有效解除分蜂热，提高产蜜量，做到育王、分蜂、换王、增产几不误，一气呵成。双王群则应扣一王或提走一王，将双王群变成单王群取蜜。

2015年由于对采蓝莓蜜经验不足，又过分夸大了意蜂对中蜂的威胁，担心在蜜源后期受意蜂干扰影响处女王成功交尾，以至于在整个蓝莓花期一直都在忙于被动灭台、扣王来控制分蜂热，收效并不理想，此外更重要的是耽误了在当地雄蜂多的有利时机育王换王，影响了原定蜂群分蜂、换王计划的实施执行。

3. 根据对贵州省各地中蜂早春情况的调研，一般中、低海拔地区的蜂群，蜂王在元月下旬就开始产卵繁殖。因此，留在当地的蜂群应于元月下旬开始包装春繁，充分利用油菜花期进行越冬后的恢复繁殖，利用蓝莓初花之前50～55天的时间，大量培育适龄采集蜂，到进入蓝莓场地时，能以7～8框的蜂量投入生产。

为了达到预期的繁殖效果，应在秋季培育一批秋王；单王群以5～6框群势、双王群以4框足蜂群势越冬。

4. 从2015年观察的情况看，进入蓝莓场地的时间以蓝莓花初开时（5%～10%开花）为好。由于3月中下旬阴晴不定，从油菜场地转到蓝莓场地时，最好带蜜进场，以防止气候不佳，影响进场时蜂群安定。待气候稳定，蜂群开始进蜜后立即清框，以便收贮纯净的蓝莓蜜。

中华蜜蜂蓝莓蜜产量研究

蓝莓又名越橘（*Vaccinium* spp.），原产北美洲，为杜鹃花科越橘属多年生灌木果树。联合国粮食及农业组织将其列为人类五大健康食品之一。自2008年，贵州省将蓝莓作为生态农业产业加以大力发展。至2013年止，贵州发展蓝莓10.8万亩，产值1.2亿元，占全国的28%，成为中国南方规模最大的蓝莓生产基地。《关于加快精品果业发展的意见》（黔党办发〔2008〕16号）中，把麻江等县列为蓝莓精品水果发展的重点区域。2012年12月，麻江县成功入围全国第二批有机产品认证示范创建县，成为贵州首个国家级有机产品认证示范创建区。

中华蜜蜂（*Apis cerana*，简称中蜂），是我国土生土长的蜂种，也是当地各种农作物和经济作物的主要传粉昆虫。贵州气候温暖，四季蜜粉源充足，是发展养蜂生产的适宜之地。贵州全省约 58 万群蜜蜂，其中意蜂约 8 万群，中蜂约 50 万群，年产蜂蜜约 2 000 吨，王浆约 150 吨。中蜂适应性强、出巢早、授粉频率高，且具有采集专一、可训练、可转移等特点，近年来已成为贵州省蜂农主要的生产蜂种之一。2015 年，贵州省现代农业发展研究所蜜蜂资源研究与利用科研团队与徐祖荫等开展了中蜂对蓝莓授粉的试验研究，同时对中蜂在蓝莓花期生产蓝莓蜜的产量进行了统计，结果表明中蜂具备良好的蓝莓蜜生产潜力；为进一步讨论中蜂生产蓝莓蜜的潜力，并尝试向贵州省蓝莓主产区推广示范中华蜜蜂对蓝莓授粉的科研成果，对中蜂蓝莓花期蓝莓蜜产量的系统研究势在必行。

一、材料与方法

（一）试验材料

本试验以贵州省黔东南州麻江县蓝莓主产区为实验样地，样地坐标：东经 107.604°，北纬 26.45°。试验以三年生挂果蓝莓植株为中华蜜蜂主要蜜源，试验蜂群为华中生态型中华蜜蜂。试验分别向麻江县宣威镇白竹林、龙井坡、白坟坡推广引入 3 个中华蜜蜂养殖场作为试验蜂场。3 个试验蜂场分别是独山县老刘伯蜜蜂养殖场、独山县宏发蜜蜂养殖场、开阳县画马岩野生蜜蜂养殖场。试验于 2016 年 3 月 28 至 2016 年 4 月 16 日连续开展，全面覆盖蓝莓花期。

（二）试验方法

本试验 3 个蜂场蜂群规模类似，如表 6-10 所示。试验蜂群进场后，首先摇取原蜂群存蜜，存蜜不计入蓝莓蜜产量。3 个试验蜂场均在新蜜封盖成熟后，再用摇蜜机割取成熟蓝莓蜜，新摇取的成熟蓝莓蜜记入试验产量。

表 6-10　试验蜂场蜂群规模

试验组编号	试验蜂场	初始蜂群数	平均群势（脾）	总脾数（脾）
1	独山县老刘伯蜜蜂养殖场	90	3.5	315
2	独山县宏发蜜蜂养殖场	80	4.0	320
3	开阳县画马岩野生蜜蜂养殖场	80	4.0	320

（三）数据统计

试验均采用 SPSS 11.0 和 Microsoft Excel 2013 软件进行统计数据处理。

二、试验结果

(一) 蓝莓蜜产量

笔者对蓝莓花期蜂群产量进行了统计，试验结果如表 6-11 所示。结果表明，2016 年蜂场蓝莓蜜产量最低为 0.46 千克/脾，最高为 0.50 千克/脾，平均为 0.48 千克/脾。徐祖荫等对 2015 年同期中蜂蓝莓蜜产量进行了初步统计，2015 年蜂群数量 34 群，总产量 307 千克。我们将 2016 年试验结果同 2015 年进行了对比，如图 6-40 所示。2015 年中蜂蓝莓蜜每脾产量显著高于 2016 年。

表 6-11　试验蜂场蓝莓蜜产量

试验组编号	试验蜂场	总产量 (千克)	蜂群数量 (群)	平均每群产量 (千克)	平均每脾产量 (千克)
1	独山县老刘伯蜜蜂养殖场	145	90	1.61	0.46
2	独山县宏发蜜蜂养殖场	160	80	2.00	0.50
3	开阳县画马岩野生蜜蜂养殖场	150	80	1.88	0.47

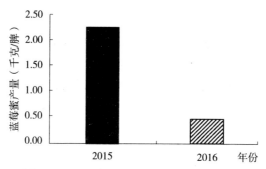

图 6-40　2015 年与 2016 年蓝莓蜜产量对比

(二) 蜂场收益

笔者按照贵州省蓝莓蜜平均市场价格，以及每个蜂场的实际生产成本，对蜂场在蓝莓花期的收益进行了统计，统计结果如表 6-12 所示。本试验向蓝莓园区推广引入的试验蜂场中，最高蜂场收益为 4.14 万元，最低蜂场收益为 3.63 万元，平均收益为 3.87 万元。

表 6-12　蜂场收益

试验组编号	试验蜂场	总产量 (千克)	蜂蜜收入 (元)	运输成本 (元)	管理成本 (元)	蜂场收益 (元)
1	独山县老刘伯蜜蜂养殖场	145	43 500	2 200	5 000	36 300

试验组编号	试验蜂场	总产量（千克）	蜂蜜收入（元）	运输成本（元）	管理成本（元）	蜂场收益（元）
2	独山县宏发蜜蜂养殖场	160	48 000	1 400	5 200	41 400
3	开阳县画马岩野生蜜蜂养殖场	150	45 000	1 800	4 800	38 400

三、讨论

（一）蓝莓是中华蜜蜂的优质蜜源

试验结果显示，2016 年蜂场蓝莓蜜产量显著低于 2015 年。我们对 2016 年及 2015 年蓝莓花期天气情况进行了实地统计，如表 6-13 所示。2016 年春季蓝莓花期连续遭遇寒潮，试验园区平均气温较 2015 年低 2.19℃，晴天数是 2015 年的一半，雨天数是 2015 年的 3 倍多。天气状况严重制约蜂群产量，恶劣的自然气候是影响 2016 年蓝莓蜜产量最关键的因素之一。然而，即使在 2016 年恶劣的天气条件下，试验蜂场均有蓝莓蜜产出，并且能产生一定收益，足以证明，蓝莓蜜是中华蜜蜂优质蜜源植物。

表 6-13 试验园区天气情况统计

年份	进场日期	离场日期	平均气温（℃）	晴天数	雨天数
2015	2015/3/30	2015/4/18	21.88	12	2
2016	2016/3/30	2016/4/18	19.69	6	7

（二）中华蜜蜂对蓝莓授粉可实现果农及蜂农的双边收益

以中华蜜蜂为依托的授粉业，近年来逐渐被用于替代人工授粉，以改善草莓、黑皮冬瓜、西瓜等经济作物的品质。张保东等在西瓜上的研究表明，蜜蜂授粉的西瓜果形周正，平均边缘和中心可溶性固形物增加了 0.23% 和 0.82%，且蜜蜂授粉改变了西瓜的品质，纤维少，酥脆可口。高景林在黑皮冬瓜上的研究结果表明，蜜蜂授粉能显著改善冬瓜品质，提高其维生素 C 的含量，目前这一技术已在海南省广泛推广应用。然而，蜜蜂授粉业在贵州省刚刚起步，果农与研究人员并未对授粉昆虫在农业中的作用引起关注，蜜蜂养殖者和农产品种植者之间并没有一种互惠互利的经济意识。笔者同期开展了中华蜜蜂对蓝莓授粉试验，试验结果表明中华蜜蜂可显著提高蓝莓的田间产量及其果品品质。本试验结果表明，即使在自然气候较为恶劣的情况下，蜂农仍能实现 3.87 万元的蜂场收益，足以证明中华蜜蜂对蓝莓授粉，可实现蜂农和果农的双边收益，从而达到客观的市场效益。

四、结论

蓝莓花期中华蜜蜂生产期间，受天气影响，将影响蓝莓蜜产量；即使在恶劣的天气条件下，蜂场仍能达到平均 0.48 千克/脾的蓝莓蜜产量，蓝莓是中华蜜蜂的优质蜜源植物；蜂农在实现平均 3.87 万元蜂场收益的同时，仍能够促进果农增产增收，蜂农在蓝莓花期小转地至蓝莓园区进行实地生产，可实现蜂农和果农的双边收益。

中蜂授粉对蓝莓产量及品质的影响

一、背景

蓝莓又名越橘（*Vaccnium uliginosum*）、蓝浆果，杜鹃花科（Ericaeeae）越橘属（*Vaccinium*）植物，多年生浆果类灌木果树。果实深蓝色，近圆形，外被果粉。蓝莓果实富含花色苷、类黄酮、酚酸等生物活性成分和营养物质，不仅具有极高的营养价值，还具有保护视力、提高免疫力等多种功能，被联合国粮食及农业组织列为人类五大健康食品之一。近 20 年来蓝莓在德国、新西兰、日本、中国等地迅速发展，成为最优良的小浆果果树之一。贵州自 2000 年开始引种栽培，由于蓝莓对酸性土壤（pH4.5~5.5）的特殊要求和贵州酸性黄壤的典型特点，使得贵州蓝莓种植面积迅速扩大，成为全省发展山地特色高效农业的重要措施之一。至 2013 年止，贵州全省蓝莓种植面积 10.7 万余亩，约占全国的 28%，鲜果产值约 3.6 亿元，其中黔东南州蓝莓种植面积已达 10.3 万亩，该州的蓝莓面积已近全国的 1/4，成为中国南方规模最大的蓝莓生产基地。其核心种植区麻江县种植的蓝莓，也于 2012 年成功入围全国第二批有机产品认证示范创建县。

然而，蓝莓的高产稳产一直是制约贵州省蓝莓产业发展的关键问题。一方面蓝莓花量大，花器独特。其花为总状花序，花两性，侧生，倒挂如钟状，且子房下位，雄蕊比柱头短，这导致蓝莓无论风媒还是人工授粉效果都不理想。另一方面，蓝莓花期为早春 3—4 月，阴雨低温时期长，自然界有效授粉昆虫数量有限。中蜂在贵州山区生息繁衍，一直是当地早春低温开花植物的主要传粉昆虫。近二十年来，退耕还林等政策与项目的实施，加之 2008 年国家现代蜂产业技术体系的成立，有效推动了中蜂的发展。如何利用本土蜂种耐寒、易采集白色蜜源的特点，寻找提高蓝莓产量与品质的路径，是贵州发展特色山地农业的关键环节。本文以中蜂为试验蜂种，以麻江县有机蓝莓园为试验点，以3个主栽品种为试验对象，于2015年3—9月对蓝莓授粉、果实生长发育及品质等9项指标进行了比较分析，以期总结出有效提高蓝莓产量与品质的措施，为蓝莓产业与蜜蜂授粉业发展提供依据。

二、材料与方法

（一）试验材料与地点

中蜂40群、4年生蓝莓林100亩、网罩大棚及标志挂牌若干；试验选择在贵州省蓝莓中心种植区域即麻江县宣威镇一蓝莓园进行，试验园土壤pH4.24～5.11，有机质41.3克/千克，全氮0.5克/千克，全磷0.46克/千克，全钾13.6克/千克。试验蓝莓树所在坡向、风向与栽培管理措施一致，试验所用鲜果采于该园。试验于2015年3月初中蜂进场开始，4月初末花时蜂群转场，至9月蓝莓采收完毕结束。

（二）试剂与设备

试剂：甲醇、磷酸、草酸分析纯、维生素C对照品（批号：HG/T1534F1994，纯度：99.0%，上海试四赫维化工有限公司）、盐酸、氯化钾、醋酸、醋酸钠及乙醇分析纯、矢车菊素-3-O-葡萄糖苷（批号：7084-24-4，纯度：98.5%，上海永恒生物科技有限公司）。

仪器设备：岛津高效液相色谱仪、AS3120A超声波提取器（天津奥特赛恩斯仪器有限公司）、BCFCO型电热恒温水浴锅（北京长凤仪器仪表有限公司）、FA2004分析天平（上海精密科学仪器有限公司）、TMS-PRO型物性测定仪（美国FTC公司）、UV-2006紫外可见分光光度计〔尤尼柯（上海）科学仪器有限公司〕、aipu 404乙二醇丙二醇冰点折光仪。

（三）试验方法

试验选择在蓝莓初花期，即15%的花开放时进场，蜂群均匀分散摆放于试验园。试验设计3个品种、3个对照、3次重复，对比研究中蜂授粉对蓝莓产量及品质的影响。对照处理以网罩大棚隔离，网罩密度控制在蜜蜂等大型昆虫不能进入，但小型昆虫可进入，即对照处理的蓝莓花仅能依靠风媒、自花和其他小昆虫来完成传粉工作。中蜂授粉处理以40目网罩大棚隔离，内置数量相同的蜂群（3足框/群）。定时观察记录蜜蜂出勤情况、携粉情况等数据。每品种选取30株蓝莓树为对象，挂牌标记，详细记录其花芽数、授粉情况，每周统计一次花量、坐果率与结实率。待蓝莓果实陆续成熟后，分批次采摘标记的果实，随机选择适量蓝莓，对比检测蓝莓果实的各项生理指标。平均单果重用电子秤测定（精确程度为 0.01 克），果实平均直径用游标卡尺测量，硬度用质构仪测定，可溶性固形物用折光仪测定，总酚与总花色苷用分光光度法测定，维生素 C 用高效液相法测定。

三、试验结果

(一) 蓝莓产量指标检测结果

试验结果表明，中蜂对 3 种蓝莓授粉后，均能明显提高其坐果率（46%）、结实率（93%）、单果重和单果直径这 4 项产量指标（表 6-14）。数据显示，蓝莓对昆虫授粉具有高度依赖性，仅依靠风媒、自花和自然界小昆虫授粉，其坐果率低于 2%。在同样的中蜂授粉环境下，不同品种蓝莓的坐果率与结果率也有差异，从高到低依次为粉蓝（66.96%）＞巴尔德温（51.82%）＞灿烂（19.20%）（图 6-41）。对比分析结果还显示，中蜂授粉后的蓝莓结实率稳定（93%），而对照处理，即自花与风媒授粉的蓝莓结实率仅有 54%，即是说自花或风媒授粉后有近一半的果实脱落。此外，中蜂授粉的果实平均重量（1.87 克）较对照高 0.33 克，平均单果直径（16.26毫米）较对照大 0.69 毫米，说明中蜂授粉对提高和稳定蓝莓产量有积极作用。

表 6-14　中蜂授粉后蓝莓果各项指标检测结果

	中蜂授粉	对　照
坐果率（%）	46.00**	1.50
结实率（%）	93.00**	54.00
平均单果重（克）	1.87	1.54
平均单果直径（毫米）	16.26	15.57
硬度（N）	5.86	6.18
可溶性糖占比（%）	14.00*	9.10
维生素 C 含量（毫克/克）	12.57**	5.69
花色苷浓度（毫克/克）	2.18	2.12
总酚浓度（毫克/克）	0.78	0.66

注：**表示差异极显著，*表示差异显著。

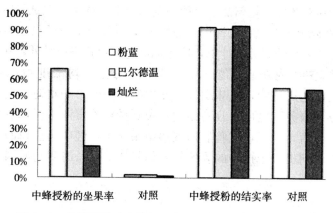

图 6-41　中蜂授粉对蓝莓坐果率与结实率影响的试验对照

（二）蓝莓品质指标检测结果

数据统计分析结果显示，中蜂授粉对粉蓝、巴尔德温和灿烂三个品种的蓝莓品质有明显提高作用，尤其是对果实的维生素 C（图 6-42）与可溶性糖（图 6-43）这两项指标，差异达显著水平，分别较对照高 1.54 与 2.2 倍（表 6-14）。不同品种对中蜂授粉的反应不同，其可溶性糖的含量低依次为粉蓝（14.3％）＞巴尔德温（13.65％）＞灿烂（12％）＞对照最大值（10.5％），维生素 C 的含量依次为粉蓝（20.59 毫克/克）＞巴尔德温（9.92％毫克/克）＞灿烂（8.80％毫克/克）＞对照最大值（6.46 毫克/克）。由于可溶性糖含量的变化，导致授粉后的蓝莓果实硬度降低，平均较对照低 0.32N（表 6-14）。此外，中蜂授粉也提高了蓝莓花色苷浓度与总酚含量，但差异不显著。

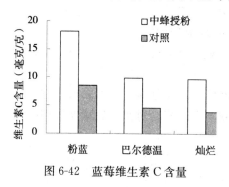

图 6-42　蓝莓维生素 C 含量

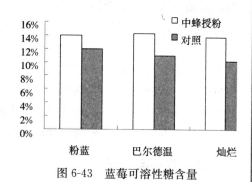

图 6-43　蓝莓可溶性糖含量

四、讨论

研究结果表明，中蜂授粉后蓝莓的平均坐果率（46％）、结实率（93％）等产量指标均高于对照，可溶性糖与维生素 C 也分别为对照的 1.54 与 2.2 倍，说明中蜂授粉对蓝莓产量与品质有明显提高与促进作用。但试验所用网罩大棚为 40 目，在隔离蜜蜂进入的同时，也隔离了部分中小型昆虫，不能很好地模拟自然状况，未来的研究设计中，应考虑放大网罩孔格。另外，在为蓝莓授粉的同时，试验蜂群收获蓝莓蜜 307 千克，蓝莓蜜平均浓度为 38.3 波美度，呈淡琥珀色，色泽透明，气味幽香，味微酸，很受市场欢迎。表明中蜂授粉既可为蓝莓业服务，也可采收商品蜜，做到授粉采蜜两不误，在生产中具有很高的推广价值。最后，试验后期观察结果显示，经中蜂授粉的果实果蒂干且小，其贮藏期也较未授粉的果实长，但具体的延长时间与原因有待进一步研究。

中蜂授粉对蓝莓贮藏保鲜期品质的影响

一、背景

蓝莓果肉细腻，酸甜适口，富含花色苷、类黄酮、酚酸等生物活性成分和营养物质，不仅具有极高的营养价值，还具有保护视力、提高免疫力等多种功能，被联合国粮农组织列为人类五大健康食品之一。中国自 20 世纪 80 年代开始引种，面积逐年增大，至 2012 年达 2 万公顷。然而，随着生产规模的扩大，蓝莓采后贮藏保鲜与加工成为限制这一产业发展的瓶颈问题。由于蓝莓属于浆果类，含水率高，采后易发生失水、腐烂、果肉软化等品质劣变现象。目前，蓝莓种植户与一线经销商，大多采用物理方法保鲜，如低温冷藏与气调贮藏。部分企业采用紫外辐照或低剂量的 ^{60}Co-γ 射线辐照保鲜，但高昂的辐照费用限制了这一方法的推广使用。前人在蓝莓贮藏保鲜上有广泛研究，但均是围绕蓝莓采后的生理与品质变化开展，目前尚无研究涉及不同授粉方式对其贮藏保鲜的影响。本研究以贵州省麻江县蓝莓生态园为试验基地，以不同授粉方式的蓝莓鲜果为试验材料，对比研究了中蜂授粉和自然授粉对蓝莓贮藏保鲜期的影响，以期为蓝莓产业发展提供借鉴参考。

二、材料与方法

（一）试验材料与地点

供试蓝莓从贵州省现代农业发展研究所（以下简称现代所）在麻江县的蓝莓授粉试验基地采摘，品种为当地三个主栽种，灿烂、粉蓝和巴尔德温。中蜂授粉试验设计 3 个品种、3 次重复。对照处理以网罩大棚隔离，保证蓝莓花仅能依靠风媒、自花和其他授粉昆虫来完成。中蜂授粉处理以 40 目网罩隔离，每个棚内置数量相同的蜜蜂，保证棚内蓝莓花仅依靠中蜂授粉。每品种选取 30 株蓝莓树为对象，挂牌标记。待蓝莓进入成熟期后，分别采摘中蜂授粉与自然授粉的蓝莓果实，送至现代所实验室进行贮藏保鲜试验。

（二）试剂与设备

1. 主要试剂　草酸分析纯、维生素 C 对照品（批号：HG/T1534F1994，纯度：99.0%，上海试四赫维化工有限公司）、盐酸、氯化钾、醋酸钠、乙醇分析纯、矢车菊素-3-O-葡萄糖苷（批号：7084-24-4，纯度：98.5%，上海永恒生物科技有限公司）。

2. 仪器设备　岛津高效液相色谱仪、AS3120A 超声波提取器（天津奥特赛恩斯仪器有限公司）、FA2004 分析天平（上海精密科学仪器有限公司）、TMS-PRO 型物性测定仪（美国 FTC 公司）、UV-2006 紫外可见分光光度计（尤尼柯科学仪器有限公司）、AIPU 404 乙二醇丙二醇冰点折光仪。

（三）试验方法

1. 蓝莓鲜果处理　待蓝莓果实陆续成熟后，分批次采摘标记的果实，每批果实保证成熟度基本一致、无机械损伤和病虫害，用 PE 塑料盒（11 厘米×11 厘米×4 厘米）分装（100 克/盒），不同处理采摘 30 份，每份 10 盒，运至现代所实验室 5℃冷库保存。

2. 试验设计　中蜂授粉与自然授粉的蓝莓均在 5℃条件下冷藏，考虑到种植户和一线经销商对蓝莓鲜销的贮藏期普遍为 2~3 周，第 4 周起果实失水腐烂较多。因此，试验设计贮藏期为 3 周。每隔 3 天对样果的失重率与好果率进行检测，共测 8 次。每隔 7 天对样果的品质进行检测，共测 3 次，测定内容包括包括可溶性固形物、总酚、花色苷与维生素 C 4 个指标。

$$失重率＝[（处理前果重－贮藏后果重）/处理前果重]×100\%$$
$$好果率＝（好果量/总果量）×100\%$$

好果率由现代所实验室 5 位经过培训的感官评价员，对样果进行统一评价，评价内容包括气味、色泽、滋味、质地、组织状态及总体可接受性。可溶性固形物用折光仪测定，总酚与总花色苷用分光光度法测定，维生素 C 用高效液相法测定。

三、试验结果

（一）好果率与失重率

试验结果表明（图 6-44），蓝莓鲜果累积失重率随贮藏期延长而加大，经中蜂授粉的蓝莓失重比率相对小，失重速率也相对平稳，说明中蜂授粉的果实更耐贮藏。具体而言，自然授粉的蓝莓失重率在第一周最为剧烈，第二、三周趋于平缓，第三周末再次剧烈，以第 18～21 天失重速率最快，失重率最高。而经中蜂授粉的蓝莓失重率整体低于对照，且失重速率相对平稳，无剧烈波动。在相同贮藏期内，中蜂授粉的蓝莓样果最高失重率 10.08%，平均失重 0.004 8 克/（克·天），而对照的最大失重率为 19.77%，平均失重 0.009 4 克/（克·天）。

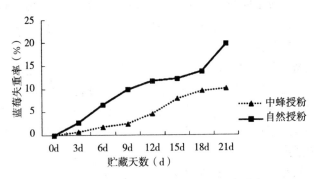

图 6-44　不同授粉方式蓝莓的累积失重率

相同贮藏期内，蓝莓的好果率检测结果（图 6-45）表明，蜜蜂授粉的果实更耐贮藏。自然授粉的蓝莓，在相同贮藏条件下，果实品质劣变速度快，平均好果率仅为 66.8%。仅 9 天内，好果率就由 100% 下降为 63.3%，贮藏 21 天后，好果率仅为 33.13%。而经中蜂授粉的蓝莓果实第一周的好果率一直保持在 95% 以上，第 8 天开始下降，第二周平均好果率为 88%，贮藏 21 天后好果率接近 60%，较自然授粉的蓝莓高 25%。整体而言，蜜蜂授粉的蓝莓不仅平均好果率（85%）显著高于对照，其果实失水、软化、劣变的速度也相对缓慢。

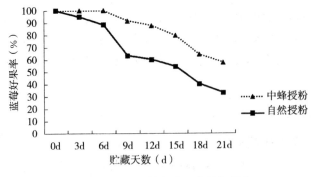

图 6-45　不同授粉方式蓝莓的好果率

（二）果实品质变化

相同贮藏条件下，不同授粉方式下，蓝莓果实的品质变化检测结果如表6-15所示。经中蜂授粉的蓝莓果实品质明显优于对照，其可溶性固形物与维生素C为对照的1.5～2.3倍，花色苷与总酚含量也略高于对照。在相同条件下贮藏3周后，无论中蜂授粉还是自然授粉的蓝莓，其可溶性固形物、总酚和花色苷含量均呈先上升，后下降的趋势，这与王瑞等2014年的试验结果相吻合。其中，可溶性固形物下降最快，维生素C的变化最小。就其平均变化率而言（图6-46），中蜂授粉的蓝莓，在可溶性固形物、花色苷与总酚上的稳定性显著优于对照，尤其是总酚，其平均变化率仅为0.51％，说明中蜂授粉显著提高了蓝莓的品质，从而延长了蓝莓贮藏期，降低其果实劣变的速度。

表6-15　相同贮藏条件下蓝莓果实品质检测结果

贮藏天数 (d)	可溶性固形物比例 (%)		维生素C含量 (毫克/克)		花色苷浓度 (毫克/克)		总酚含量 (毫克/克)	
	处理	对照	处理	对照	处理	对照	处理	对照
0	13.44	9.2	12.88	5.79	2.19	2.15	0.788	0.594
7	14.58	9.33	12.51	5.54	2.23	2.21	0.813	0.605
14	12.32	8.21	12.17	5.32	2.35	2.09	0.818	0.578
21	11.92	7.33	11.93	5.29	2.09	1.89	0.784	0.546

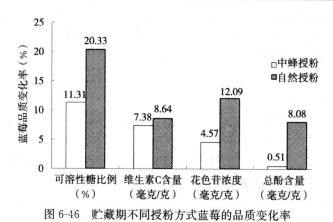

图6-46　贮藏期不同授粉方式蓝莓的品质变化率

四、讨论

研究结果表明，不同授粉方式对蓝莓贮藏期与果实品质有显著影响。在相同贮藏条件下，经中蜂授粉的蓝莓，其平均失重率[0.004 8克/（克·天）]与好果率（85%）分别为对照的1倍和1/4倍。同时，其失重速率相对缓慢，好果率也相对偏高。此外，中蜂授粉明显改善了蓝莓果实品质，其可溶性糖和维生素C为对照的1.5～2.3倍，其可溶性固形物、总酚和花色苷含量均呈先上升，后下降趋势，但整体优于对照，表明中蜂授粉可有效稳定蓝莓品质，延长蓝莓贮藏保鲜期。

中华蜜蜂对红皮红肉火龙果授粉初探

火龙果（*Hylocereus undulatus* Britt）原产于巴西、墨西哥等中美洲热带沙漠地区，属仙人掌科（Cactaceae）量天尺属（*Hylocere usundatus*）多年生攀援性多肉热带、亚热带植物。红皮红肉火龙果是重要的经济品种，成熟时外表红色或深红色，果皮上有长形鳞片，营养丰富、绿色保健，含有糖、有机酸、矿物质、少有植物性白蛋白、甜菜色素及水溶性膳食纤维等，在抗氧化、降血脂、美容养颜等方面具有较好的保健功效，备受消费者青睐。红皮红肉火龙果花柱头高于雄蕊，自花授粉亲和率低，在自然状态下，坐果率仅有10%～40%。因此，火龙果的授粉成败一直是制约该产业发展的障碍之一。目前，生产上采用人工授粉来确保其产量的稳定，授粉成功率可达80%～100%，但是人工授粉需要在夜间进行大量的田间作业，人力资源需求量高，劳动强度大。同时，随着火龙果种植面积的扩大，农村适龄劳动力的转移，人工授粉已不能满足火龙果规模化种植的发展趋势。如何降低授粉成本，提高其产量和品质是火龙果产业发展当前亟待解决的问题。

中华蜜蜂（*Apis cerana*），是我国土生土长的蜂种，也是我国各种农作物和经济作物的主要传粉昆虫。由于其适应性强、出巢早、授粉频率高，且具有采集专一、可训练、可转移等特点，近年来被用于替代人工授粉，以提高苹果、柑橘、锦橙、柿子等果树的产量，改善水果品质。然而，利用蜜蜂对火龙果授粉的可行性及其技术探讨却鲜有报道。

贵州省罗甸县火龙果种植面积约30万亩，是贵州省内最先引进火龙果进行大规模农业种植的地区，也是贵州省内的火龙果研究示范基地，被称为"中国火龙果之乡"。本试验以罗甸县龙坪镇马草村火龙果园区三年生的红皮红肉火龙果为研究对象，以中华蜜蜂为主要试验手段，采用不同的授粉组合方式，探讨中华蜜蜂对红皮红肉火龙果授粉的可行性。

一、材料与方法

（一）试验材料

本试验以贵州省罗甸县龙坪镇马草村三年生火龙果植株为研究对象，试验样地坐标为北纬 25°03′04″、东经 106°47′35″，火龙果品种均为红皮红肉型，种植面积约为 380 亩，平均株距 1.5 米，平均行距 1.5 米。试验于 2015 年 5—10 月连续开展，历经火龙果 8 茬繁花期。

（二）试验方法

试验根据不同授粉方式设置 3 个试验组，1 个对照组，具体包括：A：中华蜜蜂大棚授粉；B：人工混合授粉；C：自然状态下授粉；D：大棚空白授粉。每个试验组设置 3 个重复，每个重复连续选择 10 株生长状况相近、环境条件一致的火龙果植株作为试验对象。

A、B、D 组均采用 40 目防虫网搭建实验大棚，以尽可能减少其他自变量造成的试验误差；A、C 组每个重复中，放置 1 群中华蜜蜂进行授粉，群势均为 3 脾；C 组在自然状态下授粉，未搭建试验大棚，以比较不同授粉方式下的授粉效果差异；D 组为对照组，仅用 40 目防虫网搭建试验大棚，防止中华蜜蜂进入大棚，不做其他处理。所有试验组和对照组同时进行相同的除草作业，并施用等量的生态肥。

为探讨适合于中华蜜蜂火龙果授粉的技术条件，在试验组 A 条件下，我们增加了 2 组处理方式：

1. 对花朵进行套环处理，缩小火龙果花冠半径，以提高蜜蜂触碰花柱头的概率。正常状态下，火龙果花冠平均最大内直径为 14 厘米，套环后花冠平均最大内直径为 8 厘米。

2. 以糖、水质量比为 2∶1 的糖水溶液涂抹花柱头，诱导中华蜜蜂上花授粉。

每个试验组和对照组在火龙果开花后，均吊挂塑料挂牌进行授粉标记；每个重复总共标记 100 朵花以上，以保证统计数据的准确性。

（三）数据收集

火龙果花开 7 天后，对红皮红肉火龙果坐果率进行调查，同时记录不同授粉方式下的试验成本、产量，并计算授粉效益。

根据实地调研，罗甸县火龙果园区在人工授粉条件下，三年生火龙果每年平均亩产量约 500 千克，平均价格约 16 元/千克，每年共约 12 茬繁花期，因此每茬花期产量约 41 千克。其他授粉方式下的每茬花期产量按照本试验中的坐果率和平均单果重进行折算。

（四）数据统计

试验均采用 SPSS 11.0 和 Microsoft Excel 2013 软件进行统计数据处理。

二、试验结果与讨论

（一）不同授粉方式对火龙果坐果率的影响

如图 6-47 所示，人工混合授粉坐果率最高，达到 90％以上，而中华蜜蜂大棚授粉仅为 30％左右，显著低于人工授粉（$P<0.05$）；中华蜜蜂大棚授粉坐果率与自然状态下授粉无显著差异（$P>0.05$）；中华蜜蜂大棚授粉座果率虽然显著高于大棚空白对照（$P<0.05$），但是其坐果率仅仅比空白对照高出 15％。

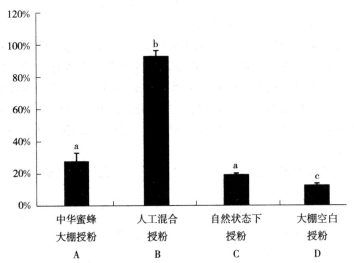

图 6-47　不同授粉方式对火龙果坐果率的影响

图中不同的小写字母 a、b、c 表示显著的统计学差异（$P<0.05$）

从图 6-47 可以看出，单纯利用中华蜜蜂进行火龙果授粉，效果并不理想，而人工授粉却能保证较高的授粉成功率。苏厚人等曾经对不同的人工授粉方式对红皮红肉火龙果坐果率的影响进行了研究，其结果同样表明人工混合授粉能保证较高的火龙果坐果率，但是人工授粉工作量大，且必须在夜晚作业，其对人力资源的要求很高。利用中华蜜蜂进行火龙果授粉，坐果率低的原因可能有以下三点。

1. 火龙果开花习性　通过对火龙果的开花习性进行调查，获得不同月份火龙果的开花时间（表 6-16）。天气状况良好时，火龙果开花时间约在 20：30，而中华蜜蜂夜晚并不出勤；火龙果花朵闭合时间约在第 2 天早上

8：30，虽然中华蜜蜂出勤很早，出勤高峰约在清晨 6：00，但是中华蜜蜂授粉有效利用时间仅为 2.5 小时。中华蜜蜂授粉有效利用时间较短，可能是授粉效率低的主要原因之一。

2. 火龙果花朵自然属性 通过对火龙果花朵各种参数进行实地测量，获得火龙果花朵具体参数（表 6-17）。火龙果花柱头较长，离雄蕊距离较大，同时火龙果花冠直径较宽，导致中华蜜蜂采集花粉时，触碰花柱头的概率降低。笔者对中华蜜蜂的访花行为进行了定点观察（表 6-18），中华蜜蜂访问火龙果花朵时，其触碰花柱头的频率不足 15%。火龙果花朵的自然属性，也可能是昆虫授粉效率低的另一个主要原因。

表 6-16 红皮红肉火龙果开花时间

月 份	花朵绽放平均起始时间	花朵闭合平均时间	中华蜜蜂出勤高峰时间
6	19：50	8：16	5：30
7	20：18	8：20	5：44
8	20：45	8：45	6：25
9	20：50	8：50	6：28

表 6-17 火龙果花朵参数

开花时柱头到雄蕊花药之间的距离（厘米）	开花时花冠开口处到花药的距离（厘米）	处于花药位置花冠的直径（厘米）	花药往下一公分位置花冠的直径（厘米）	开花时花冠开口处最大内直径（厘米）	开花时花朵总长度（厘米）
2.09	5.5	9.76	5.31	14.08	26.76

表 6-18 中华蜜蜂访花习性

观察地点	观察时间	蜜蜂访花频次	蜜蜂触碰花柱头频次	蜜蜂触碰花柱头频率（%）
1	6：00—9：00	28	3	10.71
2	6：00—9：00	36	5	13.89
3	6：00—9：00	19	1	5.26

3. 蜜蜂群势强弱 众多授粉工作指出，利用蜜蜂对经济作物进行授粉，群势不宜过强；特别在设施农业中，因蜜蜂容易出现撞棚等现象，强群不利于

经济效益的提高。然而，在试验过程中我们发现，红皮红肉火龙果虽然粉源充足，但是流蜜量极少且可利用授粉时间较短，导致中华蜜蜂授粉过程中遭受了一定的群势损失，其授粉成功率也随之降低。在加强了中华蜜蜂群势后，红皮红肉火龙果的坐果率有明显的提高。蜜蜂群势降低可能是授粉效率低的另一个原因，在红皮红肉火龙果的授粉过程中，如何组合蜂群群势，进行适当的蜂群管理，以达到最高的经济效益，是红皮红肉火龙果授粉研究课题中另一个重要的问题。

（二）花朵套环和人工诱导上花对火龙果坐果率的影响

为探讨适合中华蜜蜂火龙果授粉的条件，根据火龙果花朵的自然属性和中华蜜蜂的生物学特性，增加了 2 组对照试验，包括：

A1. 将塑料橡皮圈套扣在即将绽放花朵的花冠上，将火龙果花朵花冠内直径从 14 厘米缩减至 8 厘米后，进行中华蜜蜂授粉，以增加蜜蜂进出花朵过程中触碰花柱头的概率。

A2. 以糖、水质量比为 2∶1 的糖水溶液涂抹花柱头，诱导中华蜜蜂上花授粉。

通过对同期试验组 A、B、C 及对照组 D 的火龙果坐果率进行测算，结果如图 6-48 所示。结果表明，人工套环限制花朵开口直径后，中华蜜蜂授粉坐果率显著高于套环前的坐果率（$P<0.05$），并且与人工授粉坐果率无显著差异（$P<0.05$）；人工利用糖水溶液诱导中华蜜蜂上花授粉后，虽然其坐果率仍显著低于人工授粉坐果率（$P>0.05$），但是相对于人工诱导前，坐果率显著提高（$P<0.05$），达到 70% 左右。

由此可见，中华蜜蜂对火龙果授粉困难的问题，可以通过一些人工措施进行改善。杨秀武曾利用糖水诱导蜜蜂对芒果授粉，其结果表明人工诱导后显著提高了芒果花序的坐果率；郑永慧等利用蜜蜂的记忆能力，限制蜜蜂每天的飞行时段，配合梨树的开花习性，以诱导蜜蜂对梨花进行授粉，同样达到了良好的效果。人工诱导是解决中华蜜蜂授粉困难的重要途径，选择合适的人工诱导方法，可以显著提高火龙果授粉成功率，甚至可以节约成本，获得良好的市场效益。

（三）不同授粉方式下授粉成本与收益比较

虽然人工套环和人工诱导上花后中华蜜蜂火龙果授粉成功率显著提高（图 6-47 和图 6-48），但是额外的人工作业，将增加火龙果的授粉成本。因此，通过对火龙果每茬繁花期的每亩平均授粉成本和平均收益进行研究和比较，对比结果如表 6-19 所示。在田间管理、环境条件等因素一致的条件下，人工套环后蜜蜂授粉与人工授粉的收益相当，均高于 400 元，未经诱导的蜜蜂授粉条件

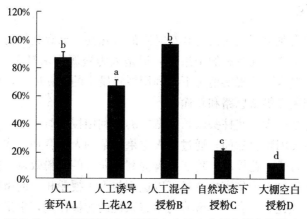

图 6-48　人工套环和人工诱导上花后火龙果坐果率的影响

图中不同的小写字母 a、b、c、d 表示显著的统计学差异（$P<0.05$）

下，收益最低。

人工套环和人工诱导上花与人工授粉相比，工时降低，且仅要求白天作业，劳动强度降低，而人工授粉必须夜晚作业，劳动强度大。需要同时强调的是，利用蜜蜂对苹果、梨等果树授粉过程中，经济收益往往是双向的，即果树产量的提高以及蜂蜜、蜂群等的销售收入；而中华蜜蜂火龙果授粉与其他蜜蜂授粉不同，经济上仅是火龙果单方面的销售收益，同时存在蜜蜂群势的损耗，这将是未来火龙果蜜蜂授粉研究过程中必须考虑的问题。

因此，虽然中华蜜蜂对火龙果授粉存在一定困难，成功率较低，但是经过一定条件的人工干预，可以达到与人工授粉相当的市场效益，中华蜜蜂对火龙果授粉，仍然具有较大的市场潜力。

表 6-19　不同授粉方式下，每茬花期火龙果的每亩平均收益

授粉方式	人工成本（元/小时）	工时（小时/亩）	授粉材料	材料成本（元）	每茬花期产量（千克）	总成本（元）	总收入（元）	收益（元）
人工套环蜜蜂授粉	50	2	蜜蜂蜂群损耗套环	110	38.35	210	613.56	403.56
人工诱导上花蜜蜂授粉	50	2	蜜蜂蜂群损耗葡萄糖	120	29.48	220	471.62	251.62
未经诱导蜜蜂授粉	N/A	N/A	蜜蜂蜂群损耗	100	12.08	100	193.34	93.34
人工授粉	50	4	N/A	N/A	41.00	200	656.00	456.00
自然状态授粉	N/A	N/A	N/A	N/A	8.96	N/A	143.40	143.4

三、结论

红皮红肉火龙果因其花器与开花时间的特殊性，导致其授粉异常困难，通过人工授粉虽然能达到较高的坐果率，但是人力资源需求量大，劳动强度高。在人力资源日趋紧张的现实情况下，利用授粉昆虫的授粉能力，可为解决火龙果授粉难的问题提供新思路和新途径。

火龙果花朵较大，花柱头较长，蜜蜂的可利用授粉时间短，是中华蜜蜂授粉效率低的主要因素。然而，通过对火龙果花朵的人工套环，或利用糖水溶液人工诱导中华蜜蜂上花授粉，均能显著提高火龙果的授粉效益。同时，经过一定条件的人工诱导，中华蜜蜂授粉可以达到与人工授粉相当的市场效益。经过进一步的条件优化，结合中华蜜蜂对生态系统的积极作用，中华蜜蜂对红皮红肉火龙果授粉，仍然具有较大的市场潜力和发展前景。

第七篇

中蜂饲养管理技术

中蜂浅继箱生产管理的做法和体会

一、基本情况

荆门地处湖北省中部，兼有低山坳谷区、丘岗冲沟区和平原湖区，平均海拔 96 米。属亚热带季风性湿润气候，年平均气温 16℃。主要蜜源有春季油菜 180 万亩，夏季荆条 120 万亩，芝麻、棉花 100 万亩，秋季五倍子、刺楸、栾树上百万亩，还有紫云英、柑橘、刺槐、乌桕、益母草、西瓜、玉米、葎草、野菊花、千里光、枇杷等多种辅助蜜粉源。全市有意蜂超过 10 万群，中蜂 3 万多群，且中蜂主要集中在荆山山脉、大洪山余脉低山、丘陵或岗地一带。

荆门当地蜂群开繁期，意蜂一般在 1 月上旬，中蜂在 1 月中旬到 2 月初。3 月 8 日至 4 月 5 日为油菜花期，6 月 5 日至 7 月 10 日为荆条花期，8 月中旬到 9 月中旬为五倍子、刺楸、栾树花期。意蜂 9 月利用山花秋繁，月底扣王，转入越冬期。中蜂一般在 11 月中下旬断子结团越冬，暖冬天气基本不断子。

二、浅继箱生产的主要做法

2012 年以前，荆门地区养中蜂的大多数都是山区的中老年人，他们把养中蜂当做家庭副业，大多数以土笼传统方式定地小规模饲养为主，养殖水平也很低。近几年来，随着中蜂养殖热的兴起，蜂业管理部门加大政策扶持力度，加强技术培训，一部分年轻人加入养中蜂的行列并将其作为主导产业发展，在养殖技术、模式方面做了一些实践和探索，下面将中蜂活框箱加浅继箱生产的做法总结如下。

1 月上中旬当外界气温达到 10℃ 以上时，蜂王开始产子，这时要收紧蜂路，保持蜂多于脾，有利保温。将多余的脾紧出放在隔板外，不加内外保温物，也不饲喂白糖和花粉（这就需要做到越冬前取蜜时留足），发现饲料缺乏时将保存的蜜粉脾割盖后加入。到 2 月下旬气温上升到 15℃ 左右，外界有了早油菜、菜薹等零星蜜粉源，蜂王产子速度加快，新蜂陆续出房，蜂数开始上长，如隔板内的子脾产满，可以加脾，但要一张一张加，不要加脾过快，一直保持蜂多于脾的状态。

3 月 20 日左右油菜进入大流蜜期，蜂群已经发展到 4～5 脾蜂，蜂王开始造王台准备分蜂，此时可以采取自然分蜂和人工育王分蜂两种方式同时进行。

人工育王分蜂要提前做好人工育王准备，选择优良蜂群组织育王群进行人工育王。4月15日左右新王交尾成功，将分蜂群一分为二，介入新王，保留部分优质老王，蜂数在3脾左右，低于3脾应补充蜂数。自然分蜂选留自然王台做交尾群，分走老蜂王和部分工蜂做繁殖群。

当蜂群发展到5～6脾足蜂时就可以加浅继箱了。早的在5月上旬，迟的在5月下旬，根据蜂群情况和蜜源情况而定。比如京山县杨集镇许长久师傅为了赶4月中旬至5月底的岩青树流蜜期，3月下旬就加高继箱控制分蜂，5月底采收一次蜂蜜（详见《中蜂专业化规模化养殖经营模式的调研与探讨》一文）。荆门当地5月1日左右温度就能达到30℃，上继箱、浅继箱一是为荆条花期做准备，二是增加空间预防二次分蜂。让蜂群在浅继箱的浅巢框上造新脾是中蜂浅继箱生产成功与否的关键。京山县三阳镇龚长江师傅的做法是清明节前后分群、换王，新王平箱养到6～7脾足蜂时开始加浅巢框在巢箱下面造，造至五到六成就可提起来放在浅继箱上，不然下面就造赘脾，6个脾全造好就放在浅继箱里，不要饲喂。巢箱内大脾最多放6脾，多的抽掉，逼蜂上浅继箱。在流蜜期前造好的浅巢框脾很容易封

图7-1 龚长江桂花林下中蜂活框箱加浅继箱蜂场

图7-2 2017年10月20日，徐祖荫带领荆门市中蜂养殖培训班学员在龚长江蜂场实习参观，指导中蜂活框箱加浅继箱饲养，图中浅巢脾是9月底取过一次蜜后的情况

盖，待全封盖以后再进行取蜜，6个脾一次一般可以取蜜7.0～7.5千克。9月在五倍子花期结束后看情况决定取不取蜜，取蜜以后就把浅巢脾放在冷柜里冷藏，继箱等11月温度下降之后再去除（图7-1、图7-2）。

钟祥市冷水镇郭家友和东宝区栗溪镇曾庆忠、刘云的做法是控制巢箱的脾数，最多只放5张脾，收紧蜂路（图7-3）。上面浅继箱可以放5～8张脾，有

造好的浅继箱空脾最好。如果没有，穿上铁丝粘1/2巢础或者不加巢础让蜂在空脾上自己造。流蜜期来临，蜂会加快造脾和贮蜜的速度，一张浅巢脾可以装1千克蜜。这时即使浅巢脾的蜜进满全封盖也不要取，因为此时取出的蜜测得的实际浓度只有39～40波美度，等9月下旬以后取出的蜜浓度才能达到42波美度。底箱巢框上梁与浅继箱巢框下梁之间的距离最好控制在5毫米，不要超过6毫米。底箱与浅继箱中间不需要加隔王板，蜂王不会到浅继箱上产子，浅巢框上也不会起造王台。如果蜜进满封盖，浓度达不到，外界还有蜜进，此时还可以加第二层浅继箱。第二层浅继箱加在底箱与原浅继箱之间。2018年曾

图 7-3 郭家友蜂场浅继箱荆条花期生产的封盖蜜

庆忠130群有110群加单层浅继箱，平均单群取蜜10千克左右，20群加双浅继箱，平均单群取蜜接近15千克，底蜜留得很足，全年不饲喂。

浅巢脾取蜜可以压榨过滤，也可以用摇蜜机分离；还可以做成切块脾蜜装在盒子里或瓶子里，卖相好，价格比分离蜜高。

浅继箱和浅巢脾在取完蜜后可以一直放在巢箱上。到冬季等气温下降到10℃以下，蜂数自然下降到6脾左右，再下继箱圈，把浅巢脾冷冻，到来年开春蜂数也能将近达到4脾，冬天饲料消耗小，蜂群成长也快。许长久的做法是12月初才下继箱，城区廖启圣蜂场强群采枇杷蜜一直不下继箱。

龚长江、曾庆忠、刘云等也曾尝试过双王高继箱的养法。做法是用平面隔王板把蜂王隔在巢箱里，巢箱中间用闸板隔开组成双王群。因为有平面隔王板，工蜂不愿上高继箱，需要每隔4～5天把封盖子脾提到继箱上，高继箱上的蜜脾同时有封盖蜜和未封盖蜜，很难达到整张大蜜脾全封盖。虽然群势可以达到10～12脾，但不如浅继箱上蜜快，封盖快，产蜜量不及浅继箱，且增加劳动强度，也增加对蜂群的干扰。

三、认识和体会

（一）加与不加浅继箱的比较

中蜂活框加浅继箱，对比土笼和活框平箱不加浅继箱的好处是做到了子蜜分离，取蜜不影响蜂群正常活动和蜂王产卵，不伤子脾，减少疫病发生，不会产生蜜压子圈、流蜜期子圈面积缩小、流蜜结束后群势下降等情况；可以生产出高浓度全封盖成熟蜜；增加箱体容积，夏季高温期有利于蜂群度夏，控制流

蜜期的分蜂热，提高中蜂蜂蜜产量。土笼格子箱养法从下面加空格与中蜂活框箱加浅继箱原理其实是相通的，只是一个是固定框，一个是活框。

（二）加浅继箱与加高继箱的区别

群势都能发展到 10～12 框，高继箱适合意蜂，浅继箱更适合中蜂。中蜂更适应浅巢框造脾贮蜜，进蜜快，成熟快，产量上浅继箱甚至更高于高继箱。

（三）中蜂浅继箱生产的技术要点

1. 加浅继箱关键是造浅巢脾，在巢箱中造比上浅继箱造效果要好，有造好的浅继箱空脾在流蜜期加最好，特别是冬季采枇杷蜜中蜂不造脾时显得尤为重要。一个场同等群势的两群蜂，一个加空巢框，上面基本无蜜，蜂群将蜜贮在巢箱上的空房内；另一个加浅巢脾的则能贮满 5 张浅巢脾的封盖蜜。

2. 底箱巢框上梁与浅继箱巢框下梁之间的距离最好控制在 5 毫米，不要超过 6 毫米，底箱与浅继箱中间不加隔王板，蜂群更容易上浅继箱，巢框之间不会造夹心。

3. 生产策略是用春季油菜花期和 5 月山花辅助蜜粉源分蜂、换王、繁殖发展强群，抓夏、秋季大蜜源取 1～2 次成熟蜜，不多取，要留足。取蜜时不要单纯追求产量，一封盖就取，封盖并不代表浓度达标，浓度达不到 42 波美度时不要取蜜，没有地方装蜜可加上第二层浅继箱，取蜜时机最好掌握在 9—10 月。

4. 强群、新王是基础，要开展人工育王，将人工育王和自然分群同步进行。

5. 中蜂意标箱横放（意标短框箱）加浅继箱比意标箱加浅继箱蜂群繁殖要快，蜂数相对密集，蜂群更爱在浅继箱巢脾上贮蜜，但因没有做数据调查，计划 2019 年再继续观察对比，以期得出更加明晰的结论。

中蜂上继箱生产的几个必要条件

半月前（6 月中旬），养蜂员小谢从老家回场后，说他父亲养的中蜂，其中有两群蜂上了继箱，继箱群全部是单王，继箱中 6～7 个巢脾上全部装满了封盖蜜，且 20 天前曾经打过一次封盖蜜，小谢特地用手机录像传给笔者。为了弄清楚老谢师傅单王上继箱的过程，笔者专程上门到谢师傅家进行了采访。

谢师傅家住贵州省大方县理化乡果木村，该乡前些年大力发展种植猕猴桃。为了给果园培肥地力和遮蔽地面杂草，果园内每年秋季都要撒播蓝花苕子（豆科植物，又称马豌豆）。果园主人对苕子既不刈割也不压青，一直让它自然凋谢，所以苕子开花期很长，从 4 月下旬一直持续到 6 月上中旬。过去曾经有一种说法，苕子花冠较长，中蜂难于利用。但谢师傅反映中蜂能上苕子花采蜜，还曾经把蜂群摆在果园边上采苕子，采到了整块封盖的大蜜脾，为此笔者还专门采访过他（详见《中蜂能采苕子蜜》一文）。

这次采访，谢师傅说他 2018 年年底共有 10 群蜂，其中两群较强，越冬前有 8 脾蜂，越冬后开春时有 6 脾。其他的蜂群较弱，越冬后只有 2～3 脾。这两群蜂去年 8 月换的新王。2019 年开春后，因气温一直较常年偏低，分蜂期较迟，5 月初老王分了一次蜂，新王产卵后因群势太强，又再分了一次蜂。两个强群的新王产子都很好，当蜂群达 8 框蜂量时，上继箱。子脾留在巢箱并加巢础框，把边蜜脾陆续提到继箱上，巢继箱间不加隔王板，以便让工蜂向上贮蜜。笔者去看时，其中一群有 15 张脾，下 8 上 7；另一群 14 脾，下 7 上 7。巢箱上的蜜封盖后，于 6 月初打了第一次蜜，每群各自只取 5 张封盖蜜脾，留下两个蜜脾，两群共取蜜 31 千克（一群 17 千克，一群 14 千克）。这次蜜主要是苕子蜜，颜色为水白色。

谢师傅家周围除有苕子外，还有一些漆树。第一次取蜜 20 天后，漆树开花，又全部装上了漆树蜜（图 7-4 和图 7-5），漆树蜜的颜色呈淡黄色，与苕子蜜的颜色截然不同，且绝大部分蜜已封盖。谢师傅因还有其他营生买卖，所以这次的蜜没有取，全部留给蜂群作饲料。如果取蜜的话，每群至少还可再取 10 千克。也就是说，每群这样的继箱群，至少可以取封盖蜜 25 千克。其他蜂群因越冬后群势较弱，所以没有取蜜，到笔者采访时，已繁殖到 5～6 个脾，蜂群内饲料充足，且全部是天然蜂蜜（为保证蜂蜜质量，谢师傅不主张喂白糖）。

图 7-4　示谢师傅的继箱强群

图 7-5　漆树花期继箱上的封盖蜜脾（20 天前已取过一次封盖蜜）

从谢师傅培养这两个继箱群的经历来看，有几点体会：

1. 中蜂实现继箱生产，首先必须是强群。春夏季能养成强群继箱的，一是越冬的基础群势要好（6～8 框）；二是要有新王。新王产卵力强，才能形成和带领强群。

2. 实现强群继箱生产，必须有足够的蜜源支撑。从谢师傅这里的情况看，由于有大面积的苕子，苕子花后期又有漆树，流蜜期可从 4 月下旬一直持续到 6 月中旬，有这么长的蜜源支撑，才能真正实现继箱持续生产，生产出纯蜂蜜，而不是补喂糖浆后生产的"混合蜜"。

3. 组织继箱强群必须把握好时机，上继箱的最佳时期应该是大流蜜的前中期，时间越靠前越好。谢师傅另有一群继箱群，是 6 月中旬才组织起来的，但因为组织时间晚，错过了大流蜜期，所以根本不能取蜜，这时组织继箱群就没有什么意义了。

笔者离开前，根据谢师傅这里的蜜源情况，也给他提了条建议。因为这里的大流蜜期主要是 4 月下旬至 6 月中旬，此后到越冬前，已没有大蜜源可以取蜜，再继续维持继箱强群在生产上已经没有什么意义，且强群消耗饲料较大，因此建议他此时可以培育蜂王，将继箱群拆为两个平箱群繁蜂度夏，到秋繁后根据情况，调整群势，实行强群越冬，为第二年再度实现继箱强群生产打下基础。

同一地区不同地理气候条件下中蜂秋冬季情况比较

为观察中蜂秋季、越冬期在不同温度、群势和蜜源条件下蜂群的状况，对蜂群秋冬季正确管理提供理论依据，我们分别于 2018 年 9 月下旬至 12 月 31 日，对湖北省荆门地区分别位于城区、丘陵和小山区的三个蜂场进行了调查分析，现报道如下。

一、基本情况

分别选取位于城区的廖启圣、丘陵区的郭家友、小山区的刘云蜂场进行观察。开始观察时，这三个蜂场的蜂群群势大体相当，其中 6~7 框的蜂群数占 70% 左右，4~5 框的蜂群占 30% 左右。

三个中蜂场由于所处地理位置不一样，所以蜜源、气温条件也不相同，从蜜源情况看，三地都有野菊花、千里光，丘陵区、小山区较城区盐肤木、楸树多一些。由于城市绿化，城区除有上述蜜源外，栾树比较多，此外还有枇杷。

从气温看，9月下旬至12月为不断下降的趋势，由热变冷，但由于城市热岛效应及海拔较低，城区气温始终比其他两个点高，丘陵区居中，小山区最低。如9月下旬，城区日平均气温为18～19℃；丘陵区低2℃，为16～17℃；小山区低4～5℃，为14～15℃。又如11月5—11日，城区平均气温9℃，分别较丘陵地区（7.1℃）、小山区（5℃），高2℃和4℃。

二、不同地区产蜜量比较

9月下旬这三个地区由于气温对蜂群适宜（日均气温14～19℃），此期蜜源又大体相当，所以采收的蜂蜜也大体相当，6～7框的蜂群平均采蜜7.5千克左右，4～5框蜂量的蜂群采蜜4～5千克，基本是取一半留一半。

城区由于冬季气温较高，蜂群能有效采集野菊花、千里光及枇杷蜜，故可以采到商品蜜。秋冬季采的蜜加起来，每群产蜜10千克左右，可较丘陵、小山区多产2.5千克蜂蜜。

三、蜂王产卵及蜂群中子脾情况

9月下旬因三地气温均适宜且又相差不大，这三个蜂场蜂群的子脾面积相差不大。经调查，4～5框蜂量的蜂群，加了继箱、浅继箱的，其子脾面积（包括卵、虫、封盖子）总计约1.5框，而不加继箱、浅继箱的，每群子脾面积只有0.6框。6～7框架继箱、浅继箱的，每群面积合计为3.75框，而不加继箱、浅继箱的，每群子脾面积只有1.5框。加了继箱、浅继箱的蜂群子脾明显大得多，不存在蜜压子圈的情况。

秋蜜压子的现象在传统土笼养蜂中更为明显。例如，2017年9月，笔者等3人（廖启圣、刘云、李宜富）到小山区易畈村罗师傅家帮忙取土笼蜜，20多笼取蜜超过300千克，每群取蜜超过15千克。但其中心子脾只约为标准箱的0.6框，甚至部分子脾还遭丢弃，严重影响了蜂群的繁殖。

深秋至初冬，当气温由热变冷后，三地因位置、气温不一样，三个蜂场蜂群内子脾面积及蜂王产卵情况就有了明显的差别。例如，10月24日调查，小山区和丘陵场大多数蜂群为5框，气温最低的小山区蜂场，此时有一半左右的蜂王停产，另一半每群子脾面积为0.6框。丘陵场大多接近1张子脾。而温度较高的城区场5脾蜂群，每群约有1框面积的子脾，7框群内每群仍有3张面积的子脾。且到11月4日，城区场7框群还进有1.5～2.5千克野菊花蜜。

12月4日剧烈降温，城区场平均气温3～5℃，小山区为0℃左右，小山区、丘陵场蜂王基本停产。而城区场5框蜂每群还有0.3框的子脾面积，7框蜂每群仍有相当于2框的子脾面积。12月中下旬后，小山区和丘陵场蜂群结团越冬。城区场因周围有枇杷开花，气温又较其他两场高，超过5脾以上的蜂群基本不停产。当城区气温上升到7℃时，尤其是气温达10℃以上时，能观察到有大量工蜂出勤采回枇杷蜜、粉。7框起浅继箱的3群蜂覆布潮湿，箱底有大量冷凝水，表明蜂群进蜜良好。

四、结论与讨论

1. 由于同一地区不同蜂场的立地、蜜源、气候条件不同，蜂群断子期和子脾面积不一样。冬季气温较高、有蜜源的地方，蜂群不结团，繁殖好，能采蜜。这与徐祖荫（2018）的观察报道（图7-6，图7-7和图7-8），结果是一致的。

2. 夏季就上有继箱或浅继箱的蜂群，在秋季初冬既有利于提高蜂群的采蜜量，又有利于防止蜜压子，这对蜂群秋繁、培育适龄越冬蜂有利，值得大力推广。

图7-6 短框式郎氏箱加浅继箱（上9下9）

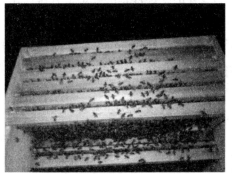

图7-7 郎氏箱加浅继箱（上5下7）

图7-8 郎氏箱巢脾上的蜂数和子脾（图7-6、图7-7和图7-8均摄于2018年11月15日）

使用不同规格（房眼直径）巢础对
中华蜜蜂工蜂初生重的影响

中华蜜蜂（*Apis cerana*，简称中蜂），是我国土生土长的蜂种，也是当地各种农作物和经济作物的主要传粉昆虫。贵州气候温暖，四季蜜粉源充足，是发展养蜂生产的适宜之地。贵州全省约 58 万群蜜蜂，其中意蜂约 8 万群，中蜂约 50 万群，年产蜂蜜约 2 000 吨，王浆约 150 吨。目前，贵州省内大部分人工饲养的中华蜜蜂蜂群，已逐步从传统饲养方法向现代化活框饲养方法转变，生产力也在逐步提高。国内中华蜜蜂人工饲养所使用的箱型，随着地域的差异，在郎式标准箱的基础上有所变化，但是所使用的人工巢础基本一致，大多数使用的都是直径大小为 4.70 毫米的人工巢础。

通过较长时间的调研和观察，我们发现：①通过精确的测量，野生的中华蜜蜂巢房直径较人工巢础基础上建造的巢房直径大 0.20 毫米左右；②中华蜜蜂市场上已出现了大房眼巢础的销售和使用。市场实际销售的巢础、野生中华蜜蜂巢房直径对比详见表 7-1。

表 7-1　中华蜜蜂巢房直径对比

类　　别	市售标准巢础直径（毫米）	市售大巢础直径（毫米）	野生巢房直径（毫米）
巢房直径大小	4.70*±0.02	4.90±0.03	4.91±0.03

　*　游标卡尺实际测量巢础方法：选择 100 个房眼，游标卡尺实际测量总长度后，折算平均值，共测量 3 次。

较大的巢房是否会对蜜蜂的生物学特征带来一定的差异？中国农业科学院蜜蜂研究所黄文诚在 BauDoux M.，Pensieri L. 和 Betts A D. 等人研究的基础上，详细总结了西方蜜蜂巢房大小对西方蜜蜂个体发育的影响，认为较大的巢房确实可以培育较大的蜜蜂个体，并提高蜂群的生产力。西方蜜蜂个体较中华蜜蜂大，相应的巢房直径也较中华蜜蜂大，为 5.20 毫米左右。西方蜜蜂巢房直径大小的研究还围绕另一个议题：巢房直径的大小，是否和西方蜜蜂螨害的发生和防治有关。然而不同直径的巢房大小是否会对中华蜜蜂的个体发育和生产力造成影响，目前还缺乏系统的科学研究和数据支撑；市售不同规格的巢础也缺乏有力的生产数据作为证据。因此，本文以不同规格的巢础出发，详细研究不同巢房直径的巢础是否会对中华蜜蜂工蜂的个体发育造成差异，进而影响中华蜜蜂的个体生产能力，旨在为中华蜜蜂的科学饲养及实际生产活动提供理论基础和数据支撑。

一、材料与方法

（一）试验材料

本试验以不同巢房直径大小的人工巢础为试验样本，试验材料规格及来源如表7-2所示，试验选取的样本1、样本2和样本3巢房直径规格分别为4.70毫米、4.80毫米和4.90毫米。

表 7-2　试验材料规格及来源

类　　别	样本 1（毫米）	样本 2（毫米）	样本 3（毫米）
巢房直径大小	4.70* ±0.02	4.80±0.02	4.91±0.03
材料来源	网购	福建农业大学教学蜂场张用新提供	网购

*　游标卡尺实际测量巢础方法：选择 100 个房眼，游标卡尺实际测量总长度后，折算平均值，共测量 3 次。

（二）试验方法

本试验使用郎氏箱，设置三个平行试验蜂群，每个蜂群均为 5 脾足框群势，每个蜂王为同一批人工育王成功交尾并稳定产卵 28 个自然日的新王。每个试验蜂群放 3 张巢脾。每个巢框采用 3 个不同房眼直径大小的试验巢础样本拼接为一个试验巢框。拼接后的试验巢框如图 7-9 所示。为避免不同规格巢础在巢框上的位置差异影响试验结果，故分别按 4.7 毫米、4.8 毫米、4.9 毫米，4.8 毫米、4.7 毫米、4.9 毫米，4.7 毫米、4.9 毫米、4.8 毫米，不同排列组合的方式，拼接成 3 个整张的巢础框。拼接完成后，每个试验蜂群撤去 1 张子

图 7-9　不同样本拼接后的试验巢框

脾，随机置换为 1 张试验巢础框，让蜂群造脾，蜂王集中产卵，另留下 2 张蜜粉脾。所有的试验均在统一地点进行。

待工蜂建造巢房、新蜂王在巢房内产卵后 20 个自然日，将试验巢框从蜂群中取出，如图 7-10 所示，在实验室放置于 37℃通风恒温培养箱内观察，工蜂出房后，马上用电子分析天平进行称重。每一个巢房直径规格，至少采集 100 只初生工蜂，测量其体重。

图 7-10　封盖 10 天后的子脾（左）和恒温培养箱中的子脾（右）

（三）实验仪器

电子分析天平，型号：Sartorius BSA224s，赛多利斯科学仪器（北京）有限公司销售。

精密生化培养箱，上海齐欣科学仪器有限公司销售。

（四）数据统计

试验均采用 SPSS 16.0 和 Microsoft Excel 2017 软件进行统计数据处理。

二、结果

（一）工蜂初生重

针对每一个巢房规格的试验样本，分别收集约 100 个刚出房工蜂的体重数据，每一个巢房规格总共的样本数量超过 300 个。如图 7-11 所示，4.70 毫米规格的巢础，其工蜂初生重平均值最高，为 0.090 84 克；4.90 毫米规格的巢础次之，为 0.089 83 克；4.80 毫米规格的巢础工蜂初生重平均值最低，为 0.087 39 克。

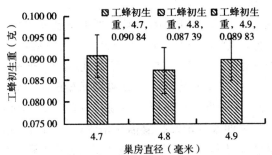

图 7-11 不同巢础规格的工蜂初生重

（二）方差分析

笔者利用 SPSS 16.0 对所有的数据进行了方差分析，以检验不同规格巢础对应的工蜂初生重是否具有显著性差异，检验结果如表 7-3 所示。结果表明：4.70 毫米和 4.90 毫米直径巢房的工蜂初生重，显著高于 4.80 毫米直径巢房（$P<0.01$）；4.70 毫米和 4.90 毫米直径巢房之间，工蜂初生重没有显著性差异（$P>0.01$）。

统计分析方式：One-Way ANOVA；分析方法：LSD 最小显著性差异法；置信系数：0.99。

表 7-3　不同巢础规格工蜂初生重显著性分析

巢础规格	巢础规格	样本均值差	标准差	检验值	差异是否显著
4.70	0.80	0.003 451 60 *	0.000 934 87	0.000	是
	0.90	0.001 012 1	0.000 976 35	0.301	否
4.80	0.70	−0.003 451 60 *	0.000 934 87	0.000	是
	0.90	−0.002 439 50 *	0.000 863 23	0.005	是
4.90	0.70	−0.001 012 1	0.000 976 35	0.301	否
	0.80	0.002 439 50 *	0.000 863 23	0.005	是

*　表示置信水平 0.99，不同巢础规格的工蜂初生重存在显著性差异。

三、结论

尽管中华蜜蜂野生状态下的巢房直径大于目前大多数人工饲养的巢房直径，且对西方蜜蜂而言普遍的观点认为，一定范围内巢房直径越大，其工蜂的个体就会越大，但是经过大量的数据收集和数据分析发现：对中华蜜蜂而言，目前养蜂行业中大多数养蜂员使用的 4.70 毫米规格直径的巢础和市场上已经存在的 4.90 毫米规格的巢础，其工蜂初生重并没有显著性差异（$P>0.01$）。鉴于野生状态下中华蜜蜂筑造的巢房直径就是 4.90 毫米，且自然状态下和人工饲养状态下工蜂发育过程相同，笔者认为：目前大多数蜂农使用的 4.70 毫米规格直径的中华蜜蜂巢础，其工蜂个体大小与自然状态下的工蜂个体大小没有显著性差异（$P>0.01$）。

同时笔者发现，4.80毫米规格的巢础，其中华蜜蜂个体初生重显著低于4.70毫米和4.90毫米规格的巢础（$P<0.01$）。虽然使用4.70毫米和4.90毫米直径的巢础，中华蜜蜂工蜂初生重没有显著性差异，但是通过试验观察发现，利用4.90毫米的中华蜜蜂蜂群，在试验期间巢脾上雄蜂房的数量远远高于4.70毫米的中华蜜蜂蜂群，且巢脾很容易出现间雄，即雄蜂房不规则地出现在巢脾上。在大流蜜期或者蜜蜂扩繁需要增强群势期间，这显然是不利的；同时，按照标准巢脾尺寸长41.5厘米、宽19.5厘米计算，4.70毫米巢房直径的巢脾，其巢房个数要比4.90毫米规格的巢房个数多约200个，且工蜂初生重实测数值最大，市面上4.70毫米的巢础也比较常见。因此，笔者认为，4.70毫米巢房直径的巢础，似乎整体上要比4.90毫米巢房直径的巢础实用性更好一些。

四、讨论

黄文诚、丁桂玲等对西方蜜蜂不同规格直径的巢房进行了探讨，但对于不同直径巢房对中蜂工蜂初生重的影响，目前尚无详细资料报道。虽然本次试验结果4.7毫米与4.9毫米直径的巢房对工蜂初生重无显著差异，而两者与4.8毫米巢房工蜂初生重差异显著，但4.8毫米处于4.7~4.9毫米的适宜阈值范围内，4.8毫米巢房工蜂初生重与其他两个尺寸的工蜂初生重差异显著，似乎不符合逻辑。为此笔者考虑是否因为巢础来源不同（4.7毫米、4.9毫米巢础为市售普通商品巢础，4.8毫米巢础由福建张用新先生提供），其制作原料及工艺上存在差异，是否因此影响试验的结果。

此外，张用新先生曾经于2016年在福建组织过同样的试验，其所用巢础与笔者试验使用的巢础一致，其结果是工蜂初生重随巢房直径的增加而增大，与本次试验的结果有差异。因此这一问题还需进一步深入研究，以期得出更为明确的结论。

三 地 访 贤 记

——"中蜂密集饲养法"的提出

一、楔子

2016年10—12月，我们先后到广西壮族自治区来宾市、浦北县和福建省莆田市专程拜访了黄善明、黄光福和张用新三位师傅。广西的两位师傅六十二三岁，均为国家蜂产业体系南宁试验站的示范场场长。张用新师傅是原福建农林大学蜂学学院的教学示范蜂场场长，今年70岁。三人的养蜂工龄都在40年以上，其中张师傅长达50年。可以说，这三位师傅都是养蜂时间长、经验足、收入好、当地有名的技术高手，按明代大儒王阳明"人皆可以为尧舜"的理论，也可以将他们称之为养蜂界的贤人。

2013年笔者到广西昭平参加西南、华南片区国家蜂产业体系年度总结会，曾经参观过黄光福师傅的蜂场，不但蜂群的巢脾上蜂数密集，其箱盖隔板上也均爬满了蜜蜂，其蜂多于脾的景象令人印象深刻，所拍的照片收录在《中蜂饲养实战宝典》136页的插图上（图5—9.1）。2016年6月笔者一行三人到福建省张师傅蜂场参访时也是这样的情况，蜂数甚至更加密集，且两百群蜂皆如此。黄善明师傅也强调，养中蜂必须蜂多于脾才能安全渡过农药施用期（见《中蜂饲养实战宝典》349页）。鉴于三位师傅的成功经验，于是我就产生了一个新的想法，能否突破原有蜂群管理上"蜂脾相称、蜂多于脾、脾多于蜂"的简单概念，将打紧蜂数、密集饲养的方法，上升为一种优质（蜂蜜）、高产、抗病、抗逆的方法，称之为"中蜂密集饲养法"，运用于生产。为此，遂又先后专程拜访了三位师傅，聆听他们的做法，并提出密集饲养法的观点与同行交流探讨。

二、广西两黄的做法

黄善明和黄光福两位师傅饲养方法，因蜜源条件和饲养方式（以定地为主或以转地为主）不同而有所区别。来宾地区是近十多年来我国发展起来的甘蔗基地，田地中基本以种植甘蔗为主，除山区以外，蜜源条件较差。黄善明师傅以定地饲养为主，适度小转地，并将其150群蜂分三地饲养，以减轻蜜源的压力。由于蜜源条件较差，且转地次数不多，所以他的蜂群在主要流蜜期（五倍子、楤木）要求达到6～7框的群势突击采蜜。笔者2016年10月24号（当地楤木花期）到他的其中一个蜂场实地称重计算，其每框蜂数为3 090～3 429只（每只蜂体重按0.93克计），基本达到或超过了蜂脾相称的标准（3 000只/框）。

浦北县黄光福则采取转地放蜂的方式。其100群基础群在浦北立春时就地开始春繁，用36波美度的糖浆连喂3天，刺激蜂王产卵。此时有水锦树开花流蜜，雨水到春分后又有红椎木吐粉，蜂群繁殖不错。春分之后蜂数可达4～5框，转到荔枝场地采荔枝。此时部分蜂群开始产生分蜂热。春分到清明用摘王台、打蜜的方式压分蜂热，一般可取4次蜜，每群取蜜3千克。之后转到广西桂平采晚荔枝，时间为清明至谷雨，可打 2～3 次蜜，此时蜂群强，每次每群取蜜 4 千克。5 月 20 日转到北海采小叶桉 1 个月，再转到浦北利用早玉米花粉繁蜂 20 天。因此时不是生产期，可以放手分蜂，一般是 4 脾蜂抽出 1 脾，混合分群，组成 3 框的分出群挂王台育王。

入夏以后（6 月 20 日至 8 月 1 日），因外界无蜜源，气温高，为当地蜂群的越夏期，此时要留足度夏蜜，将蜂群安排到阴凉处（如树阴下）度夏。度夏时群势会下降，要退掉一个脾。进入 8 月后，北海速生桉开花，进入秋繁期。因刚开花时流蜜不多，需连喂 3～5 天对蜂群进行奖饲。桉花期可取 1～2 次蜜，时间 1 个月。桉花结束后可以分蜂，仍然是保持 4～5 脾蜂，超过即分（方式如前）。9 月转至广西横县采甜玉米花粉秋繁。10 月 1 日后转到早山桂花（毛叶柃）场地，育王换王，将蜂场中余下的老王全部换成新王。11 月 20 日左右再从早桂花场地转到浦北山区鸭脚木（大寒后流蜜）场地，可取蜜 2～3 次。这样一年下来可取蜜约 5 000 千克，繁蜂到 250 群，次年 2 月卖掉 150 群。每年年初仍保留基础群 100 群。

笔者问黄光福师傅，养蜂成功最关键的技术是什么？他认为，第一要抓好春、秋繁。第二是分蜂换王，主张在本地区常年保持 4～5 脾蜂，多了就分。他认为 4～5 脾的蜂群繁殖最好，既能保持群势，又不易闹分蜂热。《中蜂饲养实战宝典》一书中详细地总结了华南沿海地区的养蜂经验，以及较小的蜂群育儿强度优于强群的理论依据，可以说黄师傅的饲养实践就是《中蜂饲养实战宝典》最好的注脚（详见该书 255～258 页）。第三是蜂要"浓"（"浓"是黄师傅的地方口音，意思是脾上的蜂要厚，要密集），这样蜂好养，能高产，少病虫。如果蜂量减退，应及时退脾，随时保证蜂群"蜂多于脾"的状态。他讲了一句话："在荔枝花期，即使蜂子再厚，也不要急于加础造脾。"

三、福建张用新的密集饲养法

张师傅一年只放两个场地。2016 年笔者先后两次到张师傅的蜂场采访，6 月在福州郊区的山乌桕场地，12 月在莆田的枇杷场地。两次看到的蜂群群势都不错，7 框左右，且蜂数相当密集。在山乌桕场地测定，每脾蜂的蜂量在 4 600～4 800 只（详见 2017 年第 2 期《蜜蜂杂志》中《张用新和他的抗中囊病蜂种选育》一文）。笔者问张师傅是如何达到这么高的成蜂密度的？他详细介绍了自己全年的饲养管理过程。

莆田的枇杷花期结束，即冬至后 10 天左右，一群蜂喂足 4 千克过冬糖，无论此时箱内脾数多少，均一律退成 3～4 框，拉回福州市郊山区场地过冬。因为蜂子厚，框距掌握在 1.7 厘米，便于结团保温，越冬期大约 20 天。

立春后山苍子开花吐粉，此时蜂王开产。3月子脾扩大；3月底雄蜂房封盖，3月底至4月上旬（清明前后）出现王台，工蜂陆续出房，蜂群进入更新期，繁殖加快。此时椎栗树开花，蜜少粉多，可加础造脾。清明前后开始人工育王，主要用于分蜂，至4月20日止。分蜂时对半破群，2框蜂育一个王。

从4月20日育王结束，进行奖励，大约有1个月的时间，为6月初流蜜的山乌桕培育采集群，开始加础，松脾扩巢，蜂路1.5厘米，蜂数由紧到松（但不低于3 000只），加快繁殖。巢础一般加于边脾外侧，等蜂王产卵后再移到中间。第一次加础13天后再加第二张。此时蜂群经繁殖增加到4～5框，甚至6框。到5月底，蜂王产卵好的蜂群要继续加础。5月底至6月初，山乌桕开始流蜜前10天开始组织7框左右的采蜜群。根据每群蜂王带领蜂群的能力，淘汰产卵力差，或3～4脾只做雄蜂脾蜂群中的蜂王，一切以取蜜为中心，杀王合并，坚决不养弱群，然后将这些蜂群中工蜂连脾带蜂，分别补给能耐大群的日后生产群。此时又要让蜂厚起来。蜂路由繁殖期的1.5厘米，逐渐扩大到1.7厘米。山乌桕生产期为38～40天（5月底至7月初），随着山乌桕流蜜，蜂群取蜜，蜂群群势开始下降，结合淘汰颜色深、时间长的老脾，至6月20日左右开始紧脾。一般在山乌桕花期每群会先后撤出两框老脾，但在流蜜中后期，表现好的蜂群仍要加础造脾。

福州7月底至8月初蜂群进入缺蜜越夏断子期，群势下降，这时要进行第二次紧脾。从山乌桕开花流蜜初期的6～7框，紧到此时的3～4框。8月初后会有一段缺粉期，大约前后有40天，需要喂花粉，一直喂到盐肤木开花，大约每群会喂750克的花粉（其中有部分花粉代用品）。对定为父群的蜂群更要补粉，以便为下一步秋季育王和秋繁作准备。凡经过长期观察、可以定为父群的蜂群，此时要两群并为一群并抽掉其中一个脾，即将两个3框群合并成一个5框群，使蜂数密集。在200群中要组织25～30箱父群。但由于此期蜜粉源不好，蜂群本身并没有分蜂育雄的欲望，一般能产生雄蜂的蜂群只有三分之一，即10群左右。对于在这种条件下生产出来的雄蜂张师傅很爱惜，他会将每个父群培育的雄蜂子脾疏散一部分到另外两个未育雄蜂子的父群中保存起来，以便保证出房的雄蜂能够得到良好的照料和有较高的质量。

张师傅所在场地只有2～3个能取到商品蜜的主要蜜源，除前面所说的山乌桕外，再一个就是冬季的枇杷，其次就是山桂花（有的年份能取蜜），200群蜂一年平均采蜜约4 500千克。他尤其注重的是枇杷蜜，枇杷蜜价格高（是乌桕蜜的2～3倍），有特点，受市场欢迎，易销售。为此他特别注重培育秋王和蜂群的秋繁，主攻枇杷蜜。

福州地区秋繁时间大致可从 8 月 15 日盐肤木等杂花开始流蜜时起，从 8 月 15 日至 9 月底，张师傅就培育秋王，全场再次换王。9 月底是育王的最后期限，以使新王开产与山桂花开花流蜜开始期（10 月 20 日）相衔接。育王时将蜂隔成两半，挂台前半个月开启前后异向巢门，并将蜂箱调头，让蜂熟悉从前后两个巢门进出。前、中期组织双王交尾群，后期则直接在群内挂台换王（先除掉老王），此时的育王成功率可达 70%～80%。此后蜂群的管理与春季相同，蜂群从 3～4 框又逐渐上升到 6～7 框。有蜜就打，无蜜繁蜂，有时可取山桂花蜜。在 11 月 17—20 日进入枇杷场地前 10 天调整、组织采蜜群（包括调蜂和调王），方法同乌桕花期。张师傅通过摸索，已熟练掌握了一套混合群味的特殊方法，可以在任何时候（有无流蜜）和白天任意调王、调蜂，极少失手。张师傅说："组织强群的先决条件是王好和蜂种好（张师傅非常注重选种育种）。"有些养蜂员不服气，对张师傅说："你的强群是合并起来的。"张师傅说："那你也合并试试看！"这时养蜂员只好无可奈何地说："如果照你这样合并，那我的蜂就会闹分蜂热，到处去收蜂了。"

笔者 12 月 10 日到张师傅的枇杷场地时，看到张师傅的蜂场跟乌桕场地一样强，一样密集。但也看到了地下有很多死蜂（盗蜂），箱门口也有明显盗蜂的迹象，每天地上（水泥地）会扫起两撮箕死蜂。据张师傅和当地养蜂员反映，莆田枇杷花期几乎每年都有盗蜂，只是轻重不同而已，有些年份发生早，有些年份在尾花期才严重。近几年枇杷流蜜不好，盗蜂较严重。因此，除了到张师傅的蜂场参访，也参访了另外 5 个蜂场，蜂群群势在 2～5 框，以 3～4 框居多。一般是子脾大而蜂蜜少。多数蜂场已发生盗蜂，只是轻重程度不同，个别蜂场因盗蜂和取不到蜜而提前被迫转场；能取到蜜的产量也不高，每群 1 000～2 250 克而已。笔者参访期间帮张师傅取了一晚蜜（白天怕盗蜂），每群平均取蜜 5.65 千克，取蜜第二晚查看，尽管仍有盗蜂，但取过蜜的蜂群内又装上了蜂蜜，且数量不少，充分显示了张师傅蜂群的强大，以及蜂数密集抗盗蜂的能力。广西黄光福所说的三个技术要点，张师傅也完全具备，而且还要加上一条，注重蜂种选育。

四、对中蜂密集饲养高产依据的初步认识与探讨

从生产实践中发现，凡高产的蜂场，他们养的蜂，脾上的蜂数一定是很足、很紧的。而凡是低产的蜂场、初学养蜂者的蜂群，不但蜂群不强，往往没有做到蜂脾相称，甚至脾多于蜂，更不要说蜂多于脾了。张师傅说："有绝对强群，也有相对强群，有时蜂群群势虽然不是很强，但打紧蜂数，蜂子厚，也有一定的生产能力。"黄师傅也有同感。当然相对强群的产量与绝对强群比起

来，还是有很大差距的。

　　为了探讨蜂数密集对产蜜量的影响，笔者特地对张师傅和另一蜂场蜂群的封盖子、蜂数进行了调查比较。对张师傅2群7框蜂、1群6框蜂调查，平均每群蜂有封盖子3 927个。如成年蜂按上次山乌柏花期调查的最低水平每脾4 600只计，其成年蜂与封盖子的比例为（6.0～8.2）∶1。而另一蜂场2～3框蜂的蜂群（蜂脾相称，按每脾3 000只计），其每群平均封盖子为9 567个，是张师傅蜂群封盖子的2.44倍，但其成蜂每群平均仅7 000只，只有张师傅每群平均30 600只的22.8％，其成蜂与封盖子的比例为（0.63～0.94）∶1。由此可见，弱群在枇杷流蜜期子多，负担重，适龄采集蜂数量少。而张师傅的蜂群负担很轻；成年蜂，也就是采集蜂多，采蜜能力强大，这就是蜂群强、蜂数密集的蜂群采集能力（包括抗盗蜂能力）超强的重要原因。枇杷花期封盖子少会不会导致今后群势下降，使蜂群难以越冬？对此张师傅认为：由于他的蜂群强，蜂数多，又喂足了过冬蜜，压缩成3～4框的蜂群越冬后，蜂群群势虽略有下降，但出入并不大。主要原因是强群哺育的工蜂质量好，寿命长，不但不影响越冬，且春繁时新老蜂能顺利交替，不会发生春衰。

　　从以上三位师傅的典型事例来看，中蜂密集饲养应该成为一种高产优质的饲养管理方法。当然，中蜂高产管理方法还有很多，中蜂密集饲养法只是其中的一种。

东 游 取 经 记

　　笔者的老家在浙江省诸暨市（王冕故乡，西施故里），属绍兴地区。去年就听杭州临平老乡尤洪坤说，他们那里一部分人在用郎氏箱横养（也就是中蜂十二框短框箱），效果不错，并邀我到那里采访。于是今年趁清明回乡祭祖之机，提前到临平等地与蜂友座谈。

　　浙江素为江南鱼米之乡，不仅山明水秀，且人杰地灵，历史上名人轶事难以胜数。尤其在清明前后，桃红柳绿，菜花盛开，正是"耳畔多故事，触目皆成景"，在大好春光和蜂友们的欢声笑语里，顺利完成了此次采访。此次采访有以下两大亮点和收获。

一、尤洪坤老师的泡沫板外包蜂箱

　　尤老师今年70岁，原在临平某医院任会计，几十年来闻暇之余，喜欢养中蜂和摆弄蜂箱，所以他起的微信名就叫做"中蜂老迷"。

尤老师自己会木工，他所用的蜂箱都是利用装修剩下的成板自己制作的。他制作的蜂箱有以下几个特点：

（一）蜂箱外包塑料泡沫板，既保温又防晒

由于装修后废旧板材较薄，通常厚度只有1厘米，为了加强保温，他在箱体、箱盖外面用泡沫塑料包一层，再用塑料广告纸包一层，然后用打包带固定（图7-12）。塑料打包带最好网购打包石头用的，强度好，保存时间长。箱底的泡沫板则用几块窄条木板和铁钉固定（图7-13）。

图 7-12　用打包带固定好的蜂箱　　　图 7-13　用木板和铁钉加固的底箱

尤老师利用的泡沫塑料板是拆自菜市场上废弃的、装海鲜或水果的泡沫箱，他最早用泡沫板加厚的蜂箱现已使用6年，尚完好如初。

高海拔、高纬度地区因气候寒冷，通常需要使用厚板（3.5～4.0厘米）加工蜂箱以达到保温防寒的目的，但一般蜂具厂不生长此类产品，即使愿定制报价也很高，使人难以接受，所以可采用尤老师的办法外包塑料泡沫加厚箱壁。除塑料泡沫板外，也可用挤塑板（做简易板房用的隔热夹心层）来做，每块挤塑板1.6米×0.8米，2～3厘米厚，正好包一个蜂箱，才8～12元一张。挤塑板强度较泡沫板更好。现泡沫板、挤塑板及打包带、打包工具等，都可以网购，各种规格都有。虽然包箱时费事，但成本并不高，保温防寒的效果比单纯的木板好。这个方法很值得高海拔、高纬度地区推广。

用泡沫板外包，箱内吸潮后难以外排，因此尤老师特地交代，蜂箱内壁要涂上一层清漆或蜂蜡（加矿蜡）、桐油等，否则箱内壁吸潮后易致蜂箱霉烂，降低使用寿命。

（二）尤老师蜂箱的另一特点是强调蜂箱通风和防盗蜂

尤老师在蜂箱外壁沿箱盖下沿处钉了一圈防护木条。使蜂箱箱体与箱盖紧密对接，有助于防止盗蜂。凡有经验的养蜂师傅都会发现，有时盗蜂会通过箱盖下沿与箱体之间的缝隙爬至铁纱副盖上骚扰蜂群，虽然进不了箱内，但会因此影响蜂群和整个蜂场的正常秩序。钉上一圈防护木条，就等于切断了盗蜂进入蜂箱副盖的通道。由于钉上防护木条和箱体上增加了一层泡沫，箱体密闭，所以尤老师特别强调蜂箱的通风散热。尤老师采取的措施之一是对铁纱副盖上的赘蜡要彻底清降干净，上面不加覆布和草帘保温。此外要在箱盖后沿上开一条横的通风孔，外面钉上铁纱（箱盖两侧边沿不开通风孔），让空气从箱前的巢门进来，从箱盖后的通风口出去，达到通风对流、调温除湿的目的。这样箱内的气味也只能从箱盖后面排出，对减轻盗蜂也有作用。

二、周良师傅对短框式蜂箱的使用管理

周良师傅家住浙江省嵊州市三界镇，150 群蜂分在三个场地饲养。周良师傅年龄不大（35 岁），养过中、意蜂，走南闯北，到过不少地方（如海南、东北），见多识广，头脑聪明，思想活跃；现主要养中蜂，并以短框式蜂箱为主。他对短框箱的体会是蜂群繁殖快，方便饲养双王群。

周良师傅说以前此地除种油菜和紫云英（绿肥）外，附近山上还有很多乌桕（鲁迅先生曾在"社戏"一文中提到过绍兴的乌桕树，三界镇也与绍兴交界）、野桂花和盐肤木，养蜂条件很好。但近 20 年来随着大量农民进城务工，油菜面积大面积萎缩，紫云英也不见了踪影。至于山上的乌桕、野桂花也因山区开发而被大面积砍伐，养蜂条件因此较前差了很多。因油菜及其他杂蜜价格低，所以他们把生产的主要目标，就放到了价格较高、产于秋冬季的枇杷蜜上。因此，在蜂群全年的管理方案上，也是围绕这个目标来设定的。

周良对蜂群的管理是这样的，首先在枇杷蜜结束后扣王，一直到翌年 2 月初至 2 月 15 日气温回升后，放王春繁。放王前要将所用蜂箱、蜂具、巢脾，用福尔马林和高锰酸钾熏蒸消毒一遍，以防中囊病、烂子病发生。

春繁时按实际蜂量抽减掉一个巢脾，并在巢内有蜂一侧加一块塑料泡沫板保温，紧脾春繁。此时蜂群一般会有 2~3 张脾。开始繁蜂时每两天用 2∶1 的糖浆进行补饲和奖饲，需要时也喂消过毒的茶花花粉。为帮助蜜蜂消化，糖浆中要加些山楂水。天晴少喂，阴雨天蜜蜂不能出巢时多喂。到巢脾上贮有二指宽的糖脾后，隔 3~4 天才喂一次，不宜过多，够吃即可，尽量让蜂王在脾上多产卵。

在第一代子出来前大约 1 个月，一直不加脾。待新蜂出房后，在隔板外加

一巢脾，通常称之为巢外挂脾（见《中蜂饲养实践宝典》268页）。天气好、进蜜快时蜂群可在此张脾上贮蜜，不致压缩蜂王在巢内的产子面积。当气候转暖、蜂群正常繁殖后再加脾扩巢。周良讲这时要脾等蜂，不要蜂等脾，蜂群可上浅继箱（图7-14），并由原来的两张小脾，两侧再各加一个小脾，以利蜂群贮蜜。

图7-14　起浅继箱的双王群

　　3月10日左右移虫育王，此时蜂群由3框变为4框，王台成熟后开始分蜂，解除分蜂热。将蜂群一分为二，老王带蜂2框分到异地蜂场，让老王再产7～10天卵，然后杀王挂台，让老王群也变为新王群。此时处女王出房刚好遇上油菜大流蜜期，有利蜂群突击采蜜。第一次蜜打掉后退空脾，留子脾，加础造脾。老王群则可带子打蜜。新王成功后的管理与前面相同。

　　油菜花过后的小蜜源，当有4张足蜂时，关王挂台（时间大约在5月中旬）。等新王成功，再一分为二，分成两群。繁殖一段时间后群势增加到3张脾，此后一直保持不变。此时天气炎热，强群应上浅继箱，扩大蜂巢，降低巢温，并根据群势加小框。小框上的蜜封盖后取蜜。这样一直持续到7月中旬山里乌桕花结束，再次关王1个月左右（蜂王死亡率大约为5%）。这次关王是因为气温高，外界蜜源少，此时让蜂王停产，可让蜂群休整，安静度夏。

　　至8月上中旬放王秋繁，并第三次育王。第一代子只加脾，此后加础造脾，加础时加在最边上。浅继箱仍一直架着。如蜂少于脾，则将空脾退掉。此时宜以双王群为主，每王带蜂3～4框为极限，否则易起王台。盐肤木花期有蜜就取。一直到10月中旬，又第四次育王挂台，此时应将双王群中较差的一群蜂王关起来挂台，使新王在10月底前交尾成功。

　　新王交尾成功后，利用野桂花等秋季野花繁殖一代子，至11月中旬，进入枇杷场地前3～5天，提前处理掉双王群中较差的一只王，将双王群合并为8～9框的单王平箱群，进入枇杷场地，集中力量，全力以赴打枇杷蜜。如果蜂群强，仍要加浅继箱。枇杷花大流蜜一般在12月，由于品种差异，花期可一直持续到翌年1月。这样的强群，一般常年每群可打蜜15千克，蜂蜜浓度在40.5波美度以上，在当地为上等水平。1月中旬再次关王。

周良师傅运用短框式蜂箱有以下特点：

1. 主攻枇杷蜜，其余时期以分蜂换王为主。群势平时以 3～4 框为限，采枇杷蜜时则组织 8～9 框的强群采蜜。

2. 短框式巢箱搭配使用浅继箱。早春、晚秋利用短框式蜂箱保温好的特点繁殖、打蜜。夏秋季高温期加浅继箱，扩大箱体空间散热，既不影响蜂群在巢箱中产卵繁殖，又有利于蜂群在浅继箱中贮蜜，使贮蜜、繁殖两不误。

3. 先后两次关王（越冬及度夏），4 次育王换王或分群（大约为 3 月中上旬、5 月中旬、8 月上中旬及 10 月中旬）。

4. 平时管理中根据蜂量（短框式蜂箱的关键点是 4 框）、蜂群的情绪决定是加脾还是加础。急需扩巢，蜂群造脾能力不强时加脾；而控制群势发展、造脾能力强时则加础造脾。

5. 因为随时准备加脾，所以周良师傅很重视巢脾的保存，通常采用冰柜冷冻的办法来冻死巢虫，保存巢脾（图 7-15）。浅继箱使用的小巢脾，尤洪坤老师与周良大多将大脾锯短而成。

图 7-15　保存在冰柜中的巢脾

6. 周良师傅采用的是本地蜂种，因为本地种适应当地的气候、蜜源，产蜜量高。周良说，杭州有一原籍广东的老板也养蜂，曾自不同地区引过不少蜂种（如阿坝中蜂、东北中蜂、广东中蜂等）。结果北方中蜂和高海拔地区的中蜂在当地枇杷花期是有蜜无子（因原产地冷得早，晚秋停产断子期早），而南方热区中蜂则有子无蜜（蜂群断子期晚，繁殖好，子面大，负担重，贮蜜少），只有当地蜂种既有子又有蜜，既有利蜂群越冬，又有利于产蜜，两者皆能兼顾。

7. 注重蜂箱、箱具、巢脾、饲料消毒，防止蜂群生病烂子。不同的蜂箱有不同的特点，为了充分发挥某种蜂箱的长处，达到高产优质的目的，就必须有与该型蜂箱相配套的饲养管理技术。所以笔者有一篇论文叫《论中蜂蜂箱》，其副标题是"不仅仅是蜂箱"。周良师傅这套管理办法，就是针对当地主攻枇杷蜜而设计的一套短框式蜂箱高产饲养管理模式。

十二框短框式中蜂箱的箱体与郎式箱（意标箱）一致，但其巢框则由原来顺着长度方向摆放改为顺着宽度方向摆放，所以有些地方又叫郎氏箱横养。生产这种蜂箱要调整机具，一般厂家在春夏销售旺季都不愿接单生产。周良很聪明，想了个办法，就是自己从网上购买木工用的铣机（图7-16），在郎式箱长的两侧箱口上开凿出框槽（一次加工5毫米，推两次加工成10毫米宽，深16毫米的框槽）。当然，巢门要作相应的修改，并将原来的长框缩短为短框，这样就不必专门到厂家去订购短框式蜂箱了。

图7-16 铣机（剪头所指处）

三、此外有惊喜

周良师傅是嵊州人，笔者在他处访问时，问他是否认得沈育初先生（也是嵊州人），他说熟得很，且沈家离他这里不远，随后便打了一个电话给沈育初先生。沈育初先生在浆蜂选育及蜂王人工授精仪的改进方面，都有其成就及独到之处，听到我来嵊州，很快就与夫人一道开车赶过来与我们见面。

笔者与沈老师认识有近30年的历史，最初通讯手段不便，开始时是互相通信，沈老师一写就是五六张信纸；后来我专程到南京附近的江浦去访问过他的蜂场。因此次我急于返乡，在小叙、留影（图7-17）之后，约定今后专程拜访。多年的老友意外相见，重叙友情，分外高兴，也算是这些访问中的意外收获和惊喜吧！

图 7-17　左 1 周良，左 2 徐祖荫，右沈育初夫妇

生产中蜂成熟蜜的主要技术措施

　　2017 年 3 月，在贵州省六枝特区召开的"贵州蜂业论坛"大会上，中国养蜂学会陈黎红秘书长应邀做了"跳出蜂箱看世界"的主题报告，陈秘书长在报告中特别突出强调了生产成熟蜜的问题，生产成熟蜜的宗旨在于降低养蜂生产者的劳动强度，体现蜂蜜的真正价值，维护消费者的正当权益，稳定提高养蜂者的收益和提高中国蜂业国内、国际的声誉。

　　什么是成熟蜜？天然成熟蜜就是指在蜂巢内自然封盖成熟、浓度达 43 波美度的蜂蜜。中蜂能不能生产成熟蜜？答案是肯定的。通过多次、多地调研，传统养蜂一年取一次的蜂蜜，其浓度即可达 43 波美度，那就是天然成熟蜜。活框饲养的蜂群，采取适当措施，也可以达到这个浓度（参见笔者《秦岭大山中的贵州养蜂人》一文）。

　　不可否认，传统养蜂改为活框饲养后，提高产蜜量与提高蜂蜜浓度、保证质量是会有一定矛盾的。但是，由于中蜂蜜市场价格高（贵州省每千克中蜂蜜市场价在 200～400 元），牺牲一部分产量，确保产品质量，赢得消费者的信任，保住市场份额，不但值得，而且十分必要。

　　那么，如何确保中蜂蜜的纯度（即真实性）和浓度呢？根据多年来的调研结果和生产实践，可采取以下办法。

一、如何保持蜂蜜的纯净度

(一) 提前清框

根据国家对蜂蜜的有关标准，蜂蜜中的蔗糖含量应在5％以下（个别品种例外），蔗糖含量超过5％即判定该产品不合格。

蜂蜜中的蔗糖除部分来自于花蜜外，其中大部分来自于蜂农对蜂群进行奖饲或补饲时使用的白糖。当外界流蜜时，蜂群的巢脾内还有剩余的饲料糖，所以取蜜后，容易导致产品中的蔗糖含量超标。为了保持蜂蜜的纯度，一旦外界进入流蜜期后，如巢内所余饲料蜜较多，养蜂员应在气候稳定时，及时摇出巢脾内剩余的含糖蜂蜜。这次摇蜜，通常称之为清框。如果不能肯定清框后气候是否稳定，也可以采取在巢框上梁标记的方式，留1～2框巢脾不取，留给蜂群作饲料，然后将其余巢脾中的杂蜜摇掉。待气候稳定时，再将所留巢脾中的蜂蜜取净。清框取出的蜂蜜，应另外单独贮存，作为日后缺蜜期的饲料加以利用。

(二) 用低档蜂蜜作饲料

蜂蜜因为品种不同，在市场上的价格也不同。有些蜜或因数量多（如油菜蜜），或色、香、味不佳（如桉树、乌桕及其他杂蜜），这些蜜的价格往往偏低或不好销售。因此，平常可利用这些低档蜂蜜作饲料，尤其是大流蜜期前进行奖励繁殖，用蜂蜜饲喂最好，可防止蜂蜜中蔗糖含量超标。例如，贵州省养蜂女能手田茂荣，就用低档蜜作饲料，坚持一颗白糖也不喂。她家卖出的秋蜜每千克400元，一分也不少。如有顾客质疑，经她一解释，顾客欣然接受，爽快地付钱买蜜。

二、如何提高蜂蜜的浓度

提高蜂蜜的浓度，可采取以下几种方法。

(一) 二次摇蜜

所谓二次摇蜜，就是当蜂群中的蜜脾绝大部分封盖时（只有极少数蜜房未封盖），提出来先用摇蜜机摇一次，将蜜脾中尚未酿熟、浓度较低的蜂蜜摇出，然后紧接着割开蜜盖，再摇出其中的封盖成熟蜜。通过二次摇蜜，可以避免不成熟的蜂蜜或刚进的花水蜜掺入成品蜜中。一般实行二次摇蜜需同时准备两台摇蜜机，一台摇未封盖蜜，一台摇成熟蜜。

(二) 轮脾取蜜

对于流蜜期较长的蜜源场地可采取此法。即第一次摇蜜时，先抽出一半封盖较好的巢脾摇蜜，留下另一半蜜脾不取。过数天后（一般 5～6 天）到第二次取蜜时，再取出上一次未取过蜜的巢脾摇蜜。又过数天，此时第一次取蜜的巢脾已重新装上蜂蜜并封盖，则可取出摇蜜……如此重复轮换。这样就相对延长了蜂群酿蜜的时间，以此提高蜂蜜的浓度。

（三）培育强群取蜜

强群取蜜不仅产量高，蜂蜜的质量也好。培育强群的方法很多，如流蜜期到来前培育新王，替换老劣蜂王；提前奖励饲喂，培育大量适龄采集蜂；大流蜜期蜂群如产生分蜂热，采取处女王群采蜜；未产生分蜂热的蜂群隔王限产等。以上措施，很多养蜂参考书上都有，这里不再赘述。至于隔王限产，就是将大流蜜期蜂群也还强盛，但又尚未产生分蜂热的蜂群，在巢箱内用框式隔王板将蜂王用 1～2 张脾隔在一边，让蜂王继续产卵，另一侧巢脾专门用来贮蜜，待蜜房封盖后再取蜜。

注意，这里所说的强群必须是蜂多于脾的真强群，而不是脾多蜂稀的假强群。蜂越厚，产蜜量越高，蜂蜜的质量也越好。

（四）逐步拉宽脾距

在蜂多于脾的情况下，可逐步拉宽脾距。比如从原来的 10 毫米逐渐拉宽至 12～15 毫米，让蜜蜂加高蜜房的高度，增加贮蜜量，延长酿造的时间，以取得高质量的蜂蜜。

（五）架浅继箱取蜜

架浅继箱的前提条件是蜂群群势强，蜂多于脾。进入大流蜜期后，在巢箱上架上浅继箱，并将原先保存在冰箱或经消毒处理的浅巢脾（可用高巢脾锯短为浅巢脾），放到浅继箱中，让蜂群在浅继箱中贮蜜（图 7-18）。由于蜂王一般只在巢箱中产卵，所以能将育虫区与贮蜜区分开，待浅继箱中巢脾完整封盖后再取蜜（图 7-19）。

应注意，在大流蜜期（除春季外），通常在第一次摇蜜后，由于采蜜的劳动强度大，巢房又常为蜂蜜所占据，导致蜂王产卵量下降，封盖子减少，新蜂出生率低，蜂群群势会有所下降，因此应结合打蜜，将陈旧破损的老巢脾从蜂群中退出，除较好、较新的巢脾经处理（如冷冻或熏蒸）保存备用外，其余老旧巢脾应及时销毁化蜡。

尽管传统养蜂也有缺点，但其蜂蜜的质量确实是相当不错的，可以说传统养蜂生产的蜂蜜就是天然成熟蜜。因此，活框饲养的蜂群，其蜂蜜的质量必须向传统养蜂看齐。如果活框养蜂的蜂蜜质量不能接近或达到传统养蜂蜂蜜的标准，甚至只追求产量，不顾质量，就不能说活框养蜂是成功的。

图 7-18　流蜜期巢箱上加浅继箱（吉友摄）

图 7-19　贮满了蜜的浅巢脾（示封盖蜜脾）（吉友摄）

《孙子兵法》和养蜂

——兼谈养蜂技术与养蜂策略的关系

一、关于《孙子兵法》

《孙子兵法》是中国现存最早的兵书，也是世界上最早的军事著作，据传为春秋时期吴国大将孙武所作，成书至今已有 2 500 多年的历史。《孙子兵法》是中国古代军事文化遗产中的璀璨瑰宝，优秀传统文化的重要组成部分。全文虽仅 6 000 余字，但内容博大精深，思想精邃富赡，逻辑缜密严谨。

《孙子兵法》被奉为兵家经典，历朝历代都有研究、注疏。唐太宗李世民说："观诸兵书，无出孙武"。如今，《孙子兵法》已经走向世界，被翻译成多种语言，在世界军事史上也占有重要的地位。

兵战与商战、现代企业管理有很多相似之处，现在市面上也出了很多《孙子兵法》与企业管理或商战的书。养蜂既然是一项生产经营活动，因此《孙子兵法》中的一些思想原则，也可用于指导养蜂，这就是笔者写这篇文章的理由。

二、《孙子兵法》的核心是先胜后战，讲解的是赢得战争的必然性，如何使自己变得强大，追求以多胜少，以强胜弱。"不战而屈人之兵"是《孙子兵法》追求的最高境界

《孙子兵法》计一十三篇，首先即"计篇"。许多人读兵法，往往第一个字就读偏了，这第一个字就是计篇的"计"字。人们常把《孙子兵法》和三十六计并列，甚至合为一本书，叫做什么《孙子兵法与三十六计》。可是《孙子兵法》中的要旨与三十六计并不是一回事。三十六计的"计"，是奇谋巧计、阴谋诡计的"计"，也就是计策的计。而《孙子兵法》所讲的计是计算的"计"，这是两种完全不同的价值观。人性中的弱点，往往是贪巧求速以达目的，总想有个什么奇谋巧计就搞定了，这恰恰是孙子所反对的。《孙子兵法》不是讲奇谋巧技得胜的书，而是讲实力决胜的书。孙子所讲的计，就是计算实力对比。原文中要计算的科目叫做"五事七计"，五事即道、天、地、将、法。七计是主孰有道（君主有道无道）、将孰有能（主将统御三军的能力）、天地孰得（是否有天时地利）、法令孰行、兵众孰强（兵众的数量与士气如何）、士卒孰练（兵士是否训练有素）、赏罚孰明。简言之，用现代的话说，孙子要比较的就是敌我双方的政治、法治、将才、天时、地利、人和和军事实力。计算的目的是什么呢？是为了知胜。古代打仗前要进行庙算（计算），"夫未战而庙算胜者，得算多也；未战而庙算不胜者，得算少也。多算胜，少算不胜，何况无算乎。"比较五事七计，在战前就能判断敌我双方胜负的比例。我方胜算的比例大（多算胜），就可以开战。但如果胜算不大（少算不胜），怎么办呢？这时就要多想想，多作准备，检查这五事七计，对己方不满意之处，进行调整（如'将听吾计，用之必胜，留之；将不听吾计，用之必败，去之'）。用计调动敌方，削弱敌方势力，然后待时机成熟后再战，其具体内容这里就不讨论了。总之，《孙子兵法》强调的是如何发展自己，做到以强胜弱，这是该书强调的基本面。

具体讲到养蜂，要夺取高产，讲究的也是蜂群的实力，在大流蜜期能有多少群蜂，多少脾蜂投入生产。蜂群多，群势强就能多打蜜；反之则产量低，甚至失收，所以养蜂强调要强群生产。而要达到增加蜂群群数、强群采蜜的目的，就要在日常管理中，围绕这一总的目标，一项措施、一项措施地逐一认真具体落实，不能抱有丝毫侥幸心理。

有些养蜂员往往想的就是有一两招奇谋巧技能帮助他出奇制胜，夺取高产。万一产量不高，就归咎于自己运气不好，而不去认真检查自己管理上是否有失误之处，是否有做得不完善、不到位的地方。《孙子兵法》上有一句名言，肯定绝大多数人都知道："知己知彼，百战不殆。"后面还有几句话叫做"不知彼而知己，一胜一负；不知彼，不知己，每战必殆"。可见，认真检查盘点自我，正确认识和看待自己的实力和优缺点，如何调整自己的心态和改进蜂群的饲养管理，是非常重要的。正如《孙子兵法》所讲的那样，要按打赢的条件去做好开战前的准备，先胜而后战。不要平时不准备，双方动手，开战了才知道胜负，这时候往往就晚了。这不单在军事上，我们做任何事业，也包括养蜂在内，成功与失败，奇谋巧计都不是最本质的东西，成功的基本面往往是最"拙"和最"笨"的办法，认真考虑和做好每一个环节，朝着理想的目标努力，靠的往往是汗水、时间、技术经验的积累、智慧和坚持，成功才会成为必然。

三、《孙子兵法》讲究以多胜少，以强胜弱，集中优势兵力打歼灭战

《孙子兵法》的谋攻篇章中有一则说到"故用兵之法，十则围之，五则攻之，倍则分之……"，可见，孙子是非常强调兵力原则的，有绝对优势的兵力才开打。十倍优势打包围战，五倍优势才进攻。毛泽东的"集中优势兵力打歼灭战"，就是这个意思。

在养蜂上，往往也要讲究打歼灭战。《数控养蜂法》的作者、黑龙江省养蜂能手杨多福和新疆的梁朝友师傅，采取的都是这种战术。梁师傅每年11月底将基础蜂群从新疆运到云南春繁，再转战四川、甘肃，一路分蜂繁殖，少打蜜或不打蜜，尽量扩大蜂场规模。出疆时只有2 000群，5月份回到新疆时已是6 000箱双王8脾蜂的强群，然后在新疆集中力量突击采蜜。杨多福则在当地繁殖，从春繁后一直到当地椴树大流蜜期之前，按"10脾蜂，常奖饲"的原则，不断分蜂扩场，使蜂群数增加了50%，然后培育成强群采椴树蜜。成功必然有大量的、充分的、长期的积累，梁、杨二位师傅的做法都符合《孙子兵法》中所说的平时"谨养而勿劳，并气积力"（九地篇），然后等待时机，一战而定，所以他们都成了养蜂行业中的佼佼者。

贵州省有些地方发展中蜂，在当地只有一个大蜜源的情况下，例如秋季8—9月的盐肤木（五倍子），10—11月初冬的野藿香、野桂花，也应当采取这种措施，即平时利用零星蜜源分蜂扩场，到该地大流蜜时提前奖励繁殖，培育强群采蜜，这样才能有比较稳定的收成，使养蜂立于不败之地。

四、《孙子兵法》讲的是谋略，谋略不是小花招，而是大战略，大智慧

技术和战略战术不是一回事。举个例子，好比现代部队作战，作为一个战士，如何格斗射击，熟练掌握使用手中各种武器，如何行军涉险，准时到达上

级指定的作战位置，这只是单兵的作战技术。但如果是打一场战役，为完成上级的战略意图，如何组织、运动部队，做好火力配置，阻击或攻击敌人，这就需要指挥员讲究战略战术的运用。

《孙子兵法》讲的战略就是必须打赢，先胜而后战，然后围绕这个大的战略，制定实现这个战略目的的战略战术，即我方现在的状况怎么样？要去哪里？怎么去？也就是获取胜利的路线图。

养蜂的目的是为了获利，并使利益最大化，同样也要讲究战略战术。但一般的养蜂书上讲的多半是养蜂的单项技术，讲到养蜂策略的书很少很少。前面提到的黑龙江省养蜂能手杨多福所写的《数控养蜂法》，就是一本讲有养蜂谋略的好书。杨师傅根据黑龙江省当地气候、蜜源情况，以当地高产稳产、蜜质又好的椴树蜜为主攻方向，在蜂群包装春繁后，一直到椴树大流蜜期之前，按"10脾蜂，常奖饲"的原则，不断分蜂扩场，然后集中力量取椴树蜜。这样到椴树大流蜜前，全场的蜂群数可比原来增加50％。他的具体解释是："把高产又稳产而且畅销的蜜期作为全年的主攻方向，其余蜜期都是繁殖期……在繁殖期，养蜂员的主要任务，是扩大和积累整个蜂场的蜂群数量。在各个蜜期中，力求避免那种得不偿失或得失相当的消耗战，不组织强群采蜜，相反，还要尽可能地多分蜂……全力进行繁殖，这样虽然在很长时间，几个蜜期都没有收蜜，然而，却得到了更重要的收获——全场蜂数大量地增长，这就为夺取（椴树蜜）高产奠定了基础。"（《数控养蜂法》）

梁朝友师傅一路繁蜂，不断扩大蜂场规模，然后到新疆集中力量突击生产天然成熟蜜，也是有其战略考量的。新疆有大面积的野生和栽培蜜源，当地5—9月天气晴朗干燥，有利于蜂群采蜜，酿造高质量、高浓度的天然成熟蜜。所以他们在5月前转地放蜂的路途上，基本不打蜜，而是全力以赴繁殖蜂群，到达新疆后再集中力量取天然成熟蜜。这些技术措施是符合梁师傅事先确定到新疆生产天然成熟蜜的战略意图的。

再讲到养中蜂，中蜂在我国分布广泛，南北部、东西部的气候、蜜源都有很大差异，各地中蜂维持的群势也有所不同。因此，中蜂的四季管理不仅在不同时期管理的内容不同，而且在不同的地区，管理的内容也不相同。早在20世纪70年代，我国学者李建修就提出了养蜂生产应根据当地的蜜源情况，按蜜源分片划类、分型管理的原则。因此，各地应认真分析当地的蜜源情况，以当地气候稳定、流蜜量大、蜂蜜经济价值较高的主要蜜源作为主攻方向，制订相应的生产计划。如根据蜂群群势及大流蜜期，确定好开始繁殖的具体日期，采取多种综合措施，大力繁殖适龄采集蜂，使强群出现期刚好与大流蜜期相吻合，夺取目标蜂蜜高产，以及完成全年育王、换王、分蜂的计划。以上所说，就属于养蜂策略层面的问题。

笔者经常参加各种培训会，但培训会上讲得最多的是养蜂技术的问题，当然，灌输养蜂基础知识和基本操作技术，对初学者是非常必要的，技术革新也是永远的课题，但对于已经掌握养蜂基本操作技术的养蜂员来说，要进一步提高养蜂经济效益，更重要的是要学会从战略层面来考虑问题。只有懂得运用养蜂策略，才能成为一把养蜂好手。

五、俗话说："兵马未动，粮草先行"，打仗不只是打兵马，而是打钱粮，所以《兵法》非常重视军队的粮草辎重。蜜源是养蜂业的基础，蜜源的重要性，就好比粮食对于军队那样重要。要养好蜂，就必须重视蜜源的涵养和利用

部队要行军打仗，军中绝不能一日无粮。故《孙子兵法》非常重视军队的粮草辎重，在《孙子兵法》上多处强调，反复提及。如《军争篇》中说："是故军无辎重（指装备、粮食、被服、物资）则亡，无粮食则亡，无委积则亡。"《作战篇》中说："善用兵者，役不再籍，粮不三载。取用于国（在国内自己筹集），因粮于敌（打仗时可深入敌方去掠取），故军食可足也。"《九地篇》中有"掠于饶野，三军足食，重地则掠，因粮于敌。"

战争史上许多成败的典型战例，都与粮食有关。例如，战国时期著名的长平之战，赵王弃用老成持重的廉颇而启用"纸上谈兵"的赵括，40万大军被秦国大将白起用计围困在长平，切断赵军所有粮道，以致赵兵困饿而无心恋战，大败于长平，40万人全被秦军坑杀，赵国从此一蹶不振。楚汉相争，刘邦率汉军抢先占据了秦国最大的粮仓——敖仓，自己吃得饱，而楚军却挨饿，不能不说是后来刘邦成功的一个原因。众所周知三国时期诸葛亮挥泪斩马谡一事，也是因为马谡扎营在高山，被魏兵团团围困，断粮绝水，军心动摇，加上火攻，大败于街亭，搞得诸葛亮自身难保，只得使出"空城计"，差点被司马懿活捉。解放战争期间辽沈战役中，林彪打长春，围而不打，采用"饿"字诀，把国民党军队饿投降了。

蜜粉源就是蜜蜂的食物来源，其重要性就相当于粮食之于军队。蜜源条件不好，很难养好蜂。反之，蜜源条件好，就费省而效宏。蜂场规模小，可以就地饲养。蜂场规模大，如当地蜜源条件有限，只有一季大蜜源，有时就得考虑转地到别人的地盘，利用其他地区可利用的蜜源。这就好比《孙子兵法》上说的"因粮于敌"，扩大自己的战略纵深。

贵州省独山县有一个在当地很有知名度的刘氏蜂场，从创办之初一直发展到200群左右的规模，一直都放养在大山深处。尽管林区也有蜜源，但其优势在夏秋季（夏季的丝粟栲，秋季的盐肤木）。早春的蜜源相当有限，且林木郁蔽，气温低，也不利于蜂群春季繁殖。2016年春天刘师傅在他儿子的动员下，分了80多群蜂运到本县菜花场地繁殖，效果比山里的蜂群好。后来接着又从山里和油菜花场地，将200来群蜂一起转到麻江县采蓝莓蜜，取得了一定的收益（今年的气候极端不好，气温低，雨水多），同时又为5月转回深山采丝粟栲，培育了大量的采集蜂，一举两得，不但降低了养蜂成本，还增加了收入。所以前后两次见面时，刘师傅脸上的表情大不一样。第一次到他大山场地，动员他外出放蜂时，他显得忧心忡忡，顾虑重重。而第二次在蓝莓场地见到他时，脸上的表情则是满心欢喜，笑逐颜开。

《孙子兵法》文字虽然不多，但内容却十分丰富，不是一两篇文章就能讨论完的。这里只是试着从《孙子兵法》的高度、观点来看待、分析、处理养蜂上的一些问题，抛砖引玉，不一定对，有谬误之处，请同行予以指正。

童老养蜂经验谈

最近到贵州省养蜂老区遵义市桐梓县出差，遇到一个养蜂历史长达44年的养蜂爱好者——童梓德。童老现年67岁，干过水泥厂、砖厂及其他产业，是个成功的企业家，但却对养蜂情有独钟。现已彻底退休，专职养蜂5年，蜂场规模一百五六十群，基本上是他一个人管理。

童老有文化，肯钻研，从20世纪70年代起就订有《中国养蜂》杂志，为了证明这一点，第二天他特地送了一本70年代的《中国养蜂》给我们作纪念。在同他交谈的过程中，觉得他既有理论，又有丰富的实践经验，现特介绍他几条饲养中蜂的小经验。

一、工蜂产卵群介绍蜂王一法

一般来说，失王已久的工蜂产卵群很顽固，介绍蜂王不易成功，遇到这种情况，许多人只好放弃或淘汰。

童老在遇到这种情况时他是这么处理的，首先把工蜂产卵群搬到另一地点摆放，最好是视线不佳的地方，如玉米地内。然后在原地放一蜂箱，调一张带子（封盖子）带王的巢脾过来，这时蜂王仍会正常产卵。而工蜂产卵群内的工蜂会陆续飞回原址，但不是一下子全部回归，而是零星回来，由于原址蜂群内环境已经改变，又有蜂王正常产卵，并有工蜂护卫，回来的产卵工蜂会觉得势孤力单，只得归顺新来的蜂王，不再怀有敌意，这样就能顺利挽救这群工蜂产卵群。

二、新王交尾时囚禁老蜂王的王笼应放在什么位置好

童老在春季流蜜期换王过后，仍不断育王，继续繁殖分群，一般交尾群的群势掌握在3框左右，由于群内已经有王（春季新王），故采取有王育王的措施，即将蜂王扣在囚王笼中，再介绍成熟王台。

其他人通常的做法是将扣王的王笼放在上框梁上，或者挂在隔板内，但童老认为这种扣王的方法会影响出房的新王交尾。他的办法是将扣有老王的王笼放于巢脾正下方的箱底上，让老蜂王不接触巢脾，这样新王交尾产卵快，但群内工蜂仍然会饲喂扣在王笼中的蜂王，蜂王也不会受冻。

要保证老王的安全，应注意王笼安放的位置，一定是巢脾中部的正下方，不能超过边脾。我们到他的蜂场参观时，其他这样处理的蜂王都很安全，唯独有一只蜂王死亡，就是因为放王笼的位置太靠边（他徒弟放的）。

童老待新王交尾正常产卵后，在本群中加上大闸板，将蜂群隔为两群，然后将囚王笼打开，将老王放到无王的那一边，变成双王产卵群，这样既可以加速蜂群发展，又可以长期储存蜂王。

童老说："有些养蜂员喊缺蜂王。用这种方法育王，随时都有可调度的蜂王，我这里从来缺的不是蜂王，而是缺蜂子。只要有足够的蜂子，我马上就可以分蜂。"童老笑着地说："这就是我组织双王群的小诀窍。"

三、人工育王速成教学

由于童老养蜂学识丰富，为人热情，好学肯教，所以我们特地委托他培训一期新学员。这些学员来自不同的地方，原先在老家只接触过传统养蜂，对活框饲养几乎没有什么概念。培训的重点是首先要求突破人工育王技术（人工移虫接受率达70%以上即为合格），再附带讲授分蜂、合群，介绍王台及蜂王、搬场、饲喂等。原计划培训期半个月，结果不到一周，学员们基本都掌握了人工育王技术，移虫接受率可达90%～100%，效果远超预期，关键之一就在于童老教学有方。他从做人工蜡碗教起，并教学生如何利用普通放大镜找虫，认清孵化不超过24小时的适龄幼虫，并检查移虫效果，若有损伤即行剔除后再补移，此外还有移虫针的正确使用方法等。我们到蜂场实地检查移虫的效果（移虫24小时后），看到学员们移的虫龄都很小，这样今后培育出来的蜂王质量也很好，学员们对童老的为人和教学方法都非常认可。

为了保证育王质量，童老还有一个小窍门，就是在人工二次移虫后24小

时，将扣在王笼中的老王归还给育王群，将囚有老王的王笼放在小隔板靠蜂的一侧，让蜂群有半失王的感觉。童老解释说，这样做是稳定蜂群情绪，不会因为群内无王而产生强烈的失王情绪，以致提前让王台封盖，影响育王的质量。

童老还说，在夏季由于气候炎热，蜂王的发育历期会缩短。他曾在蜂王产卵时做过标记，从卵产下到蜂王出房，只需 14.5 天，而不是通常所说的 16 天。当然，是否真是这样，还需他人继续观察认证，但足以说明，童老养蜂是用了心的。

四、转地小技

蜂群转地前要卡蜂，为快速省工，童师傅也有他的小诀窍，他用卡车轮胎中的内胎割成的车胎环和海绵条（图 7-20）固定副盖和巢脾（图 7-21）。具体方法是将买来的废旧卡车内胎，用手搓成卷后，用磨快的菜刀将其切下，呈宽度 0.8～1.0 厘米的环状。卡蜂前，分别在左右两边的箱壁外侧、距箱口 5 厘米处各钉上一颗铁钉。卡蜂时，先将海绵条放置在巢脾上梁的两端，盖上副盖，然后将车胎环的一头套在左边的铁钉上，再绷紧车胎环将另一头套在右边的铁钉上，此时车胎环会压紧副盖、海绵条而将巢脾固定住。蜂箱的另一端也如此处理。这样卡蜂效率高，比车胎环布条固定的方法更加简便快捷。

图 7-20 示塑料泡沫条（右手竖拿）及两手绷开的车胎环

图 7-21 示用车胎环将副盖固定在箱体上

中蜂杂谈（一）

养蜂中有许多点滴的实用小技术，技术虽小，关系却大。其中除了笔者的亲身体会外，也会收集一些养蜂师傅的实际经验。因专指中蜂，所以将之称为"中蜂杂谈"。

一、关于中蜂蜂王发育历期问题的探讨

养蜂专业书籍中，中蜂蜂王的发育历期均为 16 天。《中国蜂业》2017 年第 9 期上报道过贵州省桐梓县童梓德师傅的经验（《童老养蜂经验谈》）。童师傅说：据他与当地师傅的多次观察，在巢脾上将蜂王刚产卵的地方做上记号，然后用这些卵孵化不超过 24 小时的小幼虫移虫育王，从卵产下到蜂王出房的时间，最短为 14 天 3 小时，最长为 14.5 天。

笔者在育王的过程中也发现，从第二次移虫（指复式移虫）到蜂王出房的时间，为 11～11.5 天，加上卵期 3 天，移虫时小幼虫的虫龄为 0.5～1 天（总之不超过一天），即全部历期最短为 14.5 天，最长 15.5 天，不到 16 天。

二、中蜂如何批量育王换王

规模超过 80～100 群的蜂场，育王换王的工作量较大。为了达到同期换王，方便管理，童师傅的经验是：先在蜂场内挑选出 1～2 群群势强、已起分蜂热的蜂群作为始工群，移虫育王 24 小时，再交给其他蜂群继续完成哺育。"始工群"的意思是培育蜂王开始工作的蜂群，其他哺育群也叫做完成群。

与通常育王的程序一样，始工群在育王前一天要提离蜂王，移虫下架当天提前清除掉蜂群内所有自然王台和急造王台，然后将移好虫的育王框放到始工群内，让蜂群吐浆哺育幼虫，一般每次可培育 30 个王台。由于始工群群势强，有分蜂热，浆量多，王台接受率高，一般可达 100%。

另外要提前准备好后续的哺育群（即完成群），准备的方式同前，然后将始工群哺育过 24 小时的王台，放入哺育群中继续哺育，一直到王台成熟后取用。哺育群的群势可比始工群差一些（6 框左右）。此种育王一般不采取复式移虫的方式。

当第一个育王框从始工群中取出另放别群哺育后，立刻又可移虫放入始工群内，同样哺育一天，再转到别群哺育。如此可连续培育 3～4 批育王框（包括始工群自己在内）。总的育王数量可达 90～120 个，这样即可在同一时期内，轻松达到一次性育王换王的目的（换王方法可参照前面提到的《童老养蜂经验谈》一文）。

有条件的蜂场，中蜂育王时也可利用意蜂作始工群。作始工群的意蜂可以是继箱群，也可以是 6～7 框以上的平箱强群。继箱群巢箱有王产卵，继箱内

无王育王。平箱群在作始工群前，要提前一天将蜂王关在王笼中，挂在边脾上，并用隔板将其与其他巢内巢脾隔开。

第一次移虫，可先移意蜂幼虫在蜂群事先清理过的蜡碗中，让意蜂吐浆喂虫，24 小时后取出，用镊子夹去意蜂幼虫，再移入孵化不超过 24 小时的中蜂幼虫，放到事先组织好的中蜂哺育群内继续哺育，直到王台成熟。利用意蜂作始工群的好处是意蜂群强，王台接受率高，浆量多（图 7-22 和图 7-23），以后培育出来的蜂王个体较大。但用意蜂作始工群时，要注意防止将欧腐病传给中蜂（意蜂抗欧腐病，不易察觉病情），育王前应事先对意蜂喷 2～3 次土霉素。

图 7-22　中蜂移虫一天后的王台

图 7-23　意蜂移虫一天后的王台

此外，无论是用意蜂还是中蜂作始工群，如果不是大流蜜期，均要在移虫的前一天开始对始工群进行奖励饲喂，对哺育群也是如此。要连续奖励 3～4 天，以提高王台接受率和育王的质量。

三、哺育群在提用王台后，应利用原来被扣的老王，迅速恢复蜂群的正常繁殖

在实践中发现，哺育群在提用王台后，如利用王台培育新王，虽然不一定会失王（新王），但由于群内长期没有产卵王，容易造成工蜂产卵。因为整个育王期间，需要 12 天左右（提前一天扣王，加上育王期 11 天，共需 12 天），然后从新王出房到交尾产卵，又需 6～9 天，这样无卵期加起来就会达到 18～21 天。如果新王交尾不成功，耽误的时间就会更长。由于群内长期没有产卵王，就会造成工蜂产卵的情况，巢脾上会出现大面积的封盖雄蜂房和工蜂产卵的雄蜂，使新王没有适合的巢房产卵。不但破坏了巢脾，又影响了蜂群的正常繁殖。这种工蜂产卵群的巢脾上爬满了大量无用的劣质雄蜂，黑压压的一片。如果是蜂王正常产下的、个头较大的雄蜂，可使用多用隔王栅将其排除在箱外；而工蜂产卵发育成的雄蜂，个头跟工蜂一样，无法滤出，既消耗饲料，又不便查王。因此，建议哺育群在提用王台后，无论是

分群还是不分群，最好还是立即放回老王或介绍新产卵王，让蜂王产卵，使蜂群正常繁殖，恢复群势。

中蜂杂谈（二）

一、如何做到换王不断子，控制分蜂热

众所周知，中蜂喜欢新王、新脾。一般中蜂群势发展到 6～7 脾，如遇大流蜜期，群内又是产卵力下降的老蜂王，容易起分蜂热。一旦分蜂，就会削弱群势，降低产蜜量。解决这个问题，广西壮族自治区来宾市黄善明师傅的做法是，在大流蜜期到来前，要提前培育好人工王台。大流蜜期开始时，先将老蜂王的一侧前翅剪去三分之一，待王台成熟后，将成熟王台取下，安放在靠隔板旁的边脾上，其位置应偏向巢门一侧，上框梁的下边。此时无需关老王，仍让其正常产卵。新王出房后，会与老王和平相处，然后外出交尾，并与老王同巢产卵。由于群内同时有两只蜂王产卵，蜂王信息素强，蜂群就不会产生分蜂热，从而达到维持强群采蜜的目的。

母女同巢的时间大约能维持 1 个月，老王会自行消失；也有个别蜂群母女同巢的时间可以长达 6～7 个月，甚至更长。黄师傅说，根据他多年的经验，这种作法其成功率可达百分之八九十。即使个别群仍会发生分蜂，因为老王前翅残缺，分蜂群飞不远，老王或失或死，分出去的工蜂仍会飞回原群，不会影响群势和采蜜。如果新王交尾失败、丢失，群内因有老王产卵，也不会成为无王群影响蜂群生产，比较保险。

二、群内越冬蜜不足，晚秋气温较低时，怎样补喂越冬糖

每年进入 10 月后，气温会逐渐降低。气温过低时不但影响蜂群外出采集，也会影响蜂群搬运补饲的糖浆，使缺蜜的矛盾更加突出。2018 年 9 月下旬至 10 月上中旬，我国南方多地低温阴雨，导致蜂群提前断子。海拔较高地区，夜间气温会降到 10℃以下，蜂群甚至开始结团，进入越冬状态。此时即使饲喂，蜂群采食也不积极，难以有效积累安全过冬的饲料。另外，由于饲喂器中剩有糖浆，白天气温回升后，常会引起盗蜂，处理不好，甚至会波及全场。因此，晚秋饲喂，要非常谨慎，并应采取一些相对应的措施：一是糖浆要趁热补饲，可吸引工蜂前来吸蜜。二是将隔板拉开，把饲喂器靠近边脾，让蜂群趁热把糖浆搬到巢内。三是准确掌握饲喂量，根据群势掌握糖浆的喂量，以当晚能

搬完为好。过少，达不到迅速补蜜的目的，增加蜂场的工作量。过多，当晚蜂群搬运不完会引起盗蜂。一般在补饲时，要根据前一次补饲后取食的情况，适当进行调整。如蜂群群势强，也可在室内趁热灌空脾，然后晚上用容器将准备好的蜜脾提到蜂场，插到蜂群中，这样可加速饲喂。四是要趁天气回暖、蜂群活跃时，抓紧时间接连补饲，尽量喂足越冬糖。我国南方地区，一般一张蜂脾上留足 0.75～1 千克的封盖蜜（一巴掌宽）就足够了。

双王群、强群巢内脾多，尽量采用面窄的深槽饲喂器。如实在放不下饲喂器，这时可采用冰箱中使用的保鲜袋灌糖浆，做成糖袋补饲。将适量糖浆倒入保鲜袋中扎紧口子，放入桶中备用。另准备一根用细竹竿和细铁丝（24 号）做成爪蒿，做法是用一头绑紧、另一头散开的铁丝刷把，将绑紧的一头插入一根长短、粗细合适的细竹竿内。一般铁丝刷把有 6～10 个头，先端要用夹钳夹整齐（图 7-24）。喂糖时，提起一个事先准备好的糖袋，用铁丝刷把在薄膜袋扎口下面一点、不同的方向各刺一下，然后将糖袋放在框梁顶上，盖上纱盖。双王群则将糖袋沿箱壁从上往下滑入箱底，让蜂吮吸。刺破糖袋的好处是细铁丝扎的孔小，糖液不致漏出，但能散发出气味引蜂搬运。此外，放不下饲喂器的强群、双王群也可用浅继箱饲喂（双王群要用框式隔王板上下相隔），将饲喂器放在浅继箱中，灌糖补饲。

图 7-24　铁丝爪蒿

补饲越冬糖的配比一般为 1 千克糖加 0.5 千克水，蜂蜜则为 1.5 千克加水 0.5 千克（喂蜜必须煮沸消毒）。补饲后应在次日一早到蜂场巡视。如发现巢门前较乱，有盗蜂活动，甚至工蜂打架，一定是该群糖浆尚未搬完，此时要及时将剩余糖浆回收，以免盗蜂蔓延。被盗群当晚即应适量少喂，并在适当的时候检查是否因盗蜂而失王。

三、群势弱，如何组织双王群安全越冬

3 框以下的弱群实力弱，自身保温性差，会影响安全越冬，所以在晚秋，应将两个群势相近的弱群，组织成双王群。

组织双王群，可先用一空箱，将大闸板（也叫死隔板）或钉有铁丝网的立式隔王板，将蜂箱从中间隔为两区，不让工蜂通过。并盖上覆布，用图钉固定在闸板上。趁白天气温较高时，将其中一群蜂搬开，原址放上处理过的蜂箱，然后将原群连蜂带脾，转移到箱中一侧，向隔板靠拢，关闭无蜂一侧的巢门。

另将计划中配对的蜂群，预先作好处理，即将蜂脾全部移至原箱中部，让蜂全部集中在脾上，以便晚上并箱。天黑后，将此箱蜂搬运至放有闸板的对象蜂群旁，打开箱盖，用双手一把捏住所有巢框的两头框耳（2框或3框），并同时用手指拇将每张巢脾隔开，然后一次性将蜂脾全部提至箱中另一侧安放，同样也是向中闸板靠拢。这样处理，不会掉落蜜蜂。最后再盖上覆布、副盖和箱盖。

当全部蜂群组织好后，关好巢门，将蜂群连晚转运到离本场2千米外的地方暂时安置，然后打开巢门。放置4～5天，待其对原场记忆消失之后，再于晚上搬回原场，另址安放。另据试验，就地同场组织双王群，组群时喷一些空气清新剂，并将并入群一侧的巢门关闭2～3天，不用转地，也能成功组织起双王群。

组群时，用大闸板与带铁纱的立式隔王板相比，后者效果要好些，除群味相通外，热量可以通过铁纱互相传递，保温效果要更好一些，有利蜂群越冬。

中蜂杂谈（三）

一、柴油止盗效果好

蜂场发生盗蜂后，止盗方法有多种，如缩小巢门；用树枝、青草遮挡巢门，对被盗蜂巢门喷烟、喷水等。现向大家介绍止盗效果很好的一种方法，即柴油止盗法。

柴油止盗的方法是：开始发现盗蜂时，除采取缩小巢门，用树枝、青草掩盖被盗群的巢门外，可用手指或小树条蘸一点柴油洒在巢门前。柴油气味强烈，工蜂对此十分厌恶，盗蜂会很快散开，但不影响本群的工蜂进出巢。且柴油气味不易挥发，效果持续时间长久，所以能有效制止盗蜂。如盗蜂严重，也可用柴油加水在被盗群周围对空中喷几下，盗蜂即很快被制止。

除柴油外，"风油精"的止盗效果也可以。

二、再谈中蜂自然合群

笔者曾先后两次报道过中蜂自然合群现象。自然合群是指外界环境不利于蜂群生存时（如缺蜜期或越冬前），其他蜂群（通常是弱小群）前来投奔条件较好的蜂群（群势大、饲料足），发生自然并群的现象。

2017年7月，笔者到湖北荆门讲课，参观刘云蜂场时，听小刘讲今年4月底至5月外界缺蜜期间，该场曾多次出现过自然合群的情况。通常是从其他蜂场购来小分蜂团，放到活框蜂箱中，虽然给了一框带蜜的子脾，但这些小群还会再去"投亲靠友",飞到场内其他群势较大、饲料充足的蜂群内。开始进去时,有少数工蜂会在巢门口互相打架,但进去后大部分工蜂都相安无事,为大群所接受。当然,客蜂的蜂王会被"主人家"的工蜂干掉。小刘还讲到,他蜂场上还出现过三群蜂先后投住一箱的情况,在箱内各据一方,围住自己的蜂王,工蜂之间却相安无事。本应将三个蜂团再次分开饲养,但由于缺乏经验,合做一群,结果三只蜂王全部被斗杀,以致后来造成工蜂产卵。

另外,2018 年 11 月,贵州省有两个蜂场报告,出现外场蜂群(或野生蜂)到本场冲群、合并的情况,有时一天有好几起。来场的蜂群均不大,因临近越冬,估计这些小群因群势弱小,巢内饲料不足,难以越冬,故只得投靠他群。与前面小刘蜂场一样,工蜂打得不厉害,连蜂带王一起来,当然,合并成功后,最终只能剩下一只蜂王。

这种自然合群的现象应与盗蜂相区别。自然合群一是连王带蜂一起来;二是工蜂不再飞回原址,而是成为合并蜂群中的家庭成员;三是对对象群(被冲群)几乎不造成损害,群势反而有所增强。

三、蜂箱位置与取蜜浓度的关系

我国南方湿度大,一般封盖的中蜂蜜大多只能达到 41 波美度多,能达到 42 波美度以上的则较少。湖北省荆门市的刘云说他今年到农户家中割土蜂蜜,情况也基本如此。但其中有一户的蜂桶悬挂在屋檐下,且破旧,漏风,桶内干燥,这桶蜂割下来的蜂蜜浓度就达到 42.8 波美度。

这一现象提示我们,在温度适宜的时期(20℃以上),蜂箱或蜂桶宜放于高燥处。另外可用水泥砖、木桩、竹桩、水泥桩、塑料筐等将蜂箱垫高,离地 40~50 厘米。蜂箱要前略低而后略高,以利箱内水分排出。夏、秋季高温期,箱后部的覆布要折起一角,以利通风排湿。然后配合其他措施,尽量降低蜂蜜中的含水量,取封盖成熟蜜,确保蜂蜜的浓度能达到 42 波美度以上,以达到国家对蜂蜜上市的质量标准。

中蜂杂谈(四)

一、怎样介绍、互换和储备蜂王

在有一定规模的蜂场中,介绍和互换(调)蜂王是经常发生的事。
介绍蜂王的方法虽有多种,但根据笔者的经验,介绍蜂王时最好使用市售可调式双层隔栅塑料王笼（每只0.5元），既安全，又方便。

介绍蜂王前，要先将蜂王捉住，关在笼中。捉王时要眼疾手快，最好是用手抓住蜂王的翅膀，或捏住其胸部，最忌讳捏、碰蜂王的腹部，以致蜂王受伤，不产卵甚至死亡。将蜂王关在王笼中后，如只扣于本群，可将王笼的两层隔栅一起合到底，这样隔栅间距大一些（图7-25），蜂王出不来，但群内工蜂能自由进出，照顾和饲喂笼中的蜂王。

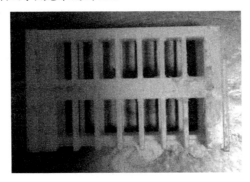

图7-25　双层可调式塑料格栅王笼合到底的姿态

如果将蜂王寄放在它群，或介绍给无王群（介绍给无王群前应先清除掉脾上所有的急造王台），可用手捏住王笼两端往外轻轻用力拉开一点，将隔栅间距调密（图7-26和图7-27），不让工蜂通过，然后将其扣在蜂群的蜜脾处（未封盖而有又有蜜的地方），此时因蜂王还暂未被蜂群所接受，即使群内工蜂不喂它，蜂王也能从王笼的间隙中吃到蜂蜜，不致被饿死。待第二天检查，如王笼周围有工蜂围饲，轻轻吹气，工蜂迅即走开，即表明工蜂已接受蜂王。如果是介绍给无王群，即可将王笼取下，打开笼侧的盖子，即刻将王笼倒放于蜂路上，蜂王即通过王笼出口下爬到巢脾上，成为该群的蜂王。如果是寄王，可用手捏住王笼两端，用力一捏将其合到底，加大王笼隔栅间距，蜂王出不来，但工蜂能自由进出饲喂蜂王，这样就可长期贮存蜂王以备用。

　　图7-26　调整格栅王笼的间距　　　　图7-27　调整后格栅加密后的姿态

可调式王笼上有一专门留出的小孔，可用细铁丝穿上，除将王笼扣在蜜脾上外，再将细铁丝的另一头挂在框梁上，以免王笼掉落箱底，冻死或饿死蜂王。

二、分蜂季节，蜂场上悬挂收蜂笼收蜂，既省心又省事

传统养蜂完全靠自然分蜂；活框养蜂有时由于检查不仔细，未及时进行人工分蜂，也会出现自然分蜂的情况。

养蜂者可在网上购买几个竹编的收蜂笼。购入后，笼外面用新鲜牛粪糊严，内面用化老脾熬蜡后剩余的蜡渣涂于其上，晾干备用。

到分蜂季节，在收蜂笼外壁罩以塑料袋防雨，其长度不超过收蜂笼，再对内壁喷一些淡盐水，挂在蜂场周围的屋檐下或树干上。一般来说，由于有蜡味、盐味的引诱，分蜂群常会先投歇在分蜂笼内，养蜂者不需要寸步不离地守在蜂场上。一旦发现有分蜂群投住，即可将分蜂笼取下，收养在老桶或活框蜂箱内。如实行活框饲养，可从其他蜂群抽一张带蜜子脾放入巢内，再加一张巢础框，蜂群便会安心居住，积极造脾，成为一个很好的新分群。

中蜂杂谈（五）

一、再谈中蜂密集饲养法

笔者曾经在国内参观过几个高产蜂场，当时联想到目前许多地区的养蜂生产现状：经过几十年中蜂活框饲养推广，一些蜂场至今连蜂脾相称都做不到，因此提出了中蜂密集饲养法的概念。

有关文章发表以后，曾有个别读者提出疑义，中蜂密集饲养后，是否会浪费"蜂力"，因为对他们所谈"蜂力"的含义不太清楚，猜想可能是指会不会降低蜂群的哺育力吧！因此，想就这个问题，与同行做进一步的探讨。

第一，中蜂密集饲养法（指脾上蜂数多，蜂数密集）符合中蜂的生物学特性。养蜂多年的老师傅都知道，凡是在传统蜂箱中饲养、正常的蜂群，工蜂都是将巢脾完整包裹的。一旦蜂群不正常，或遇病虫害，或遭遇缺蜜挨饿，子脾上的工蜂就会显得稀少。一般来说，弱群脾上的蜂数稀少，而强群，脾上的附蜂就多。

第二，笔者从事养蜂工作数十年，参访过无数省内外蜂场，发现凡是蜂养得好、收入不错的老师傅，所养的蜂群大多蜂脾相称，甚至蜂多于脾。而凡是经验不足的初学者，或蜂养得不好的蜂场，很多蜂场病虫害滋生、养蜂失败的原因，往往就源于蜂脾关系处理不当，蜂常少于脾。这种情况，可谓屡见不

鲜。因此，提出中蜂密集饲养法，也有警醒这些人的意思。

第三，中蜂密集饲养法，密集的阶段主要是指外界大流蜜期。浙江大学的陈盛禄先生曾经写过一篇关于蜂虫比例的文章，他的研究对象是意蜂，指出高产蜂群有合理的蜂虫比例。笔者认为这个观点对中蜂也是适用的。笔者曾对在福建省莆田市采枇杷花的不同蜂场进行过调查，高产蜂场不但群势强，蜂数多，且蜂虫比（指成年蜂与封盖子的比例）比较高〔(6～8.2)：1〕，蜂群负担轻，大部分"蜂力"可以集中力量突击采蜜，而不是去哺育后代蜂儿。而生产力低下的蜂场，蜂群群势弱，蜂虫比值相当低〔(0.63～0.94)：1〕，巢内蜂儿多，蜂群负担重，大部分"蜂力"用于育子，采不了什么蜜。在苏联著名的养蜂专家塔兰诺夫所写的专著中，也有在蜂群采蜜期要控制蜂王产子、集中力量突击采蜜的观点。

有些人提出，提高蜂虫比例，会不会影响蜂群采蜜后的群势，尤其是越冬前的最后一个蜜源。在福建调查的结果是，高产蜂场蜂群的蜂虫比值虽然比普通蜂场高（即蜂多子少），但由于群势强，总的封盖子数并不比普通蜂场低，因此越冬群势不会比普通蜂场差。

第四，中蜂密集饲养法是有时间性、阶段性的。30多年前，四川省畜牧兽医研究所有一位叫吴永中的老专家就曾提出过中蜂"两密两稀"养蜂法，大概的意思是春繁期、大流蜜期蜂数要"密"，而其他繁殖期、越夏期蜂数要"稀"。当然，吴老这里所说的"稀"，不是稀到蜂脾不相称、蜂少于脾的地步，"密"和"稀"只是一个相对的概念。普通繁殖期保持蜂脾相称，降低蜂虫比例，可以充分发挥蜂群的哺育能力，尽可能为蜂群多培育蜂儿和后备劳动力，此时脾上的蜂就相对的要稀一些。而夏季高温期为了散热，不使蜂群伤热，脾上的蜂数也要相对稀一些。春繁期紧脾繁殖，脾上蜂数多而密（就好比人在冬天多穿衣服一样），此时蜂群的管理要点在于给蜂群保温。而大流蜜期蜂群的主要任务是产蜜，此时密集蜂数，主要是降低蜂群的育儿负担，强调的是集中"蜂力"突击采蜜。因此，笔者认为吴老提出"两蜜两稀"的理论、方法是合理的。但是，为了避免养法上所说的"稀"，与脾上蜂数稀少的"稀"相混淆，笔者认为还是提"两松两紧"比较合适。"松"就是松脾，加脾扩巢，使蜂脾相称，以充分利用蜂力哺育蜂儿。"紧"则强调适当紧脾，打紧蜂数，控制蜂王产卵、繁殖，以集中蜂力全力突击打蜜。不同的时期，应围绕不同的工作重点，适时调整"蜂力"使用的方向，并不会因此造成浪费。所以，蜂脾关系或"松"或"紧"，应由季节和蜂群所处的时期、主要工作任务来决定，灵活掌握，并非是一成不变的。

二、蜂群越冬期结团与气候、蜜源的关系

蜂群在越冬期结团，这是蜂群进入越冬期最明显的特征。蜂群结团的目的

是为了抵御寒冷，减少活动，降低新陈代谢和减少饲料消耗，互相联结在一起，"抱团取暖"，以保证蜂群顺利越冬。

蜂群结团时一般都处于蜂巢的中下部，特别是以传统饲养的蜂群最为明显。高窄式蜂箱或巢框较高的蜂箱，蜂群在巢脾中下部结团的情况也比较明显。2016年，笔者在遵义深溪进行三种不同箱型的比较试验，越冬过程中，高框式蜂箱（巢框较高）中的蜂群越来越弱，直至死亡，饲养员反映当时巢脾上部还有蜜，难以解释死亡的原因。2017年转点到息烽后，观察到蜂群在巢脾中下部结团的现象，估计遵义点头一年越冬前储存饲料不足，蜂群巢脾中下部没有充足的存蜜，而蜂群越冬时因活动量低，在中下部结团的蜂团不能利用巢脾上部的存蜜，导致群势削弱，最终死亡。因此，巢框较高的箱式，在越冬前要储备足够的存蜜（尤其是巢脾的中下部），或者将中间巢脾中下部的老旧巢脾割去，以提高蜂群在巢脾上结团的位置，而不致于发生上述死蜂现象。

蜂群越冬，形不形成冬团不但与温度有关，还与蜜源有关。我国北方，冬季气温长时期处于0℃以下，此时外界又没有蜜源，蜂群因此会长期处于结团状态。而在我国南方，冬季气候相对不是过于寒冷、日平均气温长期维持在8℃以上，且又有大蜜源的地区，这些地区中蜂一般都不形成冬团。中蜂对外界是否有大蜜源很敏感。例如，贵州省开阳县（海拔700米左右）冬季有枇杷林的地区（11月下旬至翌年元月上中旬开花），这些地方的蜂群不断子，能采蜜，可以照常进行繁殖和生产活动（当然此时蜂群的产子量不大）。而在没有枇杷蜜源可采的地区，蜂群无事可做，就会"偃旗息鼓"，结团越冬。笔者在写这篇文章的时候（2018年元月下旬），恰好浙江嵊州的沈育初先生打来电话，说他的一个学生今年冬天在台州采枇杷蜜，每群产蜜5千克，群势在3～6框，此时蜂群中已有雄蜂并起了王台，更加证实了上述说法。

正因为中蜂有此特性，抗寒力强（气温高于8℃时外出采集），能利用我国南方的冬季蜜源，所以能采到意蜂难以利用的野桂花、鸭脚木、枇杷等十分珍贵的冬季蜜源，也就不言而喻了。

中蜂杂谈（六）

一、蜂群越冬前，必须充分喂足越冬饲料

通过2018年对南山花海中蜂场蜂群越冬情况的观察，凡越冬前（11月）充分喂足了越冬饲料的蜂群，越冬后群势削弱率较低，一般在20%～30%，

也就是说，蜂群通常在原来的基础上，大约会减少一框蜂。而越冬饲料不足的蜂群，群势削弱率会达到 50%～70%，如管理上稍有疏忽，甚至会饿死蜂群。

浙江蜂友尤洪坤先生春节后打来电话，说他今年早春蜂群群势有 5 框左右，较往年要多 1～2 框蜂，分析原因，大概因为 2017 年年底忘记打最后一次枇杷蜜，蜂群内饲料充足的缘故。

贵州省开阳县画马崖中蜂场周春雷对此也深有体会，他说经过 2017 年和 2018 年的观察，备足越冬饲料的蜂群群势下降很少，与观察的结果是一致的。他说，备足越冬饲料还有其他好处，一是开春后可以不进行或少进行奖励饲喂，利用原来的存蜜繁殖，既减少了蜂场的工作量，又不会过多地惊扰蜂群；二是可以减少病害的发生。他告诉我们，分点放养的 500 群蜂，经检查，发现烂子的只有几群。这样做，虽然前期蜂群繁殖可能比别人实行奖饲的来得慢，但是比较安全，蜂群健康不生病，省了很多事。另外，从理论上讲，群内贮蜜充足，除保证饲料安全外，由于有蜜的蜜脾比空脾热容量大，巢脾内贮蜜充足，对于保持、稳定群内的温度，也是大有益处的。

那么，越冬前一般一脾足蜂要备足多少饲料才算充足呢？过去的做法是 1 脾蜂 1 千克糖，也就是封盖蜜要达到一半或一半以上。就贵州省的情况看，海拔 1 000 米以上的地区，越冬期为 12 月至翌年 2 月中旬，有 2 个多月的时间，一框蜂越冬前应备足饲料糖 2 千克左右，效果比较理想。如海拔较低或冬季有蜜源的地区，则可以根据情况，适当少一些。

二、越冬前，蜂群是组织成双王群，还是合并成单王群好？

一般来说，群势较弱的蜂群，为了保证其安全越冬，可将其合并或组织成双王群。因为组成双王群后，箱内蜂量多，温度高，开春后又多有一只蜂王产卵，故去年晚秋，南山花海中蜂场也为此组织了 20 多群双王群。一般是将 3 框群势的弱群，组织成 6 框双王群。2018 年春繁时检查，双王群越冬的效果，反而不如单王群效果好。一是少数双王群会在组织后出现偏集现象（都是同龄王），偏集的过程中蜂数会损失，一侧蜂稍多，另一侧蜂很少，不得已只能合并；二是组织双王群后，由于一边三脾蜂，加上中闸板、两边的隔板，郎氏箱的空间变得十分拥挤，既不方便安放饲喂器，也不方便检查，因此补喂越冬饲料时只好用塑料薄膜袋装饲料喂蜂，喂量有限，越冬饲料不充足，因而影响了越冬效果。

一般同样的群势越冬（3 框或 3 框以上），只要喂足饲料（1 脾 1.5～2 千克糖），越冬后群势下降率只有 25%～30%。也就是说，蜂群比越冬前会减少一框蜂或一框蜂蜂不到。而双王群由于以上两个原因，群势下降率通常会达到 50%～70%，蜂量会损失三分之二。因此越冬前如蜂群群势弱，不要顾惜蜂王（组织双王群往往是可惜蜂王），与其组织双王群，还不如将其合并成单王群，效果更好。通过观察，该场组织的 20 多个双王群，越冬后好的一般一边会有两框蜂，多数为一边两框，另一侧一框；少部分为一边只剩一框；甚至还有一侧基本无蜂，只能合并成两框蜂的情况。但如果在越冬前由两个三框群合并为一个 6 框群，在充分喂足越冬饲料的情况下，越冬后群势可以达到 5 框蜂。两个 2 框群合并为 4 框单王群，越冬后最差也能保留 3 框蜂，春繁时就省事多了。

越冬前将弱群合并，对蜂群安全越冬是十分必要的。2018 年春节（2 月下旬），贵州省威宁县石门乡传统养蜂协会的马会长打电话说，今年早春因为气温偏低，雪凌大，他们乡传统养蜂蜂群的损失很大。当时问他："是否是因为缺蜜饿死的？"他说不是，蜂群内还有剩余蜜脾。笔者表示那一定是因为蜂群群势太弱，自身保温能力差，冻死了。他说："你说对了。"说明即使群内饲料充足，群势太弱也不行。以前曾经有报道中蜂在越冬前，有弱群自动合并到强群中的情况（见《蜜蜂杂志》2013 年第 12 期《天水中蜂之旅》一文），表明蜜蜂本身也知道，弱群蜂难以越冬，须"投亲靠友"。

就贵州省而言（平均海拔 1 000 米），活框饲养的蜂群，越冬群势至少应达到 4 框足蜂以上。3 框以下的弱群，最好将其合并。至于传统养蜂群势较弱的蜂群如何合并，就要另想办法了。

中蜂杂谈（七）

一、再谈塑料泡沫板的隔热效果

炎夏季节气温高，盛夏遇到高温天气，中蜂蜂王会停产断子，对蜂群群势的延续、发展不利。因此，在盛夏酷暑季节，加强对蜂群遮阴防晒、隔热的措施就显得尤为重要。

遮阴隔热的措施有多种，笔者曾多次报道过将塑料泡沫板安置在箱盖上，可以明显降低箱内的温度（徐祖荫，2014；2018），2018 年 7 月，笔者又再次进行了同样的试验，将 3 厘米厚的挤塑板裁成与箱盖大小一致的塑料板，钉在箱盖上。在晴天正午时分，将温度计上的探头与蜂箱大盖的底部接触，当温度计上显示的温度稳定时，记录下温度值。测定结果，有塑料泡沫遮挡的（31℃）比没有泡沫的（35℃），箱盖底部的温度要低 4℃左右。如果在有泡沫板箱盖的蜂箱上再加一个浅继箱，放在纱盖上的温度计，会再下降 1℃，即两者温度要相差 5℃左右，充分显示了泡沫板的隔热效果。

如这样处理后再对纱盖上的覆布或其他覆盖物喷水，会进一步降低箱内温度，对蜂群的繁殖更为有利。

二、二次摇蜜提高蜂蜜的浓度

贵州省春、秋季节大流蜜期，一般很难等到蜂蜜完全封盖时再摇蜜，因为如果不及时将巢内蜂蜜摇出，蜂群就会产生严重的分蜂热，但如此时将蜜摇出，因为蜂蜜还没有完全封盖，蜂蜜的浓度又达不到成熟蜜的要求。为了解决这一矛盾，通常是采取二次摇蜜的办法，即取蜜时同时采用两台摇蜜机，将大部分蜂蜜已封盖、其下部还有少量未完全封盖、巢房已起"鱼眼子"的蜜脾从巢箱中取出，在第一架摇蜜机中将未封盖的、带有新鲜花水蜜的蜂蜜摇出，然后割去封盖，再放入第二台摇蜜机中，将封盖蜜摇出。经过这样处理，与一次摇蜜相比，蜂蜜浓度通常可提高 1.5～2.0 波美度，即第一次摇蜜的浓度为39.5 波美度，二次摇蜜后，其蜂蜜浓度可提高到 41～41.5 波美度。

三、中蜂取蜜浓度与季节、蜜源有关

通常贵州省春、秋大流蜜期，由于空气湿度大，虽然通过二次取蜜，取封盖蜜，一般很难达到 42 波美度。但是，在夏季荆条花期，由于此时气候炎热（30℃以上），空气湿度低（60％左右），荆条花流蜜又不涌，经过十多天的酿贮期，即使摇的是大部封盖、尚有小部分未完全封盖的蜂蜜，取蜜浓度却可以达到 42 波美度。这从去年对当地养殖户荆条蜜浓度的检测，以及今年我场自身取蜜的情况看，情况均十分吻合。

四、冲群工蜂啃咬宿主群的封盖子脾会再次逃群

湖北省荆门市的刘云反映，2018 年夏天他蜂场有几群中蜂生了烂子病，花子甚至无子，为此，他除了喷药治疗外，还用隔王片拦在箱门口，防止病群逃亡，结果还是有 4 群蜂发生了飞逃。蜂王虽然跑不出去，但工蜂分别冲入本场的其他蜂群中。检查被冲蜂群，蜂王安全无事。但其中 2 群发现有工蜂啃咬子脾的现象，开始时是将封盖子脾啃出许多小孔。小刘挑开有孔的巢房来看，其中幼虫已经化蛹。过 2 天后检查，这两群啃咬子脾的蜂群已经飞逃，群内封盖子和幼虫被拖尽，显然，冲群工蜂虽因无王逃不了投奔它群，但其飞逃的意念并未就此打消。进入被冲群后，它们虽不伤害蜂王，但继续啃咬子脾，拖掉幼虫，促使被冲群断子，然后裹挟、逼迫被冲群一起飞逃。正所谓"有子恋巢，无子飞逃"。另外两群被冲群因为没有发生啃咬子脾的现象，所以就此安定下来。

小刘说对发生这种情况的蜂群，正确的措施是将这群蜂搬运到离本场较远

的地方安顿，经过搬运振动和改换了环境，解除了冲群工蜂的飞逃意念，被冲群也就安定了，不会再次发生飞逃。

五、如何快速调整蜂群群势

过去调整蜂群群势的办法，通常用的是调整封盖子脾的方法，即对需要补强的蜂群，将其他群中即将出房的封盖子脾抖蜂调入。工蜂出房后，蜂群群势就增强了，但这种不带蜂只补子的方法见效慢。

笔者曾经到福建张用新老师的蜂场参观，他谈起自己有一种方法，连蜂带子，可以随意组合调整蜂群，要几脾就几脾（徐祖荫，2018），但是没有具体说用的是什么方法。笔者决定试一下，借鉴合并蜂群的办法，从混合群味入手，来调整蜂群群势。

平时合并蜂群时，常采用加上铁纱的框式隔王板作为工具，这次调整群势时，也采用这种方法。首先在主群（指调入蜂脾的蜂群）的蜂箱中，用蒙有铁纱的框式隔王板放在蜂群边脾旁，去掉保温隔板，隔成工蜂不能互通的两区。另外从其他蜂群中连蜂带脾提出，1～3框均可（调入的蜂脾必须无王，且没有王台），调入主群中无蜂一侧，在隔王板边放下，并关闭这侧巢门，箱面用覆布盖严，暂时防止并入的工蜂外出。这样经过1～2天后，两边蜂群味吻合，于傍晚揭开覆布，撤出隔王板，这时两边的蜂即合为一群，被调入的工蜂也不再返回原群。2018年7月，笔者已用这种方法，成功平衡、组合了80多个蜂群。这个方法的特点是快速、有效、方便，想怎么组织就怎么组织，大家不妨一试。

再有一个补群更简单的办法是，傍晚将要被补的蜂群箱盖打开，然后到别群中提出有封盖子的巢脾，认真检查，只要没有蜂王，就可连蜂带脾提到被补群中，紧靠隔板外边放下。然后，用空气清新剂（超市中有售。另外，在小喷雾器的水中加几滴风油精也可以）对准本群框顶喷几次，再喷几次补过来的巢脾，这时两边气味相同，将隔板提出，放到补过来的巢脾外侧，补蜂补子就成功了。

中蜂杂谈（八）

一、养中蜂最关键的"三板斧"

凡读过我国四大名著之一《水浒传》的人，都会对"黑旋风"李逵留下深刻印象，李逵勇猛过人，使用的武器是一对板斧，最厉害的就是他最开始的"三板斧"。这三板斧一出，对手当即毙命。还有一个众所周知的人物，我国乒乒球名将邓亚萍，她曾多次为国征战，获得过 8 次国际大赛的冠军，至今无人能出其右。国际奥委会主席萨马兰奇非常赞赏她，她也曾代表我国担任过国际奥委会委员。邓亚萍自小酷爱乒乓球，打小就在体校练球。但由于个子矮，跟个子高的运动员对垒很吃亏，于是她根据自身的特点，设计和练就了一身绝活，就叫做打好"前三板"，意思是从一开始就要稳、准、狠，在前三板内解决对手，不给对手一丝一毫发挥自己特长的机会，所以战绩辉煌，取得了令人赞叹的成就。

养蜂也一样，养好中蜂也有最关键的"三板斧"。养好中蜂的"三板斧"究竟是什么呢？

第一"板斧"——养王

蜂群中的三型蜂都有作用，各司其职，但最重要的是蜂王。蜂王是一群之母，若无蜂王，蜂群就续不上"香火"，那就完蛋了。没有新的蜂王出生，蜂群无从分蜂。蜂王个体大小，产卵力高低，产下的工蜂抗病力强弱，决定了一群蜂群势大小，产量高低，分蜂多少。所以，蜂王的质量、数量，是决定能否养好中蜂，有没有效益的一个关键。行内有句俗话叫做"养蜂就是养王"。

要想多分群，培育优秀蜂王，依靠自然分蜂是难以做到的。自然分蜂受季节和蜜源条件的限制，繁殖率很低，所以养蜂就必须掌握好人工育王技术。这样无论在什么季节（越冬期除外），蜜源多少，都能育出足够数量、质量好的蜂王，以满足生产的需要。

第二"板斧"——饲喂，通俗一点就是喂糖

常言道："蜜蜂蜜蜂，有蜜才有蜂。"反过来，"有蜂才有蜜。"蜂群多，蜂群强，才能多取蜜。贵州省某县因养蜂扶贫邀笔者去现场指导养蜂，到了某乡镇，该镇同时从某蜂场引过来的一批蜂，由于 8 天前发放到不同的村寨，情况却大不一样，同样是 10 群蜂，其中一个村寨蜜源条件不好，开箱后蜂群巢脾黑旧，蜂王产卵和封盖子少，蜂量和巢脾中的存蜜减少，显得毫无生气。而另一个村寨盐肤木花正开，蜜源丰富，巢脾中装满了蜜，同样是 3~4 脾蜂，但由于蜜源好，开箱后脾都是大张的封盖子，蜂量上升，需要马上加础扩巢，巢内状况生机勃勃，看了令人高兴。这个例子，充分显示出了"蜜"和"蜂"之间的关系。显然，养蜂必须放在蜜源条件比较好的地方才合适。但尽管有些地方蜜源条件较好，也不可能时时刻刻都有充足的蜜源。绝大多数的情况是，春（有油菜、绿肥、龙眼、荔枝）、秋（有盐肤木、千里光、野桂花、枇杷）两季蜜源较好，而夏季缺蜜（粉）。当外界缺蜜或蜜粉源条件不好时咋办？当然要靠人工饲喂（白糖水）。这时只有通过不断奖励饲喂（1∶1 的稀糖浆，少量多次），才能促使蜂群造脾，蜂王产卵，蜂群群势不断增长。蜂群脾数增多了，

才能多分群，多打蜜。因为能不能分蜂，除了必须有蜂王或王台以外，还必须有大量可供分群的工蜂。

贵州省某县有一个养蜂老师傅，60多岁了，平时一人管理蜂群（转地、打蜜时另请人）。2018年春有蜂150群，因为不断育王，不断奖励饲喂，有蜜取，无蜜喂，到2018年8月，已繁殖到400群，用的就是上面这两个办法。这里需要提醒大家的是，一是除了喂糖外，一旦外界缺粉，还需补饲花粉；二是喂的糖浆不能过多、过浓，以免糖压子脾，影响蜂王产卵，蜂群繁殖，只要达到能造新脾就好；三是大流蜜期来临，蜂群一旦大量进蜜，就要将蜂群中含有饲料的存蜜摇掉，这样取出来的才是真正的蜂蜜。

第三"板斧"，叫做防病治虫

中蜂的主要病敌害有"两病一虫"，即中蜂囊状幼虫病、欧洲幼虫腐臭病和绵虫。各种病害的症状，对症药物，防治方法都不一样。关键是养蜂员要有"火眼金睛"，在发病初期，就要识别出蜂群有没有病，是什么病，然后立即采取应对措施，及时处理、治疗，在疾病一开始露头时就打掉它。不要等到病害严重了，波及全场才来想办法，这样损失严重，甚至难以挽回。

一旦养蜂员具备了这三个本事，蜂就好养了，挣钱就是一定的。因此，初学养蜂的人也要围绕这三点来学，学好学精，养好蜂就不成问题。

二、工蜂产卵用新招

童梓德，贵州桐梓县人，养蜂几十年，肯学肯钻，经验丰富。最近他在对处理工蜂产卵时又有一些新的体会。

工蜂产卵通常发生在失王后数天（且群内无王台），一旦工蜂开始产卵，此时如介绍王台或处女王，通常蜂群不易接受，会出现破坏王台或咬死蜂王的现象。因此，一般发现工蜂产卵，通常的做法是将其合并到有王群。

童师傅今年经过长期观察，发现失王群工蜂产卵后，并不会一直产卵下去。一般工产群到后期，形成了大张工蜂产卵的封盖雄蜂脾后，工蜂就会停止产卵（作者推测这是因为工蜂哺育雄蜂幼虫，消耗掉了大量的营养，无力再产卵）。这时如果给工产群介绍成熟王台或产卵王，蜂群就会欣然接受。处女王出房后，甚至可以较正常情况下提前出巢交尾及产卵，使蜂群转为正常。童师傅因为今年蜂场规模大，有时照应不过来，常会发现工蜂产卵的情况，他用这种办法处理，都很奏效，当然，能作这样处理的前提是必须随时都有可供使用的成熟王台。

童师傅在发给笔者的微信中说："我知道你是个治学严谨的人，为了慎重起见，我是经过了7次成功的记录才报告给你的。"有兴趣的养蜂朋友，在有条件的情况下，不妨试一试。

另据贵州省黔东南职业技术学院李民和教授说，发现失王群工蜂产卵后，还可将工产群中的巢脾抖蜂后全部提出，饿它两天后，这样再将其直接合并到有王群中（傍晚合并时对箱内喷空气清新剂），工蜂也不会继续再产卵。

三、巢门前反常热闹，有工蜂聚集可能是失王

某蜂场 2018 年秋季育王，由于 9 月下旬至 10 月上旬长期阴雨，影响处女王外出交尾，导致部分蜂王不能正常产卵，因此决定杀王合并。在处死处女王后不久，蜂箱巢门口即有许多工蜂涌出门外，有的甚至在巢门或箱外壁上结团。回顾去年越冬期，也有个别蜂群的工蜂跑到巢门口，熙熙攘攘地活动。后来查蜂时发现，这些蜂群也都失王，而其他正常群则无此现象。因此，养蜂员在平时管理中若发现上述现象，应及时对蜂群检查、处理，以免时间长了，造成工蜂产卵。

中蜂杂谈（九）

一、什么是中蜂的好蜜？怎样生产好蜂蜜？

什么是好蜂蜜？简单说，就是真蜂蜜、零添加、无污染（包括重金属、农药残留和抗生素残留）、高浓度（一般指 42 波美度或 42 波美度以上的封盖蜜）、理化指标符合《蜂蜜》（GH/T 18796—2012）的要求。

真蜂蜜是指蜂蜜的真实性。国家标准规定，商品蜜中的蔗糖含量不得超过5％，超过此标准就判定为不合格。零添加，是指在蜂蜜中不得添加蔗糖、工业生产的高果葡糖浆以及其他东西，保持蜂蜜的原生态。不管是有意添加，还是因在饲喂蜂群的过程中喂白糖，从而导致产品中蔗糖含量超标，都是不允许的。凡达到前两项标准的就是真蜂蜜，但真蜂蜜还不一定就是好蜂蜜。因为蜂蜜质量的好坏还要看浓度（含水量）和农药、抗生素的残留量。

生产含水量符合标准的蜂蜜绝大多数情况是指封盖蜜。但中蜂煽风的方式是鼓风式（由外向里），而不是抽吸式（由内向外），蜂群群势又不如意蜂，所以除湿能力较差。我国南方春、秋季湿度大，有些蜜源流蜜又涌，如春季的油菜、荔枝、龙眼花期，秋季的五倍子花期，蜂蜜很难达到完全封盖，即使采取二次摇蜜的办法（即第一次用一台摇蜜机先将巢脾中未封盖的蜜摇出，割开蜜盖后再用另一台摇蜜机取封盖蜜），也不一定能够达到国家规定的商品蜜含水

量标准。但在某些季节、某些蜜源，如贵州省夏季开花的黄荆条，气候干旱时流蜜量不大，在蜂巢内酿贮期长，即使没有完全封盖，浓度也能达到42波美度。

蜂蜜封盖后仍然有后熟作用，因为封盖并不是完全不透气的。如果蜡盖完全密闭，一点不透气的话，那么封盖巢房内的封盖蛹也就不会存活了。笔者曾到新疆采访过梁朝友师傅。梁师傅告诉我，他们采收意蜂巢蜜，将装有巢蜜的继箱或浅继箱搬回厂房后，还要放置一段时间。放置时将上下重叠的箱体稍微错开一定角度，让巢蜜继续散发其中水分，以促使蜂蜜进一步成熟，否则加盖封盒后会出现水汽。因此，蜂蜜封盖后如能在蜂巢中多贮存一段时间，例如传统养蜂、一年只割一次的老桶蜜，取出来即能达到42～43波美度。这样的蜜，在阴凉条件下放置一年也不会发酵，这样的蜂蜜才能叫真正的天然成熟蜜。因此，能否达到高浓度的成熟蜜，要看地区及产蜜期的时间、气候，还要看生产方式，不能仅看封盖与否。但在绝大多数情况下，蜂蜜封盖仍然是一项极其重要的指标。

另外，好蜂蜜中农药残留、抗生素残留不能超标，不得检出氧霉素、四环素或其他在养蜂生产中禁用的药物。

要达到上述标准，生产出好蜂蜜，一是平时要保证饲料充足，加强管理，饲养强群，保持蜂数密集，增强蜂群自身的抵抗能力。同时要熟练掌握各种蜂病的典型症状，早发现，早治疗。在个别或极少数蜂群刚开始发病时就要采取措施，及时处理，对症下药，规范用药，坚决反对"撒大网"，乱用药，加大剂量用药。对个别发病较重的蜂群，要果断出手，采取"三换"（换王、换脾、换箱）措施，及时将撤出的病脾埋掉，消毒蜂箱、蜂具，控制住发病源头，治早、治少、治了，尽量做到少用药，不用药。

有的养蜂员说用中草药来预防无风险。俗话说："是药三分毒"，何况是消炎杀菌的药，更难说其中有无西药成分。只要保证蜂群健康，就没有用药的必要。即使要用药，按农业部无公害食品《蜂蜜》的要求，也应在生产期60天前使用，生产期内更不能随便使用蜂药。国外的蜂蜜，如新西兰的麦卢卡蜂蜜为什么卖得贵？市场这么大？其中一条，是因为他们在蜂药的使用上非常严格和谨慎。据留学、工作在新西兰的华裔刘一男先生讲，新西兰注册的蜂场每年必须向有关部门提交两次蜂群健康报告。一旦发现蜂场有美洲幼虫腐臭病，7天之内必须销毁病群、蜂箱（国家对此有一定补贴）。患病蜂场两年内实行隔离，产品不允许在市面流通。

在蜂群饲养过程中，给蜂群补喂饲料（通常喂白糖）有时是必需的，这与保证蜂蜜纯度有一定矛盾。这就要求蜂场进入大流蜜期后，要在流蜜初期及早清框，将巢脾中混有饲料糖的不纯蜂蜜摇出，然后让蜂群贮蜜。为防天气变化，如需保留1～2框作为饲料，应在其上框梁贴上不干胶价签作为标记，以后从这些脾中摇出来的蜜，应与清框后的纯蜜分开，留作蜂群的饲料，而不能将其作为商品蜜。另外，要提倡浅继箱取蜜，将繁殖区与生产区分开，并采取二次摇蜜的方式，取封盖成熟蜜。为降低含水量，要想法尽量延长封盖蜜在蜂群中的酿贮期。另外也可采取传统、粗放式的管理方法饲养，一年只取一次蜜，提高蜂蜜的成熟度。

达到上述标准的好蜂蜜，能不能在档次上进一步加以区分呢？因蜜蜂采集的蜜源不同，所产的蜂蜜色、香、味，感官及保健价值、稀缺程度不同，应该是可以的。最早由全国供销合作总社制订的我国《蜂蜜》行业标准，就将紫云英、洋槐等浅色蜜定为一类蜜，而将油菜、乌桕、荞麦等蜂蜜作为二类蜜。

一般来说，中蜂蜜中有香味、口感好的蜜，档次要高于无香味、口感差的蜜。如野桂花、鸭脚木、枇杷、槭木、椴树、蓝莓等蜂蜜，为稀缺蜜种，香味突出，适口性好，具有独特的保健价值，为蜜中之上品，也可以称之为特色蜜。而数量较多（如油菜蜜），以及颜色深、口感较差的乌桕、橡胶、桉树等蜂蜜，档次上就要低一点。以传统方式饲养、一年只取一次蜂蜜，分不清是什么花种，为杂花蜜，混合蜜，浓度高、产量低，统称"百花蜜"，应该也是得到消费者普遍认可、档次较高的好蜂蜜。

二、城镇中用于绿化的桂花能否流蜜？

城镇用于绿化的桂花（又称家桂花）属于木樨科常绿植物，通常在中秋时分开花，品种繁多，有金桂、银桂、丹桂、四季桂之分。大树伟岸婆娑，小的则可作为绿篱。开花时，丛生的花簇点缀在绿叶中，芬芳馥郁，香飘十里，赏花闻香，令人心旷神怡。

这种桂花，有别于人称"野桂花"或"山桂花"的植物，山桂花为山茶科柃属植物，与这种桂花不是同一个科、属、种。尽管桂花香气袭人，但绝大多数观察者认为，桂花不流蜜也不排粉。因为不管是中蜂、意蜂还是其他野生蜂，桂花开花时几乎都不上树。笔者曾听一个上海师傅说桂花花期能取蜜，但仍持怀疑态度。2018年到浙江开化讲课，参观县老促会会长陈兴龙蜂场，他园中种有桂花。他说今年开二道花时，有两天桂花花丛中中蜂特别多。中蜂很现实，要么花中有蜜或者有粉，它才会上树，光有香味是引不来蜜蜂的。陈老的观察说明在某些特殊的条件下（如气候、土质），桂花有时偶尔也会流蜜。但具体是在什么条件才流蜜，仍有待进一步观察、研究、破解。

三、注意防止鼻涕虫

鼻涕虫，学名蛞蝓，喜欢生活在阴暗潮湿的环境里。饲养中蜂时，许多养蜂员喜欢把蜂群布置在树阴下和草丛中，所以箱内常会发现鼻涕虫。该虫尤喜附着在无蜂一侧的箱壁和蜂箱的副盖上，在多雨潮湿的春季容易发生。

鼻涕虫以植物的嫩叶为食，并不危害蜜蜂，但会在蜂箱内排出灰黑色或灰黄色粪便，污染蜂箱，为蜂群内的卫生性害虫（蟑螂也是）。

据美国趣味科学网 2018 年 11 月 5 日报道，2015 年，澳大利亚一名叫萨姆·巴拉德的橄榄球运动员在一次聚会上，接受了一个非同寻常的挑战，吞食了一只活的鼻涕虫，使他感染了一种叫广州圆管线虫（通常称鼠肺线虫）的寄生虫，因而陷入昏迷、瘫痪，420 天后死亡。专家称，这只鼻涕虫可能接触过鼠粪。

被这种寄生虫感染后，可能并发细菌性脑膜炎，出现头疼、恶心、呕吐及胳膊、腿感觉异常的情况。通常鼠肺线虫感染无需治疗就可好转，但个别敏感的人感染后会出现神经紊乱甚至死亡，就如这位橄榄球员一样。这则报道提醒我们，在处理进入蜂箱中的鼻涕虫时要谨慎，不要直接用手去抓鼻涕虫，而要借助工具（如小木棍、竹片或启刮刀等），将它从箱内清除掉，直接踩死或用食盐洒在它身上杀死它。凡接触过鼻涕虫的手和工具都要立即清洗干净。

鼻涕虫的高发季节也可在蜂箱面前堆放些杂草和菜叶，引诱鼻涕虫聚集，然后将它处理掉。另外在蜂箱无蜂一侧的箱壁、箱底，喷少许加食用碱煮过的辣椒水，也有一定的趋避作用。

中蜂杂谈（十）

一、石子记号助管理

达到一定规模的中蜂场，蜂群数量较多，且每群蜂的情况都不一致，例如，缺蜜期喂蜜，每群缺的程度不一样，有的群不缺蜜，因此饲喂时要根据不同的蜂群情况去处理，掌握哪群不该喂，哪群该喂，要喂多少。还有的蜂群失王或蜂群有病，都要及时处理。对蜂群检查后，通常是将情况记录在册，或在蜂箱上用笔做记号，但比较麻烦，不方便管理。

受古代结绳记事的启发，就想到用小石子作记号的办法，使用后效果很好。这样在处理蜂群时，意思明白，目标显著，方便管理，避免翻册子或辨认箱子上记号的麻烦（记录多次后还会引起混淆），例如，蜂群喂糖，在箱盖上加一颗石子的应少喂，加两颗的应多喂，不加石子的则不喂。如发现有病群，则将箱盖反过来盖在箱面上；失王群则将箱盖斜搭在箱身上。总之，这些表示方法，自己能看懂就行，事后按标记，一一对照处理。

管理蜂群时，一般都要穿上防护服，但买来的防护服口袋往往都很浅，应自己在防护服的中部，再加钉一个大口袋，里边除了放管理工具外，还可放上一些捡来的小石子，以方便打记号。

二、中蜂也能利用洋槐蜜

中蜂能利用紫云英蜜源是众所周知的。但过去有一种说法，中蜂不能利用洋槐（与紫云英同科）蜜。洋槐属豆科蝶形花亚科植物，但由于这种花通常由于花冠较深，如洋槐、苕子（野豌豆）、皂荚等，许多人认为意蜂能利用，中蜂难采蜜。

但由于近几年养中蜂的多了起来，观察的机会也多了很多。笔者曾报道过中蜂能采苕子蜜，据被访问的养蜂员说，中蜂采苕子蜜时，由于从花冠正面下不了"手"，于是就会飞到花朵基部咬洞吸蜜，该场还在苕子场地采到了整块的封盖蜜。近几年，在洋槐开花期，贵州省息烽县、开阳县的中蜂场也采到了纯正、水白色的洋槐蜜。这些情况足以说明，中蜂也能利用洋槐、苕子等这些豆科植物的花蜜。

三、定地饲养规模要适度

在农村，中蜂大多为定地饲养，就近利用附近蜜源形成产量。在定地活框饲养中，除越冬前补喂一些越冬饲料，其他季节主要依靠自然蜜源的情况下，究竟蜂场的蜂群规模以多少为适宜？黔东南民族职业技术学院的李民和老师对此做了一个调查。调查的范围涉及贵州省凯里市及台江县，这些地区的森林覆盖率较高，生态条件良好。

据李老师调查，一般规模在30群左右，每群平均6脾以上，好的年份年产蜜300千克。按市场价每千克200元计，年收入可达6万元。规模40群左右，年产量在150～200千克，年收入3万～4万元。规模达50群，产量只有150千克，年收入3万元。规模在60群以上，产量只有125千克，年收入2万多元。有一个养殖点养了73群，其中1/3的蜂群因缺蜜不敢取蜜。由此可以看出，定地饲养的蜂群，场地规模越大，产蜜量反而越低，收入也就随之下降。

调查中还发现有的养殖点，本身生态条件不好，养蜂规模又超过100群，这些蜂群不但收蜜少，反而要靠人工大量饲喂白糖来养活，显得非常尴尬。

众所周知，中蜂有效采集的范围在 1.5 千米左右，超过 3 千米以外的蜜源就难以利用。造成这种现象的原因是当地蜂群数量超载，蜜源不足，尽管是山区，树木种类多，但能有效形成产量的蜜源零星、分散、不足。其次，目前农村大部分养蜂员的文化水平低，技术不熟练，管理不到位，蜂群群势不强，难以充分发挥出蜂群的生产能力。

一个蜂场经济效益的高低，主要决定于蜂产品的产量和质量，而影响蜂产品数量、质量的因素除蜜源好坏、技术高低、群势强弱之外，蜂场规模大小也是主要因素。扩大蜂场养殖规模的目的是有效增加收入。如果不顾客观条件，盲目扩大生产规模，增加群数的结果就会适得其反。因此，笔者提倡定地饲养的中蜂规模应适度，对于这一点，领导干部和蜂农都应有清醒的认识。

中蜂杂谈（十一）

一、中蜂囊状幼虫病的典型症状

一提起中囊病的典型症状，很多养蜂书上都描述为"病死幼虫头尖上翘，用镊子夹出为囊袋状（图 7-28）。"病情严重的蜂群，除此症状外，由于死幼虫多，工蜂清理不及时，死幼虫的身体会瘫软、蹋缩在巢房壁的下部（巢脾为竖直方向时，图 7-29）。腐烂虫体无臭味，无黏性，易清除。过去有些人认为这种死幼虫症状是由于中囊病与欧腐病混合感染的结果，有些人甚至认为是"大幼虫病"。

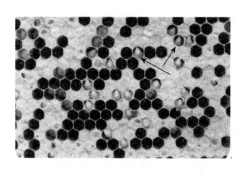

图 7-28　箭头所示为中囊病尖头状死幼虫

图 7-29　圆圈内所示为中囊病塌陷的
死幼虫

贵州省贵州大学研究生张明华和贵州省生物研究所刘曼，收取这两种症状的病料，张明华通过 PCR 循环检测，此两种症状的致病原均为中囊病病毒。因此，中囊病除出现头尖上翘的症状外，还应包括死幼虫身体瘫软、蹋缩在房壁下部的情况。此种蹋缩在房壁下部的虫尸，如得不到及时清理，水分进一步丧失，还会成为头部朝向巢房盖，呈翘起的船头状、黄褐色干瘪的虫尸。此外，不同的季节，看到这两种症状死幼虫的数量比例也有差别，气温较低的春季，看见尖头状的死幼较多。而在夏季气温较高时，虫尸体内水分丧失较快，看到的死幼虫则大部分成瘫软状态。

二、防治中囊病，决不能手软

由于中囊病目前尚未有效可供临床使用的药物，传染性又强，因此在对中囊病的防治上，要采取果断措施。

笔者通过对此病的治疗体会，以及与一些有长期养蜂经验的师傅交谈，认为控制中囊病，应早发现、早治疗。一是一旦发现有中囊病的病群，必须毫不犹豫，将其转场隔离治疗；二是立即扣王断子加换王，切断传染源；三是对弱病群及时合并，对发病群紧脾要狠得下心，坚决抽出、淘汰、销毁一部分病情严重的子脾，高度打紧、密集蜂数，加速蜂群对死幼虫的清理。同时，结合药物治疗。

如一旦狠不下心，措施不到位，就会扩大传染，加重病情，以致难以收拾。

三、春季流蜜期控制分蜂热，不能仅采用简单灭台的办法

中蜂春季大流蜜期易起分蜂热，且分蜂情绪极为强烈，一旦发生分蜂热，就很难采取单一措施来控制。

一些养蜂朋友在春季流蜜期，常采用多次灭台强压分蜂热的办法并不可取。蜂群在刚起分蜂热的时候，造的王台还比较大，但经一次次连续灭台，其王台就会越造越小，质量也就越来越差。同时，这样处理，根本控制不了分蜂热，工蜂怠工，蜂王停产，到最后有时王台尚未封盖，老王就带着工蜂分家了。

春季流蜜期蜂群一旦闹分蜂热，最好的办法就是因势利导、顺势而为。如果要灭台，主要针对的是那些王台位置不好（如王台靠近下框梁，限制王台生长）、王台小、台型歪斜不正的台。至于位置好，台型大而正直的王台，则应从中挑选一个最优秀的成熟王台予以保留（其余成熟王台取下另作他用），然后将老王带蜂两脾另分一群，原群留台用处女王群采蜜。这样分群、育王，既有效解除了分蜂热，又能起到增产蜂蜜的作用，一举多得。

四、流蜜期长的地区，若蜂群群势较强，可架浅继箱取蜜

最近到贵州省正安县采访，该县芙蓉江镇的周师傅拿出一整箱浅继箱的巢蜜给笔者等看（图 7-30）。该箱高 14 厘米，为高继箱的一半，总重 15.5 千克，去皮后大约有巢蜜 15 千克。除边缘部分外，浅继箱中绝大部分巢蜜均已封盖。

周师傅告诉笔者，这是他去年秋天转场到当地天楼山上采到的。采蜜期间从 7 月到 9 月中旬，蜜源陆续有川续断（一种中药）、刺老包（即楤木，属五加科）、乌泡、盐肤木（但较少）等。采蜜群势为 7~8 框，一共有 13 群上了浅继箱，但浅继箱中不加巢脾，而是直接让蜂群在浅继箱中筑造巢蜜。由此看来，无论是有脾或是造天然巢蜜，只要有足够的群势和较长的流蜜期，中蜂上浅继箱生产是完全可行的。

图 7-30　在浅继箱中生产的巢蜜

这种让蜂群直接在浅继箱上做巢蜜的办法，与吉林杨明福师傅的做法有些类似。只不过杨师傅使用的是小方木格，而周师傅则是一整个浅继箱。

五、阳历 5 月入夏后也会饿死蜂群

由于厄尔尼诺现象的影响，导致 2019 年气候极端反常，从早春直到初夏（5 月上中旬），我国南方长期持续低温阴雨天气，而北方及云南等地却高温干旱。据中央气象台播报，我国南方大部分地区从初春至入夏，多地降水量较常年偏多两成左右，局地甚至出现洪涝灾害，为 1992 年以来同期雨量最多的一年。由于长期阴雨寡照，温度偏低，出现凉夏气候，立夏的气温还不如立冬时高，有些网友开玩笑说是发生了"倒夏寒"。

由于今年上半年长期持续低温阴雨的影响，造成春季蜂群大量缺蜜死亡，存活下来的蜂群繁殖效果也差，春蜜减产。广东省惠州市的蜂友告之，往年比较稳产的荔枝、龙眼蜜今年雨多失收。有的蜂友反映，往年春末夏初为分蜂旺季，由于 2019 年蜂群繁殖差，气候、蜜源又不给力，连王台都没有起。

最近（5 月上旬末）笔者等到贵州省台江县养蜂户中走访，发现一些蜂场

蜂群严重缺蜜，导致蜂群断子，蜂王停产。广西隆林县代氏蜂业公司反映，他们在湖南、广西传统饲养的加盟蜂场有大量的蜂群死亡，开始怀疑蜂群有病，通过拍摄的照片判断，确认为蜂群缺蜜而导致的死亡（图7-31和图7-32）。据该公司湖南一加盟蜂场调查，他们周边几十千米范围内的蜂群都有类似现象。5月饿死蜂群的现象贵州省凯里县也有发生。贵州省岑巩县一蜂农打来电话，说他老桶中的蜂群发现杀雄拖子，应该也是由缺蜜引起的。金沙县的一养蜂员也说，往年5月上旬蜂群内的存蜜都比较足，但感觉2019年不行，准备马上饲喂。

图7-31　老桶蜂巢内缺蜜

图7-32　老桶中因无蜜饿死的蜂群

我国南方一般地区自5月上中旬起，即开始进入缺蜜期。没有夏季蜜源（如乌桕、荆条）的地方，缺蜜期一直要持续到7月。今年气候反常，春蜜收成不佳，贮蜜不足，更加剧了缺蜜的矛盾。因此，这些地方应特别注意加强补饲，以便为蜂群贮备足够的饲料，安全越夏。

"野蛮"分蜂和强制换王

分蜂和换王，都是蜂场中的重要工作。近些年来，由于政府发动群众养蜂，甚至给贫困农户发放蜂群，对于原先毫无养蜂基础的人，短期内要熟悉、搞好这两项工作，的确难度有些大。

分蜂和换王都有一套成熟的技术操作办法，而对于养蜂零基础的人来说，要应急，就不能按常理出牌。

一、"野蛮"分蜂

自然分蜂通常发生在大流蜜期，但流蜜期过后，群内饲料充足，蜂群群势也还可以（5~6 脾蜂），蜂群内还有雄蜂存在，但因流蜜期已过，蜂群分蜂热消退，就不再发生自然分蜂。如果养蜂员此时想扩场分蜂，那就只好强逼蜂群造台分蜂，所以称之为"野蛮"分蜂。

养蜂员如能认识蜂王，就将蜂王连脾提到另一箱中，将蜂脾一分为二，分为两群。无王群中一定要留下一块虫卵脾，按裁脾育王的办法，让无王群的工蜂在切口处下方，造出急造王台。王台成熟后，一般只留一个粗、大、正、直的王台，新王出房交尾成功，即成功分为两群。如果养蜂户连蜂王都不认识，或蜂多（特别是雄蜂），很难找到蜂王，这也不要紧，仍将蜂群一分为二，其中必一群有王，一群无王。但由于不知道哪群有王，所以两群中都要留下一张卵虫脾，若没有，要从其他蜂群调。会弧形裁脾的，沿卵和小幼虫接界的边缘切一刀更好。无王的那一群一定会急造王台，有王的则不会。等所造的急造台封盖成熟，要选留一个台大型正的，其余小的、歪的全部摘除。新王出房交尾产卵，分蜂也就没问题了。

曾有一个布依族学生，也是养蜂新手，他只上过一次培训课。养蜂后急于扩场，遇到前面所说的情况，想分蜂而蜂群又不愿分，一着急，询问怎么办，笔者就告诉他这个方法。几年过去，现在蜂养得还不错。

二、强制换王

强制换王除针对初学者外，还针对不便于查王找王、传统饲养的蜂群，比如老式蜂桶和格子箱。一般这些饲养者都不会人工育王，因此只能利用流蜜期蜂群内出现的自然王台换王。

如果群势不大，嫌老王不好，又想换王，可从起分蜂热的蜂群中，挑取台正、个大的成熟自然王台，放入王台保护器中，然后将王台保护器连同王台，介绍进换王群中（从顶部或从底部放入，王台头朝下）。新王出房后，会自动寻找、斗杀老蜂王。也可能新王并不立即杀死老王，而是出巢交尾，与老王同处一巢产卵，共度一段时光，老王消失，自然交替。

如果分蜂同时又换王，像格子箱，可将其一分为二，分址摆放。此时本群中已经有成熟红头的自然王台，挑选后可留下一个，其余取下备用（小的、歪的废弃）。其中一群有本群的王台；另一群没有王台的，可用王台保护器套台，然后介绍到没有王台的蜂群中。因为还有老王存在，为了防止发生自然分蜂，这时分别将两群的巢门口都钉上防逃片（因为不知道哪群有王），待王台出王3天后，立即拆掉防逃片，以免妨碍新王交尾。有老王的蜂群，新王出房后或杀死老王，或发生新、老王同巢自然交替，即可将老王换成新王。如果本群内没有王台，可用其他蜂群内的自然王台代替。

蜂群失王后，只要群内有卵虫脾，就会造急造王台。两王相遇，必然是新王杀死老王，这是生物学决定的。实行"野蛮"分蜂和强制换王，是因为养蜂员自身技术不过关；或受客观条件的限制，难以查王找王（如老桶蜂、格子箱），虽不得已而为之，但并非胡来，而是有其生物学依据的。当然，一旦养蜂员技术提高，仍需按正规程序，适时提前培育优良蜂王，及时分蜂换王。

早春对中蜂蜂王的处理

一、早春合并蜂群时寄王

早春繁蜂时，如蜂群较弱，群势在两框以下的蜂群，为提高繁殖效率，就应将两个这样的弱群进行合并。而多出的一只蜂王要关王后寄放到别的蜂群内。

夏、秋季寄王时通常习惯使用可调式塑料王笼，首先将王笼调成隔栅间距最大的关王模式（即将可调式王笼两部分合到底），将被并群的蜂王捉住，关入王笼，放回本群。待王笼内进一些工蜂后，拿出王笼，迅速调小隔栅间距，然后将此王笼放入寄王的对象群中，并将其嵌顿在对象群巢脾靠中部的未封盖蜜房上，以免蜂王饿死。经1~2天双方气味吻合后，再将王笼隔栅间距调大，以便让工蜂进入王笼内饲喂蜂王，以便长期保存。但在早春，用这种方法寄王会有很大风险。2019年早春，笔者采用上述方法，分别寄存了近20只蜂王，结果3天后，只有3只蜂王存活。

为什么会出现这种情况呢？笔者认为，早春还未实现新老交替前的工蜂，均为越冬老年蜂，警惕性很高，对气味不同的别群蜂王怀有强烈的敌意，因此不愿接受，更不用说去饲喂蜂王。因此，在寄王时，同时对主群和外来蜂王都喷少许从超市购买的空气清新剂，让双方气味迅速吻合，然后再按上述程序寄王，就基本没有问题。但早春寄王时气温较低，寄王时要注意尽量将王笼的位置放于蜂群的中部。

早春蜂王很宝贵，因还未到育王季节，一旦有蜂群失王，如不能及时介绍蜂王，就只能合并。因此，早春安全寄存蜂王，以便不时之需，是非常重要的。

二、早春如何安全地诱入蜂王

早春容易失王，失王后可将前面所讲寄存的蜂王介绍给失王群。

夏、秋季介王，先除去介入群中的急造台，再将蜂王从寄王群中取出，将隔栅间距调小，然后将其嵌入失王群中的未封盖蜜脾上，1～2天后，待其双方气味吻合，用嘴对王笼吹气，工蜂立即散开，表示蜂群已经接受蜂王，即可放王。早春蜂王宝贵，放王时更要特别谨慎。为防止意外发生，此时可将王笼在介入群中未封盖的蜜脾上用力往下按，待脾中蜂蜜溢出并沾湿蜂王后（不能淹没，沾湿即可），再将王笼盖子打开，待蜂王自行爬出，群内工蜂上前围拢蜂王，帮助清理掉蜂王身上的蜂蜜，放王即算成功。

春季失王后，蜂群极易起急造王台。因此，放王之前还要做一功课，即逐脾仔细检查介入群中的巢脾上是否还有急造王台（包括脾面上的），如有，要逐一毁台。否则介绍进去的蜂王，后来会被漏查的急造王台出来的劣质蜂王杀死，尤其是大群，这样损失就大了。

三、给蜂王剪翅

春季流蜜期蜜源丰富，群势较强的蜂群易起分蜂热。规模大一点的蜂场，一旦管理疏忽，蜂群产生分蜂热后，老蜂王常会带蜂分走，若处理不及时，蜂群就会受到损失。如事先对老蜂王剪翅，即使老蜂王随工蜂飞出箱外，飞不远也飞不高，容易回收分蜂群。即使分蜂时人不在现场，发生分蜂后，剪过翅的蜂王不能跟随工蜂一起远飞，分出群就近分出后，时间一长，工蜂发现蜂王不能远飞，难以实现分家，也只得抛弃老王，又自动回归原箱，不会造成损失。因此，在早春要乘蜂群相对较弱，蜂数不多又易查王时，及时给老蜂王（超过一年龄）剪翅，避免蜂强后发生意外分蜂。

通常人们给蜂王剪翅，多采取一只手捉王，另一只手剪翅。但捉王时要么捉住蜂王胸部（双翅长于此），要么捏住双翅，这些都不方便使用剪刀处理。

通过实践，笔者发现最好采用"飘剪"或"掠剪"的方法（就像理发师用剪子打薄头发，或飞机俯冲轰炸时的姿势一样），对蜂王进行剪翅。具体方法是在巢脾上发现蜂王后，可将巢脾一角倚靠在巢箱上，将有王的一面对着自己，然后手疾眼快，用剪刀迅速对准蜂王一侧翅膀（前翅），通过先俯后仰的动作（图7-33），剪去一侧前翅的1/3或1/2。如有两人配合更好，一人提脾，另一人剪翅。

为了提高剪翅的准确性，可先用工蜂练手。动作熟练后，就可给蜂王剪翅了。这样剪翅比捉王剪翅效率高，且不易损伤蜂王。

图 7-33　用小剪子"飘剪"蜂王翅的示意（箭头所示为下剪的方向）

中蜂饲养经验几则

一、如何制止非缺蜜性盗蜂

中蜂嗅觉灵敏，盗性强，饲养管理稍有不慎，即会发生盗蜂。根据盗蜂发生的原因，笔者认为应该将其分为缺蜜性盗蜂和非缺蜜性盗蜂两大类。将其分类，是为了在处理盗蜂时采取的措施更有针对性，能有效制止蜂群间的盗蜂行为。

缺蜜性盗蜂大家都比较熟悉，这里所讲的是非缺蜜性盗蜂。其实，非缺蜜性盗蜂也很常见，只是先前大家没有注意与缺蜜性盗蜂区分。仅最近 2 年，笔者亲自处理和听到的全场非缺蜜性盗蜂就有三到四起。

2015 年 6 月下旬，笔者等所在团队的试验蜂场在麻江县采完蓝莓后，即转场到当地的另一场地采柑橘。因贵州省海拔高，气温较低，通常柑橘流蜜都不太好，且此时柑橘开花已是中后期，外界虽有少量蜜进，但蜜源并不理想。再加上转地的第二天为了抢收已经贮存在巢脾中的蓝莓蜜（只取部分），由于取蜜过程处理不慎，引起全场盗蜂发生。尽管事后及时采取饲喂等措施，以及外界仍有零星蜜源流蜜，但场内仍盗蜂不断。

此时盗蜂发生的特点是全场互盗，每群蜂巢门口都有守卫蜂，群势较强的蜂群常有成团工蜂在巢门前结团守卫。巢门口时有盗蜂进出，由于群内不缺蜜，盗蜂与守卫蜂之间的打斗并不激烈，只是小打小闹，不像缺蜜性盗蜂发生时那样互相抱咬，同归于尽，因此巢门口死蜂并不多。由于盗蜂存在，巢内蜂群情绪激动，显得很不安静，盗蜂的发生，影响到处女王正常交尾，甚至有逃蜂发生。我们采取多种办法防盗，如喷香水、喷水、缩小巢门、加强饲喂等均无效果。

恰好此时麻江县当地有人向笔者所在蜂场购买 20 群蜂，转到当地高山处放养，该处山花流蜜情况较柑橘场地要好些，加上注意将蜂群分散摆放，转地后即解除了盗蜂现象。不久之后，笔者所在蜂场也转地回贵阳，分散摆放，盗蜂现象即消失。

2016年5月下旬，笔者连续接到辽宁省新宾县、四川省雅安市、贵州省黔南州等地蜂场报告，发生类似上述情况。其中雅安县蜂场在当地采黄柏蜜，外界黄柏虽流蜜，因天气经常下雨，影响蜂群采集，但群内并不缺蜜，全场发生互盗现象。开始养蜂员认为是蜂场安置在公路边，蜂群受过路车辆干扰引起的盗蜂，于是转地到2千米外，采同一蜜源，但效果仍不好。最后迁场到较远处，并将蜂群分散摆放，才算止住了盗蜂。

非缺蜜性盗蜂起盗的原因并不是因为缺蜜，常在气候不好、影响蜂群采集或外界蜜源流蜜不好时发生，因此补饲不能解决问题，只有通过转地（最好是蜜源条件较好之处），改变环境，分散放置，使蜂群重新认巢，恢复秩序，才能达到全场止盗的目的。

二、注意防治中蜂寄生蜂

有一种危害中蜂工蜂的小型寄生蜂，叫做斯氏蜜蜂茧蜂，此蜂产卵于工蜂腹内，卵孵化为蛆状幼虫后靠吸食工蜂体液为生，导致工蜂死亡。20世纪80年代后有不少地方报道。近来仍有不少地方（如贵州省、重庆市及湖北宜昌、恩施、荆门等市、州）报告发生此病。

工蜂受害后体色发黑，常聚集在箱壁、箱底和巢门前。用手指按压病蜂腹部，即有蛆样虫体自工蜂腹部脱出。防治方法是注意清洁蜂场环境，收集病蜂深埋或将其焚烧。

三、火龙果不宜使用蜜蜂授粉

火龙果是典型的异花授粉植物，未经授粉其自然结实率只有10%～30%。火龙果的花朵构造和开花习性非常特殊，与令箭荷花、昙花非常相似。首先，火龙果花大型，呈喇叭状，花冠开口很大，其最大内直径为14厘米；且雌蕊的柱头高于雄蕊2厘米左右，以避免自花授粉（图7-34）。二是开花时间在夜间，通常在前一天晚上8时30分开始开花，到第二天早晨8时30分结束，当天开花，花冠次晨即萎蔫凋闭。花中无蜜，蜜蜂到花朵中能采集利用的只是火龙果的花粉，由于花朵开口大，雌蕊距雄蕊远，蜜蜂采集花粉前后碰触柱头的概率很低，再加上只有约2个小时的适宜授粉时间（早上6时到8时30分，约2.5个小时），所以在网中强制蜜蜂授粉的结实率也只有28%左右，与自然状态下结实率接近，授粉的效果不好。即使在花朵临开前事先在花冠前端套上橡皮筋

（网罩强制授粉），以限制花冠开放的程度（花冠内直径从 14 厘米缩减至 8 厘米），增加工蜂进出花冠时触碰柱头的机会，授粉结实率能提高到 80％左右，但仍低于人工授粉 90％以上的结实率，所以一般火龙果都采取人工夜间授粉的办法。好在火龙果花朵大，单位面积上的花头数不是很多，种植者一般都能全部处理。

火龙果在贵州省的开花结实期为 6—9月，分批开花，分批结果，每批花的间隔期约 20 天，总的开花期拖得很长，这也是火龙果开花的又一特点。即使蜜蜂能给火龙果有效授粉，但由于火龙果花中有粉无蜜，所以蜜蜂给火龙果授粉只是种植者单向受益，而养蜂者不但没有收益，还要在这么长的时间内对蜂群进行补饲，增加饲料成本。所以，除非种植者愿意出钱雇

图 7-34　火龙果花（花的柱头靠花冠之下方，见箭头所指处）

蜂，否则养蜂者是不愿到火龙果产区放蜂的。考虑授粉成本和授粉效率两方面的问题，所以我们认为，从目前来说，用蜜蜂为火龙果授粉不具有现实意义，只能采取其他办法来提高火龙果的授粉效率。

中蜂饲养三两招

一、中蜂夜间过箱

鉴于中蜂饲养在农村脱贫中的显著作用，贵州省梵净山国家级自然保护区管理局在 2013 年连续举办两期培训班的基础上，又于 2014 年 5 月底，再次在梵净山区松桃县乌罗镇牛角洞村举办了一期中蜂过箱培训班，笔者也应邀参加了此次培训。培训班上学员们听课认真，积极操作，其中有几家农户蜂群数多，摆放又很集中，白天过箱时发现有盗蜂干扰，影响了过箱蜂群的安全，于是家住太平镇孟购坝的龙兴文师傅提出可否在夜间过箱，他说过去传统养蜂都在夜间取蜜，这样蜂子不打架。培训班的老师和管理局的干部都表示值得一试，于是前一天晚上笔者和管理局的干部、龙家两兄弟一起过了

一小群蜂。

为了不刺激工蜂飞翔，夜间过箱时，需要将电筒蒙上红布作为光源，过箱的步骤基本与白天相同。龙师傅的蜂桶是树筒对剖横卧式。过箱时，将蜂桶从原放置处抬到地面，根据巢脾着生方向，上下翻转蜂桶，稍稍垫高一头，然后用木棍轻击蜂桶，催蜂离脾到桶的上半边（翻转前为下半边）结团。然后将结有蜂群的这一半抬离另一半，另置附近离地搁置，此时蜂群在半边蜂桶的下面结团。待割脾梆脾完成，巢脾全部放入脱底的蜂箱（活动箱底）中，盖上副盖、大盖后，再将蜂群结团的半边蜂桶翻面（翻转后用石头垫稳两边），使蜂团处于半边蜂桶的上面，然后迅速将装有巢脾的无底蜂箱迅速平放在桶沿上，置于蜂团的上方，接着用棍轻敲桶帮，驱蜂上箱。待大部分工蜂上箱后，再用蜂刷轻轻驱赶工蜂上箱护脾，最后将收完蜂的蜂箱安放在箱底上，过箱过程完成。

由于前一天晚上过箱的是一个弱群，蜂数较少，所以过箱顺利。但是大群蜂多，蜂团大，过箱时吊在半边蜂桶中的蜂团在翻转蜂桶时，有可能被抖落。为了取得成熟经验，大家决定第二天晚上再过一个大群试试看。翌日晚上，仍按前一天晚上的方法操作，第二天晚上过箱的蜂群在老桶中有 11 张脾，在老桶中结的蜂团也很大。果然不出所料，在梆完脾、翻桶准备驱蜂时，处于蜂团下部的部分蜜蜂掉落在地上，幸好大部分蜂团仍留在老桶中。此时如头晚将脱底蜂箱置于蜂团处的桶帮上，敲桶驱蜂上箱。由于蜂箱中脾多，蜂团又大，虽有一部分工蜂上箱护脾，但仍有较大一部分仍吊在蜂箱下部和附着在老桶上，没有上箱，于是我们就用蜂刷顶着蜂团下部上移，驱蜂上箱。待蜂团基本上箱后，再用蜂刷轻轻驱赶余蜂上脾，并同时用手捧掉落在地上的蜂团放在蜂箱下方的老桶内。由于此时蜂王已上脾，老桶中的余蜂经驱赶，一边跑路上脾，一边发臭，招引其他工蜂上脾。大群过箱也很成功，整个过程大约用时 25 分钟。

事后总结思考，过大群在翻转桶身时容易抖落蜂团，最好能在过箱时在蜂团下方预先垫上一块大的塑料薄膜，如有蜂团散落，有薄膜接着，以便将其收拢后将蜜蜂倒入箱内。或者用塑料薄膜做成一个大口袋，将老桶内的蜂团直接抖落在塑料袋内，然后再由塑料袋抖入过了箱的蜂箱内，这样过箱的速度会更快一些。

夜间过箱，比较适合桶养中蜂。如果是仓蜂，由于蜂巢的范围很大，晚间过箱光线弱，过箱时容易失王，不宜采用夜间过箱。

二、改进夹梆方法，提高绑脾速度

梵净山多竹，过箱时多用竹签夹梆巢脾。为了加快过箱速度，梵净山国家级自然保护区管理局负责科技的石科长，按照巢框上下梁之间的距离，将竹签截成合适的长度（较上下梁之间的距离长 2～3 厘米），并在竹签两端的同一侧，分别用锋利的小刀刻出两个浅槽，这样在绑脾时用橡皮筋套在浅槽上，可使橡皮筋不致滑落。经过实践，这样操作速度快，比用细铁线或棉线捆绑光滑的竹签，速度要快得多。

三、中蜂长途运输

梵净山的培训结束后，笔者一行数人又自贵州江口县赶至同属武陵山区的重庆市彭水、大足两县参访，了解重庆市中蜂生产发展的情况，受到彭水县中宝蜂业公司、彭水县畜牧局、重庆市蜂业股份有限公司、重庆市农委的热情接待。

重庆市有蜂 75 万群，其中 60％是中蜂，特别是处于渝东北秦巴山区的城口、开县、石柱，渝西南武陵山区的南川、彭水更是以中蜂为主。重庆市 2010 年实施两亿农户增收工程，在 28 种增收模式中，中蜂饲养也是作为高效特色养殖和助农增收的一个重要手段，从资金、政策上给予了大力扶持，并将位于大足的重庆市蜂业股分公司引入彭水，成立了中宝蜂业公司。为了满足中蜂产业的发展，重庆市蜂业公司及其下属机构成立了种蜂场，扩繁蜂种，供应蜂农，每年约向蜂农提供 2 万群蜂种。据重庆市蜂业公司龙训明总经理介绍，他们以本地中蜂为母本，采取转地放蜂的办法，加速蜂群繁殖。早春在成都采油菜繁殖分蜂，然后转到天泉、海螺沟等地采山花，花期结束后，又转到泸定、松潘采山花分蜂繁殖，最后到成都龙泉驿采枇杷。经过转地分蜂繁殖，不但蜂群数量增加，打枇杷蜜的蜂群群势也强，产量高。过去中蜂主要实行的是不超过 100 千米的小转地，由于现在这种繁蜂模式需要几百千米长途转地，他们摸索出了一套中蜂长途安全运输的经验：一是严格控制运输时间，驾驶员上路前带足干粮，尽量在路上不停车，少停车，保证早上起运，当晚到达；二是将巢脾距离拉得较宽，让蜂在箱内结团；三是运输时不盖大盖，途中如遇意外停车、天气晴热，通过胶管从副盖上给蜂群补水降温；四是到达目的地后不要立即打开巢门，而是先用喷雾器从副盖上喷湿蜂群，过 3 小时后（夜间）再打开箱门；五是蜂王交尾成功后即剪翅，以防蜂群飞逃。几年来他们通过这些措施运蜂，到达目的地后蜂群基本不乱，不跑蜂。

中蜂半改良式饲养

所谓中蜂半改良式饲养，就是利用较为规范、方整的传统养蜂木箱、土坯或砖基、土窑蜂箱，或者是某种已知定型的活框饲养蜂箱，仿照活框饲养的方式，用空巢框或木条（即活梁）饲养。但在蜂群的管理上，仍基本按照传统简约化的方式管理，一年只取1～2次蜂蜜，以确保蜂蜜的浓度和质量。

这种养蜂方式虽按传统的方式去管理，花费工夫少，但又因为巢框或木条可以移动，因此在必要的时候，可以观察蜂群内部情况，方便割除王台或人工控制分蜂，也可以提取贮蜜较多的巢脾在摇蜜机中取蜜，或只割取巢脾上有蜜的部分（用巢框时），不伤子，同时又可避免传统取蜜将花粉混入蜂蜜内的弊病，这样就比纯粹传统的饲养方式前进了一步，故将这种传统与活框饲养相结合的方法，称之为半改良式饲养，它是传统饲养向活框饲养的一种过渡形式，或者是除传统饲养、活框饲养以外的第三种中蜂饲养方式。

半改良式饲养管理方法简单，适合年龄大、文化水平低、习惯传统养蜂的农户以及活框饲养推广难度大的地区使用；对那些蜜源种类虽多，但比较零星分散、蜜源条件不太好，通常一年只取1～2次蜜的地区，也有较大的推广价值。这种活框、活梁式养蜂，国外至今也有运用。

一、半改良式饲养重点推荐的新型蜂箱

实行半改良式饲养，原来使用的较为规范、方正的传统木板蜂箱、土坯或砖基、土窑式蜂箱，只要能在箱沿上开凿出放置木条或巢框的框槽，都可采用。当然，某些已经定型的蜂箱也行，但为符合蜜蜂向上贮蜜的生物学特性，最好采用巢框高宽比值较小的蜂箱，如中蜂十框标准箱、高窄式蜂箱等。这样除有足够面积的育子区外，还有较宽的贮蜜区。现特推荐一款适于半改良式饲养的蜂箱——高框式十二框中蜂箱（以下简称高框式中蜂箱）。

高框式中蜂箱的构造与郎氏箱基本一致，只是安置巢框（或活梁）的方向由原来箱长的方向改为箱宽的方向；箱体高度较郎氏箱提高7厘米。其蜂箱内径为长46.5厘米、宽37.0厘米、高33.5厘米，箱内容积为57 637厘米^3，可放12个巢框。巢框上梁长38.5厘米、宽2.5厘米、厚1.9厘米；侧条长29.2厘米、宽2.5厘米、厚1.0厘米；下梁长32.0厘米、宽1.5厘米、厚1.0厘米，巢脾面积895.4厘米^2，与郎氏箱巢脾面积基本一致。与郎氏箱不同的是郎氏箱巢框为宽矮型，而这种箱的巢框为高窄型，有利于蜂群贮蜜。除准备巢框外，还要准备与巢框数相应数量的木卡条，卡条宽、厚均为1厘米，长度与上框梁一致，以便封闭巢框与巢框之间的上蜂路。如果不使用卡条，上框梁也可直接放宽到3.5厘米。

高框式蜂箱有箱盖和铁纱副盖，铁纱副盖上搭覆布和草帘，根据气候打开或折叠覆布，以便通气散热或保温。

在蜂种群势较小的地区，这种蜂箱也可做成 10 框箱（内空容积48 960厘米³），放 10 个巢框，这样蜂箱内径的长度应改为 39.5 厘米。在高寒地区使用时，可将蜂箱箱壁的板材加厚至 3.5 厘米，以增强其保温性能。高框式蜂箱在定地饲养的情况下，可采用活动箱底，可在箱底板靠左右两侧壁、后壁的三方，钉上一个斜坡式的矮沿，以安放固定蜂箱。为防胡蜂及盗蜂，在发生胡蜂及盗蜂时，可将舌型巢门档换上圆孔式巢门档。这种蜂箱除适于半改良式饲养外，也适于活框饲养。活框饲养时，如在蜂箱中部插上大闸板，还可以实行双王同箱饲养。用此箱饲养中蜂，因巢框尺寸改变，需向厂家定制配套的摇蜜机，这种摇蜜机同样也可以用于郎氏箱及其他蜂箱饲养的蜂群摇蜜。

二、实行半改良式饲养的管理要点

1. 实行半改良式饲养时，巢框只拉铁丝，一般不上巢础（也可以在巢础框上部上 1/3 或半张巢础，但必须上牢，不能翘曲），随蜂群自身发展让其造自然脾。

开始实行半改良式饲养时，仍应采取过箱的方式，将老桶中的蜂群转移至蜂箱中。过箱后，在每两个巢脾间，加上一根木卡条，紧密排列，控制好蜂路（10 毫米），使蜂群不造乱脾，好管理。卡条封闭上蜂路后，又能起到保温的作用。除分蜂季节及大流蜜期外，一般每隔 10 天打扫一次箱底，不用开箱提脾检查，以免惊扰蜂群。如需检查，可先开启卡条，然后再提出巢脾检查。

2. 半改良式饲养加框，除早春须紧脾繁殖，保持蜂脾相称外，蜂群过了更新恢复期后，即可一次性多加几个空巢框，这样精减管理程序，既少干扰蜂群，又不影响蜂群扩展，这是半改良式饲养的核心和要旨。

加框时，可在靠箱壁及隔板的边脾外侧，分别各自添加一张拉好铁丝的空巢框，然后再在蜂巢外侧边二脾的位置上，再加上一张空巢框，这样就等于加了 3 张空巢框。空框也可以上半张或三分之一张巢础。加框时同时上好卡条，让蜂群自行造脾、发展。当外界流蜜好、蜂群已造脾到边框时，应根据群势，再及时按此法添加 2～3 个巢框及卡条，以便蜂群有足够的空间扩巢。

大流蜜期，观察到边脾贮满蜂蜜并封盖时，即可提出大部分封盖蜜脾取蜜。

半改良式饲养的管理方法基本与传统饲养无异，简单省事，不需要复杂的技术。

3. 用本法饲养，既可使用活梁（2.5 厘米宽的木条），也可使用活框，但以活框为好。活框可使用摇蜜机摇蜜，也可最大限度地保留子脾，蜂群发展快。

4. 用本法饲养，既可利用自然王台人工分蜂，也可利用人工育王的成熟王台分蜂。分蜂方法与活框饲养的方法一致。

5. 与传统饲养法一样，用此法饲养的蜂群，取蜜后也要根据巢脾的新旧，及时淘汰掉一部分（1/3～1/2）老旧巢脾和虫害脾，以免滋生巢虫。

6. 过冬前蜂群如缺蜜，仍需给蜂群喂足优质的越冬饲料，以保证蜂群安全越冬。

7. 用其他箱型采取半改良式饲养的蜂群，方法可参考高框式蜂箱进行管理。

养中蜂　三根筋

——讲给中蜂饲养初学者的话之一

"一根筋"，通常是形容一个人不知变通，认死理，性格固执，一条道走到黑的状态。这里说学养中蜂的人需要有三根筋，虽然是套用"一根筋"的说法，但其意是指养中蜂，必须坚持、不可动摇的三个基本原则。这三个原则可以简单地归纳为"一个原则，八个字，三句话。"

养蜂需要坚持的"第一根筋"，就是要切切实实、认认真真地做到"蜂脾相称"。什么是蜂脾相称？蜂脾相称就是指在一个巢脾上，两面都趴满工蜂，一个紧挨一个，一整张郎氏箱巢脾上，蜂脾相称时大约有3 000只的工蜂。但是，很多初学者都很着急，巴不得蜂群很快发展，于是在蜂脾关系上，常常处理得不恰当，往往是脾多于蜂（图7-35），脾面上蜂子稀疏，护不住整张巢脾，蜂脾不相称（图7-36）。最近几年中蜂发展很快，许多地方都开展了中蜂项目，笔者考查时，发现脾多于蜂是许多初学者的通病。脾多于蜂，蜂群内保温不好，尤其是越冬后的春繁前、中期危害更大。早春昼夜温差大，寒潮频繁，气温忽高忽低。天晴气温高，受到外界蜜粉源的刺激，蜂王产卵多，蜂群子圈大。但一旦寒潮降临，蜂群受冷缩团，就会使子圈外围受冻，幼虫挨饿、患病（中蜂囊状幼虫病、烂子病）、死亡。新老蜂不能接替，造成群势下降，发生春衰。因此，在早春开始包装繁蜂时，不但要蜂脾相称，而且还要通过缩减巢脾，打紧蜂数，使蜂多于脾。等新老蜂交替完毕之后，蜂群发展迅速，此时再过渡到蜂脾相称。笔者曾经在检查时对一些养蜂员说过狠话："如果不懂得蜂脾相称，就不要再学养蜂了。"话虽是说得过头了一点，但充分说明了掌握蜂脾相称在中蜂饲养中的重要作用。

图 7-35　脾多于蜂

图 7-36　脾上附蜂稀疏，蜂脾不相称

　　养中蜂的"第二根筋"，就是要坚持 8 个字，即"蜜足、王新、群强、无病"，这是养好中蜂的八字真言。养蜂所采取的一系列技术措施，都要围绕这8 个字来进行。蜜和花粉是蜂群赖以生存的基本条件，提前培育大量适龄的采集蜂（即 8～37 日龄的工蜂），培育和维持强群，都必须在蜜粉充足的条件下，才能实现。蜜蜂蜜蜂，有蜜才有蜂。中蜂尤其怕"穷"，巢内蜜粉不足，甚至缺蜜缺粉，不但培育不了强群，甚至还会导致蜂群死亡（越冬期死亡常因缺蜜造成）或飞逃。即使在大流蜜期，取蜜时也不能将巢内的蜂蜜一扫而光，而要适当留点余蜜给蜂群，以备天气变化，蜂群不能外出采蜜时取用。说到蜂王，一群蜂发展快慢、群势强弱、产量高低，往往与蜂王有极大的关系，所以民间有养蜂就是养王之说。老王产子力弱，新王产卵力强，所以中蜂要求一年至少要换一次蜂王。换王最有利的时机是在春季。夏季有大蜜源的地区也可以换王。群强是指养蜂者根据当地可以取蜜的主要蜜源，采取多种技术措施，如提前奖励饲喂，组织双王繁殖，蜂群间调脾补脾，控制分蜂热……组织起强大的采蜜群（6～8 框），这样在大流蜜期才有大量劳动力——适龄采集蜂（8～37 日龄的工蜂）外出突击采蜜，夺取高产。无病就更好理解了。蜂群得病，比如烈性传染病（中蜂囊状幼虫病、欧洲幼虫腐臭病），蜂群内幼虫大量死亡，群势不增反降，不但不能正常投入生产，甚至发生垮群或飞逃。治病和控制蜂群逃亡，又大大增加了饲养者的工作量。治疗不彻底，疾病还会反复发作，后患无穷，令人无法应对，头痛不已。若要蜂群健康无病，一定要从加强蜂群的饲养管理做起（如前面所说的蜂脾相称，蜜粉充足，及时清除箱底蜡屑、巢虫等），同时还要随时注意观察蜂群有病无病，能够正确识别什么是中囊病，什么是烂子病（欧腐病），什么是巢虫危害的白头蛹，以便对症下药，早发现，早治疗，确保蜂群健康。群强无病，蜂子就好养了。

这第三根"筋"是三句话，即"先要养得住，然后养得好，再求养得多"，这是养蜂者必须经历的三个阶段。初学者可以首先通过饲养 3～5 群甚至 10 多群蜂，练练手脚，熟悉中蜂的习性，掌握养蜂的基本操作技能，开始时切忌贪多图快，否则欲速则不达。这就好比人一样，连走路都还走不稳当，你让他学跑，一定会摔跤。开始学养蜂，蜂群不死不逃无病，能安心定居，说明养蜂者能养得住，算是过了第一关。如果蜂群不但不死不逃不病，养蜂者还能把握住季节，把蜂群及时在流蜜期前养强养壮、采蜜，说明过了第二关，这时就可以根据当地的蜜源条件、自身的学习、领悟能力、经济实力、管理能力，扩大规模饲养了。不信可以了解一下周边的养蜂老师傅，就可以知道这是大多数人学会养蜂必然要经历的三个阶段。当然，每个人上述的条件不同，从第一阶段发展到第三阶段的时间长短是不同的。有些人快点，有些人会慢些。

以上说的虽不是具体的养蜂技术，但说的是学习养蜂的窍门和要领，是学习总的纲要，俗话说："纲举目张"。在这个总纲的指导下，用这"三根筋"把具体的养蜂技术串起来，养蜂技术才能很快学到手，学成功。形象一点，养蜂单项技术就好比是一颗颗珍珠，珍珠虽好，但单个珍珠不能成为一件人们有用的器物。而这"三根筋"就好比是一条金链子，用这根链条把一颗颗珍珠串联起来，就能得到一条珍珠项链，成为一件人们可实用的名贵装饰品，让一颗颗珍珠发出更加夺目绚丽的光彩。所以初学养蜂的人不但要学养蜂技术，脑子里更要有"三根筋"。这"三根筋"就是一个原则（蜂脾相称）、八个字（蜜足、王新、群强、无病）、三句话（先要养得住、然后养得好、再求养得多）。

随季节、蜜源变换强弱，
育强群全力夺取高产

——讲给中蜂饲养初学者的话之二

2016 年春末夏初，贵州省农业科学院试验蜂场有 20 群 3～5 框群势的中蜂要卖给一个初学者，他来接蜂时问："我这个蜂什么时候可摇蜜？"开始都觉得他问的这个问题很可笑，后来一想，对于一个对养蜂什么都不知道的人来说，他问的这个问题一点也不奇怪，只是他刚拿到蜂就急于摇蜜，未免有点太性急了。

回答他这个问题，第一点，蜂群一般要在外界蜜源好，大流蜜期时才能取蜜。第二点，蜂群要达到一定群势，最好是强群，才能多取蜜。并不是买到蜂子后，随时都可以取蜜的。通常贵州省中蜂有两个时期可以取蜜，一是春季油菜花期至绿肥花期，再一个就是 9—10 月后的秋季山花（盐肤木、野藿香、野桂花、千里光等）流蜜期。另外，贵州省黔北一带夏季有乌桕、荆条的地方，6、7 月也可以取蜜。

至于要如何培养强群，做到强群取蜜，夺取高产，就要展开仔细地讲了。

一、什么是强群？中蜂强群的标准是什么？

养在郎式箱（也叫意蜂标准箱）中的一框蜂，两面均匀地爬满一层蜂（大约 3 000 只），通常叫一足框蜂。蜂群中排列这样的带蜂巢脾越多，群势就越强。蜂群强，蜂数多，就意味着蜂群采蜜的劳动力多，这样的蜂群采蜜量就高。

蜂群群势的强弱与蜂种、季节、蜜源、饲养管理水平密切相关。根据有关专家的研究，中蜂群势强弱的标准大致如表 7-4。

表 7-4　中蜂群势强弱划分的参考标准（以郎氏箱为准）

弱	中	强	特强
4 框以下	4～7.9 框	8～12 框	12.1～16 框

蜂群中等群势的蜂群也可以称之为"壮群"，壮群已经具备了一定的生产能力，但其产量仍不如强群。

强弱群之间是可以互相转换的。当外界流蜜好，温度适宜，养蜂员又采取了一定的管理措施（如通过奖励饲喂，加脾扩巢等），弱群可以变为强群。一旦外界流蜜停止，蜂群不再继续发展，或蜂群分蜂；经过越冬越夏，强群又会变为弱群。在自然情况下，蜂群会随着外界季节、气候、蜜源的变化，反复出现由弱到强，再由强转弱，群势不断地呈现出波浪式起伏变化的状况，并非总是一成不变的。

二、强、弱群蜂在中蜂生产中的意义

强群的生产力强，产蜜量高。贵州省开阳县画马崖蜂场在 2014 年油菜花期，对全场 71 群中蜂的产蜜量进行了统计（表 7-5），其中 12 框以上的强群（已架继箱）为 4 群，蜂群数仅占全场蜂群数 5.6%，产蜜 70 千克，占全场总产蜜量的 21.8%，单产 17.5 千克。4～7 框中等群势的蜂群 25 群，占全场蜂群数的 35.2%，产蜜 200 千克，占全场产蜜量的 62.5%，箱产 8 千克。4 框以下的弱群共 42 群，蜂群数约占全场蜂群总数的六成，但仅产蜜 50 千克，仅占全场总产蜜量的 15.6%，箱平均产量仅 1.19 千克，由此可见强群在生产中具有多么重要的意义。

表 7-5　蜂群（中蜂）群势强弱与春季产蜜量的关系（2014，开阳）

总蜂群数（群）	不同群势的蜂群数			产蜜量		
	群势（框）	群数	占总群数比例（%）	产量（千克）	占总产量比例（%）	平均单产（千克/群）
71	12 以上	4	5.6	70	21.8	17.5
	4～7	25	35.2	200	62.5	8.0
	4 以下	42	59.2	50	15.6	1.19

注：2014 年 3—4 月油菜花期，全场采蜜 320 千克。

强群除了产蜜量高以外，强群培育的蜂儿健壮，寿命长，且强群抗病、抗巢虫能力强，蜂好养。

既然强群有这么多的优点，那么是不是在一年中都养强群、维持强群呢？当然不是。强群虽然产蜜量高，但强群蜂数多，日消耗蜜量也大。当外界已经无蜜可采，这时候如果继续维持强群，除了枉然消耗掉较多的饲料外，对于生产来说，就没有什么实际的意义了。

弱群产蜜量虽然不高，但弱群也有弱群的优点。苏联著名的养蜂专家曾做过一个试验，按 0.5、1、2、3、4 千克重的标准（每千克蜂量约折合郎氏箱巢脾 3.56 框），组成 5 组试验蜂群，分别测定其培育的蜂儿数，结果表明（表 7-6），按每千克蜂量为单位统计他们所培育的蜂儿数，较小的蜂群比较大的蜂群培育的蜂儿数多，生长得较快。

表 7-6　不同群势蜂群（西蜂）所培育的蜂儿数（引自塔兰诺夫）

群势（千克）	蜜蜂在其一生中（7 月 5 日至 10 月 8 日）所培育的蜂儿数（个）			
	第一次试验	第二次试验	第三次试验	第四次试验
0.5	7 735	6 435	7 085	14 170
1	11 815	9 945	10 880	10 880
2	18 350	19 865	19 107	9 554
3	26 845	26 975	26 910	8 970
4	23 205	—	23 205	5 301

　　从表 3 中可见，随着蜂量由 0.5 千克增加到 3 千克，所培育的蜂儿总数由 7 000 多个增加到近 27 000 个，然而，按单位蜂量计算（即每千克蜂分摊到的幼虫），却从 14 000 多个减少到不到 9 000 个。4 千克重的蜂群与 3 千克重的蜂群相比，前者的蜂儿总数反而没有后者的多，而且培育蜂儿数的强度也最低。按蜂群生长率计算，0.5～1 千克重蜂群的生长率可达 13％，1.5～2 千克重的蜂群生长率为 5％～9％，而 2～3 千克重的蜂群生长率仅为 3％～6％，蜂群的生长速度随群内蜜蜂数量的增加而下降。这就说明：弱群的紧张生长是弱群的生物学特性，它使这种蜂群能在最短的时间内变强。而强群由于生长率低，在大流蜜期过后，经过较长时期，随着大多数老蜂死亡，强群自己也会慢慢变弱。

　　大流蜜期过后，结合蜂群分蜂、换王，将强群拆分为两个、甚至两个以上的弱群、小群（通常为 2～4 框），除了减少维持强群无谓的饲料消耗之外，还有以下作用。

　　1. 可以增加全场的蜂群数量。

　　2. 将强群、大群分成小群后，通过介绍成熟王台，可以更多地培育新王，及时替换掉那些在强群中已经大量产过卵、产卵力下降的老蜂王。同时，在小群中增加新王的储备，以随时补给失王群或替换掉表现不佳的蜂王。

　　3. 小群中蜂王交尾易成功，比较容易观察蜂王。而大群中蜂王交尾成功率较低，用大群作交尾群风险大，且不易观察蜂王。

　　4. 充分利用小群生长率快的特性，培育大量新的、寿命长的、哺育力强的工作蜂更换掉老蜂，减少和避免盗蜂的发生（老蜂易起盗），为迎接下一个流蜜期，蜂群迅速恢复群势打好基础。

　　因此，根据强、弱群的不同特点，养蜂者应根据季节、蜜源的变化，掌握好蜂群强弱变换的节奏、规律。在大流蜜期到来前的一段时间，将弱群、小群，适时培养成强大的采蜜群。而当大流蜜期过后，又及时结合分蜂、换王，将强群拉为小群繁殖；度过缺蜜越夏困难的时期。既不能长期无谓地养强群，也不能单纯追求蜂群数量，一味地养弱群。能够纵览全局，把握住蜂群强弱互换的节奏，当需要蜂群强的时候则强，当需要蜂群弱的时候则弱，当分则分，当合则合，这个时候，活框饲养初学者才算真正入了门。

三、集中全力组织强群在主要流蜜期采蜜，应成为养蜂者的主要生产目标

养蜂，特别是养中蜂，主要的目的是为了多取蜜。为达此目的，养蜂者应根据当地蜜源常年开花流蜜的时间和规律，在大流蜜期到来前，提前培育大量适龄的采集蜂，将弱群及时培养、转变成强大的采蜜群。

如何将弱群转变成强群？许多养蜂参考书上都有介绍，就是在大流蜜期前45～60天进行奖励饲喂。从蜂群生物学中得知，中蜂工蜂从蜂王将卵产在巢房内开始，由卵变为幼虫，然后封盖成蛹再到变成成蜂出房，需要经过20天（卵期3天，幼虫期6天，封盖期11天）。也就是说，一般2～4框群势的弱群，经过45～60天，即经过2～3代子的繁育积累，就能成为7～8框蜂的壮群或强群投入生产。

所谓蜂群的奖励饲喂，就是在蜂群群内饲料不缺的情况下（蜂群的子脾上有2～3指宽的蜜线，边脾上有贮蜜），不断地以1：1的白糖水，每天或每隔1天喂1次，每次少喂一点，以造成外界流蜜的假象，使蜂群兴奋，让蜂王多产卵，工蜂多哺育，使蜂群群势不断增长，由弱变强，到大流蜜期到来的时候，能够达到理想的采蜜群群势（7～8框），以夺取高产。在特殊的繁殖季节，如越冬过后的早春繁殖期（一般自1月下旬开始），由于此时气温低，还需要在蜂群中添加保温物，补蜜补粉，喂水喂盐，让蜂群正常繁殖，保证蜂群在油菜花盛开时成为强群。除此以外，组织强群的措施、方法还很多，由于超过本篇文章的范围，这里就不多介绍了。

中蜂传染性病害防治概说

——讲给中蜂饲养初学者的话之三

在说正题之前，先闲聊几句。我国四大名著之一《三国演义》中有一个家

喻户晓、老幼皆知的人物——张飞。张飞乃一员猛将，曾在当阳长坂坡一人独挡曹操的百万精兵，一声大吼，吓得曹操身边的一员战将倒撞于马下，当场毙命。京剧《长坂坡》中有一句唱词，说张飞"喝断了桥梁水倒流"，虽是夸张，但也的确显示了张飞"百万军中取上将首次级犹如探囊取物"的威猛。张飞可说是艺高人胆大，天不怕，地不怕，除了大哥（刘备）、二哥（关羽）、军师（诸葛亮）之外，谁也不服。于是有人戏言，有一样您怕不怕，在手心书一"病"字，递给他看。张飞看后连连说道："我怕，我怕!"此正所谓"好汉难敌三泡稀，好汉就怕病来缠"。

搞养殖（包括养蜂），种庄稼也是这样。养蜂户最怕的也正是这个"病"字。正因为如此，所以每次办养蜂培训班，都免不了会讲有关蜂病防治的内容。

以前我们讲课的时候，巴不得每个学员都能掌握防病的要领，甚至一个病一个病地仔细拆开来讲，但事后我们发觉这种方式并不是很理想。因此想改换一下方式，不去一个病一个病地细说，而是分析蜜蜂为什么会生病，防治蜜蜂病害，应从哪些大的方面入手，即重点强调蜂群防病的整体措施。

大家知道，所有生物体都会生病，发病的原因，无非是内因和外因。那么，蜜蜂生病的内因和外因是哪些呢？

一、蜜蜂生病的内因

蜜蜂本身对疾病的抵抗力如何，是决定蜜蜂生病的内因。蜂群抗病不抗病，与蜂种有很大的关系。这就好比人一样，每当气候变化的时候，有些人会得感冒，有的人不会得。这就是每个人的抵抗能力不一样。蜂群也是这样，有的蜂群、蜂种具有抗病（或耐病）的基因，所以在病害发生、流行的时候，不会得病。即使得病，也会很快自愈或通过给药治疗后治愈。

蜂群的抗病力除了基因中含有抗病因子外，还与蜂群的清巢能力强弱有关。清巢能力强的蜂群，能及时清理掉死蜂和病死幼虫，减少传染源，所以也能提高蜂群的抗病力。

蜂种和蜂群抗病力是会有变化的。比如中蜂囊状幼虫病（以下简称中囊病），20世纪七八十年代，中囊病在我国大面积蔓延暴发，蜂群基本上没有什么抵抗力。但经此大劫之后，不断自然淘汰，以及人工选择，现中蜂对该病的抗病性已较过去有了一定程度的提高。一些单位（如福建农林大学，中国农业科学院蜜蜂所）、一些蜂场（如福建张用新蜂场，详见2017年《蜜蜂杂志》第2期），通过长期、连续多代选育，还选育出了抗中囊病的蜂种。

在目前尚无有效治疗药物的情况下，选育和推广抗病蜂种，是防治中囊病重要的有效途径。在选育和推广抗病蜂种时要注意两个问题，一是蜂群的抗病性与母群（蜂王）和父群（雄蜂）都有关系，因此选育时既要考虑到母群，又要考虑父群。二是要提高人工育王技术，选择抗病力强的蜂群做母本，通过育王换王，及时淘汰掉抗病力弱、易感蜂群的蜂王，提高蜂场整体的抗病力。如果人工育王技术不过关，只能利用自然王台分蜂，就难以及时淘汰掉不抗病的蜂王，达不到选育和推广抗病蜂种的目的。

另外，防止近亲繁殖，也是提高蜂群抗病能力的一个重要手段。近亲繁殖会造成遗传多样性降低，有害基因（如不抗病基因）重叠，导致蜂群生活力、生产能力、抗病性下降。因此每隔 2～3 年，蜂场应到距本场 20～30 千米的地区，从其他蜂场引进、交换优良蜂群 2～3 群作为母本，育出的蜂王再与本场雄蜂交尾，防止近交退化。

二、蜜蜂生病的外因

（一）病源生物的存在

"冤有头，债有主"，导致蜜蜂生病，是因为蜂群有病原物（包括细菌、病毒、真菌、微孢子及其他病原生物）存在。例如，导致中囊病的中囊病病毒，欧腐病的蜂房链球菌、孢虫病的蜜蜂微孢子（包括西方蜜蜂和东方蜜蜂微孢子）等。

因为病原物的来源不同，又可分为内源性病原和外源性病原两种。

外源性病原是指本场或当地蜂群内并无病原物，但由于其他蜂场有病或有病蜂场自外地迁入，通过蜜蜂采集同一块蜜粉源，或通过盗蜂、迷巢蜂，引起本场或本地蜂群发病。

内源性病原指本场蜂群原来就带菌，潜伏有病原生物，发病病原来自本场（如中囊病毒可由活的成蜂带毒，病毒在工蜂头部咽腺内生存，但成蜂并不表现出病状），但由于数量较少或由于当地的气候条件对蜂群有利，对病原物的增殖不利；或蜂群当时并不处于发病的易感期（如蜂群越冬或越夏断子期，群内没有幼虫，即不会发生幼虫病），蜂群并不表现出发病症状，但若一旦外界气候条件适宜，又有大量易感虫体存在，此时病原微生物就会急剧增加至一定数量，导致蜂群发病。

潜伏在蜂群中的内源性病原微生物（包括各类病毒、细菌、微孢子等），虽然人的肉眼看不到，但可以通过现代科技检测手段检测出来。表 1 中所列为2016 年中国农业科学院蜜蜂研究所到贵州省贵阳市部分蜂场内提取成蜂样品后检测的结果，从表 7-7 中可见，中、意蜂和不同的蜂场检测出来的病原微生物是不完全一样的。

表7-7 2016年秋中国农业科学院蜜蜂所对贵州中、意蜂潜伏病原检测的结果

取样蜂场	残翅病毒	Kaguo病毒	中囊病毒	丝状病毒	美腐病菌	欧腐病菌	西方蜜蜂微孢子	东方蜜蜂微孢子
贵阳白云区中蜂场	弱	—	—	弱	—	弱	—	—
贵阳乌当区中蜂场	弱	—	—	弱	—	弱	—	—
贵阳金竹镇中蜂场	弱	—	弱	—	—	中	—	—
贵阳金竹镇中蜂场（福建抗中囊病蜂种）	—	—	—	弱	—	弱	—	—
紫云县意蜂场	强	弱	—	—	弱	—	强	强

（二）蜜粉源不足

"蜜蜂蜜蜂，有蜜就有蜂"。蜜粉源是蜜蜂赖以生存、发展的基本物质条件。外界蜜粉源充足，蜂群发展快，群势强，少得病，蜂好养。而一旦外界蜜粉源不足，甚至缺乏蜜粉源，造成群内饲料不足，就会导致蜂王产卵力下降，群势减退，抗病、抗逆力减弱，甚至导致盗蜂出现，加剧疾病在蜂群之间、蜂场之间传播。例如，巢虫往往在夏季缺乏蜜源的地区发生严重，并常常造成蜂群飞逃。

（三）不良的气候条件

不良的气候条件常指早春和晚秋寒潮频繁，气温忽高忽低，变化剧烈。或者是长期低温阴雨，外界虽有蜜源，但工蜂难以出巢采集；或是长期高温，久旱不雨，导致蜜源植物因受旱而不流蜜，在这种情况下易发生盗蜂，传播疾病。尤以前者对蜂群的影响最大。例如，《中蜂饲养实战宝典》一书中曾经举了这样一个例子，据江西德兴市董关榕（2013）报道，蜂群春繁时，中囊病发病常与寒潮过境、气温剧烈升降有关，凡早春气温变化剧烈，寒潮频发的年份，中囊病易发生。如当地2010年气温回升快，2月下旬最低温度10℃，最高温度20℃，太阳直晒的地方在30℃以上。外界油菜流蜜旺，蜂群子脾发展快，因气温高，蜂群拆除保温物。但3月5—12日寒潮来袭，最低温度跌至1℃，全场蜂群发病，蜂群发病率达70%。2013年2月1—6日天晴，最高温度21℃，但2—12日寒潮过境，最低气温降至—2℃，，此时幸好未拆保温物，少数弱群发病，3月下旬至4月初最低气温在11℃以上，部分中蜂拆除保温物，4月7日后气温变化，持续1周低温，病情再度发生，蜂群损失达15%。

（四）不良的饲养习惯

养蜂员不良的饲养管理，也是导致蜂群发病的重要原因，主要表现在以下方面。

1. 没有认真抓好蜂群秋繁，只能以弱群越冬、弱群春繁；平时急于发展

扩场，分蜂时群势过弱。

2. 春繁时没有对蜂群紧脾，或保温包装不好，或过早撤出包装。

3. 春繁时加脾加础过快，导致蜂少于脾，虫蜂比例失调，一旦寒潮来袭或长期低温阴雨，蜂群缩团，易使子脾外围幼虫挨饿受冻，从而导致蜂群发病。

4. 群内蜜粉不足，甚至缺蜜缺粉，幼虫营养不良，抗病力下降，且易导致盗蜂发生。

5. 未掌握人工育王技术，多利用自然王台分蜂，难以推广和利用抗病力强的蜂群移虫育王，提高蜂场整体的抗病水平。

6. 平时不注重蜂箱、蜂具和饲料的消毒；不遵守操作卫生规程，管理病群和健康蜂群的蜂具混用。

蜂群发病的内外部因素如图 7-37 所示。

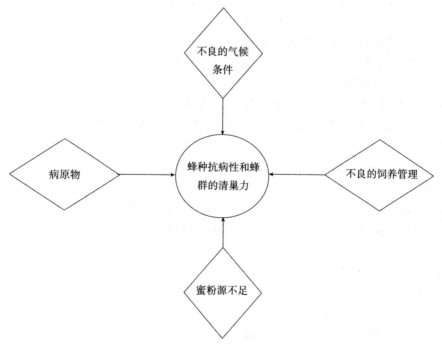

图 7-37 蜂群发病的内外部因素

（○表示内因 ◇表示外因）

三、防治中蜂传染性病害的主要对策

针对上述造成中蜂传染性病害发生流行的内因和外因，要有效地防止中蜂传染性疾病的发生，应采取以下主要措施。

1. 定期对外交换蜂种，避免近亲繁殖，并通过长期观察（至少1年），挑选群势大、抗病力强、生产性能好的3～5群蜂作父、母群，有意识地选种育王。通过人工育王换王，及时淘汰掉抗病力差的蜂王，提高蜂场整体的抗病能力。

2. 讲究动物福利，善待蜜蜂，随时保持群内蜜粉充足，保证蜂群正常生长繁殖，维持足够的群势，增强蜂群的抗病抗逆能力。如当地蜜源不足，可实行定地加小转地饲养或分场异地饲养，改善蜜蜂生存、生产条件。

如当地蜜源不足，应结合退耕还林，利用荒山荒地，结合当地林果业的发展，补充种植当地缺乏的优质蜜源（尤其是夏季蜜源）。

3. 主产区的政府主管部门应加强蜂病检疫，防止外源性流行性病害传入和扩散。

一旦当地有重大疫情发生，养殖户应立即上报主管部门，请求协助诊断，及时隔离和治疗病群，并控制疫区的蜂群不得外出放蜂，防止疫情扩散。

重点产区的业务主管部门应定期从蜂场中抽样，送有关科研部门检测，及时监测病源的种类及其数量变化，并根据中长期天气预报，提前采取预防和应对措施。一旦查明蜂群内有病源物潜伏，应在繁殖初期，在奖饲的糖浆或补饲的花粉中，按规定的药量预防性给药，控制疾病的发生。

4. 加强蜂群的饲养管理，既是重要的增产措施，又是病害防治的关键措施。

蜂病发生的原因是多种因素造成的，既有内因，又有外因。有些因素是人不能掌控的，如气候变化、病原物的存在。但是通过加强对蜂群的饲养管理，提高蜂群本身的抗病、抗逆能力，可以趋利避害，降低蜂群的发病概率，达到少用药或不用药就能防治蜂病发生的目的，这就充分体现了人的因素。

第一、加强蜂群饲养管理在蜂病防治中的重要作用。加强蜂群的饲养管理，首先要做到随时保证蜂群内食料（蜜和花粉）充足，按不同季节（生产期、繁殖期）的要求，使蜂群保持相应的群势（请参考笔者所著《随季节、蜜源变换强弱，育强群全力夺取高产》一文）。

第二，要求严格保持蜂脾相称，甚至蜂多于脾，坚决杜绝蜂少于脾的现象。及时更新巢脾，淘汰老脾、虫害脾。凡从蜂群中撤出的巢脾，若需保留备用的，要及时消毒后密闭保存。无用的巢脾一定要及时化蜡处理，消灭其中的病原和虫源（如巢虫），不要随意放置和丢弃，以免滋生巢虫，或因盗蜂传播疾病。

第三，做好秋繁，使蜂群达到标准的越冬群势越冬（滇南、海南、华南型3框，其余生态型4～5框足蜂）。越冬群势强，就可适当推迟春繁包装期，以避开寒潮高发期，减少不良气候对蜂群春繁的影响及疾病的发生。为了保证蜂群春繁期间不缺水缺盐，低温期工蜂不冒险外出采水，应采用巢门饲喂器喂水补盐的办法，减少老蜂损失，防止蜂群春衰。

第四，注意场地卫生，蜂箱蜂具的消毒，改进卫生操作习惯。

本文所述是如何从宏观的角度来分析蜂群发病的原因和防治的措施，所以只是一个概述。虽然没有列出治疗某一疾病的处方，但如果弄清了其中的道理，认真做好每一个环节，就能从根本上保证达到防控疾病的目的。

中蜂场怎样制定全年的养蜂生产流程

——讲给中蜂饲养初学者的话之四

一、什么叫养蜂生产流程？它对养蜂生产有什么作用？

养蜂生产流程，又叫做养蜂生产计划，它是指养蜂员根据当地的气候、蜜源情况，提出一年内的总体生产目标，以及围绕这一目标，对全年的养蜂工作进行妥善安排。然后按照这个安排，有条不紊、按部就班地去管理蜂群。这项工作，与我们平时所讲的单纯的养蜂技术不同，它是围绕生产目标，把全年不同季节、不同阶段的工作串联、组合在一起，形成一个总体的工作思路和方案，这个方案，也可叫做养蜂策略。

笔者曾经发表过一篇叫做《孙子兵法与养蜂生产》的文章，阐述过养蜂技术和养蜂策略之间的关系。如果用打仗来比喻，士兵能够开枪放炮，擒拿格斗、发射导弹、驾（飞）机操舰，这些本事叫做战斗技能，属于个人技术。但是，一旦面临真正的战争，军事指挥员怎么组织部队，是单兵种还是多兵种联合作战？在哪里打？什么时候打？怎么打？是正面突破还是突然袭击？那就是战略战术层面的问题了。只有战斗技能，而不懂得战略战术，是不能打胜仗的。再举个例子，现在很多人练太极拳健身，太极拳中有许多独立的动作，比如手底锤、单鞭、手挥琵琶、双峰贯耳、金鸡独立等，如仅会做这些单独的动作，而不能把这些动作连贯起来，打出不同的拳法和套路，就不能说这个人会打拳。

掌握养蜂技术也一样，不能只会具体的操作技术，比如检查蜂群，加础造脾，喂糖奖饲，人工育王等，而要能针对当地的气候、蜜源情况，制订全年的生产计划，决定什么时候该"厉兵秣马"，奖励饲喂，提前组织、培育强群取蜜；什么时候"招兵买马"，分蜂繁殖；什么时候蜂群需要休养生息，安静越冬度夏……对于转地蜂场，到什么地方打蜜？什么时候进场？什么时候退场？都要做到心中有数。这样就好像部队有了作战方案，拳师有了拳经、拳谱。只有制定好养蜂生产流程，才能有目的地管理好蜂群，达到预期的生产目标，才算得上是一名真正的养蜂师傅。

二、正确制定养蜂生产流程

（一）全面了解、认识当地的蜜源植物

蜜蜂蜜蜂，有蜜有才有蜂，蜜源是养蜂生产的物质基础。作为一个合格的养蜂员，首先要了解、认识当地有些什么蜜源？这些蜜源在什么时候开花、流蜜？哪些是辅助蜜粉源？哪些是能取到蜜的主要蜜源？这是养蜂员必须具备的一项基本功。所以制定养蜂生产流程的第一步，就是根据当地的实际情况，认真填写蜜源植物表。有什么，填什么，尽量填准确。例如，经过调查，某地蜜源情况大致如表7-8。

表7-8　某地蜜源植物概况

蜜源类型	春季	夏季	秋季	冬季
主要蜜源	油菜 （2月中旬至4月上旬） 绿肥 （3月下旬至4月）	乌桕 （6月中旬至7月上旬）	盐肤木 （8月下旬至9月上旬）	枇杷 （11月下旬至12月） 野藿香 （10月中旬至11月中旬）
辅助蜜源	果树、山花	板栗、茅栗及 其他山花	乌泡（7月中旬以后） 千里光、野菊花 （9月中旬至10月）	千里光、野菊花 （11月至12月）

其中，应该将能取蜜的蜜源种类，作为主要的生产目标，围绕生产目标，制订相应的生产计划。

（二）根据蜜源植物表及主要蜜源的流蜜期（大致从什么时候起到什么时候止），确定提前培育适龄采集蜂的时期

要达到蜂蜜高产，我国大部分地区，在大流蜜开始时一般要求采蜜群的群势要达到7框左右足蜂。华南、滇南和海南中蜂在流蜜期开始时达到4～5框群势即可。养蜂员应根据大流蜜前本场蜂群的平均群势（全场总蜂脾数除以蜂群总数），确定在大流蜜前多少天开始培育适龄采集蜂（指出房8～37天的工蜂），一般的说法是应提前45～60天。蜂群越弱，提前的时间应越早，蜂群越强，提前时间缩短。至于大流蜜前为什么要培育强群和适龄采集蜂的道理，养蜂书上都有，这里就不多讲了。比如，某地6月15日左右乌桕大流蜜，如果

全场平均群势为 4 框足蜂，从 6 月 15 日倒推 45 天，就应该从 5 月 1 日开始奖励饲喂，以便在 6 月 15 日乌桕大流蜜时达到 7 框左右群势。如平均群势为 5 框，则应提前 35 天左右，在 5 月 10 日左右开始奖励，培育适龄采集蜂（参见《中蜂饲养实战宝典》209～211 页）。

此时若外界辅助蜜源流蜜较好，可以不奖饲或少奖饲，若外界蜜源条件不好，就应连续不断地、多次少量奖励饲喂，以促进蜂群群势发展，到大流蜜开始时达到预期的采蜜群群势。

（三）明确几个养蜂生产的重要时期

除上面所讲的主要流蜜期、适龄采集蜂培育期外，养蜂员还应掌握以下几个特殊时期。

1. 分蜂繁殖期　根据笔者的了解，我国绝大多数中蜂的自然分蜂期，多出现在清明前后。所以蜂场应当抓紧在此期育王换王，分蜂扩场。一般当蜂群中出现雄蜂房，雄蜂开始大量出房时，即着手培育蜂王。

2. 春季繁殖期　春繁期非常重要，蜂群经过越冬后，群势减弱，必须通过春季繁殖，才能顺利完成新（指当年出生的新蜂）老（越冬老蜂）蜂交替，蜂群群势也才能由弱转强，进入蜂群的强盛期和生产期。春繁开始期一般是当地旬平均气温稳定超过 6℃以上、群内蜂王开始产卵的时期，如贵州大部分地区的春繁开始期为 1 月下旬至 2 月中旬。

蜂群的春繁期就好像人处于婴幼儿时期一样，由于早春气候乍暖还寒，寒潮频繁，气候复杂多变，管理不好，蜂群容易得病，因此此时对蜂群要紧脾开繁，加强保温，群内不缺蜜、粉、水、盐，保证蜂群能顺利度过春繁期。

3. 越冬蜂培育期　入冬以后，蜂群在外界平均气温低于 7℃、外界蜜源缺乏时，蜂群开始结团，蜂王停产，蜂群断子，进入越冬状态。应在此前 20～30 天前加紧培育一代子。这些幼蜂出房后，经过顺利排泄，又没有参加过采集及哺育幼虫的工作，寿命长，以保证蜂群能安全越冬。

4. 越冬、越夏期　蜂群结团进入越冬状态后，至蜂群包装春繁前这段期间，为蜂群越冬期。北方越冬期长，可长达 4 个月左右。南方越冬期短，有些地方甚至没有明显的越冬期（如冬季气候温暖，且又有大蜜源的地区）。

在夏季气候炎热的我国南方地区，白天气温会长期维持在 30℃以上，高温、干旱，外界又长期缺乏有效的蜜粉源，此时蜂群内会断子，进入越夏期。有些地区盛夏气温虽不是很高，但由于外界长期缺乏蜜粉源，这些地方的蜂群也会停卵断子，蜂群群势下降，进入越夏期。

一般情况下，蜂群经过越冬、越夏后，蜂群群势都会下降或削弱。因此，越冬、越夏后，对蜂群都要及时进行恢复性繁殖。

5. 生产间隙期 除前面所讲到的时期以外，每两个时期之间，就是生产的间隙期。一般转地放蜂的蜂场，放蜂的流程安排得很紧，基本上没有间隙期，而当地只有 1～2 个大蜜源的地区，生产的间隙期就比较长。例如，贵州有些地区只能在秋季盐肤木花期或野藿香花期取蜜，这些地区在春繁、分蜂后，一直到当地大流蜜前 45～60 天培育采集蜂前，都是漫长的生产间隙期。在生产间隙期，一般都只能依靠外界辅助蜜粉源，维持蜂群的食料及群势，够吃就行。如此期间外界蜜源不足，则应适当补充饲喂，以维持蜂群正常的生活需要。

以上每个时期的管理要点，不同时期都有不同的要求，养蜂员对此要烂熟于心，记不住的可以翻阅参考书籍，并在制定养蜂生产流程时认真参考。掌握上述情况后，就为制订当地养蜂生产计划，打下了基础，可以围绕当地的主要蜜源，开始着手制定当地的养蜂生产流程了。

例如，贵州省威宁县石门乡地处高寒，只有 6 月中旬至 7 月夏季山花期可以取蜜。那么，根据当地的气候条件，2 月中旬开始春繁，清明前后分蜂换王，进入 5 月后开始奖励饲喂，状大分蜂后的群势，培育适龄采集蜂。7 月取蜜后，利用辅助蜜粉源恢复群势。进入 9 月中旬，即开始喂足越冬饲料，让蜂群安静越冬。

再例如，贵州省正安县，当地养蜂生产条件好，有春、夏、秋三个主要蜜源可以取蜜。根据以上原则，当地蜂群于 1 月下旬至 2 月上旬开始包装春繁，春繁期 45 天左右，3 月中旬至 4 月中旬可采油菜蜜（1 个或 2 个油菜场地），并在菜花中、后期养王、换王、分群。经短暂休整，5 月中旬奖励繁殖，为 6 月中旬乌桕花期培育采集蜂。乌桕花后期（7 月中旬）也可再次分蜂。乌桕流蜜结束后，8 月转到高山地区采乌泡、山花度夏，恢复蜂群繁殖，然后接着在 8 月下旬采盐肤木。9 月中旬后，利用山花（千里光、野菊花、鬼针草）培育越冬蜂，10 月喂足越冬糖，让蜂群安全越冬。

初学者通过以上学习、工作，对全年养蜂工作有了一个大致的了解和安排，什么时候该做什么事？怎么做？心里清楚，这就便于围绕每个时期的工作重点，对蜂群进行及时有效的管理。

有一点要说明的是，制定的养蜂流程，并不是一成不变的。由于每年的气候有变化，蜜源植物的开花期有时会提前或推后，流蜜量的大小也会有所不同，不同年份，同期的蜂群群势也许会不一样。因此，要根据情况的变化，适当调整工作部署，并及时做好相关记录，不断积累实际经验，补充、完善工作流程。这样经过连续两三年的锻炼，就可以成为一个合格、熟练的养蜂员了。

养蜂防护用具的选择和使用

——讲给中蜂饲养初学者的话之五

人在管理蜂场时会扰动蜂群，蜜蜂因自卫常会蜇人。为了管理方便，不被蜂蜇，养蜂者需要穿戴防护用具。

防护用具种类较多，护头和护身的，包括带面网的蜂帽、半身防护服和全身防护服。通常有白色和迷彩的，此外还有咖啡色的（蜂帽）。质地有化纤的，也有帆布的。护手的有普通乳胶手套，还有带长袖套的羊皮手套。

笔者的使用体会是，白色的较其他颜色好。蜜蜂讨厌深色，特别是接近于偏黑色的东西，所以咖啡色的蜂帽特别易受攻击。从质地上看，以轻薄的白色尼龙纱做的防护服较好，透气，冷热天均可使用；且易洗、易干。但由于质地轻薄，因此穿戴时里边至少要穿一件长袖衬衣，以免防护服贴肉时会被蜂蜇到。使用过的蜂帽、防护服难免会被蜂蜇刺过，这样会在蜂帽、防护服上留下工蜂的报警信息素，下次再用时会招引工蜂蜇刺，因此用过以后应立即用清水清洗，晾干后备用。当然，蜂帽和防护服最好能置备两套，特别是质地较厚、不易晾干的防护服，这样两套可以轮换着清洗和穿戴。

至于手套，虽然带长袖的羊皮手套工蜂蜇针不易刺穿，但羊皮质地较硬，特别是清洗过后会发皱，使用时手指不灵活，提框时易惊动蜂群。一旦手套被工蜂蜇刺过，由于散发出来的蜂臭（报警激素）会导致工蜂围攻，并越蜇越多。引起蜂群骚乱，难以继续管理。因此，笔者推荐使用轻便、稍厚、袖口长一点的胶皮手套。胶皮手套的缺点是不透气，较闷、汗水多，但指感灵活，操作方便。使用者应尽量选择适合自己手型大小的胶皮手套，以便容易戴上和脱下。

穿戴半身防护服时也有讲究。虽然防护服下边装有缩筋带，但并不是很严实，操作中难免会有工蜂钻进来，引起麻烦，因此最好把半身防护服扎在裤带中。

先穿好防护服，然后再戴手套。最好用防护服袖口罩在手套加长的袖口上，或者将手套后面加长的部分套在防护服的袖口外。

管理蜂群时最好穿一套裤脚长一点的裤子（颜色不应是黑色或红色）。最好不要穿皮鞋，皮鞋的鞋帮浅，容易暴露脚腕。现大多数人穿的都是尼龙或其他纤维织成的裤子，蜜蜂腿上有许多小刺，一旦粘上便飞不走，随即就会蜇主

373

人，还会因此招来其他工蜂围攻，因此尽可能穿鞋帮深一点的鞋，且裤管最好能罩住鞋面，不让工蜂有任何可乘之机。

即使穿戴好防护服，管理蜂群时也不能动作粗鲁。检查蜂群，打开箱盖时一定要按照规范的动作去实施（如副盖应反过来放在巢门前，以便让上面的工蜂爬入箱内；检查时人站在蜂箱的侧面等），提脾放脾时动作要轻柔。盖副盖时要紧贴着蜂箱口沿的一端推向另一端，以免压死工蜂。经常压死工蜂，会导致工蜂性情凶暴，易发怒，今后难以管理。

如果气温较低，工蜂较凶（特别在春季），最好用事先准备好的喷烟器先轻喷两下蜜蜂，让其安静下来，再做检查。如蜂场内蜂群较多，摆得较密，应隔一箱，开一箱，以免引起盗蜂和蜂群混乱，自己也少挨蜂蜇。

即使防护如此，也难免会有被蜂蜇刺的时候，特别是与蜂群频繁、密切接触的手部，胶皮手套有时会被蜂刺蜇穿，留下蜂臭。因此，对蜂群检查时最好在现场准备清水一盆，对被蜇处立即清洗后再行操作，避免招致更大的麻烦，以便在管理蜂群时，尽量使蜂场保持安静的氛围，提高自己工作的效率。

后记：有些读者在看到此文标题时，可能会说："穿戴防护用具，太简单了，谁不会？还这么大动干戈，为此专门写一篇文章。"事情虽然简单，但做得好不好，到不到位，效果大不一样，这里边有讲究，有学问。俗话说："细节决定成败"。有些人管理蜂场，检查蜂群，蜂场混乱不堪，盗蜂四起；自身防护不到位，被工蜂蜇得满场跑。有些人管理蜂场，穿戴一丝不苟，动作从容有序，蜂场安静，蜜蜂和人的工作效率都很高。想要做好一件事，就要从点滴、从细节、从最基础的工作做起。笔者常在养蜂培训上对学员们说："要想养好蜂，首先就要保护好自己。自己不被蜂蜇，少挨蜇，才有信心和能力去管理好蜂群。"刚好前些天贵州省龙里县有个姓向的学员打来电话，说2017年养了18群蜂，收150多千克蜜，每千克卖240～300元，收入还不错。问他其他村的同期学员养得怎么样（政府扶贫发给他们每人5～10箱蜂）？他说早就没有了。向师傅问他们为什么没有继续养，他们回答说："怕蜂子蜇。"由此不难看出，做好防护工作对搞好养蜂的重要性。

规模蜂场的表格化管理

　　达到一定规模（50群以上）的蜂场，为了准确掌握全场蜂群情况，加强蜂群管理，就需要定期或不定期对蜂群进行全面检查。但由于蜂群数量多，情况复杂，如果仅恁用脑记忆，不易记得完整，会造成管理疏忽而耽误蜂群发展。为此，蜂场在检查蜂群的同时，应逐一登记在表格上，这样能够提供全场蜂群完整、准确的信息，供生产管理中参考。为此，笔者针对蜂群的主要管理内容，设计了一套简单、实用的记载表格（表7-9和表7-10）。

图 7-38　钉在蜂箱上的卡（牌）

在对全场蜂群进行检查登记之前，首先要对蜂群进行编号。号牌可采用市面上采购的塑料胸卡（牌）。卡的价格不高，批量网购一张仅0.3元。卡中可嵌入纸片，写上箱号，然后用塑料钉钉在蜂箱右侧、紧靠箱盖的下方（图7-38）。换箱时，只要将号牌从箱上拆下，再钉在新换的蜂箱上即可，以保证资料的连续性和完整性。

表7-9中记载内容丰富，比如蜂王的情况（有、无蜂王，蜂王新、旧，是否交尾、产卵等），蜂群有病无病，病害种类和轻重程度，饲料有无、多少等。检查时对照有关栏目，有就打"√"（或填数），没有就不打"√"，登记起来并不复杂。一般来说，全面检查登记12～15天一次。往往选择在关键的时期，如大流蜜提前繁蜂期、大流蜜开始期、分蜂换王期，越冬越夏前进行。如不进行全面检查，抽查蜂群时也可使用此表。这样做的好处包括以下几点。

1. 使管理工作逐步正规化、程序化、条理化、数字化。既不会因疏于管理对蜂群造成损失，又能避免情况不清，频繁开箱检查，过度干扰蜂群，浪费管理的时间和精力。

表7-9　蜂场检查记录

检查日期：_____年_____月_____日　　地点：_____　　花期：_____

群号	放框数（框）				实际蜂量（框）	蜜		粉		雄蜂	蜂王										中囊病		欧腐病		巢虫		其他情况或处理
	总	子脾	蜜粉脾	巢础框		补（ml）	少 足	补	少 足	出现封盖子	有蜂	单王	双王	失王	出现王台	介绍王台	分蜂群	交尾期	产卵	扣王	防治（次）轻 重		防治（次）轻 重		防治（次）轻 重		

注：1. 表中各栏除需填写数字的地方外，其他栏目可根据调查情况，有就打"√"，没有则不用打。

2. 蜂王产卵一栏，可根据蜂王产卵情况，填开产（刚产卵）、好或差。

3. 蜂王双王一栏，还可具体填双双、双新或一老一新（或填左老右新、或左新右老。单王群新王可写"新"，老王写"老"，以便统计新老王数。

表7-10 检查结果统计

调查日期 ___年___月___日

检查项目	单王群（群）			双王群（群）				失王群（群）			储备王	中囊病（群）		欧腐病（群）		中十欧（群）		巢虫（群）		缺蜜群
	总	其中 交尾群（箱号及群数）		总	双新双老	一老一新	交尾群（箱号及群数）	总	刚失（箱号）	工蜂产卵（箱号）	头	总	箱号	总	箱号	总	箱号	总	箱号	箱号
		老王新王	交尾群（箱号及群数）																	
合计																				

注：此表格各栏统计时，可根据表1中的调查结果，按划正字的办法逐项进行数量统计。

统计结束后，可将结果分别填入以下各栏：本场总箱（群）数___，单王群___群，双王新___群，其中老王群___头，双王群___群，其中新王___只，老王___头，双王双新___群，双王双老___群，交尾群___只。失王群___群，其中新王___只，巢虫___群，混和发病___群，失王___群，交尾群___只，缺蜜___群。总框数（从表1中累计）___
群___，有病___群，其中中囊病___群，欧腐病___群，混和发病___群，平均群势___框/群。___框。

377

2. 通过检查统计，使养蜂员对全场蜂群情况了如指掌，及时管理，管理措施更具有针对性。

3. 检查结果可为蜂场制订生产计划、育王换王、分蜂扩场、提前培育强群、及时防控病虫害，提供科学依据，使蜂场步入健康良性的发展轨道，因此对发展中蜂的地区，有重要的推广价值。

怎样搞好养蜂技术培训

养蜂属于畜牧业，如果要真正养好蜂，提高蜂蜜产量，还得靠科学饲养，这就必须讲究养蜂技术。我国著名排球运动员和教练郎平在广告词中说过一句话，叫做"打球容易赢球难，种地容易高产难"。其实养蜂也一样，"养蜂容易高产难"。如果不掌握养蜂技术，可能连留住蜂、养好蜂都会感到很困难。

要想提高养蜂员的素质，只有通过各种形式的技术培训。云南省农业科学院蚕蜂研究所等单位曾对养蜂技术培训与提高养蜂员技术的关系做了一个调查，他们对罗平县 2015—2016 年培训的 59 名学员调查，通过数次培训后，养蜂员移虫接受率提高了 7.82 倍，蜂王交尾成功率提高了 4.52 倍，蜂群数增加了 4.98 倍，蜂蜜产量增加了 87.98％。加强新型职业农民培训教育，是国家用科学技术改造传统农业的重大举措。2017 年 5 月，中国养蜂学会中蜂工作委员会换届及学术会议在昆明召开，国家蜂产业体系岗位专家、云南农业大学教授、原中蜂工作委员会主任和绍禹特邀笔者在大会上做"怎样搞好养蜂技术培训"的主旨发言，可见技术培训在养蜂工作中的重要性。

由于近几年贵州省中蜂发展很快，为了适应形势的发展，贵州省在养蜂培训方法上做了一些探索，仅 2017 年，贵州省（包括参加省外培训）就举办了大小 45 期养蜂培训，参训人数 3 500 余人。现就笔者在培训工作中的一些主要体会，介绍如下。

一、必须认清养蜂技术培训的特点

养蜂培训主要有以下特点：一是需要培训的地点高度分散，面广，工作量大。二是培训规模大小不一；学员成分复杂，水平参差不齐，有些是几十年的老养蜂员，有些是刚入门的新手，有些是养蜂老区，有些则是刚开展活框养蜂的新区；需要解决的问题，培训重点各不相同，既需要普及，又需要提高。三是通常大多数培训的经费有限，培训时间短，但要解决的问题多。四是养蜂培训具有长期性。贵州省整体养蜂技术水平不高，需要逐步提高，不能一蹴而就。五是大部分学员最关心的问题是蜜蜂病敌害防治的问题，而初学养蜂者最大的技术难点就是人工育王。六是除了养蜂技术本身而外，要养好蜂，取得收益，还会涉及其他方面的问题，如教会养蜂员识别蜜源植物，了解当地和养蜂员自家周围的蜜粉源状况，补充种植蜜源植物，做好蜜源建设，以及如何提升产品品质开拓市场，养蜂的法律法规等，也都要一一解答。

认识和了解养蜂技术培训的特点，有助于采取有针对性的措施，做好相关培训。

二、提高教学水平，搞好基层培训

（一）准备好培训资料，包括 PPT

养蜂要实现规范化和标准化，要求培训教材也要标准化。既要有文字资料，又要有影像资料相配合。

贵州省 2015 年由中国农业出版社出版了《中蜂饲养实战宝典》，该书内容全面、丰富，既有养蜂基础知识，也有高产管理技术，能满足不同层次养蜂人员的需要，现已重印 6 次。笔者配合该书，还专门做了 PPT，因此培训时就以此为主要教材。此外，针对初学者，笔者还专门撰写了一系列适合他们的基础培训材料，如《养中蜂要四讲》，讲给初学养蜂的话之一（《养中蜂，三根筋》）、之二（《随季节、蜜源变换强弱，育强群全力夺取高产》）、之三（《中蜂传染病防治概说》）、之四（《中蜂场怎样制定全年的养蜂生产流程》）、之五（《如何有效防治中蜂主要病敌害》）等，开展启蒙教育。

现在培训主办单位（包括乡镇，甚至村级行政单位）大多都有音像设备，认真做好配合教材内容的 PPT，在培训现场演示，非常必要。一是能强调、突出教学的重点内容，以便让学员掌握；二是配合图像，直观生动；三是能吸引学员集中精力听课。现在智能手机已经相当普及，农村也不例外，学员在听课时可用手机拍下自己想知道 PPT 上演示的内容和图像，有助于事后重看和复习。有些学员家中有电脑，课后还应允许他们用 U 盘拷贝走讲课的内容，以增强培训的效果。

由于讲台下的对象大多是文化水平不高的农民，要达到预期的培训效果，教学者的讲课风格要求平实、易懂，既要有科学的严谨性，又不失生动活泼。讲课的内容和 PPT 也不是一成不变的，每个老师都要认真总结每次教学中的经验、得失，随时关心养蜂技术的发展，不断丰富、添加、更新和改进培训内容，以满足社会对培训水平不断提高的需求。

（二）搞好现场培训，理论与实际操作相结合

养蜂是一门实践性很强的学问。搞培训以前，要与培训单位有效沟通，选择好合适的实训现场，由自己或请当地有经验的师傅进行实际演示、操作，加深学员的直观印象。

（三）插播有关养蜂的音像资料，调动、活跃会场气氛

授课者平时要注意在网上搜集、下载与养蜂相关的影像资料，内容包括养蜂技术、基础知识、新式养蜂工具、养蜂趣闻等。与讲课内容结合紧密的，就在课堂上课时播放。其他则可在会前播放暖场或课间休息时播放，活跃会场气氛，提高受训人员的兴趣，消除学习时的枯燥感和疲劳感。

（四）留出互动时间，增强学习效果

一般每位老师讲完课后，都要留出一小段时间与学员互动，让学员就课程内容提问题。可由老师答疑解惑，也可由在场有经验的师傅回答。这样既解决了个别人的疑问，也使其他学员学到了新的知识。

此外，我们在每次培训时，都要特地留出半天时间，专门互动交流。一般情况是，将参训学员按随机的方式，每5～7人编为一组，每组各起组名，以示区别。然后每组交给白纸（0号纸）两张，彩笔一支。分组讨论，一人执笔（通常是组长），一张写这次培训学习的收获、心得，一张写自己认为如何养好（中）蜂的措施，每人至少贡献一条意见（图7-39）。限时（半小时）交卷，然后由各组组长（或代表）轮流上台，做交流发言（图7-40）。这种做法可复习、巩固所学内容，检验教学效果。由于参与式学习，使每位学员都身处其中，调动了每位学员的学习积极性、主观能动性，既活跃了气氛，又增强了培训的效果。

图7-39　学员们正在讨论，写学习心得

图 7-40　学员代表在培训班上做汇报发言

（五）培训前尽量抽时间深入当地了解实情，使培训、教学内容更具针对性

一般培训会都是会后到蜂场参观学习，但我们认为事先深入现场调研，与当地养蜂员交流更为重要，这样可以了解到生产实践中的问题和养蜂员的需要，及时调整讲课内容，避免"从书本上来，到书本上去"、与生产实际相脱节的弊病，使培训更具针对性。

无论是事前或是事后，通过实地考察、调研，对当地养蜂生产提出具体指导意见，肯定好的做法，指出存在问题及改进意见，并贯穿在教学过程中，这才是培训主办单位最想要的效果，也最能体现培训者的专业功底和技术水平。

（六）提倡团队精神，取长补短，分工合作

如培训时间较长，教学人员应多人分工合作，一是可以避免仅由一人担纲，长时间讲课产生疲劳，降低教学质量；二是可以使团队中的每个成员都能有机会得到锻炼。其实下基层讲课，对每个专业人员来说，也是一次难得的学习、调研、接触生产实际、增长见识的机会。通过备课讲课，迫使自己多看书学习，搜集资料，充实自己的专业知识，提高自己的业务指导能力。此外，通过参与培训，还可相互观摩、切磋，吸取同行的教学经验和专业知识，有利于整个团队的成长，以便今后取得更好的培训效果。

三、实行分级培训

由于培训工作面广量大，在人手不够、工作头绪繁多的情况下，贵州省采

取分级培训的模式。就是省里组织各县（市）有实力、也有一定养蜂基础的优秀养蜂员集中培训，重点提高他们的理论基础、技术水平，介绍新蜂具、新技术，并在他们的蜂场先实施，培养地方师资力量。然后再由这些人利用当地的培训资源，如培训经费及组织形式（农民讲师团）等，去培训当地养蜂员，面对面地进行指导。

由于这些养蜂员对当地蜜源、气候了解，他们的经验更适合于当地农民，培训更有针对性，同时也有现场可供观摩学习。

四、收费带徒，介绍养蜂员到基地去跟班学习、培训

一般会议培训由于时间短，人员复杂，针对性不是很强，因此很难解决养蜂员深入学习的问题。为了满足有一定经济实力，或有政府、项目支持的养蜂员深入学习，为各地培训养蜂技术骨干，我们会介绍有此类需求的养蜂员，到养蜂基地，或技术过硬、又有一定培训能力的蜂场上去跟师学艺，时间 7～10 天，学费标准按 1 月 2 000 元计算，按天付酬，食宿自理或在蜂场食堂吃饭。理论与实际操作相结合，以实际操作为主，重点解决蜂群日常管理和人工育王、分蜂合并等技术，效果不错。贵州省近几年来以这种方式培训了 50～60 人，有些学员现养蜂已超过百群。其中，2017 年 7 月，笔者组织动员了威宁县石门乡、六盘水市的 5 个学员到贵州省桐梓县蜂场集训，由有经验的师傅带教，每天每人教学费 100 元，重点解决中蜂人工育王问题，仅 1 周，学员们就已熟练掌握了人工育王技术，移虫接受率达到 90％～100％。其中有个学员回场后已育王 3 批，培养成功了 100 多头秋王。

据了解，随着农村养蜂积极性提高，扶贫攻坚活动的深入开展，农民自费学习或项目委派，是有市场需求的，关键是需要去积极组织和推动。

五、外出参观学习、观摩研讨与就地培训相结合

俗话说："听一遍不如看一遍，看一遍不如做一遍。"照本宣科、课堂讲课固然是培训的主要方式，但有时挑选、组织一部分项目主管部门领导、养蜂员外出参观学习，似乎起的作用更大。例如，2013 年纳雍县想要实行中蜂活框饲养，除了开课培训外，还组织他们到正安老区去参观学习，并亲自体验了活框取蜜的过程，对他们震动很大。回来后当地群众就自己动手改蜂，到现在该县活框养蜂已达 1.8 万群，占全县蜂群总数 98.8％（当初只占 0.2％）。现在贵州省每年都要组织一次现场观摩研讨会，什么地方搞得好，就到什么地方去开会，以会代训，效果很好，在经费上采取众筹的方式，旅差、住宿费用由各地政府、单位或本人负责，接待单位只负责解决吃饭问题。

六、培训方式灵活多样

为了重点解决养蜂员的实际需要，可采取"一会一训""一事一训"的方式，解决中蜂人工移虫育王，分群合并、春秋繁技术等问题，滚动式培训。

提倡"谁卖蜂，谁培训"的方式，并通过微信平台，进行跟踪服务，动员社会力量，解决培训经费不足的问题。

此外，贵州省农业科学院还有一个农业声讯台，电话号码为 12316，养蜂员遇到什么问题，可通过这个号转给省内有关专家给予解答，也是对培训方式的一种很好的补充。

再谈如何搞好养蜂技术培训

养蜂技术培训是一项经常性的工作，说起来简单，但要做好也不容易。笔者曾经写过一篇《怎样搞好养蜂技术培训》的文章，发表在《中国蜂业》上，感到有些地方还需要加以发挥和补充。

一、明确培训对象，备好相应教材

办培训班前，首先要了解主办单位的要求和受训人员的技术水平。根据以往的经验，培训对象大致可分为以下三种情况。

第一种是传统养蜂的饲养者，农村小规模的饲养户，政府部门划定的养蜂扶贫对象，或刚入门、想入门养蜂的其他农民。这些人文化水平低，经济条件差，养蜂技术基础差，管理上存在问题多。他们养蜂主要是增加收入来源，改善自身经济条件，实现农户解困脱贫。

第二种是养蜂专业户，一般饲养三五十群蜂以上，或养蜂历史长、有一定养蜂经验的师傅，其中部分人的经济收入来源主要靠养蜂。养蜂的目的主要是致富。

第三种属于养蜂爱好者。这些人收入来源广，养蜂只是作为一种爱好和消遣。特点是经济实力雄厚，有大把的闲散时间，又大多具有一定的文化水平。平常喜欢搞一些小发明，小创造（如养蜂小工具、新型蜂箱等），关心养蜂上一些特殊、新奇的现象和逸闻趣事，写一些小文章，互相交流，探讨一些养蜂技术、小诀窍等。他们追求的不在于经济收入的多少，而完全在于兴趣爱好。显然，政府和主管部门要关心和培训的对象主要是前两者。但有时养蜂爱好者的一些养蜂小经验、小窍门还是有一定实用价值的，吸收进来对发展养蜂技术，也有一定的参考价值。

前面提到的第一种人多半是初学者，养蜂规模小、技术差、经济弱、刚起步。因此，培训的内容应当从最基础的知识讲起，如蜂群生物学和基本操作技术，既要讲理论，又要注重实际操作。为他们讲课时，语言要浅显、平实、直白，技术要简单、有效、实用，易懂好学，能配合视频、音像资料的就尽量播放相关资料，以及配合实物（道具）讲解。"大道至简"，对于他们，要尽量把复杂的事情变简单，而不要把简单的事情搞复杂，反复强调、突出重点、难点。培训中要留出一定时间到蜂场实地走访参观，感受现场，加深印象。由于养蜂的季节性强，不必强调一次培训的时间有多长，而是强调能在不同季节多培训1~2次，哪怕每次时间短一点也可以，如春、秋繁，越冬越夏前，大流蜜期等，尽理结合现场讲解，着重讲怎么做，顺便讲为什么，重点在普及，提高是其次，以便做到当场培训，当场消化，边学边用，学以致用。

关于对第二类人的培训就要上一个层次了。因为这些人养蜂资历长，经验比较多。当然，他们之间养蜂水平不尽一致，各自需要解决的问题也不完全相同。因此，开班之前，最好能到有代表性的蜂场中去走访一下，了解生产现状，征求他们对培训的意见，找准此次培训中的重点和难点。

第一，讲课的内容要更具针对性，着重在于提高他们的理论修养和技术水平，不但要解决生产中存在的实际问题，还要讲透为什么这么做的道理。既要能接"地气"，又要用通俗易懂的语言去宣传、阐释、推广新的科研成果，介绍新技术、新工具，行业发展的新动向，新思路。讲课内容一定要有较高的科技含量，新鲜的内容，使他们喜闻乐见。根据笔者多年的经验，他们的问题，主要集中在蜂种、蜂箱、蜂王的选育、病敌害防治、高产技术以及如何根据当地气候、蜜源，正确制定相应的养蜂管理流程等内容。要多从正面引导，宣讲主流技术，不要剑走偏锋，也不能尽讲老话、套话，千人一面，千篇一律；书本上来，书本上去，单调重复。

第二，通过走访，挑选他们当中养蜂经验丰富、成绩优秀、收入不错的养蜂师傅做典型发言，"现身说法"，激发他们的荣誉感，介绍他们行之有效的养蜂经验或点滴体会。因为蜜源、气候相同，他们的经验或许对当地蜂农更为实用。对于文化水平不高的养蜂员，要事先请人代为总结，使发言时有条有理，把握重点，便于大家参考借鉴。

第三，一定要留出一定时间进行教学互动，答疑解惑，尽可能利用培训的机会，解决每位参训学员的实际问题。

第四，尽量安排现场观摩、讨论，到不同地点、不同技术水平的蜂场现场参观，让大家针对讲课内容和现场情况，提出管理上的优缺点和改进方案，活跃大家思维，巩固教学成果。

二、事先做好基层生产调研及科研资料的搜集，是做好培训的基础

有些人对基层培训存在两种错误的认识。一是认为培训工作简单，技术含量低，台下面对的是一些知识层次不高的农民，只要照本宣科去做就可以了，不太重视培训工作，认为搞不搞培训，对本部门无关紧要；二是认为业务主管部门的主要任务就是做培训，因为上级有任务，做了培训就万事大吉，等于做好了一切。

其实这两种看法都具有片面性。一个产业的发展需要技术支撑，科研部门要将自己成果转化为生产力，就需要通过培训把技术知识传授给农民。不能把主次关系弄颠倒了，培训可能是"任务"，但不是目的，而只是实现目的的一种手段。培训的目的是为了提高农民素质，特别是当前面临传统型农业向质量效益型农业转换阶段，更应加强农民的职业培训，用新的技术去改造传统农业，促进产业发展和升级换代，这才是培训的主要目的，也是业务主管部门、养蜂科研部门的主要任务和工作目标。

开展技术培训，无论对从事科研，还是对从事管理部门的工作人员来说，都是一个提高自己专业素养和业务能力的绝佳机会。因为要搞好培训，就需要讲课者做好两点：一是要倒逼自己去认真、系统地看书学习，同时又要搜集相关资料，掌握养蜂学科的新成果、新技术、新动向；二是要深入基层，了解产业发展的现状、存在问题，研究和提出解决问题的技术方案和发展思路。也就是说，讲课者要对讲授对象、当地养蜂生产情况心中有数，要有想法。这样讲课才能讲得深，讲得透，讲得活，接地气，解决当地养蜂员和产业发展的实际问题。

对科研部门来说，通过对实际情况的调研，了解发现和挖掘到生产中急需解决、有价值、有推广应用前景的课题。培训同时还是科研部门推广自身成果一个绝好的机会。通过培训，大力宣传、推介自己的科研成果，使科研成果尽快社会化、产业化，并与地方部门积极配合，通过项目合作，使科研成果尽快在生产实践中得到应用、验证，转化为现实生产力，而不仅仅将科研成果作为一纸空文，长期束之高阁。

对于业务主管部门来说，培训也是收集情况，加强上下联系，丰富阅历，增长见识的好机会。通过培训，认清行业发展的优势和存在问题，理清今后的

工作思路，抓典型，树样板，加大行业的监管力度，敢担当，有作为，以便对指导基层养蜂生产、发展地方特色经济出谋划策，在政策、业务上给予实实在在的指导与帮助，达到"产业强，农民富"的最终目的。

其实，看一个专家培训工作做得好不好，除讲课的水平之外，最能考验、体现一个专家的专业素养、理论水平和实际指导能力的，往往是在培训之后，能不能理论联系实际，给当地政府、主管部门提出产业发展中肯、实用的建议，其实这也是培训工作取得的其中一项最重要的成果。

第八篇

国内不同地区养蜂情况采访

从技术、经营管理的角度看"梁朝友现象"

梁朝友，重庆市荣昌区人。10多年前，他怀揣生产中国成熟蜜的梦想，到新疆闯荡，现养蜂6 500箱，创办了中国，乃至全亚洲的第一大蜂场。近些年来，许多行内的专家、教授，以及各省养蜂主管部门、养蜂员络绎不绝地到他蜂场参观访问、学习取经，也曾经写过不少关于他的报道，在蜂业界形成了独特的"梁朝友现象"。

2015年9月25日，笔者一行三人来到梁朝友位于新疆北屯市的蜂场参访，梁师傅热情地接待了我们，双方非常投缘，相见甚欢，他在百忙中竟腾出了2天宝贵的时间与我们促膝交谈。本文主要从技术及经营管理的角度，深度剖析梁朝友成功背后的原因，供业内人士参考。当然，在此之前，还不得不回顾一下梁师傅到新疆重新创业的简短经历。

一、简要回顾

梁师傅原是重庆市荣昌区人，17岁开始学养蜂，由于他人聪明，肯钻研，20世纪八十年代仅20多岁的他，在养蜂上就出了名，带出了不少徒弟。他在重庆老家是县人大代表，获得过政府颁发的"养蜂致富能手""带头致富奔小康养蜂状元"等荣誉称号。

梁师傅在老家有一个卖蜂产品的店面。2002年，他卖掉蜂子，专门在家开店做生意，这样过了8个月，长了2千克肉，胖了。有一次，他哥对他说："你带了一大帮徒弟，他们中许多人养蜂都亏了本，怎么搞的？"梁师傅答道："他们亏本是因为产品浓度低，质量不过关，不能怪养蜂这行不赚钱。"梁师傅是勤快的人，耐不住寂寞，想到自己还年轻，这么闲下去也不是办法，再加上他哥这一问，于是就决定赌一口气，重出江湖，再把乡亲们都带起来。

中国虽说是世界上养蜂第一大国，但因为厂家收购的大多数是不成熟的低浓度蜜，再加工浓缩，因此在国际市场上售价很低。为此，中国业内提倡生产成熟蜜已经有很长一段时间了，但并没有人去认真对待过。什么是成熟蜜，没有具体的标准，梁师傅当时自己心里也没有底。他曾经到新疆放过蜂，对当地气候、蜜源情况有所了解，于是决定到新疆去闯一闯。

要在新疆第二次创业，生产成熟蜜，需要购置大量的蜂具、蜂群，但他当时手头的钱并不多，于是就找到四川蜂业的知名企业家巨万栋。梁朝友曾向巨万栋收过5年的蜂蜜，彼此都很了解。巨万栋问他："你真的要生产成熟蜜?"梁师傅斩钉截铁地回答："真的，但差钱。"看到老梁态度这么坚决，凭着对老梁的了解、信任，巨万栋爽快地借给老梁112万元。

梁师傅到新疆后，就将自己的大本营定在新疆阿勒泰的北屯市。这里蜜源丰富，有野生沙枣、铃铛刺、苦豆子、红柳、甘草、奶瓜瓜、柳树，还有大片种植的各种果树、瓜类（南瓜、打瓜、葫芦瓜）、葵花和苜蓿。梁师傅用借来的钱购置木料，请了多位工匠连续加工了4个多月，置办了1.46万个蜂箱、27万个巢框，购买了13吨巢础，迈出了新疆创业的第一步。

但是，创业之路并不平坦。开始第一年生产的浓度为43.5波美度的成熟蜜，经巨万栋介绍被山东的一家公司卖掉了。但第二、三年成熟蜜市场没有打开，老梁接连亏损了200多万元，怎么办? 于是他决定生产市场前景看好的巢蜜。由于各个商家的大力宣传，当时巢蜜在市场上有了一定的销路，价格也不错。这样梁师傅的事业才有了新的转机，开始一天天转好，蜂场也不断壮大，终于有了今天这样的规模。

二、"南繁北采"的养蜂模式

梁师傅自己总结他的放蜂模式是"南北套养"。什么是"南北套养呢?"梁师傅解释说，因为新疆气候冷的时间长，不利于蜂群春繁，于是就把繁殖蜂群的任务放到南方。等到夏季蜂群多了，群势强了，那时新疆的气候、蜜源也好了，再运回新疆集中采蜜。

他放蜂的路线大致如下：每年11月月底由新疆运蜂到云南采油菜、蚕豆、苕子、山花繁蜂（此期有时需补喂花粉）。4月上旬再从云南转地到成都平原或甘肃天水采油菜，5月回到新疆北屯，采山花、葵花、瓜花，一直到8月，只取一次蜜。8月底至9月扣王断子。9月下旬喂足越冬饲料，每群10～15千克，然后就地越冬。因该场主要生产蜂蜜，梁师傅选择的蜂种是东北黑龙江饶河一带的黑蜂与意蜂的杂交种。

其实，自西方蜜蜂引入中国后。这种南北流动放蜂、追花夺蜜的方式就开始了。但梁师傅所说的"南北套养"和现行绝大多数养蜂员流动放蜂、一路上追花夺蜜的方式不一样，那就是他在云南、四川、甘肃放蜂基本都不打蜜，在蜂群到达新疆以前，一直都以繁殖、分蜂、换王为主，不断分蜂扩场。梁师傅采用的是双王平箱繁殖。一般在新疆越冬时有6脾足蜂，越冬后到春繁场有4脾足蜂，一边一个王。当蜂群繁殖到8脾蜂时，就分出一半，提双王交尾群，中途基本不打蜜。这样从新疆出去的一车蜂，回来可以达到3车蜂，蜂群数可以增加3倍。蜂群经中途分蜂、繁殖，回到新疆后，已是8个脾的双王强群，此时加隔王板，上巢蜜盒浅继箱贮蜜，也有一部分蜂群加高继箱生产分离成熟蜜。由于这种方法是在南方及途中繁殖，到新疆（北方）后再取蜜，笔者认为将这种养蜂模式称之为"南繁北采"，似乎更为确切（梁师傅称为"南北套养"）。

说到这里，就不能不提到另外一个人，此人就是《数控养蜂法》（现改为《标准化养蜂法》）的作者、黑龙江省养蜂大王杨多福。杨师傅根据黑龙江省当地气候、蜜源情况，以当地高产稳产、蜜质又好的椴树蜜为主攻方向，在蜂群包装春繁后，一直到椴树大流蜜期之前，按"10 脾蜂，常奖饲"的原则，不断分蜂扩场，然后集中力量取椴树蜜。这样到椴树大流蜜期前，全场的蜂群数可比原来增加 50%。杨师傅曾把这套方法称之为"持久战养蜂法"，他的具体解释是："把高产又稳产而且畅销的蜜期作为全年的主攻方向，其余蜜期都是繁蜂期……在繁殖期中，养蜂员的主要任务，是扩大和积累整个蜂场的采蜜力量，在各个蜜期中，力求避免那种得不偿失或得失相当的消耗战，不组织强群采蜜，相反，还要尽可能地多分蜂……全力进行繁殖，这样虽然在很长时间，几个蜜期都没有收到蜜，然而，这种做法却得到了更重要的收获——全场蜂数大量地增长，这就为夺取高产奠定了基础。"同样的观点，也见于苏联著名的蜜蜂生物学家、养蜂学家、获得过列宁勋章的塔兰诺夫教授所著的《蜂群生物学》。看来，梁朝友和杨多福两位师傅的养蜂方法、基本原理大致是相通的。

采取这种前期繁殖、不断分蜂扩场，后期集中力量取蜜的方式是有一定前提条件的。那就是：第一，在整个外界流蜜期间，至少有一个流蜜期较晚、收入比较稳定、经济价值较高的大蜜源（比如东北的椴树蜜源，新疆的山花、葵花、瓜花蜜源）；第二，在整个外界大蜜源前期陆续有可供繁殖的辅助蜜粉源，且最早的蜜源与较晚的大蜜源之间有较长的时间，足以使分蜂后的蜂群恢复群势；第三，蜂群繁殖、养王、分蜂期气温较高，气候稳定，有利于蜂王交尾、蜂群繁殖。以杨多福师傅所在的我国东北地区为例，蜂群在当地越冬后，大约在 4 月上旬开始包装春繁，到椴树大流蜜期前有 1.5 个月（约 90 天）的前繁期。而梁师傅的蜂群前一年 11 月底，运到云南就可以开繁，到 5 月初回到新疆，前繁期竟达 5 个月左右的时间，蜂群数增加到先前的 3 倍是完全没有问题的。试想一下，2 000 群蜂出省繁殖，回来时有 6 000 群蜂参加采蜜，那是一个多么壮观的场面啊！当然，实际上这 6 000 群蜂不可能同时放在一起，而是将其分散安置到不同的地方去授粉、取蜜。

三、规模化饲养的配套措施

梁师傅的蜂场现达 6 500 群，常年产蜜量 400 吨，已是亚洲第一大蜂场。而要管理好这么多数量的蜂群，大量节省人力、工时，就需要有相应的配套措施。

用梁师傅自己的话说:"要想实行规模化,就必须实行机械化;而要实行机械化,就必须技术标准化。"为此,他悉心钻研,解决了规模化养蜂中的四大难题。

第一个难题是蜂群上下车。养蜂员都知道,蜂场上最怕、最辛苦的事莫过于搬家,而转场搬家最耗力气、需要抢时间的活就是将蜂群及时上下车。为了方便上下车,梁师傅特地购置了一台吊车,并亲自用角钢焊制了一批一次能起吊5个蜂箱的专用托盘。用吊车上下蜂群,不但大大减轻了工人的劳动强度,而且也节约了上下车的宝贵时间。

第二个难题是育王。蜂场一年要育1万多头王可不是一件简单的事情。梁师傅选择在春季育王、换王。此时育王的质量好,成功率高,蜂王产子力强,且繁殖期蜂群都是小群,好找王,一个劳力一天可查蜂200群。

第三个难题是收蜜。梁师傅蜂场生产的主要是巢蜜。不管是收巢蜜还是分离蜜,他们都不在野外操作,而是直接将继箱套连脾搬回厂房后再集中处理。运回厂房的继箱、浅继箱重叠时还要稍微错开一定的角度,继续散发其中水分,使蜂蜜进一步成熟(新疆空气湿度小)。由于人工脱蜂太费劳力,梁师傅就采用吹风机脱蜂。取下继箱前,先用吹风机从上往下吹,将大部分蜜蜂赶下底箱。然后再脱下继箱,转90°置于底箱上,用吹风机横吹扫去余蜂。

第四个难题是治螨。蜂场一年要杀螨几次,治螨也是蜂场上最费工的一项活路,梁师傅有一套独特的治螨程序和方法。越冬蜂运到云南后,在开始繁蜂前后乘蜂房内还没有封盖子脾时,用喷雾器各打一次甲酸水剂(1支药兑水1千克)。此后使用粉剂,配方是1包升华硫(500克)兑3克氟胺氰菊酯粉剂混匀,用喷粉器喷粉,可治100箱蜂。在普通喷粉器的喷嘴前配一专用塑料小勺,先将药粉盒放在蜂箱巢门前,然后用勺撮取一小勺药粉,置箱门口,同时转动喷粉器手柄,药粉会立即喷入箱内。喷粉的次数,4—5月每40天喷1次;6—7月一个月1次;8—9月20天1次,连治5次,采用这种方法一人一天可治2 000群蜂。

另外,为提高效率,他还亲自动手设计安装了一台化糖机(每次可化白糖3.5吨,一年要喂50吨白糖)、一台一次可放150个蜜脾的滚筒式摇蜜机。

四、梁朝友规模化养蜂成功的重要原因

采访期间,有一次笔者在乘车去饭店吃饭的途中,无意中聊起了梁师傅成功的原因。梁师傅自我总结道:"天时、地利、人和、技术、资金"。

技术前面已经讲过了;资金除了第一次借款外,都是后来逐渐积累的。在此分析一下"地利"。梁师傅取蜜地点在新疆,新疆不仅是我国的瓜果之乡,也是个大蜜库,这里有大面积的野生和栽培蜜源。就拿栽培蜜源来说,当地一个种植户承包的土地面积可达成千上万亩,最多的一户可达10万亩。从气候

上看，该地进入 5 月，一直到 10 月，都没有风沙，天气晴朗、干燥，十分有利于蜂群采蜜，酿造高浓度的成熟蜜。再加上梁师傅现在的夫人就是当地人（农垦 187 团），在当地关系广，可以分散放蜂的地点多。已故云南农业大学的匡邦郁教授曾到此参观过，匡教授无不感慨地对梁师傅说："5—8 月恰恰是内地缺蜜的季节，而你这里正好是大流蜜期，面积大，天气好，蜂又强，这里可是一块养蜂的风水宝地呀！"新疆还有一个特点，就是盛产瓜果，而到瓜果开花之时，就离不开蜜蜂授粉。举例而言，一株巴旦杏，在没有蜜蜂授粉的情况下，产量只有 5 千克，而经过蜜蜂授粉，产量就可以提高到 20 千克。所以梁师傅的蜂子，在当地成了人人争抢的香饽饽，乡亲们都争着要梁师傅到自家地头去放蜂，一个地块放个二三十群，少的也有只放十多群的。放蜂环境也好，虽然蜂群平时没有人照看，但基本不丢蜂（据梁师傅统计，13 年只丢了 40群）。现在梁师傅的蜂群不仅放在北屯（属北疆），而且一部分蜂群还由政府出钱雇用，放到了南疆的莎车地区。新疆巴旦木的种植面积已达全世界的 20%左右，而莎车又是新疆巴旦木的主要基地，蜜蜂授粉对巴旦木增产意义十分重大（图 8-1）。梁朝友讲了一段有趣的故事，2015 年他到莎车放蜂，当地政府官员对农业部门的负责人说："这个人太重要了，你们要想办法把他留住，多住几天。"于是当地农业部门请梁师傅在当地，连住了 20 多天。为了安全起见，住所门口还特地放了两个岗哨。梁师傅打趣地说："过去只看到当兵的给当官的站岗，现在给养蜂人站岗，这还是头一回。"可以这么说，在一定程度上，是新疆特殊的环境成就了梁朝友。

图 8-1　中立者梁朝友，手中为全封盖整蜜脾

　　再说到"天时"，笔者的理解是成熟蜜的市场和进入时机的问题。梁师傅头脑灵活，思想敏锐，眼光独到。例如，如何看待外国蜂蜜进入中国市场的问

题，许多业内人士都认为是坏事，是来跟咱抢地盘的。但梁师傅却不这么认为，他说："澳大利亚、新西兰的蜂蜜来中国能卖到四五百元一斤，撬动了中国蜂蜜的高端消费市场。老百姓看到蜂蜜能卖这么高的价格，对国内自产高端蜂蜜的价格，在心理上自然也就能够接受了。""春江水暖鸭先知"，梁师傅正是从外国高价蜂蜜看到了市场上未来的商机，才毅然决然投身到高档成熟蜜的生产中来，先行一步，成了国内高端蜂蜜生产的领军人物，抢占了先机。如今他的产品在市场上非常抢手，供不应求。正如2013年在哈尔滨召开的全国蜂业博览会上，德国沃尔夫公司的一位经理在梁师傅的展柜前说："我这次终于看到中国有天然成熟蜜了。梁先生的意识在中国至少领先十年。"

讲到"人和"，梁师傅似乎并不避讳他的企业（即新疆北屯朝友农民养蜂专业合作社）是个家族企业。现社里一共有25个成员，其中大多是他自重庆老家带过来的亲戚，多数是两口子，少部分是单身。在企业里，除包吃包住外，还按各人的工种、级别拿不同的工资。由于梁师傅既是长辈，又是师傅，所以人员相对比较好管理。

一般家族企业的创始人上了年纪，都会有谁来接班、能否胜任的问题。许多企业，甚至大型企业因为这个问题解决不好，家庭不和，而致企业凋敝，梁师傅对此也早有考虑。梁师傅现有一儿三女，全都大学毕业，其中一人还是研究生。儿子从昆明医学院毕业后，在某县公安局当法医。为了将现在开创的产业持续下去，梁师傅顶着亲友的压力，硬是叫儿子辞职回来养蜂。他对子女们宣布："单位给你们开三千工资，我就开六千；单位开六千，我就翻一倍。谁先回来，谁就是董事长、总经理，谁后回来，就只能当工人。"这次一起陪同接待笔者的是他的小女儿，刚从西安外语学院毕业，现在回来帮忙（图8-2）。

图8-2　笔者等参访新疆梁朝友养蜂专业合作社包装车间

（站立者：左2梁朝友，左3本书主编，左1梁朝友小女儿）

笔者背着梁师傅两口子单独问她："你爸喊你们回来养蜂，你有什么想法?"她女儿乖巧机灵，十分善解人意，她回答道："现在工作不好找，待遇也不高，有的同学现在就业的工资只有2千多。现在父母给我们搭好这么一个难得的平台，正是施展我们学识和才华的一个绝好机会。我从小就在蜂场上长大，看好这份事业，也愿意从事这项工作。"讲到"人和"，还有一点，就是当初起步时巨额借债的问题，虽说是巨老板当初一时鼎力支持的"义举"，不也折射出梁师傅平素为人"重信用、讲义气"，那种人性中的光辉吗?

梁师傅之所以成功，除了以上五个因素外，还要补充重要的一点，那就是他懂经营，会管理。现代企业有"三分在技术，七分靠管理"的说法。关于蜂场经营管理的重要性，以及一个成功的蜂场主身上应该具备的品质，笔者在20世纪90年代曾专门撰写了4万多字的论文来充分阐述过。所谓蜂场的经营管理，就是指蜂场主合理组织、充分利用本场的生产资料（蜂群、蜂具）、资金、劳力，持续不断地进行产品生产、流通与收入分配等经济活动，调动全体成员的积极性，充分发挥先进技术在养蜂生产中的作用，降低成本，提高工效，使蜂场的产、供、销活动有机结合，更加适应外部经营环境和市场的变化，从而把蜂场的近期工作和远期目标结合起来，使之不断巩固，不断发展。梁师傅人聪明，好学习，敢创新，有恒心。他不但懂养蜂技术，而且有敏锐的商业眼光、超人的胆识、气魄和极强的组织管理能力。正是具备了上述种种优秀特质，以及全面的综合素质，他才能把"天时、地利、人和、技术、资金"五个要素、资源整合在一起，创建了中国乃至亚洲第一大蜂场，实现了他当初生产中国高档成熟蜜的抱负和理想。

五、如何看待"梁朝友现象"

近些年来，在梁朝友的带动下，现新疆有蜂上千箱的专业户有4户，养蜂500箱的有40家，养200箱的就更多了。随着梁朝友自己蜂场规模不断扩大，影响不断加深。他除了在家乡获得的荣誉外，梁朝友合作社现在还是中国养蜂学会理事、中国成熟蜜生产基地、国家级优秀合作社。2015年在韩国召开的国际养蜂博览会上，梁朝友的产品获得了三项金奖，各种荣誉、奖励实至名归，纷至沓来。到梁朝友蜂场参观的人也越来越多，形成了一股"梁朝友热""梁朝友现象"，梁朝友成了当今蜂业界一颗冉冉上升的新星。

常言道："透过现象看本质。"笔者通过剖析"梁朝友现象"，就是让大家清楚地认识到明星光环背后令他成功最本质的东西。学习梁朝友，除了直接学习、借鉴梁朝友的养蜂经验和创新成果外，更重要的是要学习他坚持生产中国优质天然成熟蜜的正确理念；敢为人先、勇于创新的精神；实现目标的毅力和决心；刻苦钻研技术、锲而不舍的劲头；敏锐的商业眼光；超强的组织管理能力；豁达大肚的胸襟和诚实率真的人品，并以他的事迹为榜样，不断地磨炼自己的意志、品质，不断地提高自己的组织管理能力和技术水平，去追逐、实现属于自己规模化养蜂的梦想。

正如《舌尖上的中国》中所说："不管你是否愿意，生活总是催着我们在改变。"梁朝友本人并没有打算就此停步，他计划明年将蜂场规模再扩大到一万群。不难想象，今后随着养蜂科技进步，养蜂机械化、集约化水平及劳动力素质的提高，可能会涌现出更多梁朝友似的人物，甚至也许有人会超过梁朝友。尽管如此，但并非人人都能成为梁朝友。梁朝友的放蜂模式，有些地方、有些人可以去复制，有些则是复制不了的。试想一下，如果全国 600 万群西蜂，全都模仿梁朝友，涌入新疆放蜂，实在是一件不可想象的事情。再说，每个人、每个地方的情况都有不同，蜜粉源不同，使用的蜂种不同（西蜂或中蜂，糖蜂或浆蜂），主攻的产品不同（蜂蜜或王浆、花粉），各地的蜜粉资源需要有人去开发利用，许多农作物、果树有待蜂群为他们授粉，因此需要不同地区的养蜂员从自己的实际情况出发，学习参考他人经验，开启自己的智慧，去创造出一套适合本人及当地的养蜂套路和模式，开辟新的蜜源，实行适度规模饲养，生产出高质量的各种蜂产品，以满足市场对不同产品的需要，成为当地的"张朝友""王朝友"或"李朝友"。

习近平主席在回答记者对中美关系的提问时说："日月不同光，昼夜各相宜。"不同类型的蜂场也正是这样，规模究竟多大才称之为适宜，要根据自己的主客观条件（特别是蜜源）和自己对蜂场的组织、掌控能力来决定。但蜂场不论大小，产品质量永远都是占第一位的，这也正是梁朝友产品受到市场青睐，蜂场规模不断扩大，梁朝友经验被同行看重、认可的重要原因。

两岸蜜蜂搭起的彩虹

——记 2012 年第九届海峡两岸蜜蜂与蜂产品学术交流及参访活动

一、概况

海峡两岸蜜蜂与蜂产品交流活动始于 2000 年，系由台湾苗栗蚕蜂试验场邀请大陆七位蜂业界学者、人士到台湾交流。次年，改由福建农林大学邀请，台湾蜂业界学者、人士到大陆参访，如此连续循环了 8 届。2011 年 7 月，为了方便与大陆蜂业界交流，特由台湾大学、中兴大学、宜兰大学等有关学者、专家，成立了蜜蜂与蜂产品协会，继续主持台湾方面从事两岸相关的学术交流活动。

2011 年，笔者所在公司在贵阳承办的全国蜂产品信息交流会暨中国（贵阳）蜂业博览会期间，报备省台办，邀请过台湾大学、中兴大学、宜兰大学等 6 位教授前来参会。因此，台湾蜜蜂与蜂产品协会这次特邀笔者回访，并在会上做学术报告。

这次大陆同时赴台参访的还有由中国养蜂学会组团的 14 位成员，其中有中国养蜂学会理事长、中国农业科学院蜜蜂所所长吴杰、副所长彭文君、科研处处长刁青云，中国养蜂学会秘书长陈黎红；福建农林大学蜂学学院院长缪晓青以及该院的周冰峰、苏松坤两位教授；浙江大学的胡福良教授、云南农业大学的匡海鸥等。主要以学者为主，也有企、事业单位人员参加。时间为 2012 年 11 月 15—24 日，参访时间 8 天。

二、学术交流——CCD 现象引人关注

学术交流安排在宜兰大学内。2012 年 11 月 15 日晚笔者飞抵台北后，第二天一早便赶往宜兰。到达宜兰大学，寒暄过后，立即就进入了会议议程。

学术交流在宜兰大学报告大厅内举行。宜兰大学校长赵涵建、台湾大学名誉教授何铠光、台湾蜜蜂与蜂产品协会理事长陈裕文、台湾养蜂协会理事长吴朝生等致词后，大陆参访团团长、中国养蜂学会理事长吴杰致答辞，然后参会人员合影。稍事休息后，即进入主题。

大会交流的时间很紧，只有一天半的时间，一共有 19 位代表在会上做报告。除了两岸学者外，会议主办方还特别邀请了美国哈佛大学吕陈生副教授、美国密执安大学黄智勇教授，亚洲养蜂协会主席、泰国湄洲大学教授 Siriwat Wongsiri，亚洲养蜂协会副主席、韩国首尔大学胡教授参加。

此次会议交流的重点是蜜蜂保护，其中 CCD 现象尤其引人关注。所谓 CCD（honeybee colony collapse disorder），即蜂群消失症，近 6 年来，在北美和欧洲发生严重，蜂群损失率约为 35%。蜂群越冬过后，整群蜜蜂会突然消失不见，导致缺乏蜂群授粉，作物减产，加速了粮食危机，因而引起了 CCD 发生国社会及政府的高度关注。美国、欧盟等因此投入大量资金，关注、研究、跟踪 CCD 现象，预防蜜蜂损失。过去几年来，一些学者曾认为杀虫剂污染、蜜蜂感染病毒及微粒子病、电磁波干扰等因素，导致 CCD 发生，相继做了许多相关工作。最近研究进展表明，尼古丁类杀虫剂（如"益达胺"）应该是引

起 CCD 现象的主要原因。

因 CCD 消失的蜂群和因受病原微生物感染死亡的蜂群，在症状上有明显的区别。受感染死亡的蜂群内往往会看到大量的死蜂，而 CCD 导致的蜂群内没有死蜂。据哈佛大学吕陈生副教授研究，发生 CCD 的地区有如下特点，一是种植有经尼古丁类药物处理过种子的作物（如玉米、向日葵等），"益达胺"类农药残效期长，有内吸传导作用，会在花粉、花蜜中残留，蜜蜂采集后会导致蜂群慢性中毒；二是有较长的越冬期；三是越冬前饲喂过转基因的玉米转化糖浆。一旦形成这三个因素，就会发生 CCD 现象。台湾因气候温暖，没有 CCD 现象。4 年前，台大杨恩诚教授着手《非致死剂量"益达胺"影响蜜蜂工蜂嗅觉行为》研究，对上述研究作了很好的佐证。杨给蜜蜂幼虫四天连续喂食 0.01 纳克（十亿分之一克）的"益达胺"，剂量很低，幼虫仍能正常生长，但神经系统出现问题。羽化成成蜂后，外表与正常蜂无区别，但学习能力大为下降，变笨了，认巢能力及采集能力降低，最后影响到整群蜜蜂的生存。因此人们自然会联想到，如果人类长期食用"益达胺"类农药污染的农产品，虽然剂量很低，不会马上出现急毒反应，但长期积累，是否也会影响到人的神经系统和认知能力呢？因此，当上述研究结果出来后，法国首先放弃种植经"益达胺"处理过种子的作物。中国大陆现在虽然没有出现 CCD，但引起 CCD 的原因，蜂群消失症及其连锁反应，以及由此对人类自身安全的深远影响，值得我们高度警惕和关注。

大蜂螨是意蜂的主要敌害，对常用的菊酯类杀虫剂早已产生抗性。为减少农药污染，欧洲使用一种天然植物萃取剂——百里香酚来防治大螨，但防治成本很高。为此，两岸专家都同时想到了利用有杀螨活性的有机材质来作为新一代杀螨剂。台湾陈裕文教授开发出一种熏蒸型百里香酚制剂，防治率平均达 96.6％。浙江大学苏晓玲、胡福良等对 10 种中草药精油筛选，其中茴香精油熏蒸 48 小时可致 92.5％大螨死亡，有异曲同工之妙。

中国大陆蜂农对蜜蜂下痢病及爬蜂病并不陌生，蜂群带毒及感染率（病毒及微粒子）很高。台湾大学、宜兰大学及台湾瑞基海洋生物科技公司在对蜜蜂病毒及微粒子（孢子虫）系统研究的基础上，开发出以核酸（DNA 或 RNA）为基础，以 PCR 扩增为手段的简易、快速检测器。该检测器体积小，可携带，便于现场检测蜂群的感染程度，预测其发生，这对两岸爬蜂病的早期诊断、预警、防控，都有重大的意义。

台湾也有人养中蜂，跟大陆一样，中蜂蜜的价格卖得很高，可同样受巢虫（大蜡螟幼虫）危害。笔者在会上做了《改良式巢虫阻隔器的安装及使用效果》报告后，新北市土蜂生态农场的童秋芳场长当即就找到我聊了起来。他说：

"我这次来，就是特意来打听这方面信息的，一想到大陆有这么多教授来台湾，一定会有办法治住巢虫。我这次来对了。"笔者答应他，回大陆后，一定寄几套让他试用试用。

三、专业参访——温馨的蜜蜂文化

这次赴台专业参访，在主办方的联系和安排下，除了参访宜大试验蜂场、中兴大学昆虫学系外，笔者还参观了花莲的福昶蜂业公司养蜂场、蜂之乡有限公司，屏东县的"陈家蜂蜜"，高雄市的"高雄土特产馆"，云林县古坑乡的"蜜蜂故事馆"，南投县的"宏基蜜蜂生态农场"。

福昶蜂场有几百群蜂，分散在几个地方饲养。笔者去时，两个当地少数民族员工正在运蜂的小卡车车厢里取浆移虫，一个浆框下2～3根浆条，每次可取浆40克左右，产量并不高。但台湾不冷，一年四季均可取浆。与大陆不同的是，他们的移虫工具是用竹子的竹青部分做成一根又细又直、很薄又富有弹性的移虫针，勾虫的一端稍有弯曲。由于没有推杆，竹青端部勾住幼虫后就直接放入王台基内。由于幼虫带浆的黏附作用，养蜂员在抽针时，幼虫自然就留在了台基内。看他们熟练的样子，这个工具应该很好使用。这给了笔者启示，竹子在大陆农村到处都有，这样简便的移虫方法，便于农民掌握，可以在中蜂人工育王中推广运用。

台湾称王浆为蜂王乳。1千克蜂王乳的卖价在1 200～2 500台币（折合人民币为260～550元）。台湾本地生产的王浆供应不足，还需从泰国进口一部分。

台湾的蜂蜜主要是龙眼蜜，得奖的产品似乎也都是龙眼蜜。此外还有一些冬蜜、果树蜜（如文旦、柳橙、荔枝）、玉荷包蜜、百草花蜜、油菜蜜等。换算成人民币，冬蜜可卖到200元/千克，龙眼蜜大多在60～80元/千克。

笔者参观的这几家蜂产品专卖店和生态园（馆），其大小、规模、样式、产品虽各有不同，但总的来说，有以下几个共同的特点。

一是卖场都非常清洁、卫生、干净。有的布置得还很漂亮，购物的环境就足以使顾客感到放心。

二是产品系列化。布置精美的柜台中除了有蜂蜜、王浆、花粉、蜂胶外，还有蜂蜡制品、化妆品（含王浆）、蜂蜜酒、蜂蜜醋等。包装都不错，礼品盒尤其精美。有的店还自己用蜂蜜烘焙成各式糕点，产品可谓琳琅满目。陈酿5年的蜂蜜醋，可以直接食用，也可加冰饮用。吃起来有酸甜味，特别开胃爽口，与一般的醋的确不一样。

三是文化氛围浓厚。许多店（园）内都有塑料制成的蜜蜂、蜂巢模型做装饰，以渲染突出气氛。比较大的园区还有解说馆、体验馆，便于工作人员与顾客互动。墙上布置得有关于蜜蜂、养蜂生产、蜂产品保健功能、蜜蜂与农业的关系、蜜蜂文化（如关于蜜蜂的中外诗文）、企业荣誉介绍等宣传图文。有养蜂工具实物（如蜂箱、老式蜂桶）展览，影像播放等。更大的园区，还设有花园、草坪、亲子休息处；甚至养有蜂群，可让人们穿越飞翔中的百万蜜蜂隧道（需戴面罩），接触蜜蜂，让顾客产生刺激感。孩子们还可以在休息区亲手彩绘 DIY 蜜蜂宝宝，用蜂蜜烘焙 DIY 蛋糕等，从中找到自己动手的乐趣。笔者到"蜜蜂故事馆"参访时，就看到一群天真可爱的幼稚园小朋友，在两位老师的带领下，带着好奇的眼光，徜徉在神秘而有趣的"蜜蜂故事"中。

四是政府的扶持与指导。当地农业部门在帮助蜂农转型过程中，做了很多工作。宏基的赖朝贤、蜜蜂故事馆的程馆长都告诉笔者，在六七年前，政府就倡导他们做生活、做文化、做品牌，并对其中杰出的蜂农和有一定经营规模的店面或园区，通过申请，政府可给 1/3 的补助。中国台湾每几年要组织评监委员会，通过检验，对蜂蜜进行评选，帮助蜂农推销产品。宏基的赖朝贤和现任台湾养蜂协会主席吴朝生，产品都得过奖，也都曾当选过台湾十大杰出农民。高雄市农业局还特地修建了"高雄市土特产馆"，允许获奖的农副产品有偿在此销售，售价也比其他地区合理。"蜜蜂故事馆"里的程锜馆长告诉我们，他在台湾共有 7 个馆（店），年销售额 1 亿台币，成绩相当不错。

四、同行相聚——真挚的情感交流

我们每到一处参访，都会有台湾同行请吃饭，非常热情。席间敬酒是必不可少的礼仪。开始大家互不认识，有些拘谨，酒过三巡，大家的话自然就多了起来。攀谈中才知道，其实许多台湾蜂农都到过大陆，对大陆并不陌生，去最多的地方是广西桂林。台湾养蜂协会前任理事长在台中晚宴时说，他曾到过贵州黄果树，经过一蜂场参观，非常佩服大陆蜂农生产蜂王浆的高超手艺。在高雄时，与笔者同桌的有几个蜂农，其中一个叫吴朝丰，是现任养蜂协会理事长的堂弟，他就来过大陆，他说："大陆对蜂农很关心，运蜂有绿色通道，台湾这边却没有"。他还说："其实我们是兄弟啦，希望多来走动。特别欢迎蜂农前来，来了，可以多住几天，不要这么赶，带你们到山区蜂场上去看看"。这次旅行社带团的任家俊导游说："这次和各位教授、老师一起度过了愉快的十天，通过服务，建立了感情。现在你们行程即将结束，要回去了，我虽不会掉泪，但我会非常想念各位，希望大家经常走动"。

五、互补性强——两岸交流仍将继续

通过这次参访，代表团成员对台湾高校的外语水平，产学研紧密结合，以及产品促销与生态、休闲旅游、蜜蜂文化、科普教育相结合，留下了深刻的印象。中兴大学据称在台湾是首屈一指的农业院校，听说其中有两个班，全部用外语教学，其中有一些是来自其他国家的留学生。

正如这次大陆参访团团长吴杰和福建农林大学蜂学院院长谬晓青多次强调的那样："两岸养蜂界的互补性强，可以互派研究生到彼此的高校、研究机构就读、研修。现在大陆对台生前来就读，有很多优惠政策，大家应该充分利用。"这次已经有三名台湾学生，表示有意赴大陆读研深造；中国农业科学院蜜蜂所与台湾彦臣公司也有科研项目的合作。相信继续推动两岸交流，既有利于提高两岸蜂业界的整体学术水平；通过参访学习，互相借鉴，开阔视野，对解决生产中和产业发展中的实际问题，也一定会有很大帮助。

笔者在此向主办方台湾蜜蜂与蜂产品协会、台湾养蜂协会、宜兰大学、中兴大学、福昶蜂场、宏基蜜蜂生态农场、亚太蜂针研究会、陈嘉南博士、上鸿旅行社以及参访过的单位，表示衷心的谢意。这也是此次参访团其他成员共同的心意！

天 水 中 蜂 之 旅

2013年7月底、8月初，笔者赴新疆参加中国养蜂学会学术交流会后，回黔途中，特地取道甘肃天水，了解该地中蜂饲养情况。天水是甘肃省养蜂研究所的所在地，又是我国养蜂鼻祖姜岐的故乡，且甘肃的气候、蜜源，在我国西北中蜂产区，也有一定的代表性。因此，此次到天水参访，具有特殊的意义。

赴天水之前，笔者曾与甘肃养蜂所联系过，到达后，受到该所的热情接待，进行了相关座谈，该所韩书记、张世文所长详细介绍了甘肃省中蜂生产、科研、技术推广等情况。本来第二天打算到该省徽县中蜂点参观，但由于暴雨肆虐，多处通往徽县的路段被毁，所以只能临时安排到天水周边参访，虽如此，却有意外收获。

在该所谬正瀛等老师的带领下，笔者先后参观了天水近郊张荣川、裴想录两个蜂场。

张荣川年约四十出头，从小跟父亲在老家（天水甘谷）养过老式蜂（背篓蜂），对养蜂很感兴趣。成年后曾参加过一段工作，1997年养过意蜂。因他家

住在 7 楼, 蜂群放在楼顶平台上, 意蜂工蜂飞出去采蜜, 常因顶楼风大回不来, 所以从 2001 年起改养中蜂, 至今已有 13 个年头。

张师傅养蜂有一个突出的特点, 就是喜欢双群同箱饲养 (以下简称双王群), 常年有 60~70 个箱子, 110 个王头, 绝大部分都是双王群。他的体会是, 中蜂养双王, 群势强, 产量高; 越冬之后即便一边只剩一框蜂, 也能很快繁殖。

因摆蜂场地有限, 张师傅的蜂群摆得十分密集。他在城外一处 60~70 米² 的小院落中, 放了 50 多箱, 在自家楼顶大约 10 米² 的楼顶上, 放了 15 箱, 有个别的还是两个箱子摞在一起摆放。张师傅养双王用的是郎式箱, 中间用木隔板隔断。巢框上面搭覆布, 覆布中间用钉子固定在隔板上, 以避免蜂王窜巢。为了新王交尾不误巢, 在蜂箱前壁左右两侧各开一个巢门, 用砖、小木板或啤酒瓶, 甚至泥巴, 放在箱外壁的中间, 作成一个分隔标志。张师傅说, 这样做, 新王的交尾成功率很高, 罕有失误。

张师傅主张人工育王。他说人工育王蜂王个体大, 产卵力强。他随便打开箱子找蜂王给大家看, 看起来真的是个体大, 身子长, 很像意蜂蜂王。他育王的方法很独特。一般育中蜂王, 怕蜂群照顾不过来, 育王框只安放 20~30 个塑料王台。而张师傅却安放了 80~100 个王台, 由于台多, 接受率很低, 通常只有 7~8 个, 甚至只有 5~6 个。这倒不是移虫技术的原因 (张已是老师傅), 也有可能是因为不在大流蜜期育王的缘故。因为移虫的数量多, 开始能吸引大量的哺育蜂集中到育王框上来, 但由于不在大流蜜期育王, 王台中的幼虫会被工蜂大量淘汰, 能够剩下来的, 就是生命力顽强、体质更好、被工蜂精心哺育过的优质蜂王, 这也许就是张师傅蜂王质量好的原因吧。由于张师傅的蜂王好, 附近的养蜂爱好者都到他家来引种, 后代表现都不错, 一般都能维持 7~8 框的群势。

谈到产蜜量, 张师傅说, 通常 1 个王头一年能产 7.5 千克蜜, 一个双王箱可产 15 千克。2008 年丰收, 在顶楼养的 15 箱蜂, 曾产蜜 500 千克 (每箱平均 33.35 千克)。2013 年因为雨水频繁, 大流蜜期气温上不来, 全场 60 多箱蜂只收蜜 100 千克, 好在饲料够吃, 到目前为止还不用喂。张师傅说中蜂蜂王对蜜源很敏感, 外界流蜜不好时, 蜂王产卵量会下调, 比较节约饲料。这也是他当初改养中蜂的原因之一。

交谈中, 谬正瀛老师介绍说: 徽县农户在大流蜜期上继箱生产, 上下箱各5 框蜂, 中间加隔王板。经测试, 产蜜量超过同等群势的平箱群 (一个平箱 5 框蜂)。双王群更便于组织继箱生产, 建议张师傅明年不妨试一下。

张师傅对养蜂非常痴迷, 观察得非常仔细, 常常有机会发现别人不易发现的现象。张师傅说起两件事，一件事是据他观察，中蜂处女王一般一天只出巢交尾一次（交尾回巢时尾部有交尾志），但可以连续2~3天继续出巢交尾，而意蜂蜂王则可一天出巢交尾多次。另一件事是中蜂有自然合群的现象。自然合群，就是蜂群在越冬期到来之前，四五群蜂会自己集中到一个蜂群中去，但只保留一只蜂王。一般都是群势较弱的小群向强群集中。合群后，蜂群壮大，有利于越冬，工蜂还会把原巢中的蜂蜜搬到合群后的蜂群中，这也是中蜂适应性强的一种表现。张师傅说这种情况他曾观察到好几次。这种自然合群的现象笔者从未听说过，更没有看见过。在北方冬季寒冷地区，自然合群的现象只是个别现象，还是比较常见的现象，值得进一步关注。

张师傅还有一套利用中蜂旧脾的办法。他说，蜂群越冬后，群势缩小，蜂群中会有一些多余的空脾。这些脾不要随便丢弃。春繁时，可将割蜜刀刀尖对着上框梁，刀的另一边（近刀把处）贴在下框梁上，然后用刀将巢房大部分削去。蜂群扩巢时，可将处理过的巢脾加进去，蜂群便会很快造脾产卵。造出的新脾房眼大，工蜂个体大，采集力强。这样做，还能节约巢础，同时也能减轻巢虫的危害。

参观完张师傅的蜂场后，笔者又到裴师傅的蜂场参观。裴师傅也是个养蜂迷，在自家屋顶上养了20多群蜂，大部分是箱养，个别群也养在背篓中。裴师傅养的蜂群势都很强，他介绍说，背篓蜂就是用普通竹编的背篓做蜂巢，但背篓内外要用泥巴糊上。为了让泥巴不开裂，他用切碎后的麦秸混匀并在稀泥巴中沤烂。要泡上几个月，等泥色发黑，就可以用来糊背篓了。裴师傅今年67岁，酷爱种花、养蜂、养鸟，人很精神，又非常豪爽好客。同行相聚，一见如故，到中午时裴师傅一定要请大家吃饭，盛情难却，我们也只好客随主便，恭敬不如从命了。作客他乡，无以回报，只能在自己心中默默祝愿几位师傅及家人事业顺利，身体健康！

待到满山红叶时

——湖北神农架中蜂探访散记

笔者在电视上曾多次看到过有关神农架"野人"的报道，同时也多次看到关于神农架中蜂的报道，2011年7月，国家农业部又正式批准神农架为国家级中蜂自然保护区。莽莽苍苍、广袤的神农架原始森林，充满了神秘，笔者一直有想去一探究竟的冲动。

2013 年 11 月，好消息传来，颜志立老师邀笔者与中国农业科学院的赵之俊、山西省农业科学院的邵有全、江西农业大学的颜伟玉、河南科技学院的张中印、湖北的黄兆新等几位专家一同前往神农架考察。11 月 12 日中午我们在宜昌集中后，神农架畜牧局特地派车来接我们前去参访。10 月（农历）金秋，披上了秋装的神农架显得更加美丽，路边不时有挂满金果的橘林、孤高的柿树从车窗边擦过。近山滴翠，远山朦胧，层峦叠嶂，就像一幅连绵不绝的水墨长卷，愈是接近景区，颜色愈是丰富。只可惜天色渐晚，不知不觉在观景中就到了保护区的行政中心——松柏镇。

神农架地处秦巴山区的大巴山余脉，是"中国——日本植物区系"和"中国——喜马拉雅山植物区系"交汇之地，植物类型多样，具有明显的垂直分布规律。自然植被有暖温性针叶林、寒温性常绿针叶林、针叶落叶阔叶混交林、常绿阔叶林、落叶阔叶林、山地沼泽 6 个植被类型。蜜粉源植物十分丰富，其中有许多还是名贵的中药材，如房党参、南五味子、沙参、川续断、黄柏、葛根、丹参等。但种类多而不连片，分布广而不集中，比较符合中蜂善于采集零星蜜源的生活习性，所以中蜂在此繁衍生息，数量颇多。

13 日天气不好，神农架因地势较高，满山云雾缭绕，能见度不过二三百米，好在并不妨碍参观蜂场。笔者在松柏镇八角庙村看到的第一个养蜂户是该区的示范蜂场，采用活框饲养，箱型有点像高窄式蜂箱。主人养蜂 150 群，取蜜 1.5 吨，每箱年平均产蜜 8～10 千克。我们开箱查看了一箱，内中有 7 个脾，已结团，约折合郎氏箱 5 框蜂左右。颜老师告诉我们，2004 年他们在神农架考察时曾破开三个老桶中蜂测量，其中一桶取蜜 29.5 千克，花粉 19.5 千克，测量巢脾面积后折标准箱为 14 框蜂量，是一个很好的蜂种。随行的谭局长向我们介绍说，整个神农架面积为 3 200 千米²，人口 8 万，有中蜂 2.7 万余群，是一个地广人稀的地方，蜂群密度为每平方千米 8 群左右。现区内已建 3 个核心保种场，核心种群 186 群，另建立外围保种场 2 个，发展保种群 180 余群。先后颁布了《林区人民政府关于加强中华蜜蜂遗传资源保护的公告》《神农架中华蜜蜂传统饲养技术规范》，推广中蜂传统饲养技术，群众饲养中蜂的积极性很高。

神农架林区山高林密，冬季寒冷。为保温起见，这里的养蜂户几乎全部使用的是用厚木板（厚为 3～3.5 厘米）钉成的方桶（高 60 厘米，长、宽各 33 厘米），或用段木掏空后做成的圆桶饲养。比较特殊的是神农架老蜂桶的中部有一个厚木板钉成的十字架，以便承载和着生巢脾。待上部蜂蜜收取后，再将桶颠倒过来，以便蜂群继续往下造脾。这种饲养方式可追溯到宋代，在当地已有近千年的历史。神农架取蜜期为每年的9—10月。笔者等连续参观了好几个蜂场，询问他们的产蜜量，大多每桶平均年取蜜3.5～5.0千克。好的年份可取到5.0千克多。一般当年的新分群都不能取蜜。由于中蜂在当地采集的是多种蜜源的混合蜜，所以被称之为"神农架百花蜜"，浓度很高，约在42波美度。颜色深琥珀色，结晶时呈灰黄色。虽然颜色差不多，但不同地方取的蜂蜜，其味道不完全一样，具有不同的风味。因为在山上经常能看到农户放养的老式蜂桶，成了神农架一道引人注目的风景线，所以同去的人开玩笑说："神农架的野人也许有，但神农架的中蜂真的有"。

第一天晚上的落脚点在"大九湖"。大九湖景区为高山湿地景观，颇有点类似于云南"香格里拉"的味道。但当天下午下着小雨，天色晦暗，风急雨骤，我们匆匆坐车逛了一下湖区，就折返到小镇投宿。原以为这次神农架中蜂之旅就这么结束了，不料第二天清早却是云开雾散，天气放晴，阳光灿烂，马上提起了大家的兴致。早饭后，我们特地参观了景区悬挂在山壁上200多个老式蜂桶的人造景观，这种景观在木鱼镇的关门山景区还有一处，据说在2012年《中国国家地理杂志》上有过报道。虽说绝大部分蜂箱未养蜜蜂，但景区宣传神农架和神农架中蜂的行为却无可厚非，也确实起到了轰动效应，吸引了无数游客的眼球。

离开大九湖，我们又陆续到神农顶、神农谷、太子垭、板壁岩等处参观。华中第一峰——神农顶上冰雪冠顶、"一览众山小"的宏伟气势；神农谷下峰柱突兀、云海翻腾的险峻；太子垭原始冷杉林的宁静幽深；板壁岩的山奇石怪……令人大饱眼福。更令人心旷神怡的是神农架中、低山斑驳陆离的秋色。当看到一棵棵枝头缀满了红玛瑙般果实的野山楂树，如薄雾轻纱依山顺势弥散开来的淡紫色落叶林树梢，闪烁在翡翠般针叶林中大片金黄色和鲜红色的秋叶，"看层林尽染，万山红遍""红橙黄绿青蓝紫""停车坐爱枫林晚，霜叶红于二月花"等诗句便会不禁脱口而出。在海拔2 220米的大龙潭景区时，我们又兴奋地看到林管站工人安放在树林中的80多桶圆桶中蜂。由于天气晴暖，工蜂纷纷外出飞翔活动，比头天显得更有生气。

当晚，神农架林区党委书记刘书权特地出席宴会，并告诉我们说，林区政府很重视神农架中蜂的保护与开发工作，先后出台、落实了一系列惠农措施和政策，鼓励农户和林业工人发展中蜂生产，种植蜜源，并引入企业参与神农架中蜂的开发，与区外大市场相链接，并真诚地希望我们对此建言献策。饭后，神农架畜牧局领导与我们座谈。专家们畅所欲言，分别就种植蜜源、神农架中蜂资源的保护与开发、蜂产品申请国家原产地地理保护标志，是否在继续保持圆桶饲养的前提下探索适合当地的活框饲养技术等，提出了建议。尽管专家们意见有不尽一致之处，但大家都希望神农架的中蜂过去是、现在是，今后也应该仍然是神农架一张响当当的名片，受到重视与保护，并为林区的发开，发挥其特殊的贡献！

闽、粤、桂三地中蜂饲养见闻录

2013年11月中旬，笔者应广西壮族自治区养蜂管理站和云南农业大学和绍禹教授之邀，到广西的昭平县参加国家蜂产业体系华南、西南片区中蜂规模化饲养经验交流会。会间参观了广西（简称桂）的昭平县、浦北县两蜂场，会后又专程到广东的英德市、从化区、河源市、龙门县、蕉岭县、丰顺县和福建的莆田市参访。福建省闽侯县的张品南、广东省罗定市的谭启秀都是我国在20世纪初最早引入意蜂的开拓者，也是后来中蜂活框饲养的引领者。因此，中蜂活框饲养技术在华南地区，尤其是福建（简称闽）、广东（简称粤）两省有着非常扎实的技术底蕴以及广泛的群众基础，在国内中蜂产区中，一直占有非常重要的地位。这次到上述三地区参访学习，印象深刻，收获颇丰，特报道如下。

一、中蜂饲养的规模化与标准化

贵州省中蜂场饲养的规模一般都不大，少则三到五群，大多为二三十群，个别的也只有一二百群。但上述三地区的示范蜂场，少则一二百群，多的达三五百群，个别蜂场甚至饲养规模达到一千余群，如昭平县的何世瑞养蜂580群；浦北县的黄光福养蜂350群（另卖蜂150群）；年收入均在20万元左右。广东省从化市的唐方华现有蜂420群，今年已卖蜂1 100群，基本上都是两公婆管理，卖蜂和蜂产品的年收入达40万~50万元。

三地区蜂场规模之大，一是得益于当地优越的气候和蜜源条件。三地区位于南亚热带，气候温暖，蜜粉源植物丰富，主要蜜源有龙眼、荔枝、山乌桕、盐肤木、野桂花、鸭脚木、枇杷、九龙藤、楤木（又名刺老包、鹰不朴等）等，蜂蜜生产期从4月可一直持续到11—12月。二是变定地为转地饲养，这样可以不断分蜂，增加蜂蜜产量。有的蜂场转地可达五六次之多，短的10多千米，远的五六百千米。转地比不转地，效益可提高一倍以上。三是这些蜂场的扩大，还得益于国家蜂产业体系的扶持和近些年中蜂和中蜂蜂蜜市场的拉动。例如，广西的何世瑞蜂场，2011年仅养蜂80余群，在体系的支持下，现发展到 580 群。黄光福蜂场参加体系前养蜂 180 群，现发展到 350 群，产量增长 64.3％。这些蜂场在《中华蜜蜂规模化饲养示范蜂场管理技术要点》及专家们的指导下，推广养蜂新技术，实行规模化、规范化饲养，不但自己走上了致富之路，而且起到了很好的典型示范作用，推动了当地养蜂生产的发展。据有关资料显示，昭平县 2012 年全县养蜂户达 2 060 户，有蜂 4.3 万群，50 群以上规模者 310 户；全县产蜜 500 多吨，产值 3 500 万元。浦北县有蜂 8.1 万群，养蜂 60 群以上有 820 户，全县年产蜜 2 030 吨，产值 7 080 万元，成为广西第一养蜂大县，2011 年被国家蜂产业体系南宁试验站选定为养殖示范县。据广东省昆虫研究所罗岳雄介绍，广东省中蜂规模化饲养定的标准为 120～150 群。

三地区示范蜂场的蜂箱规格不同，但每个蜂场的蜂箱大多整齐一致。蜂群摆放的方式也很有讲究，一般箱底多有脚架支撑。脚架可用不同的材质做成，如水泥砖、毛竹片、竹筒、水泥桩、角钢或钢筋支架（便于转地放蜂使用），箱底离地高度 45～50 厘米，这样做的好处是通风散热、防潮防水淹、防白蚁和蚂蚁、便于养蜂员操作等。据广东昆虫研究所罗岳雄介绍，广东省养中蜂的箱型有 150 多种（其中包括从化式、河源式），现正朝蜂箱统一化的方向迈进。一般来说，由于两广地区温高雨足，气候湿热；而华南型中蜂群势小，易闹分蜂热，一般只能维持 4～5 框的群势，因此多偏向采用较小的 6～7 框箱型。随着饲养管理水平的提高，现广东省正在推广 GK 式十框中蜂箱，这种箱型的巢框比郎氏箱短 2 厘米，高 2 厘米，子脾大，蜜线高，底箱上还可以架浅继箱，有利于培养强群和提高蜂蜜产量。这种箱型在广西也有推广。

三地区蜂箱大多不采用副盖，而是将箱盖（应该叫箱盖板）直接安放在巢框上。为了便于转地，一般在蜂箱的前后壁上都设有通风装置（铁纱窗和可以活动的纱窗挡板）。卡蜂时，通常采用海棉条，分别压在巢框两头，然后将箱盖板放在海棉条上，向下压住巢框，再将预先固定在箱壁口沿上的一节自行车（或摩托车）链条旋转过来，将箱盖与箱体连接扣紧。这样卡蜂非常快捷方便，一般一个三五百群的蜂场，半天即可完成。

二、高产的诀窍

（一）多次换王

笔者参访的蜂场，一律采用人工育王，而且都特别强调换王，至少一年换 2 次，有的甚至一年换 4 次。换王的时间，一般在早春换一次，然后于 9 月下旬至 10 月，在秋冬季大流蜜期到来之前，利用盐肤木、鬼针草花期，再换王一次。

华南型中蜂群势不大，好分蜂，换王的好处是新王能带领大群，在大流蜜期不分蜂。如果蜂场老王多，一个三五百群的蜂场闹起分蜂热来就很难应付。换王时就用王笼把老王扣在群内，然后介绍王台，一般成功率在90％以上。如新王交尾不成功，再放回老王。

（二）蜂数密集

大多数示范蜂场，不管群内的蜂脾多少，在蜂群管理上采取的都是蜂多于脾，蜂数密集，一般在箱盖上及隔板外侧都有附蜂，估计比实际放框数要多1～1.5框的蜂量。

蜂数密集的好处是蜂群的保温性好，蜂儿发育健康；蜂群的抗病力、抗逆性强；上蜜快，产量高。广西壮族自治区来宾市的黄善明师傅告诉我，来宾是全国最大的甘蔗产区。由于农村缺乏劳力，每年3—5月，甘蔗地里都要施用除草剂除草，这对蜂群危害很大，外勤蜂常会大量因此中毒死亡。因此，必须采取紧脾的措施，不然就会影响蜂群正常繁殖，蜂群会越养越小，甚至全群死亡。他曾经调查过7～8个本地蜂场，蜂群在此期间损失达90％左右。正因为他舍得紧脾，所以能够渡过难关，保存蜂群，到秋季采"鹰不扑"（楤木）时，可以5～7框蜂采集，比别人打蜜多。所以密集蜂数也是对付农药中毒、增强蜂群抗逆性的一个重要措施。

（三）补饲花粉和蛋白质饲料

花粉是蜂群的蛋白质饲料，有了充足的花粉，蜂儿才能健康发育，蜂群发展快，多分蜂。虽然两广地处亚热带，蜜粉源多，但也有缺粉的时候，故及时补喂花粉很重要。在广东省昆虫研究所专家的指导下，很多蜂场都养成了在缺粉期补饲花粉的习惯。

广东省从化市国强蜂业的经理杨进辉还讲了一个真实的故事，他说当地有两夫妇养蜂，媳妇生小孩，奶水多，小孩吃不完，又胀奶，于是女主人就把奶水挤出来喂蜂，结果发现喂奶水的这群蜂特别旺，蜂群繁殖快，工蜂个体大。于是以后喂粉繁蜂时，就买婴儿奶粉添加在饲料中，效果非常好。

三、拜访75岁的养蜂老人

笔者一到广东的丰顺县，就前去拜访了故事的主人公——75岁的陈育文老人。陈老年轻时在部队当营级干部，转业后在一家陶瓷厂当厂长。退休之后曾先后养过猪、鱼，开山打石，都没有赚到什么钱。后来他家无意中飞来一群中蜂，于是陈老就收到蜂箱中喂养。一次听说县里办养蜂培训班，请省昆虫研究所罗岳雄老师讲课，于是赶去听课，并向罗老师要了一本他所写的养蜂书，反复阅读，当年将一群蜂，繁殖成18群。此后便一发不可收拾，常年养蜂 150 群左右，一年在住地周围小转地两次，仅蜂蜜一项，最低年收入达 5 万元，卖蜂蜜青梅酒，又是 5 万元。老人不但自己养蜂，还低价赊蜂给农户饲养，带动当地农民致富。陈老家里各类奖状和荣誉证书挂满了一墙。陈老身体健康，精神矍铄，每天骑摩托车到 12 千米外的放蜂场地去看蜂，晚上返家，老伴负责打理家务和做蜂场帮手。在从化时，听国强蜂业的杨进辉说，从化一个爱蜂如命的老头，81 岁还养蜂 200 多群。可见，中蜂不但青壮年可养，连七八十岁的老人也可以养，而且收入还不低，这就是中蜂较意蜂优越之处了。

四、华南型中蜂也有大群

笔者在广西开会时，曾参观过阳朔的朱桥记蜂场（国家蜂产业体系南宁试验站的示范蜂场）。朱师傅在放蜂途中，偶见一农户谷仓中有一群中蜂，群势很大，特购买并过箱，有 14 框蜂。为了保存蜂种，故将其拆分为 4 群饲养。

在福建省莆田市西浒村，在周冰峰教授等人的陪同下，笔者拜访了从福州市郊来此放蜂的张用新师傅。张老师现年 67 岁，从 13 岁起接触养蜂，22 岁正式从业，至今已有 45 个春秋。张老师有经验、肯钻研，被福建农林大学特聘为校外老师，现养蜂 170 群，年采蜜 5 吨。其中有 130 多群摆在莆田采枇杷蜜，这 130 多群蜂就摆放在一百五六十平方米的农家小院内，二层楼房的过道上，甚至一间柴房内也放有 4 群蜂。当天天气很好，阳光灿烂，蜂群纷纷外出采集，非常忙碌，蜂群间并无盗蜂，互不干扰。

张老师使用的是十二框（正方形）郎氏箱，据他介绍，他的蜂群群势为 6～9 框，平均群势为 7 框，与其他华南型中蜂相比，蜂群群势大得多。张老师告诉我们，他的蜂群群势强，是因选种育种的结果，他至今从事此项工作已有 12 个年头。在对本场蜂群观察选留的基础上，每隔 2～3 年，还要到其他蜂场去另外引进一些性状优良的蜂群回来观察，合格的留作父群及育王群，本场的优良蜂群则作为母群。每年他都要留 30 群蜂作种用群保留，另址安放。张老师特别重视选种育王。他说："养蜂就是养王。"同地的蜂场、群势和抗病力都不如他。可见蜂种的选育，对中蜂也非常之重要。

在他的蜂群中，我们还发现了胸背上呈粉红色的变异工蜂，数量不少。据张老师说，这种工蜂的出现，也有 10 多年的历史了。

这次参访，所见所闻还很多，由于篇幅所限，也只能在万花丛中，采撷其中几朵代表而已了。

在此次参访的过程中，笔者一行三人受到广西区养蜂管理站、广东省昆虫研究所蜜蜂研究中心以及福建农业大学蜂学学院的热情接待，耐心讲解，并赠送有关资料、书籍、蜂箱等；在广东参访期间，又有幸与中国农业科学院蜜蜂研究所的石巍博士、赵静主任一道同行、讨教，特此向上述单位及个人，以及云南农业大学的和绍禹教授，表示衷心的谢意！

椰风海韵话中蜂

海南是我国的宝岛之一，为南亚热带、热带海洋性季风气候区，蜜源植物丰富。海南独特的地理环境和气候条件，形成了独特的中蜂品种——海南中蜂，从而也产生了相应的中蜂饲养管理办法。但此前曾听说由于近几年海南从广东引进了不少中蜂，海南中蜂的种性已经严重混杂。为此，2014年1月中旬，特邀请中国热带农业科学研究院的高景林，海南省农业专科学校的王天斌，陪同考察了文昌、琼中两地的中蜂，对海南岛丰富的蜜粉源植物、优越的气候条件及其独特的饲养管理技术，留下了深刻的印象。

一、丰富的蜜粉源植物

笔者第一天到文昌市参观吴清渊蜂场，该蜂场摆蜂的地点离宋氏（宋庆龄）故居不远。因为沿海，地势平坦，蜂场周围都是杂木林。文昌是海南椰子的主产区，椰子树终年都有花开，泌蜜排粉，蜜不多，但粉不少。此时，还有很多种植物在开花，如鬼针草、飞机草、飞龙掌血、海南栲等，另外还看见鸭脚木（已开过）、木麻黄以及几种叫不出名字的野花（这几种野花主要是排粉）。虽然临近"大寒"，时值隆冬，但海南气温却不低，白天气温依然超过20℃，只是早晚凉一些，相当于贵州暮春初夏的感觉，因此蜂群繁殖正常，子脾大，并有蜜进，春节前后可以取蜜。

笔者到琼中县参访时，蜜源植物又与文昌市不完全相同。琼中县在海南岛中部，是山区。蜜粉源主要是三角枫，花期较长，中蜂也正处在繁殖期。这里的蜜粉源稍少于滨海地区，尚需适当补饲蜜粉。海南的主要蜜源有3—4月的荔枝、龙眼；5—6月的窿缘桉、山乌桕、橡胶、香蕉、小叶桉、槟榔等，因为5—6月蜜源植物的种类多，好些蜜粉源植物都叫不出名字，所以就叫"百花蜜"。

在琼中参观时，就看到过芸香料的黄皮（正在打苞），一种名叫"中平"的阔叶树，叶子很大。据高景林老师介绍，这是一种很重要的粉源植物，中平树的花粉不但多，而且花粉很香，甚至对蜂蜜的香味都有很大影响。琼中县科学技术协会邓群青介绍说，橡胶排蜜有3个时期，一是新叶出来转绿之时，花外蜜腺泌蜜；二是落叶时叶柄着生处流蜜；三是台风过后叶子受伤处流蜜，所以流蜜的时间相当长。对海南岛养蜂业来说，重要的不是怕缺蜜，而是怕缺花粉，花粉的重要性常重于花蜜。缺粉时，蜂群不能繁殖，常因断子而逃亡。其中7月至10月上旬因台风过境，雨水多，影响蜂群采集，常缺粉，所以逃群常在此期发生。一旦进入10月中旬后，竹节草（又叫绒草，是海南冬季繁蜂最重要的粉源植物）、芒冬、大含羞草陆续开花排粉，蜂群恢复繁殖，蜂群就又稳定了。

二、防逃妙招

笔者在琼海市菜市场曾见过一位60多岁的卖蜜老人，蜜放在脸盆内，蜜中泡有一两块中蜂脾，从工蜂房眼的大小（房眼小）来推断，应该是海南中蜂的巢脾无疑，但到文昌市、琼中县看百群以上规模的蜂场时，由于受引自大陆中蜂的影响，蜂种已经不纯了。

尽管海南中蜂受到大陆中蜂的影响，但因岛内周年平均气温高，气候炎热，蜜源条件好，以及海南蜂种本身的特点，杂交后的海南中蜂野性依然很强，逃群率很高，一般为30%，多的甚至高达50%，这个数字确实惊人，尤其定地饲养的蜂群更是如此。用普通中蜂防逃的办法，如给蜂王剪翅、巢门安装防逃片等都不好使，一群蜂发生飞逃，特别是逃不掉，在蜂场上乱飞，会引起连锁反应，导致全场发生混乱。为了解决这个问题，琼中县科协的邓群青创造了一个防逃妙招，他利用中蜂喜新脾、厌旧脾，以及恋子性强的特性，当蜂群越夏度秋、群势缩小、容易逃群的季节，依据群势大小，采取割去大部分老脾，逼蜂起造新脾的办法，较好地解决了逃群的问题。

邓群青的具体做法是：在9—11月，对于1～2框弱群，除了保留一块割小的老脾外，另在蜂巢内与巢框并排放置1～2根木条，木条的宽为30毫米，其余与巢脾的上框梁一致。木条与木条、木条与巢框之间不留蜂路。中蜂在木条上造新脾后，蜂王就在新脾上产卵，哪怕新脾上只有巴掌大的一块子脾，蜂群就不会逃亡。待流蜜排粉期到来后，蜂群进入正常状态，再将木条上的巢脾过到巢框上。经过这样处理，逃群率可下降到10%左右。

木条宽度设置在30毫米很有道理。普通中蜂巢框上框梁的宽度为25毫米，平常两脾之间保持蜂路8～10毫米，上框梁的宽度加上蜂路的一半，也就是30毫米，这样布置，蜂群造的自然巢脾就与有巢框时一样整齐。

三、独特的饲养管理模式

一般海南收入较高的中蜂场都要小转地2～3次，赶2～3个大蜜源，蜂场效益可提高一倍以上。主要打荔枝、龙眼及初夏的百花蜜，6月的小叶桉蜜。

一般秋季的鸭脚木蜜不是很多，且后味带苦，在岛内不好卖，所以一般不取。

笔者到琼中县红毛镇什裕村、黎母镇九姜头村参访时，看到的三个蜂场都有大、小两种箱型，小箱只能放 7 框脾，大箱可放 10 框脾，大箱中间放大闸板，可实行双王同箱饲养。

当时我们问养蜂员，海南组织双王同箱的目的是什么？他们说主要是为了好过冬（其实海南并无越冬期），如果蜂群一旦失王，可以方便地抽开闸板合为一群。一般在 6 月或中秋节过后组织的双王群，到了春节前（大寒）就拆成单王群繁殖。将大箱中的一群转入小箱后，逐步后移与大箱前后错开，这时单群群势一般在 2～3 框蜂量。一般到 3 月采荔枝蜜时，小群可繁殖到 6 框，每群采蜜 7.5 千克；大群抽去中闸板后，可繁殖到 7～8 框采蜜，每群采蜜 10 千克。由此看来，海南中蜂采蜜群的群势也不总是 4～5 框，在较宽大的蜂箱中，也能繁殖到 7～8 框较大的群势采蜜（当然，也有可能是到其他省引蜂杂交后的结果）。

海南由于气候热，一年可以分蜂 4 次。分蜂期通常在 3 月荔枝、龙眼花期，6 月小叶桉花期，10 月中旬中秋节后以及春节前后，笔者到琼中红茅镇参观时，有一个蜂场刚好在分蜂，分蜂群为一框蜂量。

四、两点建议

1. 海南气候热，蜂群在这里怕热不怕冷。部分蜂场的蜂箱不留上蜂路，直接将塑料薄膜盖在巢框上，然后盖上箱盖，不透气。有的养蜂员反映，有缝隙、破洞多的蜂箱，因为通风透气，繁殖反而好于新的蜂箱。因此，建议作为生产用的蜂群，最好采用有铁纱副盖、箱盖上有通风口的蜂箱，炎热季节保持上蜂路，以利蜂群通风散热。

2. 定地蜂场有白蚁危害。可用水泥桩做蜂箱支架。每个水泥桩的桩顶上倒扣一个透明的塑料茶杯，在杯的内壁上涂一层混有杀虫剂的凡士林，可以防止白蚁危害。

中蜂缘，阿坝情

阿坝中蜂是我国中蜂 9 个生态类型中个体最大、吻最长的一个蜂种。早在 20 世纪 80 年代，笔者参加全国中蜂资源调查时就已知晓，近期又有中央电视台在 10 频道上予以报道，但一直没有机会一睹芳容。2014 年 5 月，在四川省养蜂管理站、阿坝藏族羌族自治州畜牧工作站的大力帮助下，笔者赴阿坝州对阿坝中蜂进行了实地考察。现将此次考察结果简报如下。

2014 年 5 月 8 日笔者抵达成都，9 日自成都出发，车路沿岷江边溯江而上，经汶川、茂县到黑水。汶川、茂县两县道路两边多石山，植被较差，再加上汶川大地震，山坡上许多地方都留下了垮塌和泥石流的痕迹。但进入黑水县内后，植被逐渐变得丰富起来，景色与汶川、茂县两县截然不同，山坡上长满了各种各样苍翠茂密的树林，令人赏心悦目。黑水县总人口 8 万，现黑水有蜂 6 000 群，准备年内发展到 1 万群。笔者在黑水县参观了两个点，一个在县城附近的罗坝村，一户藏族人家养了 40 多群蜂，蜂体颜色较黑，产蜜 500 多千克，另一处在卡龙沟风景区内，是县畜牧局的阿坝中蜂扩繁场，共拥有 500 多群蜂，分为 4 个点摆放。主场占地 13 亩，修建了专用房舍，摆蜂 100 多群，并从邛崃县请了两位师傅，负责管理蜂群和给当地农户传授技术。由于从不同海拔、不同地区收集基础蜂群，从体色上看，有的蜂群体色偏黑，有的颜色稍黄，据说其中一群是从海拔 3 000 米的大山中收来的蜂种，还有几群是从马尔康阿坝中蜂保种场调来的蜂种。黑水县已将养蜂作为一项重要的养殖扶贫项目来抓，目前暂由扩繁场向农户负责发放蜂群、蜂箱，养蜂户还享受一些政策补贴；同时在这些蜂场中定期挑选一些表现好的蜂群回收到扩繁场中供作种用。待养蜂户尝到养蜂的甜头后，再逐渐由无偿供种变为有偿取种，把保护与发展结合起来。

翌日，笔者又从黑水县赶赴阿坝藏族羌族自治州的马尔康市。由黑水到马尔康，海拔逐渐升高，路两边山上出现了大片风姿妖娆的红桦林，与我们 2013 年到神农架参访时看到的景色相仿。再往上到红原县，景色又为之一变，出现了高山草甸和雪山。

马尔康市也是坐落在群山环抱山谷中的一个小城。马尔康周围的生态环境极好，山坡上密布原始森林，小城街道异常地整齐、干净，带有藏式风格的建筑非常惹眼，蓝蓝的天空飘着白云。当地的新鲜空气带有一股清新的甜味，可以大口大口地深深呼吸，完全没有大城市被雾霾憋闷的感觉。

午饭后，我们先到离县城不远的查北村泽朗特蜂场参观，蜂场的 80 多群蜂就摆放在一处倾斜的山坡上。这里山清水秀，也是城里游客来此消闲的好去处。当天正值星期天，有许多游客和学生在山谷里踏青。泽郎特本人 67 岁，看上去身板十分硬朗，养蜂经验丰富，年取蜜 2 000 多千克，身边还带有三四个学员。他打开一群蜂让我们查看，子脾上不但子圈很大，密实度也很高，封盖子脾上几乎没有空房。泽师傅介绍说，当地蜂群在春节前后开产，4 月 10 日后进入分蜂期，5 月 20 日至 6 月 20 日为主要流蜜期。入伏后，取蜜时只能取一半留一半。9 月 28 日起准备越冬，从此时起到 10 月初的前几天，应根据巢内存蜜情况，及时补饲，让蜂群安全越冬。由于阿坝州都是山地，放蜂场地多在山谷之中，这里的气候特点是早晚温差很大，早晚气温低，可以烤火，但中午出太阳后，由于山谷的焚风效应，温度会很高。据四川省养蜂管理站的王顺海说，如果在没有蜂群的蜂箱中放巢脾，中午的太阳甚至会将巢脾晒化。阿坝日照充足，冬天有时也会出太阳，阳光直晒，箱内温度高，蜂群受光、热的影响，会散团空飞。但一旦太阳被云层遮住，气温又会陡然下降，飞出的工蜂就会冻僵而回不来，以致削弱越冬群势，黑水罗坝村一养蜂户就告诉我们，有的蜂群虽有蜜，但因为空飞，个别蜂群甚至会因此全部损失。为了解决这一问题，泽师傅为此专门设计改进了越冬巢门，他用一根小树棍，弯成一个弧形，摆在巢门前，然后用牛粪、泥巴、灶灰（或石灰）混合揉匀后，沿弧形将巢门封住，只留出一只蜂子出入的孔隙，这样可以起到遮光、保温的作用。一旦太阳晒热蜂箱，工蜂出巢，但感觉外界温度较低，不宜飞行，又会折返巢内，这样就会避免空飞带来的损失。

由于昼夜温差大，因此这里对蜂箱既要考虑早晚保温，又要考虑中午隔热的问题。笔者在马尔康阿坝中蜂保种场参观时，蜂箱副盖上除覆盖一层覆布外，还搭有两层像棉毯一样的纺织物。另外，保种场的小王还在成都采购了保温泡沫，放在箱盖上隔热，一个标准箱使用的泡沫成本大约需要 6 元钱。为了解决这个问题，我们建议还可以参考中蜂标准箱的做法，在箱盖下缘处的箱体四周钉一圈防护木条，与箱盖密接，然后将有蜂一侧的保温覆布和棉毯折角。当出太阳时，可以打开箱盖边上的通气木条，加强通风；而当阴天或太阳落山后，再关闭箱盖上的通气木条保温。

阿坝中蜂保种场位于马尔康市松岗镇直波村，建有办公大楼，设有实验室、标本室等，目前正在申报国家级保种场。这里蜂群群势最大的有 7～8 框，我们在这里看到了用浅继箱饲养的蜂群，浅巢框上贮满了蜂蜜，效果不错。我们还品尝了当地产的中蜂蜜，这里的蜂蜜结晶后呈浅黄褐色，放在口中，味道糯糯的，有一股特殊的、淡淡的香味。阿坝州山上蜜源植物种类很多，有山花、五倍子、刺老包（五加科楤木）、党参、小檗（三颗针）、野藿香等，中蜂采的是混合蜜，难以叫出具体的名字，由于周围是原始森林，不妨称作阿坝中蜂的"森林蜜"。

经过长期进化，阿坝中蜂对高海拔、大山区、昼夜温差大、蜜源植物零星多样的自然地理环境已经形成了很强的适应性，加上个体大、吻长，是中华蜜蜂中一个难得的宝贵蜂种。为了保护阿坝中蜂，马尔康市已经设立了阿坝中蜂自然保护区，只许蜂群出，不许蜂群进，并已竖立了大型广告牌。阿坝州畜牧局还计划把阿坝中蜂保护区扩大到全州其他地区。

阿坝中蜂保护与发展项目启动于 2008 年，经过短短几年的努力，现已初具规模，成果得来实属不易。黑水县畜牧站的何站长说，他们在试验站点工作，几乎没有什么周末。作为同行，我们感到由衷的钦佩和欣慰。

在这次难得的考察活动中，我们受到四川省养蜂管理站，阿坝州畜牧工作站，马尔康市、黑水县、茂县畜牧局的热情接待，特在此表示衷心的感谢！

中 原 逐 蜂 记

——河南中蜂印象

河南省位于我国黄河平原，是华夏文明之根——中原文化的发祥地，其中安阳、洛阳、开封、许昌都是多个朝代的定都之地。上溯可直追帝尧、商周，下延至随、唐、北宋，故河南的历史积淀、文化底蕴特别深厚。当然，这里也曾是中华蜜蜂的聚集之地，许多文人墨客为此留下了许多有关蜜蜂的诗作，如唐代诗人孟郊，清明时曾踏青河南济源，留下了"济源寒食诗七首"，其中有"蜜蜂辛苦踏花来，抛却黄糜一瓷碗"（黄糜即蜂花粉）之句。

河南位于我国中原地区，交通四通八达，又是洋槐、荆条、大枣的主产区，自西方蜜蜂引入后，中蜂便逐渐从平原退居到山区，现河南全省总蜂群数为 75 万群，其中中蜂仅存 6.5 万群，主要分布在豫西、豫南等山区。

河南中蜂属北方中蜂，河南的植物区系也与我国长江以南地区不一样，具有较强的代表性；且河南历史悠久，其中蜂养殖也是我国养蜂历史的一个缩影，因此，笔者于 2014 年 4 月赴河南，受到河南科技学院张中印老师的热情接待，到河南登封、洛阳、济源等地考察。现将此次考察结果，简报于后。

一、河南的蜜粉源植物

河南南部有大别山、桐柏山、伏牛山、武当山，其南部与湖北接壤，植被、气候与之接近。西部则有王屋山、太行山、嵩山，气候、植被则与长江流域不同，因此此次主要的考察地是西部地区。西部地区的主要蜜粉源有油菜、泡桐、洋槐、荆条、大枣。辅助蜜粉源有酸枣、野皂荚、槭、栎（壳斗壳，粉源）、黄栌、野山楂。此外还有桃、李、杏、柿、梨、樱桃、苹果、柳、榆、枫、国槐、火棘、野葡萄、锈线菊、连翘、黄刺玫、野花椒、白三叶、地黄、蒲公英、刺儿菜、苦荬菜、苦蒿、野菊花、千里光、小蓟、半边苏、荆芥、野薄荷等，城市中还有栾树、红叶石楠、女贞、一品红、枇杷、冬青、海桐球、铜锤草、白三叶、牡丹、芍药等。

河南降水量偏少，植物区系属中国-日本森林植物亚区温带及暖温带型（特别是河南中北部），与雨量充沛的南方植物种类有很大差异。与贵州相比（植物大多系中国-喜马拉雅亚区系），这里成片的酸枣、野皂荚、洋槐、荆条、大枣、泡桐、槭树、黄栌等，在贵州很少见。贵州有红刺玫、白刺玫，而黄刺玫在贵州几乎没有。如同样是蜜源、秋天造成红叶景观的黄栌和乌桕，北方是黄栌，贵州则是乌桕。听张中印老师介绍，黄栌除自身流蜜外，还会产生甘露蜜。

从物候来说，我们此次参访时（4月下旬），豫西的油菜、泡桐还在开，洋槐在平原地区已进入盛期，山区还未大开；而贵州中北部（海拔1 000米左右）洋槐、泡桐此时大多已凋谢，在物候上两地相差10～15天。

河南中蜂主产荆条蜜，城市则以女贞、枇杷为主。贵州中蜂主产油菜、荞麦、乌桕、五倍子、野藿香、野桂花蜜，也有部分地区产荆条蜜。城市蜜源则比较杂。

二、河南的中蜂（北方中蜂）

河南中蜂属北方型，与华南中蜂相比，体色偏黑。笔者看了几个蜂场，因为目前正是幼蜂大量出房的时候，幼蜂多，从视觉上并不觉得北方中蜂黑。但将照片与华南中蜂、滇南中蜂一对比，体色偏黑的效果就看出来了。

与饲养者交谈，河南中蜂最大群势能维持在11～12框。参观时大多为4～5框，也有到7框的。群内已有大量的雄蜂蛹和部分出房的雄蜂，但还未见到王台，开始进入了分蜂准备期。分蜂盛期大约在5月上中旬，也与贵州相差15～20天。

笔者参访的几个蜂场蜂群都比较温驯，提脾检查时，有的蜂王仍在正常产卵，并不惊慌。但在王屋山下，传统饲养的中蜂却比较凶猛，可能是走在我们前面的小伙子试图打开桶盖探看里边的蜂群（其实并未打开），在毫无防备的情况下，笔者自己被蜇了七八下，恐怕是传统饲养的中蜂不习惯被人惊扰之故吧。

笔者考察的几个蜂场饲养量在20～40群，规模最大的一家——济源邵黄镇黄背角村郭小双蜂场达到350群，分两个点摆放。张中印老师介绍说，据他所知，这家蜂场可能是黄河以北规模最大的一家。与郭小双同村的王洛英大妈（70岁）也养了20多群蜂，有老桶也有新式蜂箱。王大妈一头银发，面容慈祥，人很精神，她说："年纪大了，做不了其他事，就养养蜂吧！"家住洛阳市关林镇 78 岁的尤守智老先生是洛阳市成人中专第 4 职高教师，养蜂 58 年，在学校工作时也教养蜂，现仍在家里的阳台上养了 3 箱中蜂。据尤老师说，城里养蜂也不错，气候好时，女贞花期可打 4 次蜜，每群取蜜 25～30 千克。尤老很注重换种，他说他的蜂种都是定期从大山里找来的。

河南中蜂不抗中囊病，巩义县夹津口李伟蜂场与乡邻养的中蜂曾达到过 300 箱，前些年闹中囊病，全部倒场，现转到他岳父家（离家 8 千米）饲养。从开箱情况看，蜂群繁殖不错，子圈大。经检查，现蜂群倒还健康，但脾多于蜂，如气候不好，一旦有病原存在，就很容易发病。

三、河南的蜂桶、蜂箱

此次到豫西调研，看到河南的传统蜂箱大致有两种，横卧式和竖立式。横卧式有木板箱和荆编箱，蜂箱周围用砖块垒砌、垫高，上盖石板遮雨。最多的是竖立式蜂桶，大多为中空树段圆竖桶，少数为方形木板竖桶。经初步测定，横卧桶内径容积大约在 30 000 厘米³，竖立式蜂桶的内直径 20～30 厘米，高 45～70 厘米，容积为 22 000～49 500 厘米³。

河南科技学院蜜蜂研究所张中印老师等根据对河南传统蜂桶研究，设计了豫式中蜂箱，底箱内径尺寸长 36.1 厘米，宽 27.5 厘米，高 30 厘米，容积 25 017.3 厘米³。豫式中蜂箱可以套继箱，继箱内径尺寸与底箱一致，高为 25.2 厘米，加继箱后总容积 54 800 厘米³，蜂箱容积与传统蜂桶接近。巢框内径尺寸长 32.5 厘米，宽 21 厘米，面积 682.5 厘米²。从豫式中蜂箱的单箱体容积与巢框尺寸、面积来看，应属于巢框收窄型中型蜂箱。

天池若隐若现，长白山中蜂长存

——长白山中蜂考察随笔

2014 年 7 月 15 日，笔者和贵州省现代农业发展研究中心的何成文老师，专程造访吉林省养蜂研究所，非常感谢薛运波所长在百忙之中，陪同我们一起考察了长白山中蜂。

一、倒叙看天池

笔者此行一共在吉林紧张地考察了 2 天。到了吉林，不能不去长白山，因为东北的中蜂，就主要分布在长白山，且以长白山命名。而到了长白山，又不能不去看一看天池。

天池位于长白山主峰，是火山口内的冰碛湖。长白山主峰海拔 2 719 米，山顶风大，温度低（比山下低约 20℃），加上天池所蒸发的水汽，终日云雾缭绕，山地气候又变幻莫测，忽晴忽雨，所以登顶长白山之人，并非人人都能亲眼目睹天池的真容。天池之所以神秘，就在于它的若隐若现。

笔者登顶那天，是此次行程的最后一天，我们特地赶了个大早，但到景区来看天池之人，早已人满为患。登顶时已是 8 时 30 分，游客们沿着上、下山的路线和沿着天池边的峭壁，慢慢地边走、边等、边看。但此时山上云雾迷茫，能见度仅一二十米，根本看不到天池在哪里。那天山风很大，虽然没有三九天那种锥心刺骨般的凛冽，但依然还是冻得人直打哆嗦，手都冻得发麻了。我们怀着忐忑不安的心情，在寒风中热切地期待着天池的春光乍现。

因为不知道什么时候开天，我见薛运波所长身上只穿了一件 T 恤，怕他冻着，就建议放弃守望，往山下走。但薛运波所长坚持说，再等一会儿。开始大家商议等到 9 时，看不到就下山。但到 9 时之后，还是没有动静。许多的游客因为山顶寒气逼人，受不了，又不知道什么时候开天，所以带着沮丧、遗憾的心情，纷纷下山了。笔者再次建议下山，但薛运波所长仍然坚持，他判断说昨晚刚下过大雨，今早上风又大，估计会有"戏"，最后大家商议，再等到 9 时 30 分。在寒风的吹打中，我们大约前后等了 40 多分钟，到 9 时 15 分左右，最激动人心的时刻终于来到了，突然一阵清风拂面，一下子云开雾散，眼前豁然开朗，就好像戏台上拉开大幕一般，一下子将脚底下美妙的天池呈现在我们的面前，许多游客同时惊讶地发出"哇"的一声赞叹。天池碧玉般的湖水，对面峭壁（朝鲜境内）上的冰川，都看得一清二楚。游客们纷纷抓紧这千载难逢的机会，手机、相机，啪、啪、啪地拍个不停。大概前后能见到天池的时间，也就 10～20 分钟。后来下山时，同车的一个上海游客说起这次看天池的经历，他用了京剧"沙家浜"中的一段话做总结："胜利就在再坚持一下的努力之中"。许多与我们同去的游客，就是没有再坚持一下的精神而过早地放弃了。事业中、生活中又何尝不是这样呢？

二、十年巨变

笔者曾于 2001 年到过吉林养蜂研究所，当时是带人到所里学习蜂王人工授精，距这次参访，时隔 13 年，变化巨大。

吉林省养蜂研究所初建于 1979 年，专门从事收集、繁育、保存蜂种的工作。1989 年被国家农业部确定为国家级重点种蜂场；1994—1998 年先后建立了长白山中蜂试验场、保种场；2000 年确定为"国家级蜜蜂品种资源场"；2008 年确定为"国家级蜜蜂基因库（吉林）"。经过最近 10 多年的续建，现全所拥有 6 个西蜂保种场，2 个中蜂（长白山中蜂）保种场。所内设有蜜蜂育种研究室、中心实验室、综合研究室等机构，以及蜜蜂越冬室、蜜蜂文化展示中心。现有较大型的仪器、设备 230 多台（套），价值 2 000 多万元。人工授精早就是他们的拿手好戏，现可以开展分子生物学（DNA）检测。从笔者前后两次参访的情况对比，在装备上有了非常明显的进步和改善，仅举两个例子说明。第一次来所时，对蜂王进行二氧化碳麻醉，使用的还是像氧气瓶那样的大钢筒，现在用的是只有高约 15 厘米、直径 5 厘米左右、小巧精致的小钢瓶。对蜜蜂进行形态测定的仪器实现了三级跳，最开始用的是手摇测微显微镜，其后使用投影仪，现在用的是电子显微形态分析系统，测速快，精准度高。科技人员的数量、质量也都有了很大提高，形成了蜜蜂人工授精、蜂场保育种、冷冻精液储存的现代化蜜蜂保种、育种、选育、杂交制种、扩繁的原种保存、良种繁育体系。该所 30 多年来共向全国提供优质蜂王约 11 万头，先后获 50 多项科研成果，其中有 20 多项为省、部级奖励。

该所的蜜蜂文化中心，虽然目前还处于初建阶段，但与国内一些同类的所谓蜜蜂博物馆相比，其科学性强，文化水准高，功利性则最弱。

三、长白山中蜂保种概况

由于西蜂引入，滥采野生中蜂蜜，以及近些年来由南方引种导致部分地区中囊病暴发，现长白山中蜂主要集中在吉林、辽宁的长白山地区，并主要分布在吉林，黑龙江的中蜂已近绝迹，辽宁中蜂也很少。据初步估计，长白山中蜂现已不到 5 000 群，已处于濒危状态。但经过吉林养蜂所多年的努力，积极发掘抢救，保护扩繁，数量下降的势头已初步得到扼制。

笔者等在薛运波所长的陪同下，先后参观了该所的一个保种场和一个蜂农的蜂场。该所中蜂场位于敦化市黄泥河自然保护区内。蜂场就设在树林中，薛所长告诉我们，长白山中蜂由于长期生活在生态环境良好的树林中，多在空心树干中筑巢，所以耐寒怕热，一旦阳光暴晒，就会飞逃。他们场大多使用的是自己设计的高窄式中蜂箱，内径长 40 厘米，宽 23 厘米，高 36 厘米。活动底板与箱身用金属搭绊连接，既便于打扫又方便运输。蜂箱下面用木桩垫高30～40 厘米，当日平均气温高于 20℃后移上木桩，日平均气温下降到 15℃以后下桩接地，以便保温。长白山中蜂耐寒，在饲料充足的前提下，对蜂箱适当外包装，即可越冬。越冬时用塑料薄膜加草帘，将蜂箱的左、后、右三面包住，箱前壁斜搭石棉瓦即可。石棉瓦可遮光，又给蜂群留出排泄的通道。这样包装既有利越冬，又能防啄木鸟危害。如冬季蜂场周围无人，不搭石棉瓦，一到下雪后，啄木鸟食物奇缺，就会啄破蜂箱叼食蜜蜂。该所其中一蜂场前面不搭石棉瓦，结果被啄木鸟危害，损失了 100 多群蜂。

笔者等还另外访问了一户蜂农，男主人叫杨明福，是 2007 年亚洲养蜂研究会（简称亚洲蜂联）表彰的优秀蜂农，养了 30 多年蜂，现有西蜂 200 多群，还有 270 群中蜂，中蜂分成 3 个场地饲养，也是吉林所中蜂保种场的外围蜂场之一。东北地广人稀，为了充分利用蜜源，每个场地都相距 20～30 千米，这对隔离交尾、保种也非常有利。由于蜂场规模大，又分散，所以他爱人最近两年辞去了小学校长的职务，回来与丈夫一同养蜂。杨师傅的蜂场也安置在树林中，他的蜂箱样式与所里不同，为正方形箱体（36 厘米×36 厘米），高度 25 厘米，无箱底，直接安放在石板上。巢框内径为（27.2 厘米×19.7 厘米），其长、宽与我们设计的短框式十二框中蜂箱（也叫短框式郎氏箱，巢框摆放由原来顺箱长方向改为顺宽度方向）巢框非常接近，高度基本一致，只是较短框式 12 框中蜂箱的巢框约窄 4.8 厘米。他的蜂场除少部分为单继箱外，大多数均为 3 箱体（单王）。杨明福打开几个蜂箱箱盖让我们观看，只见最上面的一个继箱（第二继箱）已经贮了很多蜜，有的箱都已经快满了。说明今年这个场地流蜜非常好，也说明长白山中蜂耐大群，采蜜能力强。杨师傅主要利用中蜂生产椴树巢蜜，价值不菲且非常抢手。为了保持中蜂蜜的纯洁、天然，他们不加巢础，而是让中蜂造自然脾。杨师傅过冬包装的形式与吉林所的又不一样，他用两根小木条放在巢门跟前，在上在面盖一小块木板，形成工蜂的出入通道，然后越冬时将原来使用过的大蜂箱套在箱外，两个箱体之间则堆放树叶保温，这有点类似于他们敦化老乡——李建修老师曾经设计的多功能式十六框蜂箱，也是大箱套小箱，箱体间填保温物保温过冬。杨师傅说，最近两年蜂场还有熊出没，毁箱食蜜。为此他在蜂场周围牵电线，装电灯，并在树上的一个小木盒里装了一台录音机。当夜晚狗叫示警时，就开灯、放录音，吓走熊。当看到杨师傅蜂场的情况，笔者这个养了 30 多年中蜂的老兵内心非常激动，深深为我们拥有这么优秀的蜂种、蜂农感到高兴。薛运波所长告诉我说，吉林像杨师傅这样的蜂农还有三四家。

杨师傅养蜂 30 多年，养中蜂 10 多年，临别时他说，他养中蜂最困难的时候，是养蜂研究及该所葛凤晨老所长的支持、鼓励才坚持下来的，这才有了今天的成绩，他非常感激养蜂研究所和老所长对他的帮助。笔者曾仔细拜读葛凤晨老师所著《养蜂探索》一书，其中谈到了长白山中蜂的资源、种性特征、历史文化、曲折经历、养殖技术等，从中可以看出他在长白山中蜂的保种工作中，做了大量卓有成效的工作。现在长白山中蜂得以保持延续，中蜂生产有这

蜂海问道

么好的形势，正是有赖于像吉林养蜂研究所和葛凤晨老所长以及一大批像杨明福这样能坚持不懈的有心人，正像笔者在本文开篇时所讲看天池的体会那样：胜利的曙光，往往就出现在再坚持一下的努力之中！

荆楚门户，汉水蜜库

——荆门授课参访记

2017 年 6 月下旬，笔者受湖北省荆门市蜂业管理站邀请，到荆门市开展中蜂养殖技术培训。讲课之余，我们在当地领导和专业人员的陪同下，分别到东宝区的栗溪镇、马河镇，京山县的三阳镇、绿林镇等地中蜂场参观造访。

荆门市位于湖北省中部，是该省养蜂重点地区。全市常年养蜂 10 万群，其中意蜂 7.8 万群，中蜂 2.2 万群。境内既有平原，又有山区，历史上平原地区以养意蜂为主，山区中蜂多以传统饲养为主。为结合山区农民脱贫，近几年来该市逐渐把工作重点放到了中蜂改良上。

荆门市东宝区的栗溪、马河北枕荆山山脉，京山县的三阳、绿林东接大洪山余脉，虽然山体不算高大（海拔 300～500 米），但林木繁茂，蜜源植物较为丰富，如板栗、青刚栗、荆条、女贞、栾树、五倍子、刺楸、小蜡条、梧桐、野樱桃、野菊花等，两山之间的田坝种有水稻、玉米（粉源）。过去还有油菜、紫云英，但现在这两种作物少了。由于蜜源丰富，农村中每户养蜂 3～5 桶者甚多，发展中蜂生产很有潜力。其中京山县距武汉很近，生态环境好，山清水秀，气候凉爽，人文荟萃，号称武汉后花园。其中绿林镇内有国家 4A 级景区，每年 5 月 10 日举办观鸟节，有 80 余种珍稀鸟类。西汉末年朝政腐败，民不聊生，暴发了历史上著名的绿林、赤眉起义，其中绿林起义和汉光武帝刘秀起兵的地点就在此地。这里既有历史掌故，又有漂亮的风景，旅游业较为发达，发展蜂旅一体化很有条件。

笔者这次到荆门市栗溪镇培训，感受很深的有两件事。一是当地群众养蜂积极性很高，原计划培训 100 人，结果来了 110 多人，直到培训的最后一天还有人来（打听到消息自愿来旁听）。培训班上座无虚席，有男有女，有老有少，还有残疾人。学员们认真听讲，鸦雀无声。栗溪镇农林办公室张主任兴趣浓厚，自始至终参加培训。第二是学员中有不少外出务工后近年回乡创业的年轻人，他们创业的项目就选择了养中蜂。这些人走南闯北，眼界宽，关系广，有理想，人聪明，善学习，肯钻研，在短短的一两年内就基本掌握了活框养殖技术，这就是当地今后发展中蜂产业最宝贵的人才基础。

笔者在此仅就这次考察过程中比较感兴趣的技术问题，报道如下。

一、夏天人工喂水，降低农药中毒的风险

栗溪镇虽处山区，但两山之间的坂子仍种有水稻。为了防虫，农民们要打农药，工蜂如到稻田边上采水就会中毒死亡。为了解决这一问题，减少损失，该镇养蜂户曾庆忠就用鸭嘴式巢门饲喂器加饮料瓶给蜂群喂淡盐水（浓度千分之一以下）。一般一瓶水可喂5～7天。据小曾说，这样处理以后蜜蜂中毒的情况会好一些。鸭嘴式巢门饲喂器不贵，配合平常积累起来的饮料和矿泉水瓶就可以了。这个方法可以在农区广泛推广。

二、使用浅继箱

无论在栗溪还是在京山，都有养蜂户在使用浅继箱，其中有很大一部分养蜂户的主要目的是为蜂群防暑降温。尽管这里是山区，但当地夏季气候炎热，白天气温会达到30℃以上。在平箱上加浅继箱后，扩大了箱体的容积，有利于防暑降温，减少饲料消耗和安定蜂群，保证蜂群能正常繁殖。

其实，中蜂加浅继箱除能起到上述作用外，还是一条很重要的增产措施。大流蜜期在底箱上加浅继箱后，如配合使用浅巢框，可以增加蜂巢内的贮蜜空间，协调工蜂贮蜜与蜂王产子争房的矛盾，将产子区与贮蜜区分开，提高蜂蜜的产量，延长贮蜜时间，这也有利于生产成熟蜜，对中蜂蜜提质增产有很好的作用。栗溪镇小曾就告诉我们，2015年他有一箱使用浅继箱的蜂群，曾取蜜30.5千克，获得了高产。给中蜂加浅继箱，在一些养蜂发达地区和养蜂技术较好的蜂农中，已经是饲养中蜂的标准配置了，可以大力推广。

在中蜂平箱上加浅继箱，要注意几点，一是平箱与浅继箱之间，无需加隔王板，以利工蜂上浅继箱贮蜜；二是注意掌握浅巢框下框梁与底箱巢框上框梁之间的距离，保持在3～5毫米，以利于工蜂上脾贮蜜，且不至于上下框被蜂蜡粘连，浅巢框的下梁不要过厚，0.5厘米即可；三是既可以将浅巢框放于底箱内造脾，也可以将底箱退出来的巢脾锯短，然后消毒或经冰柜冷冻保存（以防虫蛀），到大流蜜期再取出加在浅继箱中贮蜜，这样效果会更好一些；四是实行浅继箱取蜜，要培养强群和适当紧脾，让蜂数密集，才会达到预期的效果。

荆门蜂农自觉或不自觉使用浅继箱的习惯，给该地区推广浅继箱取蜜，无疑打下了一个很好的基础。

蜂海问道

三、关于寄生蜂

这次培训班上有学员反映，蜜蜂体内有寄生虫。一般病蜂（工蜂）受健康蜂驱赶，会在巢门口或巢门上方聚成小团，有时在蜂箱纱盖上面也会发现，数量或多或少。病蜂体色发暗，行动迟缓，腹部末端下垂，失去螫刺能力。如用手指压迫其腹部，会从尾端挤出一条蛆虫，呈米黄色，此虫名为"中蜂斯氏茧蜂"，是一种寄生蜂。20世纪80年代贵州和湖南学者对此早有明确的研究结论，但至今仍有许多人将其误认为寄生蝇。笔者这次参观考察就发现荆门市许多蜂场有不同程度发生。

尽管此蜂总体上对蜂群危害不算严重，但如放手不管，情况势必会越来越严重，因此应予重视。防治该蜂的主要办法是在巢门口收集病蜂，并集中加以深埋或烧毁，以减少虫源，降低危害。

四、格子箱管理技术的改进

栗溪镇刘云夫妇回乡创业，勤奋好学，在他家的蜂场上放有各式各样的蜂箱，包括郎氏箱、短框式蜂箱（又叫郎氏箱横放框）、老式蜂桶、格子箱以及他自创的高框式蜂箱等，以便试验哪种蜂箱产量最高，好管理。

格子箱是传统养蜂中较为先进的一种。他对格子箱的评价是，用格子箱养中蜂，虽然解决了取蜜不伤子的问题，但格子箱分蜂后，由于箱内蜂数减少，旧脾多，会造成脾多蜂少的局面。且旧脾多，易生绵虫，到第2年蜂群会越养越弱。因此除了在分蜂后，他会割掉一部分脾，绑在高框式蜂箱的巢框上加以利用之外，到过冬前他会将格子箱中下部的巢脾割掉，促使来年巢脾更新，这样蜂群就能正常发展。

小刘对格子箱分蜂颇有些心得，一是利用多功能巢门控制自然分蜂。为了控制格子箱因自然分蜂（如分蜂时主人不在家）造成损失或飞集在高树上收蜂困难，他在分蜂期在巢门前预先安置好市售多功能巢门。当蜂群分蜂时，工蜂能自由出入，而老蜂王则被截留和控制在多功能巢门的一个小区内。由于老蜂王被困于多功能巢门的小区内，格子箱发生分蜂后，主人可从容地将格子箱内的蜂群，很方便地分为两群。二是在分蜂季节主动进行人工分蜂，即在格子箱的顶部再放一层空格子，用敲击蜂箱的办法将蜂全部赶到顶层新加格子中，然后在新加格子及原箱之间插入平面隔王板，经一夜，蜂王就被隔在顶部新加的格子箱中了。此时可将蜂群分为两个部分，即将上半部带有老王的格子箱新架一底箱，放在原箱一侧作为一群；原群下半箱为王台，如无王台可介入成熟王台或新王，作为另一群，这样就将蜂群一分为二了，然后再根据回巢蜂偏巢的情况，调整两箱的位置，待蜂群正常后再逐渐拉开两箱之间的距离。

五、关于蜂蜜的质量

中蜂蜜现时的市场价格一般是意蜂的 2～3 倍，从价位上说，中蜂蜜走的是高端市场，因此必须特别强调蜂蜜质量。可喜的是，当地的主管部门在中蜂生产的发展上，对此已经有了很清醒的认识。京山县蜂业管理站的马站长就说："中蜂蜜必须达到 41.5～42 波美度，否则你不要跟我说是好蜂蜜。"从我们的了解中，当地中蜂活框饲养后，仍然保持一年只取 1～2 次蜜的习惯，这样有利于提高蜂蜜的浓度和质量，长期保持市场的占有率。

六、重视蜜源植物的利用和培育

尽管荆门山区有较丰富的蜜源，但为了长期可持续发展，提高蜂场经济效益，还需要在充分利用当地蜜源和补充种植蜜源上下工夫，对此无论是蜂农还是主管部门都有清醒的认识。当地有较大规模的养蜂户，都考虑到将蜂群分散到两三个点摆放，不宜太集中，这就是我们主张中蜂在一定区域范围内，要适度规模饲养的原因。

栗溪镇农村办公室张主任说他们计划将种植蜜源植物列入当地退耕还林的总盘子中。京山县蜂业管理站马站长则将种紫云英、苕子（野豌豆）列入种草养畜的项目中。可见对蜜源植物在养蜂业中的重要性，无论是当地政府部门还是在蜂农中，都已形成了共识。

当然，这次笔者在荆门实地参访时，也发现了一些问题。从京山县与东宝区两地来看，京山县推广中蜂活框饲养已先行一步，至今已有 4 个年头，而东宝最近才开始，所以两地蜂农饲养管理的水平存在一定差距。在蜂路控制、蜂脾关系的处理及群势的发展上，京山通常好于东宝。东宝由于刚实行活框饲养，蜂路过宽或过窄（大多数过宽）；急于加础造脾，脾多于蜂的现象较为普遍，以至于易生巢虫和发生中囊病，但只要继续加强培训和技术指导，这些问题应该是不难解决的。

为蜜蜂营造别墅的石洞蜂主

杨志华，湖北省钟祥市客店镇娘娘寨人，2018 年 41 岁，一人养蜂 300

群，家里还有一个茶场，养羊 200 只。之所以将其称为石洞蜂主，是因为他有 15 群蜂收养在石洞之中。

　　娘娘寨茶场海拔 570 米，位于钟祥市黄仙洞 4A 级景区，人少地多。山上自然植被繁茂，蜜源种类繁多，除了羊叶子树、牛角树、硬头槐（均为当地土名）、刺楸、栾树、楤木、五倍子、冬青外，我们一行到访时看见有多种菊科野花（如鬼针草、蒲公英、小野白菊、野菊花、千里光等），路边还有唇形花科的野藿香、半边香等，荒地中伏地生长的禾本科小草（狗牙根）上还有工蜂正在采粉。但在山势起伏的群山之中，最惹眼、甚至有点让人忌妒的就是成片的荆条了。一棵棵荆条树干有如手腕粗细，约一人高，此时已是 10 月中旬，荆条已大多花谢结籽。蜜源条件相当不错。

　　因为石漠化的原因，该处有些地方石头出露地面，石头表面光滑，未长杂草（是否因为养羊的缘故，把上面的草吃光了），但表面坑凹之处，纵横交错，在石缝之中，竟然长出许多树木和藤蔓，覆盖度还相当地好。最独特之处还在于石壁上有许多天然形成的石洞。其实说洞不太准确，严格地说应该是石头上的腔孔。石洞大小不等，一般洞壁光滑、规整，直径在 25～30 厘米，深 40～50 厘米。洞也有呈椭圆形的，有时也有上下连通、中间曲折的。据杨师傅说，当地有在石洞中搜集野蜂、猎取蜂蜜的传统，他自 10 多岁起就跟着父亲在山上找寻石洞蜂。一般先发现者可以在洞旁打上自己的标记，即成为这个洞或这群石洞蜂的主人。他现在除了寻找天然的石洞蜂外，也找寻适合的空洞，把分蜂后的蜂群放在石洞中去放养。当发现野生蜂或放入蜂群后，可就地找些稍薄的石片，敲打成洞口一般大小的挡板来封挡住洞口，除留下一、两个小孔让蜜蜂出入外，其他缝隙则用小石子填实（图 8-3、图 8-4）。由于石洞上面有绿色植物遮阴，石洞内冬暖夏凉，很适合蜜蜂生存。他说用这种方法养蜂，一个洞会取蜜 5～10 千克，最多时一窝可取到 20～25 千克。当然，当年放蜂，一般收不到蜂蜜，因为蜂群还要建巢和发展。他现在养有石洞蜂 15 群，发现但未放蜂的还有 15 个洞，另有 10 多群石洞蜂是其他老乡的。

　　除石洞蜂外，杨志华还养了 300 群蜂，除极少数老桶外，其余均为活框饲养。为了充分利用当地的蜜粉资源，他将这些蜂群分成 8 个点摆放，每点放三五十群。他选择蜜粉源条件较好的地方，利用荒山、空地，用砖墙围起来，有门进出，进门处即有一间小管理房（面向场内的一面不围，图 8-5），用于摆放蜂箱、工具、避雨等（请注意，建此类建筑需征得当地有关部门同意）。蜂群就摆在围墙内，好似给蜜蜂建了一栋栋别墅。

图 8-3　在石洞蜂（杨志华左手下）处的合影（上立者杨
志华，中廖启圣，左欧云剑，右徐祖荫）

图 8-4　石洞中的蜂群

图 8-5　围起来的放蜂场地

笔者等参访时，蜂群一般都有 5～7 个脾。由于 2018 年前一段时间（9 月下旬至 10 月中旬）一直低温阴雨，蜂群已断子结团。但脾上留蜜充足，一般每脾有 1 千克左右的封盖蜜，保证蜂群安全越冬是没有问题的。

杨师傅为了保证蜂蜜质量，一年只取一次蜜（封盖蜜），并坚持多留少取，每群蜂年均取蜜 2.5～3.0 千克，浓度接近 42 波美度。即使饲料不足，需要补饲，也是不用白糖而使用蜂蜜。

由于实行一人多养，并且还有其他活路，除了分点放置外，他实行的是简约化管理，很少去干扰蜂群。多年来杨师傅摸索出了一套适合当地气候、蜜源的管理经验。例如，当地中蜂 2 月上旬蜂王开产，3 月初新蜂出房后，紧脾到 80%。然后随蜂群蜂势增长，加脾扩巢。清明后蜂群开始产生分蜂热，分蜂换王。一般保留 1/6 左右、表现好的老王。8 月取蜜，8 月 25 日必须结束。一般 11 月中旬断子，10 月 15 日至 11 月 1 日检查一遍。越冬饲料不足的及时补足饲料，3.5～4.0 千克蜜加水 0.5 千克，趁热灌脾，1～2 次补足。蜂场上工作量最大的就是分蜂。由于杨师傅采取的是利用自然王台，自然分蜂，为了减少工作量，缩短分蜂期，在清明过后，他采取紧脾的措施，故意促使蜂群产生分蜂热。一般是他负责看管 4 个点，另请人看 4 个点，使全场的分蜂工作在半至 1 个月内结束。

我们中午在他家用餐，餐桌上的菜一律是当地的土特产，如蕨菜、石耳、椿芽（他保存茶叶要用冰柜，在冰柜中保鲜）、自家的土鸡、鸡蛋、腊肉、香肠，牛肉也是当地出产的。饭后还请我们品尝了自制的葛根粉和生产的土蜂蜜。蜂蜜色泽透明，浅黄棕色，口感清香，以荆条蜜味为主。这些地道的山货，天然、绿色、无污染，都是城市生活的人孜孜以求的，难怪他家的蜂蜜会供不应求。

杨师傅的养蜂法则可用 10 个字来概括，即"粗养、慢酿、少取、优质、保价"，这正是今后山区农民饲养中蜂要坚持的一个方向。

试论中蜂生产的两种主要饲养管理模式

——调研湖北荆门中蜂场后的深度思考

2017 年 10 月中旬，湖北省荆门市蜂业管理站和京山县蜂业管理站分别在荆门市东宝区和京山县连续举办了两期中蜂养殖技术培训班。培训期间，组织学员到京山县三阳镇的中蜂良种繁殖场参观。其间，笔者还专门走访了钟祥市客店镇杨志华蜂场，以及采访了京山县三阳镇艾河村的宋朝斌师傅。

一、参访蜂场特点简介

以上三个蜂场各有特点。杨志华蜂场在《为蜜蜂营造别墅的石洞蜂主》一文中已专门介绍过，即多点、分点饲养，用砖砌蜂箱、天然石洞养蜂。而宋朝斌师傅则是用土笼饲养，养蜂 130 群，其中土笼近 100 群。所谓土笼，就是用砖、水泥、瓷砖（用于底部、顶部和箱沿）制作蜂箱，内径尺寸为（60 厘米×42 厘米×38 厘米）。蜂箱外面（除正面外）及顶部用土掩埋，上面盖石棉瓦遮雨，巢内实行无框式饲养（即老法饲养）。据宋师傅说，这种土笼与木箱相比，蜂群群势、取蜜效果差不多，但秋冬天蜂群环境比较潮湿。今年有 6 群土笼蜂，每群割蜜 10 千克。

京山县中蜂良种繁殖场的主人叫龚长江，原先从事食用菌行业，2013 年开始养蜂，现养蜂 240 多群，其中院内 150 群，山上 90 多群。龚与宋两场蜜源差不多，主要是油菜、板栗、荆条、刺楸、五倍子，还有少数野豌豆（苕子）、野樱桃以及其他山花。龚师傅蜂场的主要特点是郎氏箱加浅继箱饲养。龚家院子十分宽敞，占地 7.5 亩，院内遍植桂花树，蜂群就安置在树林下，夏天遮阴的效果极好。因为看到龚场长的蜂群是上了浅继箱的，就无心说了一句"龚场长的饲养模式应该是精养吧！"并请他介绍经验。殊不知龚回答说他也是粗放式饲养。他介绍道，由于越冬前留足了（不足的补喂）饲料，从现在起（10 月底至 11 月）到春繁前基本不动蜂群，让蜂安静越冬。第二年 2 月中旬开始紧脾繁殖，3 月中旬第一批幼蜂出房后饲料消耗大，开始补蜜。4 月上旬蜂群产生分蜂热，用自然王台和人工王台分蜂（大约各占一半）。除种蜂群外，割除其他蜂群的雄蜂脾，让处女王与本场优良雄蜂交尾。5 月板栗花期大流蜜，加强造脾扩繁。气温达 30℃ 以上时，上浅继箱，中间不加隔王板。除利用冰柜中保留的浅巢脾外，当外界蜜粉源充足时，在巢箱中造浅巢脾，办法是将浅巢础框插入蜂群，夹在两张大脾中，当造好七八成时，提到浅继箱上，然后在巢箱中再加一块浅巢础框，接着造脾。其余基本不变，让蜂群发展到 7 张左右大脾。6 月中旬至 7 月上旬，荆条大流蜜，浅巢脾上的蜜全部封盖后即取蜜。暂未完全封盖的蜜仍留在箱内，最迟可延续到 10 月 20 日左右取蜜。此时撤去浅继箱，改为平箱越冬。一年取蜜一次。若春季流蜜好，也可多取一次。一般每群蜂可取高质量的蜂蜜 2.0～2.5 千克。下继箱后，如越冬饲料不足，可趁天晴气温高，抓紧时间喂足。

以上三个蜂场的饲养方式虽各有不同，但共同特点是所在地蜜源条件较好，一人多养，简单管理，特别强调产品质量，市场信誉好，收入也不错。这种养蜂模式可以用 10 个字来概括，即"粗养、慢酿、少取、优质、保价"。

蜂海问道

二、中蜂饲养的两种主要管理模式

过去中蜂活框饲养技术，大多强调精细管理。精细化管理技术要求较复杂、投入较高、运转强度大，比较适宜规模化、专业化、转地放蜂的蜂场，追求的是高效益，解决的是农民致富奔小康的问题。另一种就是现在的简易饲养管理模式（也可称为粗放式管理模式），它的对象主要是山区小规模（或适度规模）的散养户，重点解决的是技术、文化水平低、养蜂基础差、山区贫困农户脱贫的问题。当然，如经营得法，实行一人多养，也可取得较高的收入，就像前面提到的三个蜂场一样。这两种饲养管理方式，应该成为今后中蜂饲养管理上的两种主要模式。

有一点需要说明的是，这种简易饲养管理模式，吸收和综合了活框蜂箱和传统饲养的优点，有利于蜂群管理（如人工控制分蜂、换王）和病虫害防治（如巢虫），减轻管理的工作量，提高蜂蜜质量，既不完全与活框饲养相同，又不与传统养蜂方式一致。

三、为什么要提出和倡导这种新型的、中蜂简易饲养管理模式

（一）现实需要

近几年随着山区开发，政府着力强调农民脱贫致富，很多地方都在大力发展中蜂养殖。例如，许多地方政府大批采购蜂群下发农户，但政府部门及绝大多数农民对活框养蜂技术并不了解。即使短期培训，也不能全部解决所有技术问题。养蜂必须与当地气候、蜜源相结合，不同季节、蜜源，管理内容不一样，一旦管理不善，非死即逃。不少地方政府投入不少（动辄上百万，甚至上千万），但效果并不好，甚至以失败告终。正是在这样的背景下，需要及时总结经验，重点解决饲养管理中的几个突出的关键技术（如分蜂、换王、防巢虫、补饲），帮助农民找到一条他们容易理解、便于实施的简易饲养管理方法。让政府发放下去的蜂群，农民能够养得住，出效益，得实惠。

（二）蜜源和其他客观条件的限制

养蜂是资源依赖性很强的一个产业，没有良好的蜜源条件，养蜂就是一句空话。但一个地方的蜜源条件总是有限的，如果不转地，定地饲养，能取蜜的季节，好的地方有两季，大多数地方只有一季。所以农户只能根据当地的蜜源条件，适度规模（10～30群）饲养。采取这种方式饲养，一般不需要太复杂、太高级的技术和精细管理，也不需要太大的投入（劳力、资金），符合当前农村文化、技术水平及其经济能力，易于为群众所接受。当然，这样的饲养方式产蜜量不高，一群蜂年产蜜 2.5～4.0 千克，但若每千克蜜能维持在 200～400 元的价位，一家养蜂 20 群，也能全年增收 8 000～16 000 元，达到脱贫的目标。

（三）市场因素制约

目前市场上中蜂蜜价位较高，有两方面的原因。一是消费者怕买到假蜜，认为土蜂蜜质量可靠，愿意出高价购买；二是目前虽然很多地方在发展养蜂，但由于技术不过关，产蜜量实际并不高，供求关系暂时还不平衡，较有利于卖方市场。

中蜂蜜销售的方式，小规模、适度规模的蜂场主要靠口碑和人际关系。这种粗放式饲养，虽然产蜜量低一些，但质量保证，能满足顾客在物质上、心理上的需要。市场货源适度紧缺，还有利于保持产品的价位和升值的空间，使产业行稳致远，实现长期可持续发展。

（四）符合"人与自然和谐"的科学发展观

这种简易的饲养管理模式，基本有赖于当地的蜜粉源来形成产量和质量，饲养规模必须与当地的蜜粉资源相吻合，管理时少干预，取蜜时少取多留，不喂或少喂白糖，既保证了蜂群的基本生存条件，又稳定了产品质量，而不是片面追求产量，过度索取，这就充分体现了"人与自然和谐""人蜂和谐"的正确理念，让人类回归理性，蜜蜂回归自然。这种饲养方式，也更能得到顾客的认可和支持，使中蜂养殖持续健康发展。

（五）能够实现一人多养

这种简易养殖方式不但能让农户脱贫，而且也可以致富。正如前面提到的蜂场一样，由于管理粗放，可以在多点放养的情况下，实现一人多养，规模养殖，提高蜂场整体的经济效益。

鉴于以上原因，笔者认为这种简易饲养方式（即粗养、慢酿、少取、优质、保价），应与精细管理并列成为中蜂饲养的主要模式，并极有可能成为今后我国山区农户饲养的主流模式，因为它更贴近我国农村生产实际和技术水平。充分利用不同地区的蜜粉资源，产品更加符合绿色、天然理念，充分满足市场和顾客的需求，因此值得在当前农村脱贫致富的攻坚战中大力推广。

对中蜂两种主要养殖模式的再认识

——访广西隆林代氏蜂业有感

一、背景

随着国家扶贫工作的深入开展，很多地方都把中蜂养殖当成帮助农民脱贫致富的一个重要选项。但是，由于政府部门对养蜂行业缺乏了解，蜜源条件有限，人员缺乏培训，导致养蜂项目失败的例子比比皆是。通过养蜂发家致富的思路应该是没有什么问题的，同样不乏成功的例子，但以一种什么样的发展模式去推动、指导养蜂生产，使之实现良性循环，行稳致远，实现帮助农户脱贫致富的目标，这是各级政府部门、业务指导部门在发展当地养蜂生产前需要认真思考的问题。鉴于目前山区农村贫困人口文化水平低、技术基础差的实际情况，在蜜源条件较好的地方，中蜂实行分散式、小规模、简单化饲养，是一种比较有效的发展模式。

惠水县摆金镇苗岭养蜂生物科技有限公司于 2017 年 6 月，一次性购入 400 多群蜂，也存在同样的问题（集中饲养，蜜粉源不足）。为了解决这一问题，按照分散放养、简易管理的指导原则，笔者专门设计了一款蜂箱，将活框饲养的中蜂，再次逐步改为传统的无框式饲养（另文报道）。另外，重点解决生产中分蜂、换王、防虫（巢虫）、补饲等方面的技术问题，然后分散到农户家中去合作饲养。农民负责出场地、出劳力，合作社提供蜂源，保障技术，负责销售，既解决了蜜源、劳力的问题，又降低了生产成本，保证了蜂蜜（一次只取一次最多两次的天然成熟蜜）的质量和销路，使合作社与农户实现互利双赢。

与此同时，听该公司的杨光雄老师介绍，在这方面，广西隆林县的代氏蜂业已先行取得了一些成功的经验，为此，笔者一行三人，于 2017 年 11 月下旬，从贵阳驱车 500 多千米，来到隆林县，拜访了代氏蜂业。

二、参观代氏蜂业

代氏蜂业的创始人代小林今年才 30 出头，敢想敢干。2015 年带动农户从事胡蜂养殖，取得了成功。2017 年 4 月又从事中蜂养殖、推广。他的养殖基地就建立在距县城 110 千米的革步乡平央村。隆林各族自治县位于珠江上游的广西、贵州、云南三地交界之处，既与贵州兴义、安龙山水相连，又与云南罗平接壤。因建设天生桥水电站，水库淹没地区包括滇、黔、桂三地沿边地区，形成了一个巨大的人工湖。小代的基地就建在环湖公路带上，再往前走，就是金钟山国家原始森林自然保护区。这里海拔七八百米，但气候属广西亚热带气候区，四季如春，山环水绕，湖面宽阔，山上植被十分繁茂，生态环境良好，除大片的松树林外，还有油茶、板栗、桐子以及其他各种杂树野花。蜜粉资源、蜂种资源相当丰富。俗话说："养蜂不用种，只要勤顿桶"，就是这里真实的写照。

代小林自幼生长在农村，酷爱大自然，打小就与蜜蜂接触，有一些养殖经验。2017 年 4 月小代又创制了一种用木板、泡沫板、铝皮加工，高、宽 27 厘米，长 55 厘米的长方形保温蜂桶，并对蜂桶做了适当处理，发放给当地的贫困户，作为合作对象。由于山上蜂源多，放桶后，就会有蜂群前来投居，根据蜜源情况，每户养 3～20 群。每群年产蜜量为 2.5～5.0 千克，多的达 10 千克。公司与农户签订合同，按三七分成（其中公司占七成），主要负责回收、销售产品。目前已在滇、黔、桂三地沿边地区发展联合养殖户 130 户，饲养规模大约在 1 300 群。公司还有一个直属蜂场，有 30 多箱活框饲养的蜂群，尺寸与发放的养殖箱一致，主要用于培育蜂王和王台，以补给农户失王群用。发下去的蜂桶箱内壁用木条钉有两个滑槽，可将活框养蜂的巢脾挂上去，介绍王台或蜂王。也可在招蜂桶中预先安置一小块巢脾，这样有助于投住蜂群迅速发展。公司专门配有技术员及片区管理，负责对农户技术辅导及处理产品回收问题。公司在隆林开有一家实体店，销售蜂蜜和胡蜂系列产品。2017 年 11 月 10 日在南宁东盟产品展销会上，公司原生态巢蜜销售火爆，每千克 256 元，1 人限购 0.5 千克，全部产品被顾客抢购一空。

图 8-6　在代氏蜂桶中取出的巢蜜
（后蹲者代小林，右 1 徐祖荫）

代总在技术上走的是传统养蜂加适当改良的路子，叫简易式饲养或粗放式饲养都可以。我们欣赏和推广代氏蜂业的做法有五点：一是不盲目追求产量，特别强调产品的质量（图 8-6）；二是强调合理利用蜜源，分散布点，不强调在一个点上实施大规模饲养；三是养殖模式简单易行，容易被农户所接受，符合农村实际情况；四是这种公司加农户的模式照顾到双方的利益，公司有货源，农民有收入，三位合作养殖户每户产蜜 100 千克，收入 1 万元，加上其他收入，基本解决了脱贫的问题；五是当年立项，当年见效。

令笔者感动的是，当代总得知我们要来参观时，特意拉了两条欢迎横幅，并请了基地附近两个村的村干部和 10 多位养蜂户欢迎我们。代总在会上发表了热情洋溢的讲话，他用"鱼水"作比喻，特别强调了公司与养殖户相互依存的关系，要想实现长期共同发展，谁也离不开谁。并当场表态，今后要进一步提高蜂农的分成比例，更多地让利给蜂农，得到了现场人员一致热烈的掌声。笔者认为，代氏蜂业的这种发展模式有很强的生命力，值得在各地养蜂扶贫工作中大力推广。

当然，该公司的成功也还有其他一些因素，比如基地所处生态条件好，蜜源、蜂源充足，民风淳朴等。另外，由于地处万峰湖景区，有不少前来垂钓、观光的游客，在购买产品和助推产业发展上，也有相当大的优势。

三、简易化与精细化管理，应成为中蜂两种不同的主要养殖模式

简易化管理和精细化管理是中蜂生产上两种不同的养殖模式，其主要发展目标，适合的地区、人群都不一样。精细化管理适合专业化、规模化、技术水平高、经济条件好的蜂场，一般蜂场本身就是经营主体，解决的主要是农民致富的问题。简易化管理，管理环节少，投入水平低，适于文化水平、技术水平低的农村闲散劳力定地饲养，需要有一定技术和营销能力的经营主体来引领，以便充分利用山区资源，主要解决增加农民收入、山区农民脱贫的问题。这是两个不同的发展方向，有不同的技术、运作套路，蜜源、养蜂基础条件不同的地方或个人，应结合自身实际，选择不同的管理模式，正所谓"适合自己的，才是最好的"。

再者，从蜂蜜的价位上看，每千克中蜂蜜的价格在 160～300 元，一般是意蜂蜜的 2～5 倍，对应的是高端市场。从总的市场份额来看，高端市场总是有一定限度的，市场的培育也是一个渐进的过程，不可能随人们的主观意志，一下子放大。因此，定地饲养，一年只取 1 次蜜（最多 2 次）的简易饲养方式，由于受蜜源条件的限制，只能"走心（诚信）不走量，优质保市场"，限产提质，以优异的品质（天然成熟蜜）与意蜂蜜相区别，才可能保证市场占有率，得到消费者的认可。这也符合我国养蜂界多年来在中蜂养殖上，一直提倡的"小规模、大群体"的总体发展思路，同时也是我们这次推出代氏蜂业发展模式的重要原因。

养蜂人中的大学生

——三谈中蜂简单化养殖模式在农村中的推广价值

一、大学生张德文回乡创业，放桶招蜂

笔者曾在电视节目中看到陕西有个大学生辞职回乡、到秦岭山区养蜂创业

的报道。无独有偶，贵州省也有个大学生返乡养蜂创业，此人名叫张德文，贵州省台江县红阳村人，现年 35 岁，2008 年毕业于贵州民族学院计算机系，曾先后外出务工两三年，然后回家酿酒、种天麻，但均不成功。2015 年，因见到同村一个老人养蜂收入不错，自己父亲也养有二三十群蜂，从小又与蜜蜂接触过，于是就有了养蜂创业的念头。2017 年生产、销售原生态优质土蜂蜜近500 千克；2018 年，小张又放桶招蜂 300 桶左右，买了车，初步走上了致富的道路。

小张家往雷公山边缘地区，雷公山是贵州省国家级自然保护区，范围涉及雷山、剑河、台江、榕江等几县，面积 4.8 万公顷。这里山大林密，森林覆盖率 60% 左右，生物多样性十分丰富，常见的蜜源植物有盐肤木、刺老包、火草、鬼针草、蛇莓、白三叶等，养蜂条件很好。

经当地干部介绍，笔者认识了小张。小张个子不高，衣着朴素，为人低调。因劳动和日光曝晒，脸色微黑，十分面善，见人总是笑嘻嘻的，只是脸上戴着一副宽边眼镜，才透露出一丝文人气息。他很愉快地答应了我们到他蜂场实地考察的要求。

小张家住在山脚的寨子里，放蜂地点就在他家附近的山上，山顶海拔1760 米左右，山顶平缓而山坡陡峭。山顶与山腰以下的景色、植被不一样，山腰以下林木繁茂，但山顶风大，没有高大乔木，有的只是高山草场，所以国家在此投资建了一个风力发电厂，沿着电厂周边数十千米的山梁上，可以看到一座座仁立在山头上的风力发电机。站在山顶之上，远眺连绵不绝、巍峨的群山，再加上的近旁摆臂旋转、雄伟高大的风力发电机组，以及扑面而来的习习凉风，一种"一览众山小"、难以言表的豪情会油然而生。可惜的是，笔者 9 月中旬第一次去的时候很不凑巧，气候突变，寒风刺骨，天上下着毛毛细雨，山上云雾弥漫，能见度不过 10 多米，因此我们只好在路边匆匆割了两桶蜜就下山了。直到 9 月 29 日，笔者接到县农业局龙主任的电话，说根据气象预报，9 月 30 日将有一个晴天，于是我们按约定时间，再次前往现场。当天果如预报那样，天气晴好，艳阳高照，山上风景如诗如画，还陆续遇到一些赶来观景的游客。

小张养蜂地点就以电厂为中心，周边大约 10 多千米、海拔高低不同的范围之内。这里因为山高林密，又是州级自然保护区，人烟、耕地稀少。尽管如此，小张安置蜂桶、招蜂时仍十分小心，有许多讲究。小张使用的蜂桶多为长方形木桶，一般板厚 2 厘米，长 60～70 厘米，横截面宽的有 27 厘米×28 厘米的，也有窄到 22 厘米×24 厘米的，大小不完全一致。海拔低一点的地方放横截面大一些的桶，高一些的地方则放小一些的蜂桶（蜂群迁飞筑巢的时间晚，生产期短）。安放空桶时要尽量选择在有岩石的地方，一是对蜜蜂而言目标显著；二是岩石对蜂箱有遮风挡雨、避免日光曝晒的作用。另外还可利用散碎的岩石压住蜂箱，避免熊破坏（山上有熊出没）。再有就是尽量放在隐蔽的地方，如树丛下，草丛中，避免有人发现偷盗。放桶还要尽量分散，不要集中，以便充分利用蜜源形成产量。笔者这次跟随小张取了三桶蜜，相互距离都比较远。有的放在离公路较近的山坡上，有的则离公路较远，要下到山沟深处。不管远和近，路都不好走，甚至几乎没有路，时常要用刀砍开草蓬、竹丛、荆棘才能到达。从上午 10 时 30 分起，到下午 2 时 30 分，在小张的带领下，4 个小时的时间，我们总共只收了三桶蜜，主要是路上花的时间多。别人空手都不好走的路，小张要选址、安放蜂桶、查看（大约 1 月 1 次，查看蜂群投住情况），以及将收获的蜂蜜带回，其艰辛可想而知。一方面觉得原生态蜜的确来之不易；另一方面也对这个小伙子吃苦耐劳、顽强拼搏的精神感到十分钦佩（图 8-7 至图 8-9）。

图 8-7　收蜜路上（用刀开路）　　　图 8-8　放在岩石边的蜂桶

图 8-9　割出来的脾蜜

　　小张告诉我们，原先跟随父亲学养蜂，有一些传统养蜂知识，但对创业来说，这些经验远远不够，在发展养蜂的过程中，他也摸出了些方法。他正式把养蜂当做谋生手段，是从 2015 年开始的，由于缺乏经验，当年在山上放 100 个桶，只投住了 20 群。后来他在放桶前，先用蜂蜡在桶内熏烧，果然提高了投住率。2016 年放桶成功 151 桶，其中被熊毁了 63 桶，别人偷了 15 桶，损失惨重；割蜜 73 桶，取蜜 400 千克。2017 年放桶 260 个，投住 120 桶，产蜜 500 千克。2018 年放桶 400 个，入住近 300 桶，初步估计能收蜜 1 000 千克。我们这次跟小张上山，其中两桶各取蜜 5 千克左右，有一桶取了 15 千克蜜。我们看着大块大块晶莹剔透、黄澄澄的原生态脾蜜，心里非常亢奋。一般来说，产蜜多少，跟蜂群投住时间的早晚有很大关系，山下春季气候回暖、开花早，三、四月就会有蜂投住。山上气候冷凉，开花晚，一般五六月蜂群才投住。入住早的蜂群建巢早，发展时间长，群势大，产蜜量就会高一些。直到 2018 年为止，小张的生产方式还是很原始、传统的。山上因为取蜜晚（9 月中下旬至 10 月上旬），冬季气温低，蜂群难过冬，所以小张采取的是割蜜弃蜂的办法（全取，不要蜂），在我们的建议下，2018 年年底小张开始尝试边割蜜，边过箱，取蜜后把蜂群搬到山下越冬。不难理解，他这样养蜂每年都是新蜂投住，重造新脾，根本没有巢虫及其他病害，不用药，也不喂蜂，所以他的蜂蜜应该说是真正全天然、无污染、零添加的有机蜂蜜，现每千克售价 300～360 元。小张经常邀请一些老顾客到现场割蜜、品蜜，很有吸引力，有时一个客户就会买几十甚至上百千克。

笔者问小张，你养蜂最担心的是什么？他回答说，一是愁销路，怕产量大了以后蜂蜜卖不完。再有就是蜜源问题，他说现在政府发动养蜂，今年蜂群一下子增加很多，会争抢蜜源，影响收成。最明显的例子就是他在山上往南刀村的方向，放了两个蜂桶，去年每桶割蜜 5 千克，但今年每桶仅割 1 千克不到，两年差别很大。原因就是南刀村今年政府发了很多蜂群，跟他放的蜂地点只有二三百米的距离，降低了产量。小张担心的事情，其他养蜂员也有同感。贵州省威宁县石门乡传统养蜂协会（传统饲养）的安会长说："现在养蜂人和蜂群数量多了，蜜源就显得不足了，我今年养了 100 群，结果还不如去年 50 群的产蜜量。"

二、推行简单化饲养管理模式，是今后农村中蜂生产发展的一个重要方向

活框饲养与传统饲养（即所谓的简单化饲养）孰优孰劣，已经是一个多年的老话题了。客观地说，这两种方式，各有其优缺点。

活框饲养蜂群发展快，有利于转地饲养，但技术要求高，还需要一定的投入。虽可多次取蜜，产蜜量高，但蜂蜜的成熟度往往不如传统饲养、一年只取一次的蜂蜜。这种饲养方式比较适合专业化、规模化饲养。传统饲养方式虽然产蜜量相对低一些（在蜜源充足的地方产量也不低），但饲养管理不复杂，技术含量低，农民易于接受。每家分散、业余养一二十群不费力，还可充分利用不同地方的蜜粉资源。从当前广大农村、农民的情况看，我们认为，后一种方式更加适合农村的实际情况。这种方式既适合农民业余饲养，帮助农民脱贫，也可扩大规模专业化饲养，走上致富之路，如前面提到的小张就是如此。二十年前，中国养蜂学会、业界有识之士提出中蜂应实行"小规模（分散到每户）、大群体（总体加起来多）"的生产方式，至今仍有重要的指导意义。

现在市场上比较受欢迎、认可度高、价格看好的是传统（或半传统）饲养生产的蜂蜜。2018 年 9 月底来贵州省交流的湖北省荆门市栗溪镇的养蜂员刘云，采取的是山下住宅周围搞活框繁蜂卖蜂，山上传统饲养养蜂取蜜（当地叫土笼养蜂）。他说用郎氏箱实行无框式饲养，一年仅割一次蜜，有时一箱也能割 10 多千克，且浓度能达 42 波美度，销路不错。笔者曾经报道过的贵州省息烽县傅业常用格式箱传统养蜂 200 群；广西隆林县代氏蜂业发蜂箱给农户收野蜂，实行传统饲养，现加盟农户已达 300 多户，都是比较成功的例子。前不久代氏蜂业技术员打电话告诉我，说公司去年收蜜 5 000 千克，质量好，销路不错，每千克零售 200～240 元，批发价 120 元。除本地销售外，许多外地客商也来订货。由此可见，中蜂走简易化的饲养方式，在农村中是切实可行的。

从上面的例子中不难看出，这些成功人士大多是农村中有一定文化、脑筋比较灵活的能人，或者是有一定经济实力的公司所引领。如果分散到农户改为传统饲养，虽然饲养方式比较容易接受，但其中一些人，特别是贫困户，人脉资源有限，销售渠道少。因此，如何让他们与大市场相对接，加强他们的质量、品牌意识及组织化程度，仍有待于政府的关心与扶持，认为改变一种饲养方式就能改变一切的想法，当然也是不现实的。

中蜂专业化规模化养殖经营模式的调研与探讨

一、背景

近年来，随着农业供给侧结构性改革，农业产业结构调整，养蜂作为特色产业受到了地方政府部门的重视。"土蜂蜜"作为原生态、绿色农产品受到人们青睐，加之中蜂养殖在山区扶贫中的独特作用，促进了中蜂产业的迅速发展。

专业化、规模化饲养在意蜂中很常见，由于中蜂生活习性、采集特点与意蜂有很多差别，饲养人群和管理水平也不同，目前中蜂仍以家庭副业、小规模散养为主，专业化、规模化的中蜂场还不是很多。随着技术不断发展，经营模式创新，组织化程度加强，服务体系逐步完善，各地中蜂专业化、规模化发展也出现了一些很好的典型和经验。现重点报道湖北省荆门市及其附近的几个专业化、规模化蜂场，供同行参考。

这几个蜂场的共同特点是分布在湖北省中部荆山、大洪山向江汉平原的过渡地带，荆山、大洪山同为秦岭余脉，也是中蜂养殖的集中区域。其独特的地理位置、气候条件以及丰富的蜜粉资源非常适宜中蜂繁衍生息，农户又多有饲养中蜂的习惯，从三五群到三五十群不等。目前，仅荆门市中蜂饲养量在 3.5 万群左右，属华中型蜂种，品种优良。主要蜜粉源有油菜、紫云英、小叶岩青（海桐属）、柑橘、洋槐、荆条、小蜡条、玉米、板栗、青桐、无患子、国槐、五倍子、漆树、栾树、刺楸、葎草、野菊花、千里光、香薷、山桂花、枇杷等，花期 3—12 月，主要商品蜜为岩青、荆条、五倍子、刺楸等，蜜质上乘，口味醇厚。

二、各蜂场主要经营模式和技术特点

（一）京山杨集镇许长久意标高继箱饲养模式

杨集镇地处大洪山南麓，京山县西北 27 千米，这里蜜源条件非常好，银杏为当地特色产业，其次是板栗、香菇、"土蜜蜂"。许长久师傅 50 岁不到，是活框意标高继箱养殖的典型。有蜂 200 多群，摆在自家一片银杏树下，颇为壮观（图 8-10），2018 年产蜜 2 500 千克，平均每群产蜜超过 15 千克。中蜂高继箱生产在规模大一点的蜂场上都会有一些，但规模如此之大的继箱群确实很少见。

图 8-10　许长久家银杏树下蜂场一角
（中蜂继箱群，摄于 2018 年 12 月 6 日）

许师傅曾养过老式方桶，3 年前开始养意标高继箱。许师傅说，当地有两个大流蜜期，岩青流蜜期

4 月中旬至 5 月底，另一个是 8、9 月的五倍子、栾树、刺楸。4 月底分蜂，

部分老桶 5 月还在分蜂，因此会错过第一个流蜜期。为解决这一问题，许师傅开始尝试养意标高继箱。

为养成意标高继箱，许师傅不养弱群，有弱群就合并。当地蜂场通常在 2 月上中旬奖饲开繁，但由于许师傅的蜂群强，越冬后群势还有 5～6 脾，而其他蜂场只有 2～4 脾，所以他的蜂群春季开繁期要比其他蜂场至少推迟 10 天以上（蜂群强可以推迟开繁期，参见《中蜂饲养实战宝典》217 页）。许师傅 2 月中下旬开繁，到 3 月上旬才给蜂群补喂一些稀糖水（糖水比例1∶0.7），1 群 1 次喂 0.5 千克，以当天吃完为好。1 周 1 次，连喂 2 次，尽量利用群内存蜜及外界蜜源繁蜂，省工省料。开繁时箱内不保温，箱外简单包装。

3 月下旬临近分蜂时加高继箱控制分蜂，换王采取选留自然王台，培新换老。其中 150 群为产蜜群，50 群繁蜂分蜂出售。上继箱时，底箱和继箱间加隔王板，一般是下面 6 脾，上面 5～6 脾。高继箱一般加选留的空蜜脾，生产脾蜜、巢蜜和分离蜜。春季岩青流蜜后，5 月底可采收一次封盖蜜或巢蜜。9 月下旬五倍子、栾树、刺楸大流蜜期结束后，一般在重阳节左右再采一次蜜。

重阳节左右取蜜时把下面巢箱中的蜂王和子脾都调到继箱里，底箱放空脾，粉脾和少量蜜脾，仍用隔王板隔着。12 月初，蜂群停产，中旬再次将蜂王和子脾放到底箱，根据群势，褪去多余空脾越冬。

缺蜜期的管理是中蜂继箱强群管理的难点。京山县在岩青蜜源过后到 7 月中旬党楸流蜜有一个多月的缺蜜缺粉期。党楸流蜜有大小年之分，有些年份不怎么流蜜，到 8 月中旬五倍子、刺楸流蜜期还有 2 个多月，又正值越夏高温期，经常发生大群飞逃。因此，在缺蜜期采取加强饲喂的措施，1 周喂一次 1∶1（糖水比例）的白糖水。一群总计喂 2.5～4.0 千克。许师傅对继箱群的管理，根据季节、外界流蜜及蜂群情况，一般 7～15 天察看处理一次。

养高继箱投入较多（人工、饲料），在蜜源流蜜、气候不好的年份，高继箱取蜜与其他常规饲养没有太大区别，难以发挥优势，因此存在一定的风险。2018 年气候、流蜜好，继箱饲养就显示出了优势。

（二）钟祥市客店镇杨志华老桶、活框混养粗放型管理模式

杨志华场地与许长久同处大洪山余脉，气候蜜源相同。杨志华 42 岁，经营规模 300 余群，除少数老桶，多数为活框，实行粗放式管理，分 8 个点放置，每点三五十群。一年只取一次封盖蜜，箱内常年留足底蜜。由于地处黄仙洞旅游风景区，销路好，价格也不错。我们曾对他进行过报道（《为蜜蜂营造别墅的石洞蜂主》）。

（三）郭家友选种育王、与企业合作模式

郭家友原来养意蜂，人工育王及转地放蜂是其优势。近两年改养中蜂，经营规模 150 群，其中 50 群定地，另 100 群视蜜源情况集中或分放两个场地。种群为从周边 8 个县市优选后购入，通过人工育王，建设中蜂种蜂场。

该场意标箱加浅继箱、短框箱（指短框式十二框中蜂箱）加浅继箱约各占一半。浅继箱生产的成熟蜜于 9—10 月一次性取出（图 8-11），浓度达 41.5～42.0 波美度，压榨成分离蜜或直接切割成封盖蜜脾出售，也与本地蜂企业合作会销或直销产品。

图 8-11　郭家友意标箱浅继箱生产的封盖脾蜜

（四）东宝区栗溪镇刘云短框箱加浅继箱饲养、产销合作联动模式

刘云 2018 年 32 岁，经营规模 200 余群，分两个场地摆放。一处在山下住宅四周，一处放在山上；山下活框繁蜂，山上老桶收蜜。小刘喜欢钻研，蜂场上有老桶、老笼、格子箱，也有高窄箱、意标箱、短框箱，但以短框箱加浅继箱为主，一年只取一次成熟蜜，由于蜜质好，善营销，自产蜂蜜不够卖。

2017 年 6 月，刘云在当地组织成立土蜜蜂养殖专业合作社，与镇里各村委会和驻村扶贫工作队开展技术服务合作，推广"111＋121"土蜂产业扶贫模式，实施"万元增收计划"，合作社通过提供蜂箱、蜂群，开展技术指导，回收产品，对山区贫困户开展养蜂扶贫。对具备养殖条件的贫困户，推广"111"模式，即一户贫困户饲养中蜂 10 群，实现年收益 1 万元；条件成熟后根据情况发展蜂群 20～30 群，实现年收益 2 万～3 万元。针对因身体、年龄、技术等自身条件限制无法饲养的贫困户推广"121"模式，合作社采取寄养的方式，在蜜源条件具备的贫困户家中寄养中蜂 20 群，通过发展繁殖蜂群或生产蜂产品，收益对半分。

（五）南漳县于伟格子箱、企业化管理模式

于伟蜂场位于湖北省南漳县，是三国名士司马徽（水镜先生）、徐庶的隐居之地，与荆门市东宝区毗邻，同为荆山余脉。

于伟是笔者科技联包单位南漳县水镜风情中蜂养殖专业合作社理事长，经

营规模 3 000 群，分十几个点放置。以格子箱为主，少数为意标箱活梁饲养（只有上框梁，无巢框，让蜂群造自然脾），实行粗放式管理。手下有 4 个技术员，合作社社员 100 多人。合作社也与各村开展产业扶贫合作，为村里贫困户提供养殖技术，开展技术培训，技术员上门服务，提供蜂群、蜂药蜂具，回收产品。合作社有自己的品牌和专卖店。2018 年合作社投资近千万建设了自己的展示中心和标准化生产厂房，规模大，是比较完善的产销一体化经营模式（图 8-12 至图 8-14）。

图 8-12 于伟蜂场的格子箱

图 8-13 于伟蜂场一角

图 8-14 于伟蜂场专卖店一角

三、问题与讨论

对以上蜂场及其他蜂场的调查，笔者也发现了一些问题。比如其中一些蜂场蜂群数量过于集中的问题；还有仅依靠本场蜂群自然分蜂、换王，难免导致蜂种退化、抗病力差的问题，都需要加以改进。

与通常中蜂养殖"千家万户""10 箱万元"的模式不同，上述蜂场已具相当规模，实行专业化生产，这种方式在蜜源条件、气候条件较好，经济文化比较发达的优势产区，有较大的发展潜力和上升的空间。蜂场主大多年轻，有头脑，敢闯敢做，各有自己的技术特点，既有家庭农场的闭环式自营模式，也有"企业(或合作社)＋基地＋农户"产业联动模式的雏形（如刘云、于伟的模式）。相较于前者，后者这种模式带动面广，能逐步形成品牌效应，市场影响力大，对于他们这种农村新型的经营主体，还需要政府部门继续多加鼓励、扶持与推广。

第九篇

城 市 养 蜂

有朋自远方来

——吴小根谈城市养中蜂

2014 年 2 月的一天，笔者接到一个从上海打来的电话，对方说他在一个朋友家看到我写的养蜂论文集——《蜂海求索》，想找机会到贵阳来探讨一些有关中蜂饲养的问题。3 月 15 日，对方果然如约而至。经介绍，知道他姓吴，2014 年 58 岁，是上海宝钢的一名退休职工，家住上海市宝山区，从 20 世纪 90 年代开始养蜂，至今已有 24 个年头。

当天我们到贵阳市郊看了当地饲养的中蜂，交谈中能感到他养蜂知识的功底很扎实，所说的观点都深谙蜂群的生物学特性，相处虽只有短短的一天，但感觉很投缘，有似曾相识的感觉。当他说到在城里（上海）养蜂收获不小，平均一群蜂曾产蜜 30～40 千克时，引起了我特别的注意，所以在临别时，我特意请他将自己城市养蜂的经验、体会写一些文字。半月后，吴师傅不仅如约给我寄了一封来信，还同时寄赠了一本他自己珍藏多年，1976 年版、1977 年第 3 次印刷的《养蜂手册》（江西省养蜂研究所编写）。该书用厚纸包裹，从书的侧面看，已经有些发黑，看来主人不但非常珍爱这本书，而且不知翻看了多少遍，非常用心，足见他是一个在养蜂上求学上进之人。现将其信中的主要内容整理成文，以飨读者。

一、上海（城区）的主要蜜粉源

"蜜自花中来，有蜜才有蜂。养蜂虽说是个人的兴趣爱好，但是必须有资源（蜜粉源）作保证"。吴根据他在上海养蜂的经历，认为自 20 世纪 90 年代以来，城市发展注重绿化，现在城市养蜂的条件甚至好于郊区。上海郊区的主要蜜源是油菜。如果连油菜算在内，上海（城区）4—11 月都有蜜源。郊区 4 月有油菜，城区 5 月 10 日后开花的有白三叶、小冬青，6 月 10 日后女贞开花，7 月有青皮泡桐，9 月 15 日以后有桂花，10 月下旬有一枝黄花，11 月还有枇杷。由于蜜粉源丰富，在上海城区养蜂，基本上整年都不用喂糖，大致可以取四次蜜（油菜、女贞、桂花、一枝黄花。编者注：绝大多数人都认为桂花不流蜜，桂花花期能取蜜，应该是还有其他蜜源）。一般早春 4 框蜂，到秋天可以达到 15 框左右，全年产蜜量可达 30～40 千克。他最大的养蜂规模曾经达到过 80 群，分 3 个点安放。郊区的 2 个点在油菜花结束后，情况都不如放在城区的好。

二、使用的蜂箱类型

吴师傅采用的蜂箱是用意蜂标准箱加高 7 厘米后改造成的高窄式蜂箱（容积 57 637 厘米³）。巢框内径 34 厘米×26 厘米，以造自然脾为主。巢脾面积 884 厘米²，与意标箱接近。他通过与意标箱同场饲养对比，明显好于意标箱，三环（即蜜环、粉环、子圈）明显（编者注：意标箱属宽矮形蜂箱，巢框宽大，好的蜂王产子可达脾面 90％，繁殖育子不错，但缺点是贮蜜空间较小。因此，在使用意标箱时，最好配合浅继箱或继箱饲养）。

此外，他将蜂箱用大闸板隔成两区，饲养双王群，巢门前后异向开启，可以养到 10 框蜂，他认为这样要分要合，非常方便，有利于组织强群采蜜。

三、注意换王

吴师傅很重视养王，主张一年至少应换一次王。油菜花期要特别注意控制好分蜂热。早换王早稳定，有了新王就可以早造新脾，扩大蜂群。

当春季蜂群有雄蜂出现时育王，前后分两批，两批相隔 8～10 天。如果第一次新分群交尾不成功，可以及时介绍一只产卵王；或者调出房子脾进去，再接着补台。

中蜂春季换王后，到秋季繁殖也很好，蜂好管理，一般不会再出现分蜂热，吴师傅的观点是中蜂秋季取蜜比春季稳定可靠。因此，他认为平时可通过小群繁殖，或养双王，到秋季大流蜜期再合并成强群取蜜。

四、关于中囊病

2000 年秋天（8 月中旬），当地发生第一次大规模的中囊病，共 68 群，虽采取喂药、割脾、关王断子、并群，最后仍全部死亡。另有一个点只剩一群，2001 年拿回家养至 2006 年，恢复到 40 群，到 3 月下旬又发病，但不似上一次很快全部覆灭，病情时好时坏，这样一直持续到 2011—2012 年。如 2011 年 4 群蜂，春天有病，但经治疗，6 月病情好转，还取了女贞蜜。到秋天发展到 8 群 35 框蜂，取了 100 千克蜜。总的来说，经过几次疾病的考验，当地中蜂已逐渐产生了抗性，但仍不能断根。吴师傅认为，只要控制住中囊病，城市养蜂还是大有希望的。

事有凑巧，当笔者整理这篇文章时，贵阳市城区中心有一姓朱的老师，约我去帮他收捕一群已在他家屋顶花园筑巢 3 年（在一个水泥槽中）的中蜂，取封盖蜜 11 千克，收蜂 5 脾，主人高兴得不得了。此事记者以《帮助阳台上的蜜蜂"搬家"》为题，在《贵阳晚报》上做了报道。看来城市养蜂，还真是方兴未艾呢！

补记：该群蜂于 4 月初过箱后，到 5 月 17 日，经过约 1 个半月的时间，已发展到 8 框蜂，又取蜜 9 千克。另外，这群蜂迁居后，在水泥槽中，又飞来另一小群中蜂在里边筑巢。

一群中蜂的故事

——话说城市养蜂

贵阳是贵州省省会，市区被群山环抱，是典型的山城。近 10 多年来，随着城市建设对城市绿化的重视，贵阳的绿地面积及生态环境也在不断改善，山上林木翁郁，杂花丛生，正所谓"林在城中，城在林中"，故有林城之美誉，曾先后获得"国家森林城市""全国绿化模范城市""国家园林城市""中国人居环境范例城市"等称号。城市生态条件的改善也为多种林栖动物（如鸟类和昆虫），也包括蜜蜂，提供了良好的栖居条件。近几年来，笔者不时接到市内居民咨询购买养蜂书籍和养蜂工具的电话，开始并未在意，直到最近同学家飞来一窝中蜂以后，才引起了我的重视。

事情是这样的，2010 年 4 月，住在市区的一位老同学打来电话，告之其家屋顶花园飞来一群蜜蜂。因知道笔者做这行，想请我帮他将蜂群接进箱中饲养。碍于情面，我想办法找了一个意蜂箱，几张旧意蜂巢脾，与我的助手小杨，将这群蜂过到蜂箱中，当时共有 3 脾足蜂。

笔者想起自己 10 多年前为了做试验，也曾在市区养过两群中蜂，还经常熬些糖浆饲喂，但无收获，蜂群发展得也不好。因此，除了叮嘱他阅读养蜂书，边学习，边实践外，同时也给他打了"预防针"，在城里养一二群蜂可以，想吃蜜恐有困难，说不定还要贴本喂糖嘞。

但这位同学对养蜂兴趣极浓，一是既然蜂子进家，应视为祥瑞之兆；二是退休在家闲坐无事，养蜂可以陶情怡性。他说，闲来无事，自己就喜欢到蜂箱门口看工蜂飞进飞出，很是有趣。尽管喜欢，但因为对养蜂一窍不通，加之又对蜜蜂尾上毒针敬畏有加，从来不敢触碰蜂箱一个指头，当然就更谈不上管理蜂群了。好在这群蜂尚能安居乐业，自食其力，倒也不用他照顾什么。只是到了秋天，有胡蜂前来箱前骚扰，需要他不时出去看看，拍杀胡蜂，略尽地主之谊。

此后笔者去过一两次，再后来就一直未去看过，只是印象中蜂群内的存蜜一次比一次多，群势也在逐渐发展，与以前在市区养蜂经历不太一样。

到了 2011 年 3 月中旬，这位同学又再次打来电话，说他家又飞来了一群蜂（其实是原来那群蜂的分蜂群），要求帮忙收蜂。笔者因当时正忙于承办全国蜂会，于是要他自己先准备一个蜂箱，有空即过去。过了 20 多天，我到他家时，果然看到一块搁盆景的水泥板上吊着一群蜂，已造了四张新脾，上面有子，群势在 3～4 框。我匆匆帮他过完箱，又查看了原先那箱蜂，发觉蜂蜜不少，即叮嘱他赶快买一套蜂具，包括摇蜜机，过些时再来帮他取蜜。这样又过了 20 多天，等摇蜜机到货后，我与助手小杨到他家打开蜂箱时，令我大吃一惊，两群蜂发展很快，还在副盖上造了大块赘脾，且蜜脾大多已封盖，甚至还有整张完整的封盖蜜脾。此次共取蜜 10 千克，尚未全部取完，脾中还留有存蜜 3～4 千克。蜜的质量非常好，浅黄色，口感极甜，后味清香。经测定浓度为 41.7 波美度，酶值 8.4。

一群蜂，经过一年繁殖，繁殖为两群，按原群计，可取蜂蜜 10 千克。按时下中蜂蜜的价格及蜂群价格计算，产值至少在一千二三百元左右。除蜂箱外，我这位同学一不投饲料，二不花劳力，可以说是一本万利。

后来笔者曾拜访过住在城郊的一户农民，他养了 3 群中蜂。他的做法比我这位同学更简单，就是用木板钉一个桶子，把蜂群接进去，顺其自然，每年每桶蜂可取蜜 10 千克，产值 600～800 元。由这两个例子说明，随着城市绿化和周边生态条件的改善，住在城市又喜好养蜂之人，只要有地方安置蜂群，适当养 3～5 群中蜂，除了自得其乐之外，还可以生产些地道的中蜂蜜，作为珍贵的礼品，馈赠给亲戚朋友，应该是没有问题的。

无独有偶，前两年国外也曾以《巴黎掀起养蜂热，"浪漫之城"变"甜蜜"》为题，报道巴黎市民热心养蜂的情景。在巴黎市区养蜂（西蜂），一箱蜂年产蜜 50～80 千克。据专家分析，市内产蜂蜜含 250 多种花粉，而野外蜂蜜仅含 15～20 种。报道说，近 10 年来巴黎逐渐成为一座没有农药污染的城市，为城市养蜂创造了良好的条件。由此观之，城市养蜂，应该成为某个城市环境改善的显著标志，当然也是生态环保城市一道独特亮丽的风景线。

蜂海问道

第十篇

养蜂人物

秦岭大山中的贵州养蜂人

——姜廷纲

2017 年 62 岁的姜廷纲是贵州省毕节市人，1.80 米的个头，魁梧的肩膀，挺直的腰板，一双炯炯有神的眼睛，总是显得那么有精神。

1975 年姜师傅在当地供销社参加工作，从那时起，他就开始接触养蜂。当时是边工作，边养蜂，养蜂所得的副业收入补贴家用。一开始是养意蜂，1987—1997 年到贵阳市白云区谋求发展，改养中蜂。此后又改养意蜂，转战云南、四川、青海、甘肃、陕西、内蒙古。近些年来，中、意蜂兼养。现有意蜂 300 群，中蜂分两地饲养，贵阳市白云区家中有 70 多群，另有 350 群放养在陕西秦岭，总计有蜂 700 余群。他的方法是请师傅代养，资金、技术由他把握，除去开支后，收入四六分成（他拿四成，师傅拿六成）。他请的师傅多是他自家的亲戚，也算是一个微型的家庭企业吧。据笔者所知，贵州省养二三车蜂子的师傅有，但像他这样能养到七八百群蜂的，目前算是规模较大的其中一个。

一、中蜂的 43 波美度蜜是怎样"炼"成的

姜师傅养中蜂的主要基地在秦岭。秦岭位于陕西、甘肃、四川三省交界之处，是我国南北气候的分界线。秦岭以北，气候寒冷干燥。秦岭南坡，水气、雨量充沛，植被繁茂，森林覆盖率高，蜜粉源植物种类十分丰富，如该地有大片的漆树、椴树、盐肤木等，其他杂花野草就更多了，可以说是一个天然大蜜库。由于这些年来，秦岭成立了中蜂自然保护区，因此姜师傅便在此地养起了中蜂，以代替原来的意蜂。

笔者到姜师傅家采访的那天，他拿了两瓶在秦岭生产的中蜂蜜让我们品尝。蜜的口感淳厚，蜜香味突出。用折光仪实测了一下，分离蜜的浓度为42.5 波美度。另一瓶为老脾蜜，相当于巢蜜割开后取出的成熟蜜，也相当于老式蜂桶中一年只取一次的天然成熟蜜，浓度为 43 波美度。笔者曾经测定过的活框饲养的中蜂封盖蜜，也有达到 41.5 波美度和接近 42 波美度的。浓度这么高的中蜂蜜还是头一次见。我们在指导基层发展中蜂时，一再强调必须以"质量求生存"。但如何能达到原始蜂桶中天然成熟蜜的浓度，说实话，笔者自己也不十分清楚。因此，姜师傅如何破解这一技术难题，提高中蜂蜜的自然成

熟度，立即引起了我们强烈的兴趣。

姜师傅告诉我们，他一般在每年的 5 月底到 6 月初进入秦岭场地，7 月初至 7 月中旬退场，整个生产期大约 1 个月。一般在进场前 1 周调整采蜜群群势。采蜜群群势要求达到 6 个脾，且全部是子脾，子脾上子面约达九成。如果采蜜群（也叫主力群）的群势在此时达不到上述要求，就要从繁殖群（也就是辅助群、弱群）中抽大子脾补给采蜜群。繁殖群与采蜜群的配比大概是 1∶6。调整群势时同时要用立式隔王板将蜂箱隔成两区，小区用 1 框蜂带王作为产卵育虫区，有意控制一下蜂王的产卵速度，大区放 5 框脾采蜜。进场 12 天左右，此时大区内子脾已出尽，可从大区中抽一张空脾到小区给蜂王产卵，以延续蜂群群势，另外 4 个脾贮蜜。从进场到退场，整个生产期不另加脾（或础）。因采蜜群进场时就有 6 个大子脾，大量的幼蜂出房后参与生产，虽然是 6 个脾，但实际蜂量相当于平常的（指蜂脾相称）8～9 个脾。且子脾少，工蜂多，蜂子厚，自然有利于突击采蜜，提高蜂蜜的成熟度。

第一次取蜜在进场后 10～15 天。第二次是在临近退场时收老脾，取出巢脾发黑的、封盖达八九成的整蜜脾，割开蜜盖，摇出存蜜。再将老脾从巢框上砍下，然后放入簸箕中，让蜜自然流出，这样的蜜可达 43 波美度。今年老姜在秦岭的 350 群中蜂，取蜜 4 吨，平均每群能取高质量的天然成熟蜜 11.5 千克。

秦岭主场（海拔 700 米左右）流蜜期结束后，蜂场转地到当地海拔较低的山花场地，于 7 月底至 8 月彻底换王（只保留 2～3 群种王）。每个育王框只培育 20 个王台。育王时用蜂蜜加葡萄糖和维生素 B_{12} 奖饲，以提高育王质量。

姜师傅特别强调，养好中蜂一定要饲料充足，以蜜保蜂，随时随地巢脾内都要保持群内有充足的存蜜，使蜂群强盛不衰。一旦有大蜜源，随时都可上阵打仗，及时取蜜。只能蜂等蜜，不能蜜等蜂。这与笔者所说平时一定要养好蜂，保证未战先胜，一战而定（见笔者《孙子兵法和养蜂》一文）的提法是一致的。第二要把蜂数打紧。除上述流蜜期的做法外，在蜂群的春繁期也是这样。在秦岭一带，一般 2 月初即开始紧脾繁蜂，根据群势，将蜂群压缩在 1～2 个巢脾上繁殖，用泡沫板包上报纸作隔板保温，一般在 4 月上旬，当地油菜花开时即可繁殖到 6 框蜂取蜜。当然，蜂子的松和紧也是相对的。流蜜期一定要紧，繁殖期可适当稍松一些，要根据情况灵活掌握。另外，蜂数打得紧，脾间距也应适当拉宽一些，以增加巢脾的贮蜜量。笔者在姜师傅贵阳蜂场（盐肤木花期）参观时，脾距在 15～20 毫米。

二、产品质量＝市场生命＝产品价格

姜师傅非常注重产品的质量，视质量如生命。不管是中蜂产品还是意蜂产品，都要求做得最好。例如，对中蜂他坚持喂蜂蜜，不喂白糖，以确保蜂蜜的纯度。意蜂生产的洋槐、苹果蜜，都是特点非常突出，色、香、味、形俱佳，纯度几乎是 100%，为了提高蜂蜜的成熟度，意蜂采用双王繁殖，每区各 4 张脾。进入产蜜场地后，起继箱，底箱用 1 或 2 框脾带一只王产子，上面 6 张脾装蜜，保证蜂数密集，减少巢内负担，全力以赴突击采蜜，酿造高质量的优质成熟蜜。

由于姜师傅注重质量，声誉极好，在他的身边聚集了一大批忠实的老客户。无论在成都，还是在重庆，每到菜花飘香的季节，他的蜂场一落地，当地的一些老客户就会邀请朋友前来预订王浆、蜂蜜，买够一年所需。有时买他的产品还要排队等候，卖的价格也很不错。当许多养蜂人抱怨市场不景气，蜂产品不好卖，价格不好时，姜师傅却仍然坚持质量第一的观念，依靠不断提高产品质量，来打开市场销量和理顺产品质量与价格的关系。

三、令人感动的几句"普通话"

有人问姜师傅怎样才能养好蜂？他回答说："要想养好蜂，说简单也简单，说不易也不易。"他认为养好蜂的关键，是养蜂员必须具备勤快、细心（肯用脑，能细心观察总结）、热爱养蜂这三大特点。热爱是最好的老师，如果仅仅只把养蜂作为普通的谋生手段，而不热爱养蜂，肯定不会用心去钻研，从事养蜂工作，也就无法不断取得更高的回报，收获养蜂工作带来的喜悦与快乐。他说："看来我这辈子是离不开蜂子了，没有蜜蜂，我简直就无法过日子。"正是姜师傅对蜜蜂的热爱和执着的敬业精神，尽管现已年逾花甲，还在继续为养蜂事业而奔波。他告诉我们，2017 年年底，他还要再增加一车蜂（150 群），使饲养规模达到 800～900 群。作为贵州养蜂人，我们在为姜师傅感到自豪的同时，也衷心祝愿他的养蜂事业，在未来的日子里更上一层楼，取得更大的成就。

梵净山中养蜂女能手

——田茂荣

贵州省梵净山是武陵山脉主峰所在地，这里山体高大，重峦叠嶂，沟壑纵横，海拔高差近 2 000 米，降水量极为丰富，天然植被保存完好，是我国常见的原始常绿、落叶阔叶混交林保存得比较完整的地区。由于梵净山植被种类相当丰富，因此也非常适宜中蜂在此生存发展。

自 30 年前起，一直到现在，笔者曾多次到梵净山地区进行科学考察，并受邀到当地养蜂培训班上讲课，与梵净山结下了不解之缘。

虽然多次参与举办培训班，但在笔者的印象中，梵净山区养蜂虽不能说没有变化，但起色不大，养蜂能手并不多。然而不久前笔者再次到梵净山考察时，到原属印江地界转了一下，却给了我们一个意外的惊喜。当时笔者在印江木黄镇所属的金厂村调研时，村党支部书记告诉我们，她妹妹家养有 100 多桶蜂，且收入不错。听到这个消息，我们很兴奋，当即在管理局何汝态科长的带领下，前往拜访。

一进她家院落，就见院内打扫得很干净。在房子周围的屋檐下，上、下摆了两排蜂箱。一排放于屋基堡坎上，另一排放在吊在屋檐下的木板上，两排之间距离近 0.66 米。院内共有七八十群蜂。跟她们打过招呼之后，我们就开始翻看她家的蜂群，蜂群的群势以 5～7 框居多。令我们印象深刻的是，每张脾上的存蜜很多，上半部均已封盖，提起来非常沉手，每张脾上不少于 1.5 千克左右的存蜜。蜂群很旺，且箱箱如此。看完蜂子后，我们就对她说："请家里的男主人回来，我们有些事想采访一下。"田茂荣大方地回答道："他现在还在喝酒，恐怕一时间回不来。有什么事，只管问就是了，我都晓得。"听她这么一讲，我们就坐在凳子上攀谈起来。

经了解，这家一共 7 口人。除田茂荣两口外，还有公、婆和 3 个儿子。其中大的两个儿子正在读大学，一个在省外，一个在省内，最小的一个读初中。公公今年 74 岁，婆婆 71 岁，年纪都大了，但身体还算硬朗。由于当地群众历来有养蜂的习惯，他家平常也养有一二十桶蜂。三年前他家的部分蜂群开始搞活框饲养，饲养规模超过 50 群。到目前为止，箱养七八十群；山上还放有 80 多个老蜂桶，用作收蜂和繁殖用。除 6—9 月外出放蜂外，大部分时间在家就地饲养。全年一共取 2 次蜜，一般在 4 月中旬打一次春蜜，立冬之后再取一次秋蜜。取蜜一般只取三分之一的蜜脾，且全部为封盖蜜。剩下大部分留给蜂群作饲料，一年到头坚持不喂一颗白糖。

5 月后当地蜜源不足，于是 6 月将蜂群搬到本县天堂镇采乌桕，1 月后待乌桕花谢，再将蜂搬到离住地 8 千米外的麻溪坳盐肤木场地放蜂。因蜂场周围没有人家户，于是就自搭帐篷居住，于 9 月底再将蜂群拉回家饲养。分蜂、换王（利用自然王台）一般在 3—4 月（谷雨节前）。一时换不完的老王，8 月在乌桕场地再换，一定要全部换成当年的新王。措施虽然简单，但确实真正做到了饲养中蜂的基本要求，即"蜜足、王新、群强、无病"。

从产量上看，80 群蜂，一年仅取蜜 100～150 千克，平均一群仅取蜜 1.5～2 千克，产量的确不高。但由于坚持不喂糖取蜜，蜂蜜绝对纯、真，且为天然成熟蜜，所以每千克售价 400 元，一分不少。当消费者前来购买时，田茂荣将自家养蜂的情况告诉他们，大家都能欣然接收，且认可度很高，他家蜂蜜常供不应求。这样一年下来，养蜂也能有 5 万～6 万元的收入。她告诉我们：现家中有两个儿子在读大学，一年费用就需 3 万，经济压力大。如果还照以前的方式务农，绝对维持不了生计。因此，自 2014 年起饲养达到一定规模，他们全家就基本以养蜂为主了。两个老人年纪都大了，干活比较费劲。养蜂后两个老人可以帮助看蜂（如打马蜂、守蜂场等），一家人日子还是其乐融融。

中蜂与意蜂相比，在产蜜量上绝对不是意蜂的对手。消费者之所愿意出高价购买中蜂蜜，看中的就是中蜂蜜出自于生态条件好、没有污染的深山区。因此，要长期保持中蜂蜜在市场上的价格优势，就一定要在中蜂蜂蜜的质量上狠下工夫，保持"纯"，讲究"真"，还有高浓度。笔者之所以撰写这篇短文，一是在梵净山区养蜂水平普遍偏低的情况下，田茂荣家的养蜂规模、效益、做法在当地算是一个标杆，值得在当地推广、学习。另外更重要的是，田茂荣家养蜂的理念、做法符合大多数消费者对中蜂蜂蜜的消费理念。田家保持蜂蜜的纯净度、把质量放在第一位的做法，也同样值得贵州省其他养蜂户效仿和推广。

斯人已逝精神在，传承有望待后生

——沉痛悼念养蜂家张用新先生

当接到张用新先生儿子的电话，告之其父已于年前（旧历）因肝癌晚期骤然辞世的消息，笔者感觉这真是件意料之中而又令人意外的事情，意料之中是因为前不久张老师告诉我，说他身体出现了点"小麻烦"，需住院治疗，口气中似乎略带凄惶之情。之后我放心不下，特意打电话过去，但无回音，于是打电话给他夫人，请带话给张老师一定要回我的电话，但一直没有消息。后又发短信给他儿子，也没有回音，因此心中不免泛起了一种不祥的预感，这次打来的电话终于证实了我的猜测。意料之外的是，张老师的父母都很长寿，母亲已 102 岁，父母均有长寿基因，殊不料张老师却天不假年，在 70 岁时去世，实在是早了一些，不免令人痛彻心扉，扼腕长叹。

张用新老师是福建省福州市人，幼时即接触养蜂，从事养蜂 50 多年，既养过西蜂，也养过中蜂。他的蜂场曾是福建农林大学蜂学学院的教学示范场，并先后接待过中国农业部范小健部长、马来西亚农业部副部长、加拿大养蜂协会理事和该国养蜂期刊总编辑以及首届海峡两岸学术交流会的代表。台湾何铠光教授看过他的蜂场后对他赞许不已；他与福建农大龚一飞、陈崇羔、周冰峰等教授私交甚笃，他们对张老师也是青睐有加。2012 年，笔者曾有幸在周冰峰老师的陪同下参访过他的蜂场，留下了十分深刻的印象（见《中蜂饲养实战宝典》）。此后笔者常与他有电话联络，每次通话，似乎都有聊不完的话题。由于彼此性格脾气相投，爱好一致（养蜂），我们结下了"高山流水"般的情谊。

张老师虽学历不高，但却聪颖过人，尤喜读养蜂相关书籍，又善于钻研，对养蜂，特别是养中蜂有其独到的见解，以及有许多属于他本人的创造发明，可谓民间奇才，我国优秀蜂农中的杰出代表，笔者在文章中曾称他为大师一级的人物。他对于笔者来说是亦师亦友，结识的时间并不长，却对我启发良多。例如，我们现在从事不同房眼规格对工蜂体格影响的试验，就是张老师启发的。另外，"中蜂密集饲养法"也是我们看到他饲养的蜂群后（当然也有其他蜂场）获得的灵感。

张老师热爱养蜂，做事既严格认真，一丝不苟，又有顽强的毅力和十足的耐心，去从事他认为值得钻研的事情。例如，他能坚持十多年的时间，选育抗中囊病和耐大群的蜂种，使他使用的蜂种由当初只能维持 5 框蜂量，提高到现在平均 7 框群势的水平（实际蜂量为 8～10 框）。他养的中蜂，每脾蜂数可达4 600～4 800 只，这其中都倾注了他大量的心血与汗水，凝聚了他的智慧与辛劳。

笔者与张老师曾相约在贵州、福建两地做不同房眼规格巢础育蜂的试验，是他最先拿出了数据，如图 10-1 所示。将 4.7 毫米、4.8 毫米和 4.9 毫米等房眼规格的巢础，同时安装在一张巢框上让蜂群培育蜂儿，4.9 毫米巢房中刚出房的 10 只幼蜂初生重为 1 克；4.8 毫米的为 0.95 克；而 4.7 毫米的却只有 0.91 克，与前两种相差甚为悬殊，且幼蜂出房期推迟 4 天，表明规格较小的巢房蜂王也不喜欢产卵。从他发过来的照片中，可以清楚地看到三种规格巢房幼蜂出房的情况，可谓是泾渭分明，试验做得相当精彩。房眼规格看似事小，但却对养蜂好坏、得失关系甚大。对此，我十分感慨地对研究团队中的年轻人说："张老师这种一丝不苟的敬业精神，非常值得大家学习和效仿！"

图 10-1　张用新老师用不同房眼规格拼接巢础做的育蜂
　　　　　试验。框梁上所示大、中、小分别对应 4.9 毫
　　　　　米、4.8 毫米、4.7 毫米三种规格的巢础。其
　　　　　中，4.7 毫米巢础中的幼蜂还未出房

张老师身上既有广博的专业知识，又有精巧和细致的专业技能，充分体现了国家提倡的那种大国工匠精神，是一个有思想、有智慧的实干家。为了总结推广他丰富的养蜂经验，2016 年笔者所在团队曾先后于 6 月、12 月到福建专程采访，并写下了《张用新和他的抗中囊病蜂种选育》《三地访贤记》，并投稿于《蜜蜂杂志》。去年 12 月在莆田场地采访完后，次日一早他送我们到路边候车，相约今后要更多地合作，养蜂上还有许多事情等待我们去研究、去探讨。他曾表示过对贵州中蜂（群势大）很感兴趣，笔者当时说："您不是想到贵州去看蜂吗？希望明年一定抽点时间到贵州来，让我陪您到处走一走，看一看。"他点点头。殊不知这次分别后竟成永诀，阴阳相隔。由于张老师个人在养蜂技术上的特殊贡献，是其他人在短期内难以弥补的（如随着张老师的去世，他所选育的抗中囊病蜂种也会随之损失），所以他的去世，无疑是我国养蜂界的一大损失。

张老师为人极为重情重义，2013 年春节前特意从福州托运了一箱他亲自用蜂蜜酿造的黄酒给笔者，说是让我们品尝。2016 年 6 月到他蜂场参访后（图 10-2），他送我们回福州，临别时遥相挥手，依依不舍。与笔者同去的小林悄悄地说："我看到张老师的眼眶里都有些泪花了。"2016 年年底有一次通话时他十分感慨地说："徐老师，我总觉得我们之间相见恨晚，相见恨晚呀！"有些人虽然相识了一辈子，但却形同陌路。笔者和张老师相识总计不过短短 4年，却好像神交已久，相识相知了一辈子。

图 10-2 2016 年 6 月参访福州市郊张用新老师的夏季蜂场
（左 1：林黎；左 3：张用新；左 4：徐祖荫；右 1：周文才）

　　2016 年 6 月我们第一次对他采访时，他说："我现在 70 岁，还想在养蜂事业上再干十年。"但可惜的是"壮志未酬身先去，长使朋辈泪满襟"。所幸的是，好像冥冥之中早有安排，促使我们去年抓紧时间，连续采访了他两次，把张老师人生中最精彩的部分，作为一份重要的精神遗产，及时抢救发掘出来，留示后人，对张老师来说，也应该没有太大的遗憾了。在此我们要郑重地道一声："张老师，您辛苦了，请一路走好！请您相信我们的后辈，一定会发扬您的敬业精神，继续完成您未竟的事业，去开创更加美好的未来！"

参 考 文 献

鲍厚柱，陈训，巫华美．1999．可食用及药用的 12 种杜鹃［J］．贵州植物园通讯，（1）：10．

曹联飞，顾佩佩，林宇清．2017．浙江丽水市中华蜜蜂线粒体遗体多样性分析［C］．中国养蜂学会中蜂工作委员会 2017 年换届暨学术交流会论文集：121．

陈东．1987．调查取样方法改进意见综述［J］．江西植保，（01）：15-16．

陈介甫，李亚东，徐哲．2010．蓝莓的主要化学成分及生物活性［J］．药学学报，45（4）：422-429．

陈利民，黄俊，何天骏，等．2019．火腿肠饵料对红火蚁引诱效果的对比研究［J］．浙江农业学报，31（03）：444-449．

陈梦玉，林平，程转红，等．2014．^{60}Co-γ 辐照技术在蓝莓贮藏保鲜上的应用［J］．西南农业学报，27（1）：285-290．

陈世骧．1977．进化论与分类学［J］．昆虫学报，20（4）：359-381．

楚文靖，郜海燕，陈杭君，等．2015．蓝莓贮藏保鲜技术研究进展［J］．食品工业，36（6）：253-259．

丁桂玲，袁春颖．2007．巢房大小与狄氏瓦螨［J］．中国蜂业，（09）：46-47．

房玉波．2014．西方蜜蜂、中华蜜蜂和壁蜂大田红富士苹果授粉对比试验［J］．山东畜牧兽医，35（10）：8-8．

谷业理，郁建强，郜晨，等．2014．火龙果的人工辅助授粉技术［J］．安徽农学通报，20（3）：65-65．

顾佩佩．2017．"十箱万元"精准扶贫的中蜂养殖产业［J］．浙江畜牧兽医，（05）．

贵州科学院，贵州省植物园．2010．地球彩带飘曳，花园生机盎然——贵州百里杜鹃国家级森林公园［M］．贵阳：贵州科技出版社．

贵州省仁怀县畜牧局．1980．中蜂绒茧蜂观察初报［J］．中国养蜂，41（04）：14．

国家蜂产业技术体系武汉综合试验站．2016．湖北暴雨内涝，养蜂业灾情严重［J］．蜜蜂杂志，36（8）：49．

郝文博，姜广明，车文实．2014．蓝莓花青素的抗氧化作用和抑菌性研究［J］．黑河学院学报：自然科学版，5（3）：123-125．

何成文，徐祖荫．2017．中蜂养殖在贵州扶贫中的模式探讨［J］．蜜蜂杂志，37（01）：20-22．

侯知柏.2012.2012年湖南油菜花期养蜂生产纪实［J］.中国蜂业，63（06）：22.

胡军军，谢荣福.2012.郎氏蜂箱双王双箱体饲养中华蜜蜂高产试验研究报告［C］.首届中华蜜蜂产业（西部）发展论坛论文集.

华杉.2015.华杉讲透孙子兵法［M］.南京：江苏凤凰文艺出版社.

华西养蜂全书编委会.1991.华西养蜂全书［M］.成都：四川科学技术出版社.

黄晨晖，时坚，姚贻强，等.2009.基于中点四分法的植物群落结构特征调查及其分析［J］.安徽林业科技，（02）：5-7.

黄国辉.2008.我国蓝莓生产存在的主要问题及解决对策［J］.北方园艺，（3）：120-121.

黄海生.2015.桂南地区火龙果丰产优质生产技术［J］.农业研究与应用，（2）：61-65.

黄俊，王丽坤，智优英，等.2018.基于外部形态特征的红火蚁野外快速识别方法研究［J］.环境昆虫学报，40（03）：715-720.

黄双修，周婷，姚军，等.2003.对中华蜜蜂抗螨（Varroa destructor）机制的新认识［A］.中国养蜂学会蜜蜂保护专业委员会第九次学术研讨会论文集.广西：北海.

黄文诚.2003.大巢房好还是小巢房有利［J］.蜜蜂杂志，（03）：18-19.

贾久满，郝晓辉.2010.湿地生物多样性指标评价体系研究［J］.湖北农业科学，（08）：1877-1879.

江西养蜂研究所.1976.养蜂手册［M］.北京：农业出版社.

姜风涛，秦浩然，娄德龙.2015.山东省果树蜜蜂授粉管理与效益分析［J］.农业知识：科学养殖，（4）：34-36.

姜林丽，2002.火龙果的种植管理技术［J］.农村百事通，（5）：p.32-33.

姜浔，覃立微，黄海涛等.2017.三种毒饵对红火蚁防治效果评价［J］.中国森林病虫，36（01）：10-12.

金吉芬，蔡永强，王彬，等.2008.火龙果授粉品系筛选试验［J］.贵州农业科学，36（3）：132-133.

经翩翩，郑秀娟，周姝婧，等.2012.中华蜜蜂的分布现状［A］.中国养蜂学会蜜蜂饲养管理专业委员会第17次学术会议论文集.海南：海口.

李建修.1973.椴树及怎样采集椴树蜜［J］.中国养蜂，（02）：18-20.

李金强，袁启凤.2009.火龙果授粉技术研究进展［J］.江苏农业科学，（4）：188-189.

李丽敏，赵春雷，郝庆升.2012.中外蓝莓产业比较研究［J］.中国农学通报，26（23）：354-359.

李所清，罗照西，黄云.2014.人工授粉对红皮红肉型火龙果产量及品质的影响［J］.攀枝花科技与信息，2014，39（3）：p.39-41.

李亚东，刘海广，张志东，等.2008.我国蓝莓产业现状和发展趋势［J］.中国果树，（06）：67-69.

李亚东，张志东，吴林.2002.蓝莓果实的成分及保健机能［J］.中国食物与营养，（02），27-28.

李应，杨成，韦小平，等.2014.岩溶山区石漠化生境灌木层植物功能群划分［J］.中国

蜂海问道

农学通报，30（29）：149-154.

李月红，钱明辉，季崇杰．2018. 不同饵料对红火蚁的引诱作用比较［J］. 浙江农业科学，59（2）：2192-2193.

林黎，韦小平，徐祖荫，等.2016. 中华蜜蜂对红皮红肉火龙果授粉初探［J］. 蜜蜂杂志，36（07）：1-4.

林黎、周春雷、徐祖荫，等.2018. 不同生态类型中华蜜蜂工蜂体重及个体采集力的比较［J］. 蜜蜂杂志，38（10）：1-4.

刘长滔，徐祖荫，张久胜.2001. 中蜂囊状幼虫病爆发后的调查与分析［J］. 蜜蜂杂志，（02）．

刘刚.2019. 红火蚁的识别及防治［J］. 农药市场信息，（01）：55-56.

刘继宗，徐祖荫.1993. 中国蜜粉源植物及其利用［M］. 北京：中国农业出版社.

刘新宇.2012. 中华蜜蜂授粉产业的开发. 中国蜂业，（6）：27-28.

刘宗礼，李旭涛.2017. 防治中蜂囊状幼虫病的思考［J］. 蜜蜂杂志，37（09）：19-22.

龙玉.2013. 罗甸县火龙果发展前景［J］. 农民致富之友，（14）：23.

罗勇.2013. 麻江县蓝莓产业发展的做法及思考［J］. 中国水土保持，（05）：22-24.

钱明辉，李月红，李艳敏等.2018. 红火蚁生物学观察及冬季根除技术［J］. 浙江农业科学，59（12）：2222-2224.

聂飞，房小晶，周红英，等.2010. 我国蓝莓栽培现状及在贵州的产业化发展前景［J］. 贵州农业科学，38（10）：69-71.

盛茂银，熊康宁，崔高仰，等.2015. 贵州喀斯特石漠化地区植物多样性与土壤理化性质［J］. 生态学报，35（2）：435-448.

苏厚人，李光伟.2015. 人工授粉对红皮红肉型火龙果产量及品质的影响［J］. 吉林农业，（4）：77-77.

苏维词，朱文孝，熊康宁.2002. 贵州喀斯特山区的石漠化及其生态经济治理模式［J］. 中国岩溶，21（1）：19-24.

苏孝良，2005. 贵州喀斯特石漠化与生态环境治理［J］. 地球与环境，23（4）：20-27.

孙丹.2018. 外来有害生物红火蚁为害风险及防控路径方式探究［J］. 南方农业，12（12）：121-122.

谭德龙，曾玲，许益镌.2016. 不同浓度茚虫威对红火蚁的防治效果［J］. 环境昆虫学报，38（6）：1256-1257.

万本太，时坚，姚贻强，等.2007. 生物多样性综合评价方法研究［J］. 生物多样性，（01）：97-106.

王恒祥，何青，王应华.1990. 印江县蜂蜜中毒调查报告［J］. 中国食品卫生，（2）：51-52.

王江荣，罗勇.2013. 麻江县蓝莓种植基地水土保持现状及科学发展的探讨［J］. 中国水土保持，（07）：12-14.

王林，陈黎，万志兵.2011. 蓝莓开花结实生物学特性研究［J］. 安徽林业科技，37（6）：

19-22.

王瑞，岑顺友，谢国芳，等．2014.不同晚熟蓝莓贮藏期间的品质变化研究［J］.现代食品科技，3（4）：422-429.

王伟伟，单慧，张艺夕．2018.昆明市呈贡区红火蚁入侵情况调查及生物防治方法研究［J］.安徽农业科学，46（31）：149-151.

韦茜，李仕品，陈家龙，等．2004.火龙果授粉技术［J］.福建果树，（4）：49-50.

韦小平，林黎，徐祖荫，等．2016.中蜂授粉对蓝莓产量及品质的影响［J］.蜜蜂杂志，（06）：1-3.

韦小平，冉亚明，何成文，等．2015.中华蜜蜂保护基地的特殊价值探讨［J］.蜜蜂杂志，（9）：4-8.

韦小平，徐祖荫，何成文，等．2018.让蜂场更美丽，让蜂蜜更甜蜜——关于建设"美丽蜂场"的倡议［J］.蜜蜂杂志，38（01）：31-33.

魏守珍．1995.亚热带常绿阔叶林调查中的取样方法与随机点四分法的结合［N］.福建师范大学学报（自然科学版），（03）：102-108.

文光琴，聂飞，廖优江．2012.蓝莓果实理化成分含量分析与功能评价［J］.江西农业学报，24（1）：117-119.

吴杰．2009.国家蜂产业技术体系建设简介［J］.中国蜂业，60（10）：18-20.

吴杰．2012.蜜蜂学［M］.北京：中国农业出版社．

吴金卓，冯亮，蔡小溪，等．2015.森林生物多样性评价指标选择分析［J］.森林工程，（01）：30-33.

吴琼，唐璞，陈学新．2015.寄生蜂采集与田间调查取样技术［J］.应用昆虫学报，（03）：759-769.

徐传球．2012.南方长期低温阴雨大量死蜂［J］.中国蜂业，63（06）：35.

徐国辉，王贺新，高雄梅．2015.近十年来美国蓝莓新品种资源及其特征［J］.中国南方果树，44（4）：138-144.

杨冲．2018.巢虫从来都不是问题［J］.蜜蜂杂志，38（02）：18.

杨多福．2010.数控养蜂法［M］.哈尔滨：黑龙江科技出版社．

杨冠煌．2008.中华蜜蜂［M］.北京：中国农业科学技术出版社．

杨秀武．2003.蜜蜂驯化对促进芒果花期授粉的效应［J］.福建果树，（1）：12-13.

余玉生，卢焕仙．2018.中蜂规模化饲养的效益和模式［J］.蜜蜂杂志，38（03）

袁秀泉，李锁英．1994.最佳巢房尺寸之研究［J］.中国养蜂，（03）：39-40.

曾玲．1996.美洲斑潜蝇幼虫田间取样方法研究［C］.中国有害生物综合治理学术讨论会．云南：昆明．

张保东，芦金生，陈宗光，等．2012.蜜蜂授粉对保护地中果型西瓜长势品质产量的影响［J］.北京农业，（33）：65-68.

张贵谦，申如明，田自珍，等．2014.蜜蜂授粉技术对甘肃苹果产业发展的作用［J］.甘肃农业，（10）：75-76.

张祖芸，杨若鹏，苗春辉.2017. 广西中蜂与云南中蜂杂交子代形态学测定及杂交优势分析［C］.中国养蜂学会中蜂工作委员会 2017 年换届暨学术交流会论文集：139-147.

章立华.2018. 中蜂囊状幼虫病的预防［J］.中国蜂业，69（07）：42-43.

赵文正，和绍禹.2017. 海南岛东方蜜蜂种群遗体结构调查及资源保护建议［C］.中国养蜂学会中蜂工作委员会 2017 年换届暨学术交流会论文集：134-138.

郑永惠，霍永刚，张映升.2014. 通过蜜蜂记忆训练达到对梨树授粉的措施［J］.中国蜂业，65（2）：.35-35.

中国农业百科全书编委会.1993. 中国农业百科全书蜜蜂卷［M］.北京：农业出版社.

周永富，罗岳雄，陈华生.1989. 大蜡螟对中蜂的危害及其防治研究［J］.中国养蜂，50（04）：7-10.

莊德安.1989. 东方蜜蜂的新亚种［J］.西南农业学报，2（4）：61-65.

图书在版编目（CIP）数据

蜂海问道：中蜂饲养技术名家精讲/徐祖荫主编
.—北京：中国农业出版社，2019.11
ISBN 978-7-109-25870-9

Ⅰ．①蜂…　Ⅱ．①徐…　Ⅲ．①中华蜜蜂－蜜蜂饲养
Ⅳ．①S894.1

中国版本图书馆 CIP 数据核字（2019）第 199832 号

中国农业出版社出版

地址：北京市朝阳区麦子店街 18 号楼
邮编：100125
责任编辑：郭永立　王森鹤　周晓艳
版式设计：韩小丽　责任校对：巴洪菊
印刷：北京中兴印刷有限公司
版次：2019 年 12 月第 1 版
印次：2019 年 12 月北京第 1 次印刷
发行：新华书店北京发行所
开本：720mm×960mm　1/16
印张：30　插页：2
字数：550 千字
定价：78.00 元